Antrozoología

John Bradshaw

Antrozoología

La nueva ciencia que estudia las relaciones entre humanos y animales

Pinolia

Título original: *The Animals Among Us. The New Science of Anthrozoology*

Todas las ilustraciones pertenecen al autor
y han sido cedidas por él para su uso en esta edición.

www.editorialpinolia.es
info@editorialpinolia.es

Colección: Mascotas
Primera edición: Mayo de 2024

Depósito legal: M-8587-2024
ISBN: 978-84-19878-47-2

Diseño y maquetación: Almudena Izquierdo
Diseño cubierta: Álvaro Fuster-Fabra
Impresión y encuadernación: Liberdúplex, S. L.

Printed in Spain - Impreso en España

A mi encantadora esposa, Nicky, que me introdujo en el placer de tener mascotas.

CONTENIDO

PREFACIO

¿POR QUÉ TENER MASCOTAS? A algunos nunca se les habrá ocurrido esta pregunta: siempre ha habido un perro en casa, o un gato, o tal vez conejos o cobayas. Hoy en día, en Occidente hay tantos hogares con animales de compañía que no está de más recordar que hace apenas dos siglos, cuando los animales domésticos estaban por todas partes, la tenencia de mascotas era una costumbre casi exclusiva de los ricos. Por supuesto, el aumento de la riqueza ha permitido a mucha más gente tener animales de compañía, pero eso por sí solo no puede explicar el aumento masivo de la tenencia de mascotas en el último siglo. Encuesta tras encuesta se demuestra que la gente siente un profundo apego emocional por sus animales de compañía y los considera «uno más de la familia».

¿De dónde viene esta pasión? Creo que nace de lo más profundo de nuestra naturaleza y nos ayuda a comprender lo que nos hace humanos. Muchas de las tribus de la Edad de Piedra cuyo modo de vida sobrevivió hasta el siglo XX tenían animales de compañía. La capacidad de considerar a los animales como amigos y no solo como alimento puede ser tan antigua como nuestra especie. Sin embargo, nunca ha llegado a ser universal: mucha gente no siente apego por los animales ni inclinación a tenerlos como mascotas. Cualquier teoría sobre por qué las mascotas son una parte tan importante de la vida de muchas personas debe tener en cuenta este hecho.

Escribo este libro como científico y como entusiasta de los animales. De hecho, empecé mi vida como un agnóstico de los animales de compañía. A mi padre no le gustaban ni los perros ni los gatos, así que en mi infancia no hubo más mascotas que las que encontraba cuando visitaba a familiares y vecinos. Como biólogo en ciernes, veía a las mascotas, sobre todo, como animales interesantes y accesibles, no muy distintos de los pájaros que visitaban los comederos de nuestro jardín o de los ciervos que a veces molestábamos en los paseos familiares por el campo donde vivíamos; habíamos heredado la tradición de pasear —con o sin perro— de la familia de mi madre. Mi mujer, que había crecido con perros, gatos y, en un momento dado, un involuntario invernadero lleno de conejos, me introdujo en las alegrías de los saludos de una nariz húmeda y una cola que se menea, por no hablar de lo que todavía se siente como el privilegio de compartir un hogar con un felino ronroneador pero indudablemente independiente.

Cuando me convertí en biólogo profesional, al principio estudiaba a los animales, no a las personas, y mucho menos la relación entre ambos. Incluso cuando estudiaba el comportamiento de perros y gatos, me encontraba algo aislado profesionalmente. En los años ochenta, el estudio de cualquier tipo de animal doméstico, por no hablar de los artificiales por excelencia que son los perros y gatos de compañía, estaba muy pasado de moda. El breve interés que despertó su biología en los años sesenta, cuando veterinarios como el Dr. Michael Fox establecieron algunos de los principios básicos —como la necesidad de exponer a los perros domésticos a un contacto adecuado con las personas durante su «periodo de socialización» se había extinguido rápidamente. El actual auge del interés por el comportamiento canino habría sido inimaginable al principio de mi carrera.

Al principio me atrajo el estudio de los perros, y luego de los gatos, porque estaba investigando el modo en que los animales de todo tipo utilizan el olor para comunicarse. El suyo es un mundo de información olorosa al que los humanos, quizá los mamíferos con la nariz menos sensible, somos ajenos. Pronto me fascinó el comportamiento del perro y del gato, y no solo la parte que se rige por el olor. Llegué a reconocer en él un fascinante compromiso entre sus orígenes salvajes como cánidos y félidos y los requisitos de sus modernos estilos de vida domésticos. Y cada vez era más consciente de que su comportamiento no podía disociarse del modo en que sus dueños se comportaban y pensaban de ellos.

Pronto caí en la cuenta de que, aunque en el trabajo podía pensar en los perros y gatos como mamíferos, en casa ni yo ni nadie veíamos así a nuestras mascotas. La mayoría de los dueños tratan a estos animales como a personitas, hablándoles como si entendieran lo que se les dice. Yo parecía hacerlo tanto como los demás, a pesar de ser muy consciente de que esa comprensión era, casi con toda seguridad, imposible.

Cuando empecé a pensar en los animales de compañía en su contexto doméstico, me di cuenta de que, aunque los diversos fines a los que los hemos destinado a lo largo de los siglos han moldeado sin duda a los perros y gatos de hoy, esto no podía ser todo. El funcionamiento subconsciente de nuestros cerebros también los ha moldeado, y ahora que los hemos liberado en gran medida de sus antiguas funciones utilitarias, estas influencias se están convirtiendo en primordiales. Su ternura nos atrae (bueno, a la mayoría de nosotros) instintivamente: los rasgos que los gatitos y cachorros, y en menor medida los gatos adultos y algunos perros, comparten con los bebés humanos parecen activar nuestro lado protector y cariñoso. Nuestros cerebros también perciben intenciones en casi todo lo que se mueve, por lo que, sin pensarlo dos veces, atribuimos automáticamente a nuestros animales todo tipo de emociones e intenciones similares a las humanas. Algunas de ellas son razonablemente precisas; otras son tremendamente imaginativas. En general, los errores no importan, pero a veces sí, como cuando nuestras mascotas no cumplen las expectativas, a menudo poco realistas, que tenemos de ellas. Al final llegué a la conclusión de que no podemos entender el comportamiento de los animales de compañía sin tener en cuenta el funcionamiento de la mente humana.

Esta constatación despertó mi interés por lo que los pocos académicos que se interesaban por el tema en los años ochenta llamaban el «vínculo humano-animal». Empecé a asistir a conferencias sobre la tenencia de animales de compañía. En un taller celebrado al día siguiente de una de esas conferencias (casualmente, también era mi cuarenta cumpleaños), los otros seis académicos presentes y yo acuñamos el término «antrozoología» para resumir lo que todos hacíamos y dar un título distintivo a la sociedad que fundamos un año después, la Sociedad Internacional de Antrozoología. No es que pudiéramos atribuirnos el mérito de haber creado esta palabra desde cero: la habíamos adaptado del título de una revista académica, *Anthrozoös*, que había publicado su primer número tres años antes. La palabra cuajó, y ahora, un cuarto de siglo después, los estudiantes pueden obtener un título en antrozoología en universidades de todo el mundo. La antrozoología es una disciplina que reúne a varios tipos de científicos —biólogos, veterinarios, investigadores médicos, psicólogos, científicos sociales y antropólogos— que estudian las relaciones personales que las personas mantienen con los animales y, en menor medida, que los animales mantienen con las personas. Así, la antrozoología se ha centrado sobre todo en aquellos tipos de animales que sirven ampliamente de compañía: perros, gatos, caballos, peces de acuario, caballos de montar, etc. Un movimiento paralelo, a veces denominado estudios humano-animales, ha surgido entre los interesados en enfoques más filosóficos, como la ética, las ciencias políticas, la historia, la geografía y la literatura. Desgraciadamente, no hay mucho diálogo entre ambos campos.[1]

En cierto sentido, llevo escribiendo este libro más de veinte años. Cuanto más estudiaba a las mascotas y a sus dueños, más me intrigaba. A pesar de sufrir a veces debido a nuestra incomprensión de sus necesidades, es evidente que los perros y los gatos se beneficiaban de sus relaciones con las personas: hoy en día hay muchos más en el mundo que de sus antepasados salvajes de los que surgieron hace miles de años. Sin embargo, paradójicamente, su número ha aumentado a medida que desaparecía su utilidad para nosotros. Solo unos pocos perros siguen apacentando ovejas o ayudando en la caza; la mayoría de los dueños consideran espantosa la antaño apreciada destreza cazadora de sus gatos. El poder de las mascotas sobre sus dueños parece ir más allá de la moda. Así que, recurriendo a todas las fuentes que pude encontrar, además de toda la investigación original que pude realizar en torno a mis estudios sobre el bienestar de perros y gatos, me propuse examinar lo que la ciencia tiene que decir sobre la fascinación de los humanos por los animales y por qué los llevamos a nuestros hogares. Este libro es el resultado.

---

[1] La historia de la ISAZ puede consultarse en "Los orígenes de la ISAZ", ISAZ, http://www.isaz.net/isaz/history.

CONVENCIONES

En este libro, me he resistido a seguir la práctica cada vez más extendida, sobre todo en Estados Unidos, de referirse a los animales de compañía como «compañeros», y en todo el libro me refiero a «propietarios» en lugar de «tutores» o «padres», etiquetas preferidas por algunas autoridades. Tal vez esté chapado a la antigua, pero para mí, la «propiedad» de un animal de compañía implica responsabilidad y desde luego no sugiere el derecho a tratar a un animal como si fuera una posesión inanimada. Me preocupa que el término «tutor» implique un estatus legal derivado de alguna deficiencia mental del animal, lo que no es una forma adecuada de caracterizar la relación entre mascota y propietario. «Cuidador»—otra sugerencia que he visto— parece demasiado impersonal y transitorio, más apropiado para esas almas entregadas que cuidan de las mascotas en centros de acogida. Para un biólogo como yo, el término «padre» indica (aunque no exclusivamente) una relación genética entre madre o padre y descendencia. En este libro también me refiero de vez en cuando a una mascota (en singular) con pronombres impersonales,pero solo cuando no sé si el animal al que me refiero es macho o hembra. Por la sencilla razón de que los términos «él o ella»me parecen innecesariamente torpes.[1]

[1] Para la refutación por parte de un veterinario del término «guardián de mascotas», véase *Animal Health Institute, Pet Owner or Guardian?'*, AVMA, noviembre de 2005, https://www.avma.org/Advocacy/StateAndLocal/Pages/owner-guardian-ahi.aspx.

Muchos especialistas en ética consideran despectivo el término «mascota» y prefieren el más neutro «animal de compañía». Es cierto que la palabra «mascota» tiene otros significados: en el siglo XVI se refería al sujeto de cualquier relación de favor, ya fuera con un animal o con otra persona, e incluso hoy en día en el noreste de Inglaterra, «mascota» aparece en la conversación como un término cariñoso (¿ligeramente condescendiente?) dirigido a mujeres y niños, como en «¿Cómo estás hoy, mascota?». Sin embargo, no está claro, al menos para mí, qué ventaja tendría persuadir al público en general de que se abstenga de utilizar la palabra «mascota» (aunque fuera posible).[2]

[2] Para una opinión típica de los especialistas en ética, véase Andrew Linzey y Priscilla Cohn,«Terms of Discourse», *Journal of Animal Ethics* 1 (2011): vii-ix; véase también Kathy Matheson, «Pet? Companion Animal? Ethicists Say Term Matters», Phys. org, 4 de mayo de 2011, http://phys.org/news/2011-05-pet-companion-animal -ethicists-term.html.

INTRODUCCIÓN

Érase una vez tres cerditos. Uno vivía en Connecticut, otro en Des Moines, Iowa, y otro en las montañas Bismarck de Nueva Guinea. A diferencia de los del cuento infantil, los tres eran reales. Ninguno construyó nunca su propia casa ni tuvo ningún tipo de altercado con un lobo. Los humanos que los rodeaban los consideraban especiales y los alimentaban y trataban bien. Podríamos considerar a los tres, a su manera, mascotas, pero cada uno era también algo más.

El cerdo de Connecticut alcanzó una breve notoriedad el día antes de Acción de Gracias de 2014, cuando (junto con su dueña, la aspirante a modelo Rachel Boerner) fue expulsado de un vuelo de US Airways antes del despegue por «comportamiento perturbador» (el cerdo había defecado en el pasillo). Los demás pasajeros se preguntaron por qué la aerolínea había permitido subir a un avión a un cerdo barrigón adulto. Un representante de la compañía aclaró que la aerolínea había autorizado por error el despegue del cerdo como «animal de apoyo emocional» (un concepto algo nebuloso, ya que la mayoría de los dueños de mascotas afirman que sus animales les proporcionan «apoyo emocional»). Fueran cuales fueran los pormenores, se trataba de un cerdo de casi 30 kilos atado con una correa, no de un perro en un bolso de mano. Sin embargo, la dueña del animal lo consideraba claramente su compañero inseparable.[1]

[1] Natalie O'Neill, 'Woman Kicked Off Flight After Pet Pig Stinks UpPlane',

Un cerdo de «apoyo emocional» en un avión.

El cerdo de Des Moines, un «cerdito terapéutico» de 900 dólares llamado Stuart, vivía con un niño de seis años que era ciego y parcialmente sordo debido a un trastorno genético. La madre del niño, que esperaba que la compañía de un animal reconfortara a su hijo, probó primero con un perro, pero el pelo le provocaba arcadas. Stuart, sin embargo, tuvo un éxito inmediato: según informó *KCCI News*, el niño abrazó de forma espontánea al cerdito en su primer encuentro, y desde entonces fueron grandes amigos.[2]

El cerdito de Nueva Guinea servía tanto de preciado compañero como de comida ceremonial. Entre los maring de las montañas Bismarck, la unidad familiar comprende tanto a humanos como a cerdos.

New York Post, 28 de noviembre de 2014, http://nypost.com/2014/11/28/woman-kicked-off-ight-after-hiding-pet-pig-in-a-duf e-bag.

[2] «Therapy Piglet Could Change 6-Year-Old's Life, Mom Says», KCCI, 19 de febrero de 2015, http://www.kcci.com/news/therapy-piglet-could-change-6yearolds-life-mom-says/31352204.

Las mujeres cuidan tanto de los cerditos como de los bebés humanos, llevando a los porcinos a todas partes, a veces envueltos en hojas de plátano para evitar que forcejeen. Las mujeres adiestran a los cerditos en crecimiento para que las sigan dondequiera que vayan. Durante sus primeros nueve meses, los cerditos viven codo con codo con los niños de la casa, después se trasladan a sus propios establos dentro de la cabaña familiar. Durante el día, mientras las mujeres se ocupan de los huertos que proporcionan a los maring gran parte de su alimento, los cerdos rebuscan en el bosque y por la noche regresan a casa con los niños. A medida que aumentanen número, a los cerdos les resulta más difícil obtener toda la comida que necesitan rebuscando, por lo que las mujeres complementan su dieta con batatas cultivadas en los huertos.[3]

Con el tiempo, el número de cerdos se convierte en un problema y las mujeres empiezan a quejarse. Como el suelo es pobre, sus huertos solo producen durante dos o tres años, después las mujeres deben talar una nueva parcela de bosque. Cada una de esas parcelas está inevitablemente más lejos del pueblo que la anterior, por lo que las mujeres pasan cada vez más tiempo viajando y menos tiempo cultivando alimentos. Los cerdos hambrientos pueden llegar hasta los asentamientos vecinos y causar daños.

En ese momento, los hombres deciden que ha llegado el momento de celebrar un *kaiko*, un largo festival que implica el sacrificio y consumo de la mayoría de los cerdos. Los aldeanos los matan a palos, uno a uno, y luego los asan, consumiendo grandes cantidades de cerdo durante varias semanas en ceremonias diseñadas para restablecer los lazos familiares, crear alianzas con las tribus vecinas y concertar matrimonios para los solteros. Tras el festín, las pocas hembras de cerdo que quedan forman el núcleo de la siguiente generación, y así comienza de nuevo el ciclo, que culmina unos diez o quince años después en el siguiente *kaiko*.[4]

---

[3] Abraham Rosman y Paula G. Rubel, «Stalking the Wild Pig: Huntingand Horticulture in Papua New Guinea», en *Farmers as Hunters: The Implications of Sedentism*, ed. Susan Kent. Susan Kent, 27-38 (Cambridge: Cambridge University Press, 1989).

[4] Todos los lechones machos están castrados, ya que los machos adultos son peligrosos: los machos asilvestrados que viven en el bosque engendran cada generación de lechones.

Estos tres cerdos, igualmente bien cuidados durante su vida y todos compañeros a su manera, disfrutan de tres tipos distintos de relaciones con los humanos. En Occidente, es muy poco probable que el cerdo que se convierte en animal de compañía acabe en la mesa; sin embargo, en Nueva Guinea es la norma. Históricamente, la gente habría considerado escandalosa la idea de que un animal pudiera tener poderes terapéuticos. Sin embargo, en las últimas décadas, sobre todo en Occidente, muchos propietarios de animales de compañía han llegado a creerlo.

Por muy diferentes que sean las historias de estos tres cerdos y su gente, colectivamente demuestran que algún aspecto de la naturaleza humana nos permite desarrollar relaciones personales con miembros de otras especies. Es cierto que las estanterías de los supermercados demuestran que podemos tratar a los animales como mercancías cuando es necesario, pero la mayoría de nosotros también nos relacionamos con (otros) animales como individuos. Nos rodeamos de sus fotos —si internet no estuviera plagado de gatos, sería sin duda un lugar menos salubre— y muchos de nosotros no podemos resistirnos a tocar a gatos y perros, aunque nos sean desconocidos. Parece que tenemos una profunda necesidad de reconectar con el contacto directo con los animales que formaban parte de la vida cotidiana de nuestros antepasados cazadores-recolectores.

Hoy nos relacionamos con los animales de forma muy distinta a como lo hacían nuestros antepasados. Nuestra forma de pensar sobre los animales ha cambiado radicalmente en el último siglo. Hoy en día, concedemos «derechos» a muchos tipos de animales. Los animales de compañía, especialmente perros y gatos, son más populares que nunca. En los últimos cuarenta años ha surgido, aparentemente de la nada, la idea de que tener un animal en casa forma parte de un estilo de vida saludable. Consideramos a las mascotas como el antídoto contra el estrés de la vida urbana moderna, como un paliativo para la soledad que conlleva la desaparición de la familia extensa, como «coterapeutas» para todo tipo de discapacidades. La rapidez y el entusiasmo con que hemos adoptado estas ideas —hasta el punto de que pocos las cuestionan, aunque la ciencia que las sustenta sea equívoca en el mejor de los casos— me parecen más fascinantes que las propias ideas. Algo en la naturaleza humana parece animarnos a aceptar estas afirmaciones, como si los animales domésticos merecieran inmunidad frente al escepticismo que suele rodear a las afirmaciones de poderes curativos hasta ahora inexplorados. No solo sentimos el impulso de tener mascotas; parece que queremos creer que nos proporcionan algún tipo de elixir que nos permitirá llevar una vida más plena.

Desde hace aproximadamente medio siglo, nuestras relaciones con los animales se han vuelto más complejas y, por tanto, más difíciles de desentrañar. Con la excepción de un pequeño número de animales criados por aristócratas únicamente con fines de compañía, los animales domésticos solían desempeñar primero una función práctica y, en ocasiones, también una función emocional. Los caballos transportaban, los gatos cazaban ratones,los perros han desempeñado muchas funciones, como la caza, el pastoreo y la guardia, con lo que han tenido más oportunidades de establecer vínculos con personas individuales que ninguna otra especie. Algunas especies solo proporcionan un mínimo de compañía o, al menos, placer estético: los peces de acuario siguen siendo populares, pero los pájaros de jaula, que en su día fueron uno de los animales domésticos más populares y ahora son cosa de especialistas, prácticamente han desaparecido. Una teoría sostiene que, con la invención de la radio, los confinados en casa ya no los necesitaban para llenar el silencio. Otros apuntan más cínicamente al aumento paralelo de la popularidad de los gatos de interior.[5]

Algunos animales siguen estando a caballo entre la utilidad y la pura compañía. En muchas zonas rurales, los animales que se mantienen,sobre todo, como mascotas suelen tener alguna utilidad práctica; pensemos en el perro de caza de fin de semana. Y algunos que son principalmente útiles—por ejemplo, los gatos de granja— son a menudo objeto de considerable afecto. Una vez conocí a un pastor jubilado cuya relación con sus perros era, en apariencia, extremadamente utilitaria: ni siquiera ponía nombre a su serie de *collies*, sino que se refería a cada uno de ellos como «mi perro» (se comunicaba con ellos

---

[5] Sobre la tenencia de animales de compañía en el Reino Unido y Estados Unidos, véase Keith Thomas, *Man and the Natural World: Changing Attitudes in England, 1500-1800* (Londres: Penguin Press, 1984); Katherine C. Grier, *Pets in America: A History* (Chapel Hill: University of North Carolina Press, 2006).

a la manera tradicional, solo con silbidos). Sin embargo, era evidente su devoción por su última perra, con la que se quedó después de colgar el báculo por última vez. La paseaba por delante de mi casa tres veces al día, lloviera, granizara o nevara. Bert, en cuya granja de Oxfordshire realicé mis primeros estudios sobre las colonias de gatos de granja, sentía una clara predilección por sus ochenta y tantos felinos, aunque solo utilizaba un nombre —«Ginge»— para todos ellos. En general, sin embargo, la línea que separa a los animales de compañía de los domésticos se ha hecho más nítida en las últimas décadas. Hoy en día, en Occidente distinguimos de una forma clara entre los animales que mantenemos para nuestro consumo y los que son puramente nuestros amigos. Mientras que los maring acaban comiéndose a sus cerdos «de compañía», el propietario de un cerdo al que se le impidiera volar a casa en Acción de Gracias probablemente retrocedería ante la idea de su mascota como fuente de tocino.

Tradicionalmente, por muy aborrecible que les parezca a los propietarios de mascotas occidentales de hoy en día, tanto los perros como los gatos no se criaban por su compañía, sino por su piel y su carne. Al menos en el caso de los perros, estos usos se remontan a mucho tiempo atrás. En Europa central, hacia el año 6000 a. C., la costumbre de enterrar a los perros junto a sus amos estaba arraigada desde hacía cientos de años, pero otras comunidades cercanas mataban y comían perros de forma rutinaria, como demuestran los huesos largos y cráneos rotos. Durante la Edad Media, los ingleses apreciaban los abrigos de piel de gato y, como demuestran las marcas de corte en los huesos de gato recuperados de los vertederos, sacrificaban deliberadamente a los gatos para este fin tan pronto como crecían del todo, en torno al año.

Hace tan solo quince años, la Real Sociedad para la Prevención de la Crueldad contra los Animales calculó que los productores chinos enviaban anualmente hasta 2 millones de pieles de perro y gato a los mercados peleteros europeos (y estadounidenses), aunque muchas de ellas probablemente acababan en Rusia, donde los consumidores son menos exigentes. Corea del Sur tiene una larga tradición perruna y mata más de un millón de canes al año para alimentarse; se puede entrar en una popular cadena de restaurantes de carne de perro, comprar «golosinas» de carne de perro o incluso adquirir una gama de cosméticos derivados de subproductos caninos. Los coreanos tienen menos afinidad con los gatos, pero preparan un tónico para el reumatismo y las neuralgias cociendo un gato en una olla a presión y mezclando el caldo resultante con hierbas. La inclusión de perros y gatos en su dieta sigue siendo popular entre muchos surcoreanos, que pueden percibir los estridentes llamamientos de Occidente a abandonar esta práctica «bárbara» como un ataque a su identidad cultural.[6]

En la sociedad occidental actual, los animales de compañía no se comen. Cuando alguien se encariña con un animal destinado a la mesa, trasladándolo a la categoría de «mascota», las consecuencias pueden ser considerables. En el Reino Unido, durante la Segunda Guerra Mundial y los años de racionamiento de carne que siguieron, el Gobierno animó a los hogares a tener conejos para la olla. En palabras de un niño de la guerra, escritas setenta años después: «Me encariñé con un conejo, un hermoso Angora blanco con orejas y ojos rosas. Pero, como todos los demás, cuando engordó lo suficiente, lo mataron y lo colgaron para comérselo. Desde entonces, nunca he vuelto a comer carne y soy vegetariano».[7] Incluso en algunas partes del mundo donde se comen perros y gatos, los dueños parecen distinguir entre los que se crían como animales de compañía y los que se crían para la cazuela.

En un momento en que la necesidad de tener perros y gatos como animales de trabajo ha disminuido drásticamente, nuestro deseo de tenerlos está aumentando. Los perros, y después los gatos, son de lejos los animales domésticos más populares. Casi una cuarta parte de los hogares del Reino Unido y más de un tercio de los de Estados Unidos tienen uno o más perros, y los gatos comparten techo con el 30 % de las familias estadounidenses y alrededor del 17 % de las británicas. Conejos, pájaros de jaula, cobayas, hámsteres y reptiles variados constituyen la

[6] Anthony Podberscek, «Good to Pet and Eat: The Keeping and Consuming of Dogs and Cats in South Korea», *Journal of Social Issues* 65 (2009): 615-32.

[7] Esta cita procede de un envío al Mass Observation Project, que lleva desde 1927 recogiendo opiniones anónimas sobre temas concretos de un panel de más de quinientos corresponsales británicos. Véase Nickie Charles, «Animals Just Love You as You Are»: Experiencing Kinship Across the Species Barrier', Sociología 48 (2014): 715-30.

mayoría de los demás animales que se crían en los hogares británicos y estadounidenses. Muchos caballos, aves de corral y otros animales criados al aire libre también pueden considerarse de compañía. En Japón, insectos como los escarabajos ciervos, los grillos y las luciérnagas, conocidos colectivamente como *mushi*, son populares entre los niños, en especial entre los varones. Si incluimos a los peces, en el Reino Unido hay aproximadamente tantos animales de compañía como humanos; en Estados Unidos hay unos tres por cada cuatro personas.[8]

La tenencia de animales de compañía ha pasado de ser un pasatiempo de las clases acomodadas a formar parte integrante del estilo de vida de personas de todos los estratos sociales. El consumismo facilita esta práctica, ya que los productos diseñados específicamente para las necesidades de las mascotas están disponibles 24 horas al día, siete días a la semana. Los anuncios de alimentos y otros productos para animales de compañía, aunque se dirigen a los dueños de mascotas, presentan inevitablemente animales deseables que también deben reforzar la imagen general de la tenencia de animales de compañía.

Con la globalización, la tenencia de mascotas al estilo occidental se ha extendido a Extremo Oriente, donde está sustituyendo rápidamente a las tradiciones locales. En Corea, perros y gatos (sobre todo de razas occidentales) se han convertido en mascotas populares desde los años ochenta, generando una industria de productos para mascotas que culminó en 2003 con la apertura de Mega Pet, unos grandes almacenes de once plantas cerca de Seúl. En China, aunque algunos perros se siguen criando por su carne, los importados de Occidente, como los caniches y muchas razas *toy*, son mascotas populares entre los habitantes de las ciudades: los días en que el presidente Mao denunciaba la tenencia de mascotas como un capricho burgués parecen haber pasado, quizá para siempre. En grandes ciudades como Pekín y Shanghái, los perros se han hecho tan populares que la ley limita la tenencia a uno por hogar y prohíbe las razas grandes. Se rumorea que algunos propietarios mantienen a los perros grandes exclusivamente en

---

[8] De «Pet Population 2014», PFMA, http://www.pfma.org.uk/pet-population-2014. Los peces son los animales más numerosos que se tienen en los hogares -unos 20 millones en el Reino Unido y 90 millones en Estados Unidos-, aunque en ambos países son minoritarios, ya que solo representan alrededor del 10 % de los hogares.

el interior de las casas —lo que casi con toda seguridad compromete su bienestar— simplemente para evitar que la policía los detecte.[9]

El dinero que los dueños gastan en sus mascotas ha alcanzado proporciones asombrosas. Mientras que antes perros y gatos vivían de las sobras de la casa, hoy en día ha surgido una industria multimillonaria al servicio de sus necesidades. En 2014, los propietarios británicos desembolsaron unos 6000 millones de libras en sus mascotas, gran parte de ellas en comida, pero más de un tercio en servicios veterinarios que apenas existían hace medio siglo, cuando los veterinarios se dedicaban sobre todo al ganado. Ese mismo año, los propietarios estadounidenses gastaron unos 60 000 millones de dólares, un 5 % más que el año anterior.

Las últimas tendencias en alimentación para animales de compañía son similares a las de la alimentación humana —sin gluten, baja en azúcar, baja en calorías—, lo que refleja no solo el problema real de que muchos de los animales de compañía actuales son obesos, sino también la creencia de sus dueños de que sus mascotas deberían comer tan bien como ellos. Mientras tanto, como señalan los activistas contra el hambre en el mundo, con una cantidad similar de dinero, si se distribuyera equitativamente, se podría alimentar a todas las personas desnutridas del mundo.[10]

Debido a que nuestra relación con los animales domésticos ha cambiado en los últimos doscientos años, el término «animal de compañía» requiere algunas aclaraciones. El diccionario *Webster* defineun animal de compañía como «un animal domesticado que se mantiene por placer más que por utilidad». En mi opinión, esta distinción es un tanto restrictiva, ya que excluye a los animales capturados en la naturaleza y domesticados (y, por tanto, no «domesticados» desde el punto de vista técnico). Además, aunque hoy en día podemos aplicar el término a millones de

[9] «A list of dogs banned in Beijing», *New York Times*, http://www.nytimes.com/2013/06/23/world/asia/a-list-of-the-dogs-banned-in-beijing.html.

[10] Para estadísticas sobre el gasto en mascotas, véase «How We Spent £6bn on Our Pets This Year», *Telegraph*, http://www.telegraph.co.uk/nance/newsbysector/retailandconsumer/11151275/How-we-spent-6bn-on-our-pets-this-year.html; Associated Press, "Americans Spent $58 Billion on Pampering, Feeding and Protecting Pets in 2014. Nearly $3 Billion More Than 2013", DailyMail, 5 de marzo de 2015, http://www.dailymail.co.uk/news/article-2981501/Americans-spent-58-billion-pamper-protect-pets-2014.html.

animales en Occidente, hace quinientos años solo se aplicaba, literalmente, a unos pocos miles de animales de las damas aristocráticas.

Debemos descartar un concepto erróneo: «animal de compañía» describe un papel y no un tipo de animal. Hoy en día, muchos perros y gatos que viven en Occidente son pura y simplemente animales de compañía, y algunos de sus atributos antes útiles se han convertido en una especie de vergüenza para sus dueños. El perro que ladra en la puerta y acosa a los que intentan entrar en el jardín delantero cumple un ritual antaño (en algunos lugares, todavía) valioso para sus dueños. Los perros pastores pueden persistir en su intento de pastoreo, desviando su atención hacia niños o ciclistas a menos que se les entrene para no hacerlo. Los instintos cazadores de los gatos, tan apreciados hasta hace bien poco, inspiran ahora horror a sus dueños y una desaprobación desenfrenada a muchos aficionados a la fauna salvaje, deseosos de culparlos (por lo general erróneamente) de la disminución del número de pájaros cantores y pequeños mamíferos.

A efectos de este libro, la definición operativa de «mascota» puede ser la más sencilla. Una mascota es un animal que vive en el hogar (no Aibo u otras «mascotas» robóticas), es capaz de moverse (no una planta de interior, por muy decorativa que sea) y no puede salir de casa (hámster, jerbo, serpiente) o regresar voluntariamente (perro, gato). Desde el punto de vista de los derechos de los animales —y a veces del bienestar—, esta última puede ser una distinción importante, pero es difícil trazar una línea rígida, en términos del vínculo emocional que experimenta el dueño, entre una mascota que vive en una jaula y otra que no. El gato de interior, cada vez más frecuente en las ciudades occidentales, pone de manifiesto la arbitrariedad de esta distinción. ¿Deberíamos clasificar al gato de interior con el perro o al gato de interior con la boa? Tales distinciones parecen mal enfocadas. Más importante es la complejidad emocional de la relación, que es posiblemente más rica con perros y gatos que con otras especies. Por eso, en lo que queda de libro, me centraré en estas dos especies o, mejor dicho, en sus dueños.

Perros y gatos son tan comunes que es fácil perder de vista las diferencias entre ellos y también los numerosos cambios que ambos han experimentado en los últimos 10000 años. Aunque perros y gatos comparten un

La diosa egipcia Bastet.

ancestro común, siempre han desempeñado papeles distintos en la sociedad humana y han suscitado actitudes diferentes. Los perros, aunque a menudo maltratados y ocasionalmente devorados, han seguido siendo «el mejor amigo del hombre» y gozan de la aprobación casi universal; a los gatos, en cambio, los hemos considerado durante mucho tiempo en gran medida desechables. Las actitudes hacia los gatos han cambiado considerablemente de una época a otra y de un lugar a otro. La religión y la superstición se entrelazan con la historia del gato doméstico, y aún hoy, estos animales pueden adquirir una importancia simbólica. La historia registra a los antiguos egipcios como la primera sociedad que rindió culto a los gatos, una práctica que más tarde adoptaron los cultos paganos de todo el Mediterráneo. A finales de la Edad Media, los gatos se asociaron con la brujería, una tradición que persiste en nuestra celebración de Halloween. Incluso hoy en día, no todos los que sienten aversión por los gatos ocultan sus sentimientos. El polémico británico Rod Liddle escribió recientemente en su columna deThe *Sun:* «¿Tus hijos preparan algo especial para el Día del Padre? El año pasado, los míos se las arreglaron para que sacrificara algunos gatos en un veterinario local, una ambición hecha realidad después de tantos años».[11]

[11] Rod Liddle, Sun, 13 de junio de 2013, 13.

En el otro extremo del espectro están aquellos cuyo entusiasmo por los gatos o los perros va más allá de sus propias mascotas: algunos se dedican a cuidar colonias de animales sin dueño (normalmente gatos en Estados Unidos y el Reino Unido, pero también perros en otras partes del mundo). Estas rara vez prosperan por sí solas, por lo que no lejos de cada colonia suele haber una persona bienintencionada, estereotípicamente una mujer soltera anciana, pero en realidad más bien una mujer de mediana edad que les suministra comida a diario. Estos cuidadores a menudo deben ignorar las objeciones de los residentes locales, que se quejan del desorden que causan los animales y a veces temen que transmitan enfermedades. Así, muchos alimentadores operan fuera del radar. Los que trabajan a cara descubierta hablan de un fuerte compromiso con el bienestar animal y del profundo sentimiento de satisfacción que les produce cuidar de «sus» animales.[12]

Así, el gato, quizá más que cualquier otra mascota doméstica, demuestra que un mismo animal puede representar cosas distintas para personas distintas. Incluso hoy en día, aunque muchos gatos son simples compañeros, algunas personas también los consideran sanadores, útiles depredadores, cazadores con proezas cataclísmicas, objetos de extrema simpatía o animales de producción poco distintos de los cerdos o las ovejas. Nuestras actitudes hacia los animales suelen ser complejas y también pueden depender del animal en cuestión: por ejemplo, las personas que odian a los gatos pueden estar perfectamente contentas de tener un perro como mascota (aunque Rod Liddle fantasea con matar gatos, tiene un cruce de *collie* y labrador llamado Jessie).

Incluso en el siglo XXI, cuando la división entre mero «animal» y «mascota» se ha hecho más nítida, los animales a los que vagamente nos referimos como «mascotas» pueden ser muchas cosas además de compañeros. Pueden ser igualmente valorados por su belleza física (perros de exposición), por su utilidad (perros de caza) o por su habilidad en el deporte (campeones de *agility*). Pueden aportar un

---

[12] Hilit Finklet y Joseph Terkel, «Dichotomy in the Emotional Approaches of Caretakers of Free-Roaming Cats in Urban Feeding Groups: Findings from In-Depth Interviews», Anthrozoös 24 (2011): 203-18.

Actitudes hacia los animales[13]

A continuación se enumeran las diferentes actitudes hacia los animales (incluyo solo las relevantes para las especies que se tienen como mascotas):

Humanista: interés y gran afecto por animales individuales (es decir, mascotas).

Moralista: preocupación por el trato a los animales; oposición a la crueldad y a la explotación innecesaria de los animales.

Estética: se centra en las cualidades artísticas de los animales.

Simbólica: creencia en la significación espiritual de los animales (por ejemplo, como encarnación de almas humanas).

Utilitaria: uso de animales para obtener bienes materiales (por ejemplo, carne, piel) o tareas específicas (por ejemplo, vigilancia, control de parásitos).

Dominionista: apreciación de los animales por la satisfacción derivada de controlarlos, a menudo en situaciones deportivas o competitivas.

Naturalista: interés y afecto por la vida salvaje y los hábitats naturales.

Negativista: evitación activa de (ciertos) animales por aversión o miedo.

Es probable que estas distinciones psicológicamente sólidas se apliquen universalmente. Muchas personas pueden aplicar varias simultáneamente al mismo animal o situación, aunque algunas parecen incompatibles, al menos entre los ciudadanos estadounidenses. No es sorprendente que la mayoría de las personas que expresan actitudes negativas hacia los animales en general también desaprueben la tenencia de animales de compañía, expresando su incredulidad ante el hecho de que la gente pueda «amar» a los animales. Además, las actitudes moralistas y utilitaristas a menudo chocan por los métodos utilizados para explotar a los animales (por ejemplo, la caza, la cría «industrial», la experimentación en laboratorio).

elemento salvaje al hogar (la mayoría de los gatos que viven al aire libre). Pueden simbolizar, o llegar a alterar, la postura de sus dueños en cuestiones más generales, como el bienestar de los animales en general. Pero todas las verdaderas mascotas tienen algo en común: el afecto de al menos una persona, que las reconoce y valora por sus cualidades como individuos.

[13] Adaptado de Stephen Kellert, «American Attitudes Towards and Knowledge of Animals: An Update», International Journal for the Study of Animal Problems 1 (1980): 87-119.

Más allá de las dimensiones emocionales de nuestra relación con los animales, otros atributos que contribuyen al atractivo de las mascotas merecen al menos una mención. Los hemos valorado y a menudo seguimos valorándolos por su belleza, que es a la vez reconfortante y la quintaesencia de lo otro. La escritora francesa Colette, por ejemplo, lo expresa muy bien en relación con el *Felis catus*: «El gato es el animal al que el Creador dio el ojo más grande, el pelaje más suave, los orificios nasales más sumamente delicados, una oreja móvil, una pata sin igual y una garra curvada que tomó prestada del rosal».[14] Como criaturas visuales que somos, los humanos prestamos mucha atención al aspecto de los animales. Las exposiciones caninas y felinas son poco más que concursos de belleza, pero la publicidad que reciben hace que muchos futuros propietarios crean que solo serán felices con un perro o un gato que tenga un aspecto determinado. Parecen ignorar que la belleza de muchas razas tiene un coste genético, sobre todo porque algunos rasgos que nos atraen pueden suponer una vida de incomodidad para el animal.[15]

Las mascotas también pueden conferir estatus (o eso creen sus dueños). Me vienen a la cabeza los grandes felinos y las razas esotéricas de perros, pero las serpientes de gran tamaño son probablemente el epítome de este tipo de mascotas. Las serpientes suelen ser tan poco interactivas que la relación parece casi unilateral, al menos para el observador externo. Sin embargo, no cabe duda de que su dueño las considera inusuales, incluso exóticas. Un hombre que conocí hace poco, que importaba serpientes para el departamento de mascotas de Harrods, afirmaba que las chicas solían responder encantadas a las invitaciones a visitar su apartamento para conocer a su enorme pitón. Después de casarse, su mujer le limitó a comerciar con arañas y escorpiones.

Sin embargo, la perspectiva de un vínculo emocional atrae a la mayoría de las personas a la idea de tener una mascota y mantiene la relación a lo largo del tiempo. La mayoría de los dueños no solo quieren a sus mascotas, sino que creen que ellas les quieren a ellos. Que sea así

---

[14] «Citas de gatos por autor», The Great Cat, http://www.thegreatcat.org/stories-poems-and-quotations/cat-quotes-by-author.

[15] «Pedigree Dogs», RSPCA, http://www.rspca.org.uk/adviceandwelfare/pets/dogs/health/pedigreedogs; «Inherited Disorders in Cats», International Cat Care, http://www.icatcare.org:8080/advice/cat-breeds/inherited-disorders-cats.

depende en gran medida de la especie del animal. La gente ha valorado durante mucho tiempo a los perros, sobre todo por su amor aparentemente incondicional hacia sus dueños: como escribió Elizabeth Barrett Browning de su *cocker spaniel*, Flush, «Sus orejas eran a menudo lo primero que recogía mis lágrimas».

Sin embargo, que los dueños crean que sus mascotas les quieren no significa que sea así. El pensamiento biológico moderno —la teoría del «gen egoísta»— aborda ese aparente altruismo con escepticismo, argumentando que alguna ventaja —que contribuya al éxito reproductivo a largo plazo de ese animal o, en su defecto, de sus parientes cercanos, que comparten muchos de sus genes— debe contrarrestar con creces el auténtico autosacrificio de cualquier animal.

Está claro que los perros no están genéticamente emparentados con sus dueños, por lo que este «amor incondicional» requiere algunas aclaraciones. El *Canis familiaris* desciendede un antepasado social, el lobo, que muestra cierto grado de aparente abnegación en la forma en que la especie se organiza en manadas. Una manada comienza con una pareja formada por un macho y una hembra, cuyas crías permanecen con sus padres durante uno o dos años para ayudar a criar a la siguiente camada o dos de cachorros, que son sus hermanos completos y, por tanto, comparten la mitad de sus genes. Durante este tiempo, no intentan reproducirse, aunque biológicamente ya tienen edad para hacerlo. Sin embargo, este comportamiento altruista es solo temporal, ya que la mayoría acaba abandonando la manada para encontrar su propia pareja. Además, mientras viven con sus padres, conservan cierto grado de protección y mejoran su comprensión de la mejor manera en que un lobo debe habitar su entorno particular; los lobos jóvenes rara vez tienen la astucia necesaria para prosperar por su cuenta. Una teoría sobre cómo los lobos se convirtieron en perros sugiere que hemos aprovechado este sistema de lealtad familiar, de tal forma que durante el segundo y tercer mes de vida de un cachorro, llega a creer que los humanos son «familia», al menos en la misma medida, y probablemente más, de lo que acepta a otros perros como tales.[16]

---

[16] Para más información sobre esta teoría, véase mi *Entender a nuestro perro* (Zaragoza: Paidotribo, 2013).

Mientras que el «amor incondicional» puede ser genuino (aunque genéticamente artificial) en los perros, es menos probable que lo sea en otros compañeros animales comunes. Los gatos, descendientes de un antepasado territorial solitario, valoran el lugar por encima de todo. De ahí que las mudanzas sean una experiencia muy diferente para perros y gatos, que requiere una gestión muy distinta. Los perros se contentan con ir adonde van sus dueños, pero los gatos intentan enérgicamente volver al lugar donde vivían antes, aparentemente incapaces de deducir que, puesto que sus dueños les dan de comer en la nueva casa, es poco probable que presten el mismo servicio en la antigua ubicación. No obstante, los gatos suelen tardar solo un par de semanas en aceptar el nuevo régimen y abandonar su afán por recuperar su antiguo territorio. Desgraciados los dueños de gatos que se mudan a poca distancia y luego dejan que sus gatos se escapen: una vez que los gatos encuentran el camino de vuelta a «casa», pueden ser muy persistentes en volver sobre sus pasos —y pueden acabar viviendo con un antiguo vecino—. Así pues, aunque los gatos quieren a sus dueños, como demuestran los rituales de frotamiento, ronroneo y acicalamiento (este último no siempre apreciado como tal) que también utilizan para cimentar relaciones amistosas con otros gatos, establecen condiciones bastante estrictas —alimentación, refugio, protección— antes de fijar su afecto en las personas.

Otras mascotas que viven en libertad, como los conejos domésticos y los cerdos panzudos, pueden sentir afecto por sus dueños, pero posiblemente solo como parte de un conjunto de transacciones basadas en la comida y el cobijo. Los animales domésticos que debemos confinar para evitar que se escapen, como los hámsteres y los ratones, evidentemente no dan mucha importancia a la relación que puedan tener con los humanos que encuentran a su alrededor.

Como reflejo del énfasis que la mayoría de la gente pone en el aspecto emocional de la relación propietario-mascota, los gatos y los perros tienen ahora un estatus mucho más alto que nunca dentro de las familias occidentales. A lo largo de la historia, algunas personas poco comunes han adorado a animales muy especiales —el ensayista del siglo XVIII Samuel Johnson alimentaba a sus gatos con ostras Hodge y Lily—, pero tradicionalmente se les ha considerado excéntricos. Hoy en día, ocho de cada diez dueños consideran que sus mascotas no solo forman parte de la familia, sino que tienen el mismo estatus que los miembros humanos. Más de tres cuartas partes de los animales domésticos estadounidenses gozan de un estatus equivalente al de los niños. A medida que aumenta nuestra esperanza de vida y se reduce el tamaño medio de los hogares, más personas se encuentran viviendo solas o como parejas sin hijos: las mascotas parecen llenar el vacío, sirviendo como seres a los que cuidar. El término «dueño de mascota», que para algunos implica un grado de dominio políticamente incorrecto, está dando paso en ciertos círculos a «padre de mascota» o «tutor de mascota».[17]

El aspecto emocional de la relación suele ir más allá del afecto unidireccional. Para algunos, las mascotas pueden parecer mucho más que eso, un sustituto de los lazos con otras personas, cada vez más difíciles de mantener. Sospecho que Caitlin Moran, galardonada columnista de *The Times*, apoyaría esta idea. Admite que «odia» a sus gatos cuando su marido y sus hijos están en casa, pero a los veinte minutos de que se vayan, escribe: «[Voy] en busca de los gatos por toda la casa y me los pongo sobre los hombros. Los adoro». Así que, al menos para ella, los gatos se convierten en un sustituto adecuado de las personas cuando no hay humanos adecuados cerca. Los gatos de Moran tampoco le han impedido tener hijos. Algunos han acusado a la «generación Y» de mimar tanto a sus mascotas que nunca llegan a tener descendencia propia.[18]

Recientemente, muchas personas han afirmado que la importancia de los animales de compañía va más allá de la simple gratificación emocional. Quienes desean promover la tenencia de animales de compañía parecen ansiar una justificación mayor que la simple felicidad que (la mayoría de) los dueños obtienen de sus mascotas. Muchos aluden a estudios que indican que los animales de compañía son la panacea para el estrés de la vida moderna. Sugieren que la compañía de un

---

[17] Kit Yarrow, «Millions on Pet Halloween Costumes? Why We Spend More and More on Pets», *Time*, 4 de octubre de 2012, http://business.time.com/2012/10/04/millions-on-pet-halloween-costumes-why-we-spend-more-and-more-on-pets.

[18] Caitlin Moran, «I'm Different When I'm Alone», *The Times*, 3 de mayo de 2014, http://www.thetimes.co.uk/tto/magazine/article4075131.ece. Sobre la acusación de que las mascotas son sustitutos de los niños, véase la nota 16.

animal puede hacer algo más que hacernos sentir bien; los supuestos efectos de las mascotas sobre la salud cardiovascular pueden alargar potencialmente nuestra esperanza de vida. La idea de los animales de compañía (sobre todo perros) como terapeutas, que en su día se tachó de delirio de lunáticos, está ahora tan ampliamente aceptada que apenas tiene interés periodístico, incluso para los editores que saben que los artículos sobre mascotas venden periódicos. De hecho, el concepto original de perro terapeuta se extiende ahora a otras especies, como los gatos e incluso los cerdos.[19]

Esta nueva concepción de los animales de compañía como potenciadores universales de la vida se ha extendido con notable rapidez, a pesar de que las pruebas científicas son decididamente parciales. Irónicamente, aunque la idea de los animales de compañía como terapeutas surgió en la consulta de un psicoterapeuta y la sugerencia de que los animales de compañía podrían mejorar la salud cardiovascular comenzó con un estudio de investigación de un profesor de ciencias de la salud, a la ciencia le ha costado seguir el ritmo del enorme cambio de la opinión pública con respecto a los animales de compañía. Guiados por una prensa entusiasta, la mayoría de los habitantes del Occidente contemporáneo parecen muy dispuestos a aceptar la idea de que la tenencia de animales de compañía es mucho más que un simple pasatiempo. La cultura popular promueve ahora ampliamente los animales de compañía como calmantes (aunque intente decírselo al dueño de un perro desobediente en el parque), prolongadores de la vida y capaces de sacar de su aislamiento incluso a los niños más discapacitados o perturbados.

Podemos buscar algunos paralelismos en la creciente popularidad de las medicinas alternativas y complementarias durante aproximadamente el mismo periodo. Por ejemplo, la homeopatía ha ganado una amplia aceptación en Europa. La industria de la homeopatía mueve en la actualidad más de mil millones de euros al año, a pesar de la opinión científica de que la mayoría de los remedios homeopáticos no contienen ningún principio activo y funcionan mediante una combinación

---

[19] Las mascotas venden periódicos: véase Matthew D. Atkinson, Maria Deam y Joseph E. Uscinski, 'What's a Dog Story Worth?', Political Science, octubre de 2014, 1-5, doi: 10.1017/S1049096514001103.

de sugestión y efecto placebo.[20] A diferencia de la homeopatía, al menos parte de la ciencia respalda los poderes curativos de los animales domésticos, pero es poco probable que esto explique la rápida y generalizada aceptación de la idea. Al fin y al cabo, los que toman medicamentos homeopáticos parecen estar encantados de ignorar las pruebas científicas, así que, ¿por qué los que creen que las mascotas pueden mejorar su salud deberían hacer mucho caso a la ciencia, apoye o no sus argumentos?

Quizá sea más interesante preguntarse por qué, en una época de supuesta razón, algunos tipos de animales domésticos están imbuidos de poderes casi místicos. En retrospectiva, podemos entender por qué nuestros antepasados menos informados creían que algunos animales tenían poderes mágicos —por ejemplo, los «espíritus amigos» que se les aparecían a los nativos americanos cuando entraban en trance— o, por el contrario, los consideraban responsables de calamidades de diversa índole; pensemos en los perros y gatos exterminados en Londres en 1666 por la creencia (errónea) de que eran portadores de la peste bubónica. Y, sin embargo, parece que nosotros no somos diferentes, aunque la idea de que algunos animales tienen malas intenciones mientras que otros intervienen activamente en nuestro favor ha dado paso a la noción de que todos son en general benignos, aunque de una forma involuntaria. ¿Qué hay en la naturaleza humana que desea tan desesperadamente creer en los poderes curativos de las mascotas?

No todos somos igual de susceptibles a los encantos de las mascotas. A muchos les resultan indiferentes y a otros les repelen. Algunos consideran que tener mascotas es perjudicial para el medio ambiente. Como los perros y, sobre todo, los gatos necesitan comer carne y, por tanto, su mantenimiento contribuye a prácticas agrícolas insostenibles, su impacto ambiental se ha comparado al de un todoterreno. Los gatos «matan» pájaros cantores y pequeños mamíferos. Los caballos ocupan pastos que podrían dedicarse a cultivos para consumo humano. Los pescadores de agua salada son acusados de arrasar los arrecifes de

[20] Dr. Ben Ambridge, «Why do we believe in homepathy? Ten Tricks the Brain Plays on Us», *Telegraph*, 15 de agosto de 2014, http://www.telegraph.co.uk/culture/books/11012900/Why-do-we-believe-in-homeopathy-Ten-tricks-the-brain-plays-on-us.html.

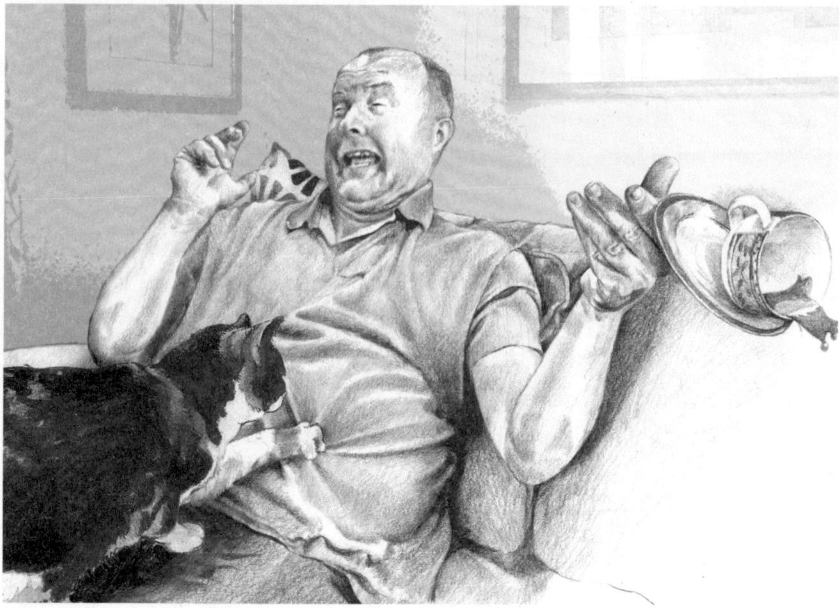

Aproximadamente una de cada veinte personas tiene fobia a los gatos.

coral en peligro de extinción. Tal vez para contrarrestar la propaganda positiva que han recibido los animales de compañía, estas objeciones parecen intensificarse.[21]

Algunos críticos de la tenencia de animales de compañía se preguntan si tal grado de inversión emocional puede ser saludable, tanto para el individuo en cuestión como para la sociedad en su conjunto. Del mismo modo que afirman que el dinero gastado en mascotas sería más útil para los seres humanos, se preguntan si la emoción derrochada en meros animales (que en su opinión no aprecian tanta atención) disminuye la consideración de los dueños de mascotas por otros seres humanos. Básicamente, afirman que en el mundo hay una cantidad finita de compasión y que los animales consumen más de la

[21] Nina Shen Rastogi, «The Trouble with Kibbles», *Slate*, 23 de febrero de 2010, http://www.slate.com/articles/health_and_science/the_green_lantern/2010/02/the_trouble_with_kibbles.html; Reuters, «Killer Cats:Deadly Pets Murderly Nearly 4 Billion Birds a Year», *Telegraph*, 30 de enero de 2013,http://www.telegraph.co.uk/news/worldnews/northamerica/usa/9836471/Killer-cats-deadly-pets-murder-nearly-4-billion-birds-a-year.html; «Fish in Tanks? No, Thanks!», PETA, http://www.peta.org/issues/companion-animal-issues/companion-animals-factsheets/ sh-tanks-thanks.

que les corresponde. Desde esta perspectiva, más que una bendición para la sociedad, los animales de compañía son como un cáncer, un crecimiento que absorbe recursos de los necesitados y solo proporciona a cambio una gratificación imaginaria.[22]

Cuando tienen la oportunidad, los entusiastas de las mascotas contraatacan. Cuando en febrero de 2016 la comentarista social Laura Marcus afirmó en un artículo de opinión en la página web de *The Guardian*: «Tu mascota no te quiere, solo está atrapada por ti: me resulta más fácil explicar el hecho de no tener hijos que mi aversión a tener mascotas», los lectores se le echaron encima. El moderador aprobó comentarios como «¡Blasfemia!», «Si consideras que cualquier animal es un *objeto*[22] es que te pasa algo». «Qué triste comentario... Elegir no tener relaciones es elegir la pobreza emocional». La pasión con la que muchas personas defienden su elección de tener animales de compañía demuestra hasta qué punto estos animales están arraigados en nuestra psique.

Marcus, sin embargo, simplemente expresaba una perspectiva personal. No estaba exhortando a otros a abandonar a sus queridas mascotas. Tampoco expresaba una aversión general a los animales: al contrario, empezaba su artículo diciendo: «Me encantan los animales, pero no siento la necesidad de tenerlos».

¿Por qué se acaloran tanto las discusiones sobre si está bien amar a los animales? Porque para muchos de nosotros los animales se han convertido en una prolongación de nosotros mismos, una forma de enriquecernos emocionalmente. Los dueños consideran a sus mascotas un reflejo de su personalidad, y los políticos astutos son plenamente conscientes de ello. En 2016, Marine Le Pen, líder del partido francés de extrema derecha Frente Nacional, «históricamente brutal», publicó fotos de sus gatos y gatitos en su blog en un aparente intento de presentarse como «un alma suave y sensible».[23] Hay que

---

[22] Con relación al título original del artículo mencionado en el que se hace referencia a las mascotas con el pronombre 'it', típicamente usado para animales y cosas en el idioma inglés, pero que se encuentra en desuso en lo referente a los animales de compañía, pues denota impersonalidad u objetivización *(N. de la E.)*.

[23] Adam Sage, «Cat-Loving Le Pen Shows Cuddly Side», *The Times*, 19 de marzo de 2016, 38.

hacerlo bien: las posibilidades de Mitt Romney como candidato a la presidencia de Estados Unidos se esfumaron al revelarse que una vez se había llevado a su perro de vacaciones en una jaula atada al techo de su coche.

Seguramente el afecto impulsa a los dueños a salir en defensa de sus mascotas, y también les hace creer que tener un animal en casa es cualquier cosa menos una frivolidad. Las mascotas son parte de la familia, y un ataque a una de ellas puede sentirse como una crítica a un pariente cercano. Las tendencias contemporáneas no pueden explicar sentimientos tan arraigados.

Tener mascotas no es en absoluto una afectación moderna. Numerosas pruebas demuestran que el afecto por los animales es una parte intrínseca de la naturaleza humana que ha determinado quiénes somos hoy y cómo hemos llegado hasta aquí.

Nuestras interacciones con los animales han determinado nuestra evolución mental y física. Nuestros cerebros se diferencian de los de otros mamíferos en nuestra ambición por hacernos una idea de lo que otros animales podrían estar pensando. Esta capacidad debió de evolucionar originalmente porque mejoraba nuestra eficacia como cazadores. Sin embargo, es evidente que vino con un giro inesperado: el respeto que los cazadores-recolectores actuales expresan por su presa sugiere que esa comprensión conlleva automáticamente un sentimiento no de superioridad despectiva, sino de afecto, que elevó nuestras relaciones depredador-presa por encima de la explotación sin más.[24] No mucho después de que desarrollaran ese sentido de camaradería con las bestias salvajes, nuestros lejanos antepasados empezaron a traer animales individuales a casa y a cuidar de ellos. Así comenzó la práctica que con el tiempo evolucionó hasta convertirse en la tenencia moderna de animales de compañía.

A lo largo de los miles de años que siguieron, los humanos siguieron teniendo animales de compañía, pero su afecto se fue reduciendo a medida que una pequeña selección de especies se domesticaba y se

[24] Un problema de la ganadería intensiva moderna es que parece facilitar la eliminación del respeto por el animal comido.

volvía más adaptable. También influyeron la moda y la economía, que restringieron la tenencia de animales de compañía a los pocos individuos que disponían de tiempo y recursos suficientes para ello, aunque el afecto por los animales de trabajo, especialmente perros y caballos, parece haber estado muy extendido. El deseo de establecer relaciones estrechas con los animales se ha manifestado a lo largo de toda la historia de la humanidad, aunque en formas muy diversas. No es descabellado considerar que se trata de un rasgo universal de la humanidad.

Ansiamos una conexión no solo con los animales, sino con la naturaleza en general. La urbanización ha alejado a la mayoría de nosotros de la naturaleza, pero evidentemente no ha erradicado nuestro anhelo por ella. Los animales (y plantas) que tenemos en casa, el placer que muchos de nosotros obtenemos cuidando jardines y visitando parajes naturales, todo ello habla de nuestro deseo de relacionarnos con el mundo natural.

Antaño, la supervivencia de la especie humana dependía de un conocimiento profundo de las plantas y de los animales que nos rodeaban: hoy en día, como tantas otras cosas, delegamos esa responsabilidad en unos pocos especialistas. En Occidente damos por sentado que los alimentos que consumimos son sanos, seguros y fáciles de conseguir. Nos horrorizamos cuando un simple ratón se cuela en nuestras casas. Nuestras vidas están tan higienizadas que nuestra salud, en lugar de mejorar al aislarnos de los gérmenes, se resiente por la falta de interacción con otras especies, en este caso, con los microbios.

Sin embargo, aunque nuestro estilo de vida nos aleja cada vez más de la naturaleza, gastamos mucho tiempo y dinero intentando reconectar con ella. La industria de la flor cortada genera unos 7000 millones de dólares al año en Estados Unidos; en el Reino Unido, las ventas combinadas de flores y plantas de interior alcanzan unos 2200 millones de libras anuales (lo que supone unos ingresos ligeramente superiores a los de la elogiada industria musical británica). En Europa continental, el gasto per cápita en flores y plantas para la casa es al menos el doble que en el Reino Unido. Y eso a pesar de la calidad cada vez mejor de las alternativas artificiales, que en cierto modo seguimos considerando inferiores a sus homólogas naturales.

Evidentemente, muchos de nosotros también sentimos la necesidad de volver a conectar con los animales. Nuestros hábitos de gasto delatan lo importante que puede ser esto. En el invierno de 2011-2012, el British Trust for Ornithology informó de que, a pesar de las presiones sobre los presupuestos familiares, el gasto en comida para pájaros de jardín seguía siendo elevado, especialmente entre las personas mayores de sesenta y cinco años. Más del 40 % de los hogares estadounidenses practican la alimentación de aves de jardín, una actividad aún más popular en el Reino Unido. Evidentemente, muchas personas deciden no vivir sin el placer que les proporcionan las aves silvestres.[25]

Por muy desconectados que parezcan del mundo natural, nuestros animales de compañía son, al fin y al cabo, animales. Dejando a un lado el sentimentalismo, la forma en que pensamos y nos relacionamos con ellos surge de nuestro viaje evolutivo del homínido al *Homo sapiens*. Fundamentalmente, somos primates muy evolucionados, portadores de un legado evolutivo que afecta a todo lo que pensamos, sentimos y hacemos. Si nuestro comportamiento fuera infinitamente flexible, estaríamos dispuestos a utilizar nuestras tecnologías para finalizar nuestro divorcio con la naturaleza. Y, sin embargo, parecemos curiosamente reacios a hacerlo, dando a entender que la interacción con plantas y animales satisface necesidades psicológicas que desafían la lógica pura. La tenencia de animales de compañía puede considerarse en el contexto más amplio de nuestro impulso, quizá irracional pero poderoso, de conectar con el mundo natural.

La tenencia de animales de compañía es una antigua tradición que ha evolucionado hasta convertirse en una costumbre moderna. A lo largo de su historia ha tenido que ver con muchos de los mismos tipos de animales: perros, gatos, pájaros e incluso cerdos. Creo que nuestro deseo de llenar nuestras casas de animales, cuando apenas tenemos necesidad práctica de hacerlo, es una forma de expresar lo que significa ser humano. Los animales han desempeñado un papel fundamental en nuestra evolución, primero, en la época de los cazadores-recolectores,

[25] «Bird Feeding Proves Recession-Proof», British Trust for Ornithology, febrero de 2012, http://www.bto.org/news-events/press-releases/bird-feeding-proves-recession-proof.

Gatos y guerra

Históricamente, la reputación del gato como asociado de Satanás justificaba todo tipo de tratos crueles, muchos de ellos no registrados. Un manuscrito recientemente desenterrado en la Universidad de Heidelberg describe una extraña propuesta para el uso de gatos durante el asedio de una ciudad fortificada: Franz Helm, un especialista en artillería del siglo XVI, aconsejaba a los atacantes «conseguir un gato de ese lugar» y atarle a la espalda «un pequeño saco como una flecha de fuego», luego «soltar al gato, para que corra hacia el castillo o la ciudad, y por miedo piense en esconderse. Cuando acabe en el heno o la paja del granero, se encenderá». Helm, evidentemente, había adquirido una comprensión del comportamiento de los gatos mientras permanecía completamente indiferente a su bienestar. [26]

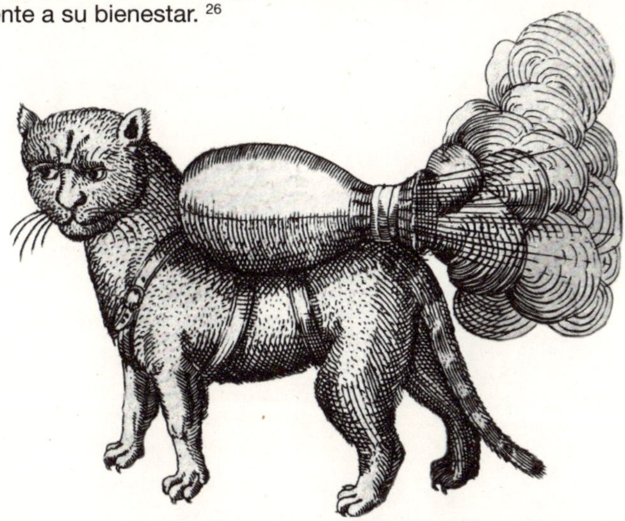

como importantes fuentes de proteínas, y después, tras la domesticación, como alimento y moneda. Culturalmente, los animales siempre han sido importantes para nosotros: las primeras pinturas rupestres muestran muchas más bestias que humanos, y los animales antropomorfizados dominan los cuentos infantiles actuales. Todo esto sugiere que nuestras interacciones con los animales pueden haber moldeado la estructura de nuestro cerebro, el órgano que más nos distingue de los demás mamíferos. Si esto es cierto, la tenencia de mascotas puede ser un hábito al que nuestra humanidad básica no nos permita renunciar.

[26] Associated Press, «Fur Flies over 16th Century "Rocket Cats" Warfare Manual», *Guardian*, 6 de marzo de 2014, http://www.theguardian.com/books/2014/mar/06/fur- ies-rocket-cats-warfare-manual.

CAPÍTULO 1

MASCOTAS ANTIGUAS...

Quizás nunca sabremos cuándo nuestros antepasados se convirtieron en algo más que simples cazadores y empezaron a entablar relaciones duraderas y personales con determinados animales. El registro arqueológico solo puede remontarnos 12 000 años atrás, hasta el primer enterramiento conocido de un perro con su amo, en lo que hoy es el norte de Israel. Pero este can fallecido hace tiempo no fue seguramente la primera mascota, aunque los perros fueran los únicos animales domesticados en aquella época. Mucho antes, si nos atenemos a los hábitos de las sociedades cazadoras-recolectoras del siglo XX, nuestros lejanos antepasados tomaron animales de muchas clases de la naturaleza y los criaron para que vivieran con las personas. Por tanto, nuestra capacidad de comprender y sentir afecto por los animales debe de ser un rasgo muy antiguo que probablemente surgió cuando nuestros cerebros evolucionaron a su forma actual, hace entre 50 000 y 30 000 años. Si esto es cierto, la tenencia de animales de compañía forma parte intrínseca de lo que es ser humano, por lo que deberíamos ser capaces de rastrear algún hilo conductor en esta práctica que trascienda tanto el tiempo como la cultura. Sin embargo, la historia documentada de la tenencia de animales de compañía solo puede contarnos la mitad de la historia. Como la bruma del tiempo oscurece sus orígenes, al buscar su esencia me centraré inicialmente en las muchas similitudes entre las relaciones con animales individuales en culturas contemporáneas por lo demás muy diferentes, que van desde los relictos cazadores-recolectores de la Amazonia hasta los miembros de la alta sociedad de Manhattan.[1]

No tenemos pruebas directas de que los pueblos anteriores al 10 000 a. C. tuvieran animales de compañía. Entre los animales que tenían los cazadores-recolectores debía de haber especies salvajes domesticadas, lo que dejaría pocas pruebas arqueológicas: sus restos serían imposibles de distinguir de los de animales sacrificados para la alimentación o mantenidos con otros fines, tal vez, rituales.

Como no tenemos pruebas del pasado prehistórico, debemos recurrir a las del siglo pasado. Un número notable de sociedades de cazadores-recolectores y horticultores a pequeña escala que persistieron en los siglos XIX y XX en zonas remotas del mundo —Amazonia, Nueva Guinea, el Ártico y otros lugares— nos permiten conocer los comportamientos de las primeras sociedades de la Edad de Piedra. Podemos empezar preguntándonos si los cazadores-recolectores ya tenían animales de compañía cuando fueron documentados por primera vez, antes de que tuvieran tiempo de adquirir el hábito de Occidente. Si lo hacían, al menos sabremos que la tenencia de animales domésticos es compatible con ese estilo de vida y, por tanto, podremos suponer con razonable seguridad que nuestros antepasados preagrícolas también los tenían.

Resulta que muchas sociedades paleolíticas a pequeña escala tenían algún tipo de mascota: a veces perros, pero sobre todo animales salvajes domesticados, capturados cuando eran jóvenes y criados como parte de la familia humana. Los nativos americanos y los ainu del norte de Japón tenían cachorros de oso; los inuit, cachorros de lobo; los cochimí de Baja California, mapaches; las sociedades indígenas amazónicas, tapires, agutíes, coatíes y muchos tipos de monos; los muiscas de Colombia, ocelotes y margays (dos especies locales de felinos salvajes); los yaguas de Perú, perezosos; los dinka de Sudán, hienas y monos; los nativos de Fiyi, zorros voladores y lagartos; los penanes de Borneo, osos sol y gibones.

---

[1] La idea de que nuestro cerebro se modernizó por completo hace unos 50 000 años se basa en las teorías expuestas por el profesor Steven Mithen en *The Prehistory of the Mind: A Search for the Origins of Art, Religion and Science* (Londres: Thames & Hudson, 1996).

A esta lista de animales de compañía podemos añadir un sinfín de especies de aves, apreciadas como mascotas desde Brasil a Malí, pasando por China. Muchas tienen un plumaje especialmente brillante, como los loros, los periquitos y los cálaos; otras, como el bulbul, cantan. La selección de algunos —como los casuarios, grandes aves no voladoras, apreciadas por los habitantes originales de Nueva Bretaña (parte de Nueva Guinea), y las palomas mantenidas como mascotas en Samoa— parece haber sido más arbitraria. Hoy en día, la disponibilidad de animales domésticos occidentales ha reducido parte de esta diversidad, pero las sociedades tradicionales, desde los toraja de las montañas de Indonesia hasta los tiv de África Occidental, siguen atesorando animales de compañía.[2]

Aunque las culturas tradicionales tienen una variedad extraordinariamente amplia de animales, un estudio reciente de sesenta de estas sociedades revela que los perros y los gatos son, sin embargo, los más omnipresentes. Está claro que esta preferencia no es tradicional en la mayoría de los casos, ya que perros y gatos llegaron a la mayor parte del mundo muy tarde. Es casi seguro que el perro fue domesticado (a partir del lobo euroasiático) por una o, posiblemente, varias sociedades de cazadores-recolectores varios miles de años antes de la aparición de la agricultura y que luego se extendió gradualmente por gran parte del planeta. Sin embargo, los perros eran desconocidos en algunas partes de Sudamérica (por ejemplo) hasta su llegada con los exploradores europeos, momento en el que desplazaron rápidamente al «perro de Aguara» local, un zorro domesticado mucho menos adiestrable. Así pues, la cría de perros puede remontarse a más de diez milenios en algunas sociedades, como la de los saami de Finlandia, pero solo a un par de cientos de años en otras. Los gatos, domesticados hace menos de 10 000 años en Oriente Próximo, son menos versátiles y habrían aparecido más recientemente que los perros en la mayor parte del mundo. La mayor prevalencia de los perros en las sociedades tradicionales estudiadas refleja

[2] Para muchos más ejemplos, véase el capítulo 4 de James Serpell, *In the Company of Animals* (Cambridge, Reino Unido: Canto, 1996); Francis Galton, «The First Steps Towards the Domestication of Animals», Transactions of the Ethnological Society 3 (1865): 122-38; Peter Gray y Sharon Young, «Human-Pet Dynamics in Cross-Cultural Perspective», *Anthrozoös* 24 (2011): 17-30.

esta cronología. Los perros aparecen en cincuenta y tres de las sesenta sociedades estudiadas, mientras que los gatos solo aparecen en la mitad.

Dado que tanto los perros como los gatos tienen usos prácticos además de la compañía, su estatus no siempre es fácil de determinar, dadas las barreras culturales y lingüísticas que a menudo existen entre los investigadores occidentales y los pueblos tradicionales. La encuesta reveló que aproximadamente un tercio de los grupos en los que había perros los trataban como mascotas; otro tercio no los veía con afecto, sino que simplemente los utilizaba como guardianes o para algún tipo de trabajo. Como era de esperar, los grupos que tenían gatos los consideraban útiles para el control de alimañas, por lo que dos de cada tres sociedades de este tipo esperaban que encontraran su propia comida. En las demás, sin embargo, ciertos individuos («propietarios») alimentaban de forma deliberada al menos a algunos de los gatos y los trataban como mascotas. Lo mismo ocurre con otras especies domésticas. Aproximadamente una de cada diez culturas tenía cerdos, caballos u otro tipo de mamíferos ungulados (vacas, camellos, búfalos de agua, ovejas) como mascotas; por supuesto, muchas más tenían estas especies como mero ganado.

Aunque están muy extendidos en estas sociedades tradicionales, los gatos, perros y otros animales domésticos familiares representan solo una minoría de la amplia gama de especies que se tienen como mascotas. El estudio registró muchos tipos de mamíferos domesticados, como primates de diversos tipos, zorros, osos, perritos de las praderas y ardillas de tierra. Más de una cuarta parte de las sociedades también tenían aves, aún más variadas que los mamíferos, como águilas, cuervos, loros, guacamayos, halcones y palomas. Aunque evidentemente se valoraban por su aspecto, la mayoría de las especies de aves tenían una inteligencia superior a la media (para las aves). Muchas establecieron relaciones duraderas con los humanos: por ejemplo, los yanomami de Sudamérica enseñaron a hablar a sus loros. En general, las aves servían más obviamente como mascotas que la mayoría de los mamíferos: casi todas recibían la mayor parte de la comida que necesitaban y muchas funcionaban como juguetes para los niños. Los peces son la única clase de animales domésticos que falta casi por completo en las sociedades tradicionales, presumiblemente porque para apreciarlos se necesita cristal para los acuarios. Una excepción: los polinesios de Samoa capturaban y luego domesticaban anguilas, las mantenían en agujeros en el suelo y silbaban para llamarlas a la superficie (dada la popularidad actual de los estanques de jardín, un renacimiento de esta práctica podría ser divertido).

En general, parece que la mayoría de estas sociedades están (o, hasta hace muy poco, estaban) mucho más integradas físicamente con los animales que nosotros en la actualidad. No es de extrañar, dado que muchas de ellas siguen dependiendo para su subsistencia de un profundo conocimiento del comportamiento de los animales que las rodean. Pero, sorprendentemente, las relaciones entre los humanos y los animales en estas sociedades a menudo van mucho más allá de lo puramente utilitario. Tratan a la mayoría de los animales que tienen en casa con gran consideración y amabilidad.

Por supuesto, nos resulta tentador contemplar estas relaciones entre humanos y animales a través de la lente de nuestra propia cultura de mascotas del siglo XXI y suponer una continuidad entre la tenencia de mascotas «entonces» (en las sociedades «paleolíticas» modernas) y ahora (en el Occidente industrializado). Aunque las relaciones entre humanos y animales dentro de estas tradiciones nos resulten sorprendentemente familiares, también muestran algunas profundas disimilitudes.

Para examinar las diferencias entre las mascotas modernas y los antiguos animales de compañía, debemos alejarnos de las generalidades y examinar casos individuales. Uno de los mejor estudiados es el de los guajá, una sociedad de cazadores-recolectores del estado de Maranhão, en el noreste de Brasil, famosa por tener un gran número de monos de compañía, una tradición que sus miembros se han resistido a abandonar, a pesar de que ahora saben que los monos actúan como reservorios de tuberculosis y, por tanto, suponen una amenaza real para la salud humana.

Los orígenes de esta tradición no son fáciles de determinar, dada la enrevesada historia reciente de los guajá. Su estilo de vida actual es probablemente consecuencia, directa o indirecta, de la colonización europea. En esto no son únicos: muchas de las llamadas sociedades primitivas que existen en la actualidad sobrevivieron emigrando lejos de los colonizadores, evitando así ser esclavizados o diezmados por enfermedades occidentales, como el cólera y la viruela, a las que no tenían resistencia natural. En el siglo XVIII, los guajá probablemente se dedicaban a la horticultura y vivían en zonas ahora ocupadas por otras tribus y personas de ascendencia europea. Es posible que incluso fueran esclavizados por los portugueses durante un tiempo, antes de emigrar hacia el este y volver necesariamente a un estilo de vida nómada. Obtienen gran parte de sus proteínas de la caza, alimentándose de pecaríes salvajes (el equivalente en el Nuevo Mundo del jabalí euroasiático) durante todo el año, de pescado en la estación seca y de monos, principalmente el mono aullador, en la estación húmeda.

Los hombres recogen a sus monos mascota durante la caza. Cuando matan a una hembra adulta —un aullador o, con menos frecuencia, un saki de barba negra, un mono lechuza o un tamarino— intentan capturar a cualquier cría dependiente y llevarla al poblado. Allí, entregan el mono a una de las mujeres, que decide si lo mata y se lo come o se lo queda como mascota. Si elige esta última opción, el monito recibe cuidados diligentes, tras lo cual se convierte en tabú hacerle daño o matarlo y comérselo, incluso si, como ocurre a menudo, hiere a personas una vez que ha crecido hasta la edad adulta. La palabra guajá para «mono mascota» se asemeja a la de «niño» y es muy distinta de la utilizada para describir otras mascotas, que incluyen coatíes, guatusas, pecaríes y tortugas (también tienen perros domésticos, que aunque son valorados como guardianes, supuestamente «carecen de alma» y a menudo sufren tratos crueles).

Lo más sorprendente es que las mujeres más jóvenes de la tribu amamantan a las crías de mono, a menudo junto a sus propios bebés. A medida que los monos jóvenes maduran, las mujeres premastican su comida, lo que les permite tomarla de la boca. Las mujeres guajá llevan a los monos a todas partes, y la mujer más anciana de una familia puede pasearse con tres o cuatro monos jóvenes enredados alrededor de los hombros y la cabeza.

La devoción de los guajás por los monos tiene un coste importante. Normalmente, el número de monos de una aldea equivale aproximadamente al de humanos, por lo que consumen una cantidad considerable de alimentos. Además, a medida que envejecen, la mayoría se vuelven pesados e incómodos de transportar, sobre todo los aulladores, que pueden pesar más de diez kilos. Pueden volverse agresivos, posiblemente como consecuencia de la escasa socialización debida a su orfandad. Por eso las mujeres guajá rara vez llevan monos adultos, a los que mantienen atados. Tarde o temprano, la mayoría escapan y regresan a la naturaleza.[3]

¿Cómo caracterizar la relación entre una mujer guajá y sus monos? Aunque intenso, hasta un punto insuperable en Occidente, el vínculo es menos poderoso en otros aspectos: en particular, no dura toda la vida del animal. A la mayoría de los dueños de perros modernos, por ejemplo, no se les ocurriría abandonar a Fido en cuanto llegara a la edad adulta. Pero las mujeres guajá destierran a los monos cuando sus simpáticas, portátiles y cariñosas mascotas se convierten en adultos pesados y gruñones. La relación también difiere en otros aspectos. Está explícitamente marcada por el género: aunque los hombres pueden tener otras mascotas, rara vez adoptan monos. Los monos también parecen tener una función decorativa para las mujeres, que los «llevan», casi como una forma de arte corporal. Y parece tener un componente competitivo, ya que las mujeres de más edad —los guajá son una sociedad matriarcal— tienden a llevar más monos.

¿Qué función cumplen los monos? En un sentido, la relación no es utilitaria: los monos salvajes se comen con regularidad, pero es tabú comerse un mono de compañía. Pero en otro, puede que sí: los monos jóvenes pueden desempeñar una función educativa. Al crecer con monos de varias especies, los chicos aprenden los hábitos y comportamientos de una presa importante. Los niños reciben pequeños arcos y flechas cuando aún son muy jóvenes y, a pesar de la prohibición de matarlos, utilizan a los monos como mascotas para practicar tiro al blanco (la educación de los niños entre los guajá es, para nuestros estándares, notablemente *laissezfaire*). Las niñas pospúberes reciben monos para que los cuiden antes de tener sus propios hijos, quizá para inculcarles valiosas habilidades de crianza.

Los guajá parecen equiparar a las crías de mono con sus propios hijos, antropomorfizándolas incluso más que nosotros a nuestros perros «de bolso». Por ejemplo, alimentan a sus monos de compañía con la misma dieta que ellos comen, incluida la carne de mono, aunque los guajá saben perfectamente que esa no es la dieta natural de los monos.

---

[3] Loretta Cormier, *Kinship with MonkeysThe Guajá Foragers of Eastern Amazonia* (Nueva York: Columbia University Press, 2003).

Sus perros, en cambio, se alimentan con lo que tienen a mano y tienen que buscar comida constantemente, incluidos los restos que dejan los monos. En esto, los guajá se parecen mucho a nosotros, que damos prioridad a una especie sobre las demás. De vez en cuando damos migas de pan a palomas y ardillas, pero reservamos el *filet mignon* para nuestros *cocker spaniels.*

Para nuestros ojos, el aspecto más inesperado, incluso desagradable, de la relación de las mujeres guajá con sus monos es la lactancia. Sin embargo, lejos de ser una aberración limitada a una tribu o solo a los monos (como animales más parecidos a los humanos), la lactancia de animales domésticos solía darse en sociedades a pequeña escala de todo el mundo y todavía se da en algunas, como demuestran muchos registros del siglo XX de sociedades aisladas de Oceanía y sus alrededores, especialmente de la península Malaya, Nueva Guinea, Melanesia, Micronesia y Polinesia. La lactancia de animales, incluidos monos y pecaríes, también estaba muy extendida en Sudamérica en el siglo pasado, mientras que los mayas amamantaban a cervatillos.[4] Nunca podremos estar completamente seguros de la antigüedad de la práctica de amamantar animales, pero no hay motivos para suponer que no estuviera extendida hace 30 000 años. En algunos casos, parece derivarse de una larga tradición y no implicar a ningún tipo de animal. Por ejemplo, las mujeres maoríes, que ya amamantaban cachorros, empezaron a amamantar lechones cincuenta años después de que los colonos europeos introdujeran el cerdo en Nueva Zelanda a mediados del siglo XIX.

En la mayoría de las culturas en las que los humanos amamantaban animales, normalmente habían obtenido crías huérfanas durante expediciones de caza. En algunos casos, criaban a los animales de forma especial. En Nueva Guinea, la lactancia de lechones solía ser casi omnipresente, pero las distintas tribus obtenían sus lechones de formas diferentes. En las tierras bajas, las aldeas no criaban cerdos deliberadamente, sino que castraban a todos los jabalíes domesticados y obtenían casi

[4] Frederick Simoons y James Baldwin, «Breast-Feeding of Animals by Women: Its Socio-cultural Context and Geographical Occurrence», *Anthropos* 77 (1982): 421-48. Estoy en deuda con James Serpell por facilitarme este documento.

todos los lechones del monte. La ausencia de cerdas lactantes obligaba a amamantar a los lechones. En las tierras altas, las aldeas solían tener uno o varios jabalíes y criaban a los lechones, que las mujeres amamantaban solo si la cerda madre carecía de leche o moría.

El cerdo no es ni mucho menos la única especie amamantada y luego devorada por el hombre. En el norte de Japón, los ainu, originariamente una sociedad de cazadores-recolectores, mantienen una relación especial con los osos pardos ussuri, probablemente antepasados del oso pardo americano. En su religión, Kim-un Kamuy, el dios de los osos, es una de las tres deidades más importantes. Hasta mediados del siglo XX, la caza del oso era una actividad socialmente importante, y su carne sigue considerándose un manjar. Los ainu solían cazar osos al salir de la hibernación, cuando aún no se habían alimentado ni recuperado fuerzas y eran más fáciles de capturar. Los miembros de la tribu mataban inmediatamente a los osos adultos y se daban un festín con su carne, pero se llevaban a los oseznos capturados al poblado, donde las mujeres los cuidaban y les daban de comer comida premasticada (véase la ilustración cercana). A medida que crecían, los osos jóvenes se volvían difíciles de controlar, por lo que se les encerraba en jaulas. Esto puede parecer cruel para nuestra sensibilidad moderna, pero estaban bien alimentados y consumían tanta comida como todos los miembros humanos de la familia juntos. Luego, cuando el oso crecía —entre uno y tres años—, los ainu lo sacrificaban ritualmente y exhibían su cráneo sobre un poste de madera en el suelo. En estas ceremonias, la mujer que había criado al oso desde cachorro mostraba un gran dolor, e incluso atacaba a los asesinos del oso con una rama de árbol. No está claro qué parte de su emoción era genuina y qué parte era ritual, ya que más tarde en el evento podría unirse a las danzas que siguieron a la matanza.

Mientras que los guajá prohíben matar a sus monos amamantados, otras culturas no siguen la misma proscripción. Los nativos polinesios de Hawai, que amamantaron a perros hasta hace al menos cien años, a veces utilizaban a los animales como chivos expiatorios rituales: la madre de un niño que había muerto mataba a un perro al que había amamantado de cachorro, y ambos compartían tumba. En otros lugares de la Polinesia, la gente comía de forma habitual cachorros amamantados, de los que se decía que producían la carne más sabrosa.

Mujer ainu amamantando a un osezno.

Las sociedades de pequeña escala solían amamantar a los perros, probablemente porque eran los animales de compañía más extendidos entre ellas, pero el contexto cultural y el destino final del animal variaba de una sociedad a otra. Los seri del noroeste de México y los arapaho de Wyoming solo permitían mamar a los cachorros de las mujeres que producían demasiada leche, al parecer porque creían que así mejoraba la calidad de la leche que tomaba el bebé de la mujer. Los onge de las islas Andamán amamantaban a los perros de forma rutinaria pero exclusiva (nunca a las crías de animales salvajes que recogían) y mostraban un gran afecto por estos cachorros criados a mano, a los que valoraban tanto como compañeros o como ayudantes en la caza. La tradición entre los tupinambá de Brasil y los arawak de Surinam sostiene que los perros amamantados se convierten en mejores compañeros de caza que los amamantados por sus madres. En Australia, los cazadores aborígenes solían recoger cachorros de dingo y amamantarlos (el dingo es un perro asilvestrado, descendiente de perros domésticos que se volvieron salvajes hace unos 3000 años). Rara vez o nunca se comían a estos cachorros, aunque sí podían hacerlo con otras mascotas amamantadas. Los cachorros de dingo servían de mascotas para los niños y de calientacamas para los adultos hasta que se convertían en una molestia, momento en el que se les animaba a volver a la naturaleza. Así pues, la cultura específica determinaba el significado de un cachorro amamantado: algunos comían perros amamantados, otros los sacrificaban, algunos los adiestraban como perros útiles de trabajo y otros los adoraban como mascotas durante toda su vida.

Todo esto demuestra que, aunque amamantar a los animales nos parece asombrosamente íntimo, no siempre genera un profundo apego emocional. Es probable que interviniera un factor nutricional subyacente: la disponibilidad de alimentos alternativos adecuados para mamíferos no destetados. Tenemos pocas pruebas históricas de que las mujeres amamanten a los animales en lugares con amplio acceso a la leche de animales domesticados: Europa y África, por ejemplo. Allí, los mamíferos huérfanos, ya fueran criados como alimento, con fines rituales o como mascotas, podían beber leche obtenida de animales de granja. En lugares sin acceso a la leche animal hasta hace relativamente poco tiempo (por ejemplo, las Américas y las islas del sudeste asiático), la lactancia proporcionaba alimento a animales que, de otro modo, habrían perecido.

En la mayoría de los casos, una mujer que amamanta a una cría paga un coste nutricional. ¿Cuál podría ser la recompensa posterior? Una vez adiestrado, un perro de caza bien socializado, amamantado desde cachorro, podría ayudar al marido de una mujer a adquirir una gran cantidad de alimentos. Pero ¿cómo explicar costumbres como las de los guajá, que no se comen a los monos que recogen cuando son bebés y solo parecen establecer vínculos con ellos durante los primeros años de vida de los animales? En estos casos, quizá amamantar a los animales mejore el estatus de la mujer y, por tanto, sus posibilidades de éxito reproductivo y las de su familia. La familia ainu que proporciona el oso en cada banquete ritual aumenta su estatus durante todo el año siguiente. Entre los guajá, el poder reside en la abuela que lleva más monos.

Dado que las sociedades occidentales animan a las mujeres a amamantar a sus propios hijos solo en privado, la lactancia humana de animales parece tan extrema que corremos el riesgo de darle demasiada importancia. Debemos evitar proyectar significados modernos en prácticas antiguas. El hecho de que las mujeres de otras culturas interactuaran con los animales de formas que a nosotros nos parecen insondablemente intensas no significa que los consideraran de inmediato«mascotas» en el sentido en que nosotros utilizamos la palabra. Muy pocos de nosotros podemos imaginarnos amamantando al perro Spot, y aún menos podríamos aceptar hervirlo en una olla y servirlo para cenar. Pero ambas posturas reflejan normas culturales: mientras que hoy en día casi no se amamanta a los cachorros, en Extremo Oriente los perros se siguen criando específicamente para la carne.

Incluso cuando los comportamientos de otras sociedades se parecen a los nuestros, no podemos suponer equivalencias. Las personas de culturas muy diferentes que tratan a los animales con mucho afecto no son necesariamente «como nosotros». Sus motivaciones pueden diferir mucho de las nuestras. Por ejemplo, aunque algunos nativos del Amazonas aborrecen la idea de comerse un animal que se ha convertido en «mascota», el trasfondo ético de su actitud puede variar bastante del que subyace a nuestros tabúes sobre matar y comer mascotas. Aunque la tenencia de animales de compañía en sociedades a pequeña escala puede incluir prácticas que entran en conflicto con nuestra sensibilidad moderna, su relevancia para la tenencia moderna de animales de compañía radica en la naturaleza del vínculo emocional entre el animal y su dueño.

Los cazadores-cazadores tenían una relación con los animales mucho más compleja que la que tenemos hoy en día los occidentales. En sus sociedades, los animales cumplen una función esencial (como alimento) y otra simbólica. Por ejemplo, cuidar de una cría huérfana puede representar una expiación por el daño causado a sus congéneres durante la caza. Los huaorani, un pueblo amazónico que vive en Ecuador, adoptan crías de mono y otros animales de la selva, al igual que los guajá, a unos 5000 kilómetros de distancia. Cuando cazan monos adultos, utilizan cerbatanas para disparar dardos envenenados y luego atribuyen la muerte del animal no al dardo sino a la planta de la que extrajeron el veneno, como para distanciarse del hecho. Tras matar a una hembra, intentan capturar a las crías que aún dependen de ella. Las crías huérfanas de mono y otras crías de mamíferos y aves traídas a casa tras las expediciones de caza no solo se domestican, sino que se adoptan como miembros de una familia ampliada con miembros humanos y animales y se les alimenta con frutas selectas. Las águilas arpías domesticadas comen la carne de los monos adultos cazados. A su muerte, estos animales reciben entierros ceremoniales.[5]

Tales rituales tuvieron lugar en el Paleolítico. En un ejemplo especialmente llamativo de hace 16 000 años en Jordania, los arqueólogos descubrieron el cráneo de un zorro rojo enterrado junto a los restos de una mujer sobre una capa de ocre rojo, un pigmento de especial valor y significado ritual. Y lo que es aún más sorprendente, lo más probable es que se tratara de un nuevo enterramiento tanto de la mujer como del zorro, ya que algunas partes de sus esqueletos permanecen en otra tumba cercana. Al parecer, quien trasladó el cuerpo de la mujer conocía su relación con el zorro y trasladó con ella los restos más evidentes del animal, sobre todo el cráneo. Parece inverosímil que el zorro muriera casualmente almismo tiempo que la mujer, sino que casi con toda seguridad lo mataron cuando ella murió, presumiblemente para que pudiera acompañarla al más allá. Aunque lo consideremos innecesariamente cruel, indica una relación muy especial entre ambos. Nunca sabremos con exactitud cuál era esa relación, pero como no existen pruebas de domesticación de zorros allí ni en ningún otro lugar durante otros 12 000 años, podemos suponer razonablemente que este zorro había sido obtenido de la naturaleza como cachorro no destetado, al estilo de otras mascotas paleolíticas. Los zorros rojos, domesticados o no, no tienen ningún uso conocido en las sociedades de cazadores-recolectores, excepto como fuente de pieles, por lo que, probablemente, este individuo no era ni más ni menos que un compañero muy querido.[6]

Las creencias sobre los animales forman parte esencial de la vida espiritual de estas sociedades a pequeña escala. El papel de los animales, y por tanto el trato que reciben, puede variar mucho según las tradiciones de cada sociedad. Por ejemplo, en la Amazonia, los aché convierten en mascotas a los coatis (carnívoros parecidos a los mapaches que viven en grupo), pues creen que sus parientes salvajes transportan las almas humanas a la tierra de los muertos. En cambio, los vecinos

---

[5] Laura Rival, «The Growth of Family Trees: Understanding Huaorani Perceptions of the Forest», Man, n.s. 28 (1993): 635-52.

[6] Lisa Maher y otros, «A Unique Human-Fox Burial from a Pre-Natu an Cemetery in the Levant (Jordan)», PLoS ONE 6 (2011): artículo e15815.

araweté creen que los coatíes se alimentan de cadáveres humanos. No solo no los tienen como mascotas, sino que prenden fuego alrededor de las tumbas recién cavadas para ahuyentar a los coatíes cercanos.[7]

Así, aunque todas las relaciones personales estrechas con los animales deben conllevar cierto grado de afecto, hay otros factores que impulsan la tenencia de animales de compañía en las sociedades paleolíticas actuales. Los animales no solo tienen una importancia espiritual, sino que su posesión puede reportar beneficios más tangibles en forma de estatus y prestigio. De hecho, en ausencia de tabúes, los animales tratados como mascotas cuando la comida es abundante pueden convertirse en una cómoda «despensa ambulante» de proteínas cuando la caza fracasa: los campa de Perú y los yupa de Colombia consumen antiguos animales de compañía en contextos no ceremoniales.[8]

Las diversas relaciones de las sociedades de cazadores-recolectores actuales con los animales apuntan a un panorama igualmente complejo desde hace 30 000 años, a finales del Paleolítico, antes de la domesticación de cualquier animal. Para entonces, la relación entre los humanos y los animales que les rodeaban ya había avanzado mucho más allá de la de cazador y presa. La mayoría de estas sociedades eran grupos multiespecíficos formados por familias humanas, cada una de ellas con una selección de crías de animales salvajes que criaban junto a sus hijos. Como estas sociedades carecían de animales domésticos productores de leche, la lactancia de mamíferos huérfanos era probablemente más o menos omnipresente. Aunque nunca podremos estar seguros, es difícil imaginar cómo podían mantenerse estas relaciones sin sentimientos de profundo afecto por el animal en cuestión, a pesar de la probabilidad de que acabara en la mesa o fuera devuelto a la naturaleza una vez que se hubiera convertido más en una molestia que en un compañero.

Así pues, la capacidad de nuestra especie para entablar una relación afectiva con un animal se remonta probablemente a principios del Paleolítico Superior, hace unos 50 000 años. Esa época es anterior

[7] Philippe Erikson, «The Social Significance of Pet Keeping Among Amazonian Indians», en *Companion Animals and Us: Exploring the Relationships Between People and Pets*. Anthony Podberscek, Elizabeth Paul y James Serpell (Cambridge: Cambridge University Press, 2000), 7-26.

[8] Ibid.

a la domesticación de cualquier animal, por lo que los cuidadores de mascotas deben haber obtenido todos sus animales en la naturaleza, a diferencia de sus equivalentes modernos en la Amazonia y Nueva Guinea, que han encontrado que los perros, gatos y cerdos domésticos importados son más fáciles de mantener que las mascotas capturadas en la naturaleza. Sin embargo, hace tan solo un siglo, junto a sus cachorros, gatitos y cerditos, casi todos seguían teniendo como mascotas animales tradicionalmente adoptados de la naturaleza, lo que demuestra que, si bien la elección de mascotas reflejaba cada vez más opciones importadas recientemente de otros lugares, la tenencia de mascotas es en sí misma muy antigua.

La tenencia de mascotas entre los cazadores-recolectores modernos también demuestra el impacto de la domesticación. Aunque esta práctica comenzó con animales salvajes, evolucionó de tal forma que esos animales cambiaron su naturaleza para hacerse más compatibles con las necesidades prácticas y emocionales de sus dueños. La transición clave se produjo cuando algunas mascotas paleolíticas empezaron a criar en cautividad. Antes, no habría existido ningún mecanismo por el que el cautiverio pudiera alterar la genética de los animales. Sin duda, serían mucho más fáciles de domesticar y socializar (en general, cuanto más joven es el animal salvaje cuando se lo arrebatan a su madre, más fuerte es el vínculo que desarrolla con su captor, por lo que los animales amamantados habrían sido a menudo más dóciles que los capturados poco después del destete). La mera experiencia de vivir con personas no habría afectado a la genética de estas primeras mascotas —que, en cambio, fomentaban la capacidad de sobrevivir y reproducirse en la naturaleza—, por lo que no habría dejado huella en la especie en general. Por otra parte, la cría en el seno de la «familia» humano-animal habría ofrecido la posibilidad de un cambio genético. No necesitamos invocar intentos deliberados de producir una mascota mejor por parte de los humanos en cuestión. El progreso hacia la domesticación habría conllevado simplemente una tendencia de los animales más aptos para vivir con personas a quedarse y reproducirse, mientras que los menos dóciles habrían regresado a la naturaleza, por voluntad propia o animados por sus ahora poco entusiastas dueños. Los animales nacidos cerca de personas pueden adaptarse a la vida en una sociedad mixta desde el primer día; no es necesario domesticar a cada individuo desde cero. En este contexto, la selección natural favorece a los animales más aptos para criar junto a los humanos, cambiando gradualmente su temperamento para adaptarse mejor a las necesidades humanas.

Acumulados a lo largo de miles de generaciones, estos cambios pueden ser extremadamente poderosos. Los cerebros de los perros domésticos contienen diferencias irreversibles con los de sus antepasados, varios lobos euroasiáticos, de modo que pueden aprender casi sin esfuerzo a interpretar y reaccionar ante el comportamiento humano. Los gatos domésticos, aunque conservan un aire de inescrutabilidad, están, sin embargo, muy lejos de sus antepasados salvajes, que no solo son casi imposibles de domesticar, sino que además son totalmente incapaces de coexistir con otros miembros de su propia especie, y mucho menos con otras especies.

Aunque la domesticación de animales (y plantas) es una característica definitoria de la transición del Paleolítico al Neolítico hace unos 10 000 años, la domesticación del perro a partir del lobo se produjo mucho antes, cuando todos los humanos vivían como cazadores-recolectores de un tipo u otro. Teníamos perros antes de inventar la escritura, antes de tener casas permanentes, antes de cultivar. Los detalles precisos de cuándo y dónde se produjo por primera vez esa domesticación siguen siendo objeto de debate. Los arqueólogos han encontrado restos de animales parecidos a perros de hace unos 30 000 años en Bélgica y la República Checa, aunque por el momento no se sabe si eran los antepasados directos de los perros actuales, una especie semidomesticada que se extinguió o un tipo de lobo poco común que ya no existe. Algunos científicos afirman que el perro doméstico no se originó en Europa, sino en Siberia o el sur de China. Quizá los lobos se domesticaron en varios lugares y se cruzaron con gusto en cuanto sus amos humanos establecieron rutas comerciales internacionales, muchos miles de años después, confundiendo así las pruebas.[9]

---

[9] James Gorman, «The Big Search to Find Out Where Dogs Came From», *New York Times*, 18 de enero de 2016, http://www.nytimes.com/2016/01/19/science/the-big-search-to-and-out-where-dogs-come-from.html.

El camino del lobo salvaje al perro doméstico, la primera especie doméstica, no pudo haber sido sencillo y probablemente no fue deliberado: no habría existido ningún precedente para la idea de que un animal salvaje pudiera reproducirse en cautividad. La teoría que prevalece actualmente sostiene que los perros se domesticaron a sí mismos, descendiendo de un tipo inusual de lobo que ya no existe en estado salvaje. Estos lobos se habrían diferenciado de sus recelosos congéneres actuales en que eran lo bastante tolerantes con los humanos como para pasar gran parte de su tiempo rebuscando en los alrededores de sus campamentos. Adoptar a sus cachorros como mascotas habría sido fácil, iniciando el proceso de selección genética hacia la domesticación y, finalmente, el adiestramiento. Al principio, estos primeros «protoperros» podrían haber servido como dispositivos de alerta temprana (lo que explica por qué los perros son mucho más propensos a ladrar que los lobos) y posiblemente como trituradores de residuos. Hasta que no fueron capaces de establecer vínculos sociales con los humanos, no fueron lo suficientemente controlables como para prestar un servicio útil en las expediciones de caza. Así pues, aunque la utilidad habría sido la motivación habitual para tener un perro en el Paleolítico, esa utilidad se habría derivado de los lazos afectivos. Dejando a un lado al perro guardián esclavizado y encadenado, la eficacia de los perros se debe a su atención y deseo de agradar a las personas. El cachorro amado que se ha adaptado bien a los humanos con los que pasará el resto de su vida será el más atento y el más fácil de adiestrar. A diferencia de la mayoría de los animales domésticos que aparecieron más tarde, la relación entre el perro y su amo es fundamentalmente emocional. El enorme número de enterramientos de perros desenterrados en el periodo comprendido entre hace 14 000 y 4000 años indica la estima que las sociedades prealfabetizadas tenían por los perros. Uno de los más antiguos y quizá mejor conocidos procede del valle del Alto Jordán, donde los arqueólogos descubrieron el esqueleto de un humano anciano (aunque ambos esqueletos estaban en su mayor parte bien conservados, la pelvis del humano estaba demasiado dañada para determinar su sexo), con la mano apoyada en el pecho de un cachorro, al que quizá mataron para enterrarlo. Fechada hace unos 12 000 años, la cultura que enterró a esta pareja, los natufianos, estaba en la cúspide de la transición de cazadores-recolectores a agricultores sedentarios.

La posición de los dos esqueletos sugiere una relación muy estrecha y afectuosa entre el humano y el animal, como si el cachorro estuviera destinado a acompañar a su dueño en el más allá.

Dado que los perros pueden ser tanto sirvientes como compañeros, no podemos asumir automáticamente que un perro hallado intacto era una mascota. A pesar de la documentación de antiguos enterramientos de perros en todo el mundo, las motivaciones parecen variar de un lugar a otro y de una época a otra. En muchas tumbas, el perro enterrado se ha colocado cuidadosamente como si hubiera sido el «mejor amigo» de alguien, pero es difícil saber con precisión qué significaba el concepto de «amigo» para las personas que llevaron a cabo el enterramiento.[10]

Algunos enterramientos de perros formaban parte de un ritual de sacrificio. Los antiguos egipcios, famosos por criar, matar y momificar millones de gatos domésticos, hacían lo mismo con los perros, aunque en menor medida. Aproximadamente en la misma época, hace unos 2500 años, los persas que vivían en el actual sur de Israel crearon vastos cementerios de perros. Los arqueólogos han excavado más de 1200 perros y cachorros en un yacimiento de Ashkelon y han llegado a la conclusión de que la mayoría no eran mascotas, sino perros callejeros asilvestrados, muchos de los cuales murieron aparentemente por causas naturales. No hay registros escritos que indiquen el significado espiritual de estos enterramientos ni por qué los persas sentían más aprecio por los perros callejeros que por sus propios perros. Durante el milenio anterior al nacimiento de Cristo, las concepciones de los perros eran evidentemente muy variadas: se cree que los hititas, que habitaban lo que hoy es Turquía oriental, atribuían poderes curativos especiales a los cachorros, tanto vivos como sacrificados deliberadamente. Un cementerio chino de hace 1000 años contenía más de cuatrocientos perros, cada uno debajo de un humano, lo que indica que habían sido sacrificados al morir sus amos y enterrados con ellos. En los cementerios de perros más antiguos descubiertos en Estados Unidos, en el valle Green River de Tennessee, algunos perros estaban enterrados solos, mientras que otros estaban enterrados junto a personas.

---

[10] Véase el capítulo 7 de Darcy Morey, *Dogs: Domestication and the Development of a Social Bond* (Cambridge: Cambridge University Press, 2010).

A veces, los detalles del enterramiento nos permiten adivinar por qué se enterró a un perro concreto. En uno de los primeros yacimientos europeos, Skateholm,Suecia, los arqueólogos descubrieron catorce tumbas de perros de hace unos 6000 años. En cuatro casos, los perros estaban enterrados junto a personas, aunque la mayoría tenían sus propias tumbas, sobre todo en el borde del cementerio, en una zona donde también se concentraban las tumbas de niños, como si perros y niños se consideraran de algún modo equivalentes. Al menos un perro había recibido un entierro elaborado, con la tumba cubierta de ocre. Junto a él había ajuares funerarios, que normalmente solo se encuentran en los enterramientos humanos, objetos preciosos que acompañan al animal en la otra vida. En este caso, se trataba de tres cuchillos de sílex y un martillo de cornamenta de ciervo rojo (véase la ilustración).

Aunque los enterramientos de perros han continuado a lo largo de la historia, esta práctica parece haber disminuido a medida que las sociedades se asentaban y adoptaban la agricultura. Una teoría sostiene que muchos de estos enterramientos europeos más recientes reflejan la relación especial entre perro y cazador, más que entre mascota y dueño devoto.[11]

Es posible que la mayoría de los perros enterrados de forma especial fueran, más que animales de compañía, compañeros de caza preferidos que sus amos necesitaban en la otra vida o perros sin dueño sacrificados con fines espirituales o supersticiosos. Sin embargo, algunos ejemplos apuntan a una relación principalmente afectiva. Uno de los perros enterrados hace unos 7000 años en un antiguo cementerio de Anderson, Tennessee, había sufrido varias heridas a lo largo de su vida, todas ellas curadas. Este perro había envejecido lo suficiente como para sufrir artritis y, al menos durante los últimos años de su vida, no habría sido un buen compañero de caza. Esto sugiere que su dueño lo cuidaba por puro afecto.

Aunque las mujeres solían desempeñar un papel menos importante en la caza que los hombres, también se enterraba a los perros con ellas.

---

[11] Angela Perri, estudiante de posgrado, propuso por primera vez esta teoría en la reunión de 2010 en París de la Conferencia Internacional de Arqueozoología. Véase Michael Balter, «Burying Man's Best Friend, With Honour», *Science*, 17 de septiembre de 2010, http://www.sciencemag.org/content/329/5998/1464.2.full.

La tumba de un perro en Skateholm.

Uno de estos enterramientos de hace poco más de 4000 años, hallado en los actuales Emiratos Árabes Unidos, recuerda notablemente a la tumba natufiana de unos 8000 años antes. Más o menos de la misma época, pero al otro lado del mundo, en Indian Knoll, Kentucky, un cementerio contenía seis perros enterrados con mujeres, seis con hombres y ocho enterrados solos. Lo más probable es que los perros enterrados con mujeres fueran mascotas.

Otros indicios sugieren que en algunas culturas los perros se convertían, si no en mascotas tal y como las concebimos hoy, al menos en criaturas con personalidad propia. Hace unos 3000 años, los egipcios enterraron a algunos perros de una forma que indica que los apreciaban más por su compañía que por sus usos prácticos. Los jeroglíficos de sus lápidas nos dicen que los egipcios daban a algunos de sus perros nombres humanos, en lugar de nombres de animales, lo que recuerda la sustitución de «Fido» y «Buster» por «Max» y «Sam» en Occidente a finales del siglo XX.

Así pues, podemos rastrear el afecto que sienten los actuales propietarios de perros por sus mascotas miles de años atrás en un hilo continuo, a través de nuestros antepasados agricultores hasta nuestros más lejanos antepasados cazadores-recolectores. En todo ese tiempo, los dueños valoraban a los perros domesticados como compañeros de caza y guardianes, pero la base subyacente de la relación era el afecto que los perros mostraban a sus amos, demostrado por su capacidad de adiestramiento. A lo largo de los siglos, los dueños de los perros reconocieron y correspondieron a ese afecto: los enterramientos de perros junto a sus cariñosos amos (y amas) proporcionan la prueba más duradera del periodo prehistórico de relaciones afectuosas que se prolongaron durante toda la vida del animal.

¿Qué hay de los gatos? Los gatos empezaron a ser domésticos, en el sentido de que cazaban dentro de los asentamientos humanos, en algún lugar del Creciente Fértil hace unos 10 000 años, pero las primeras pruebas de gatos domésticos completamente domesticados no aparecen hasta hace unos 3 500 años, en obras de arte egipcias. Los antiguos egipcios tenían muchos tipos de animales exóticos como mascotas, incluidos monos, guepardos y pequeños ciervos, pero estaban casi obsesionados con los gatos domésticos. Su arte más formal a menudo representaba a los gatos como compañeros de las mujeres aristocráticas —sus maridos preferían posar con sus perros—, pero también tenemos pruebas de que los gatos domésticos se convirtieron en una característica de muchos, quizá la mayoría, de los hogares de todos los estratos de la sociedad, ya que a menudo aparecen en bocetos realizados por artistas del templo para su propia diversión. El historiador griego Heródoto relató hace 2 500 años que los egipcios veneraban tanto a sus gatos domésticos que, cuando uno moría por causas naturales, toda la familia se afeitaba las cejas en señal de respeto. No cabe duda de que los antiguos egipcios también valoraban a los gatos por sus habilidades para controlar las alimañas —parece ser que encontraban especialmente impresionante su capacidad para disuadir a las serpientes—, pero los apreciaban también como animales de compañía. Posteriormente, los gatos se extendieron desde Egipto por el Mediterráneo y, gracias a los comerciantes fenicios, llegaron a Inglaterra hace 2300 años. Sin embargo, la gente los valoraba sobre todo como cazadores, no como mascotas. Aun así, es difícil imaginar que un gato fuera de servicio dormitando junto a la chimenea y no suscitara afecto dondequiera y cuandoquiera que se encontrara.[12]

A medida que avanzaba la civilización y las pequeñas sociedades de cazadores-recolectores daban paso a las élites urbanas y a poblaciones rurales sometidas, la cría de animales domésticos entró en una fase de todo nueva. En las comunidades generalmente igualitarias del Paleolítico, todo el mundo podía tener animales de compañía, mientras que en las sociedades altamente estratificadas de los imperios egipcio, griego y romano, y hasta el siglo XX, los más pobres tenían pocas oportunidades de adquirir animales de compañía por sí mismos. Eso no quiere decir que no sintieran afecto por perros y gatos, pero esos animales tenían que ganarse el sustento. En general, las pruebas que se conservan sugieren que, desde la época clásica (siglos V y IV a.C.) hasta finales del siglo XIX, los animales de compañía formaban parte de la vida de los miembros más ricos de la sociedad. Como los menos acomodados dejaban inevitablemente menos huellas de sus vidas, solo podemos adivinar cómo interactuaban con sus animales; sin duda tenían menos tiempo y menos recursos para dedicarles. No fue hasta el siglo XIX, con el auge de las clases medias, cuando volvió a generalizarse la tenencia de animales de compañía por sí mismos.

Las artes visuales del periodo clásico revelan el elevado estatus de los animales domésticos, especialmente los perros. Las tumbas griegas muestran perros y, en ocasiones, gatos que miran con adoración a sus amos, mientras que las tumbas infantiles incluyen a veces representaciones de aves. El arte griego de la época incluye representaciones de gatos —por ejemplo, un gatito sentado en el hombro de un niño— que indican claramente su condición ocasional de mascotas. Los antiguos romanos que criaban perros de juguete solo podían tenerlos como compañeros (el conocido mosaico pompeyano de un perro encadenado, con la inscripción «*cave canem*», muestra que muchos otros perros servían sobre todo como guardianes). Una talla de una tumba romana representa a una dama a la moda con lo que parece un perro

[12] Para un relato más detallado de la domesticación del gato, véase mi *Cat Sense* (Nueva York: Basic Books, 2013).

faldero asomando por debajo de su axila (véase la ilustración cercana). Los perros también aparecen en las tumbas de los niños, algunos tranquilamente acurrucados, otros parecen invitar al niño a participar en un juego. Al otro lado del mundo, en China, la aristocracia tenía perros falderos que se parecen mucho a los actuales pequineses.

Aunque resulte tentador pensar que todos estos perros eran simples mascotas, es posible que también tuvieran un significado simbólico para sus dueños. El mundo antiguo ya consideraba a los perros símbolos de fidelidad: tras unos 10 000 años de domesticación, probablemente sentían el grado de apego a sus dueños que vemos hoy en día. Además, los antiguos griegos y romanos creían que los perros (y muchos otros animales) tenían vínculos con el inframundo, lo que quizá explique por qué aparecen tan a menudo en las tumbas.

El paso de la caza, la recolección y el nomadismo a la agricultura sedentaria y la cría de animales parece haber provocado un profundo cambio en el trato de la gente hacia los animales. Ciertamente, las principales religiones monoteístas del Creciente Fértil —el judaísmo, el cristianismo y el islam— hacen hincapié en el dominio sobre los animales: «Dios bendijo [a los humanos] y les dijo: Sed fecundos y multiplicaos; llenad la tierra y sometedla. Dominad a los peces del mar, a las aves del cielo y a todos los seres vivos que se mueven sobre la tierra».[13] La Iglesia cristiana solía mirar con recelo cualquier muestra de afecto hacia los animales en general y los animales domésticos en particular: en el siglo XIII, las autoridades reprendieron a los franciscanos (fundados por san Francisco de Asís, amante de los animales) por su afición a los perros, los gatos y los pájaros pequeños. El vilipendio de los gatos como posibles agentes de Satanás parece tener su origen en el culto pagano a dioses y diosas felinos en las zonas rurales de Europa. El islam, que en general consideraba impuros a los perros, tenía una opinión bastante más positiva de los gatos, y se dice que el primer santuario para gatos se fundó en El Cairo en 1280. Solo el budismo enfatizaba sistemáticamente el respeto por los animales no humanos, arraigado en su concepto de la reencarnación.[14] Tanto si esta institucionalización

[13] Génesis 1:28 (Nueva Versión Internacional).

[14] James Serpell, «Working Out the Beast: An Alternative History of Western

de actitudes monoteístas provocó un cambio en las actitudes hacia los animales como si solo legitimó una nueva necesidad de productividad en sociedades que ahora dependían en gran medida de los animales, tanto para la alimentación como para el transporte, el resultado fue una gran cantidad de lo que hoy consideramos crueldad.

Durante la Alta Edad Media (siglos V a X de nuestra era), la actitud hacia los animales domésticos era en gran medida utilitaria, al menos en Europa occidental. En el poema del siglo IX *El erudito y su gato, Pangur Bán*, escrito por un monje irlandés, se compara la lucha del poeta por encontrar el entendimiento con la caza de ratones de su gato:

> *Contra el muro pone su ojo, lleno y feroz y agudo y astuto Contra el muro del conocimiento yo, toda mi poca sabiduría intento.* [15]

Las ocho estrofas del poema no mencionan ningún afecto que pudiera sentir por la gata, solo admiración por sus proezas como cazador. Los estatutos galeses del siglo X valoraban una gata en cuatro peniques, pero solo por sus habilidades para cazar ratones y criar, no por su disposición a ronronear en el regazo de alguien. Un perro sin adiestrar costaba cuatro peniques, pero el precio se duplicaba tras su adiestramiento, lo que implicaba que su valor residía en las tareas que podía realizar.

En el periodo comprendido entre los siglos XI y XIV, apenas se produjeron cambios en la actitud hacia los animales en general, y la tenencia de mascotas siguió estando limitada a quienes podían permitírselo —y podían permitirse ignorar la desaprobación de la Iglesia—. Las damas de moda seguían teniendo perros falderos. Los elogios a los perros de trabajo por su fidelidad pueden deberse simplemente a lo fácil que resultaba adiestrarlos. Los granjeros solían poner nombre a los animales, por ejemplo a las ovejas, pero no

---

Humaneness», en *Child Abuse, Domestic Violence and Animal Abuse: Linking the Circles of Compassion for Prevention and Intervention*, ed. Phil Arkow y Frank R. Astrid. Phil Arkow y Frank R. Ascione, capítulo 3 (West Lafayette, IN: Purdue University Press, 1999).

[15] «The Scholar and His Cat, Pangur Bán», traducido del irlandés por Robin Flower, Universidad de Pensilvania, Departamento de Lingüística, https://www.ling.upenn.edu/~beatrice/pangur-ban.html.

Las nociones de animales «de interior» y «de exterior» han cambiado desde la época medieval.

necesariamente por afecto. Los gatos se identificaban con su función agrícola, no como animales domésticos, como en este pasaje del libro de consejos de Daniel de Beccles para aspirantes a nobles, el *Urbanus* (véase la ilustración de la p. 45): «Los animales que se pueden ver en ella son el corcel y el palafrén, los lebreles a la liebre, las crías de mastín, los halcones, los gavilanes, los halcones y los merlinos». Los monjes valoraban en especial a los gatos por su piel, que, al ser más barata que la del zorro, no violaba su voto de pobreza: los anglicanos orientales del siglo XIV fijaban el precio de 1000 pieles de gato en solo cuatro peniques.

Durante el siglo XVI, la cría de animales de compañía siguió prosperando entre la clase acomodada, especialmente entre las mujeres, y la palabra «mascota», en el sentido de animal de compañía, apareció por primera vez en la lengua inglesa. El libro de John Caius de 1576, *Of Englishe Dogges,* divide la especie en dos tipos: perros campesinos, o «*curs*», y perros «nobles», que incluían perros de caza y perros perdigueros para la caza del halcón (ambos, en gran medida, competencia de los hombres) y perros falderos, que las mujeres de la nobleza seguían prefiriendo (véase la ilustración cercana). La descripción de Cayo no deja lugar a dudas de que estos últimos eran animales de compañía en el sentido moderno de la palabra: «Estos cachorros, cuanto más pequeños son, más placer provocan, como compañeros de juego más adecuados para que las amantes picantes los guarden en sus pechos, les hagan compañía en sus habitaciones, los socorran con el sueño en la cama y los alimenten con la carne a bordo, los tumben en sus regazos y les laman los labios cuando van en carreta».

La crueldad, incluso con los perros, estaba muy extendida durante el Renacimiento. El término «perro de la horca» deriva de la costumbre de ahorcar a los perros viejos o heridos. La gente sometía a los gatos a todo tipo de tratos que hoy condenaríamos. El entretenimiento más extremo era el llamado *Katzenmusik*, que consistía en atar campanillas a varios gatos, meterlos en un saco y soltarlos en una arena para que lucharan, acompañados de sus gruñidos y aullidos por el tintineo de las campanillas. Asistir a espectáculos de caza de osos y toros con perros era una alternativa perfectamente aceptable a ir al teatro a ver la última obra de William Shakespeare.

La tenencia de animales de compañía no se generalizó hasta el siglo XVII. Antes, las casas de las ciudades, al igual que las del campo, estaban llenas de animales —cerdos y aves de corral, además de perros y gatos—, lo que desdibujaba la distinción entre compañía y cohabitación. En 1590, mientras agonizaba, Katherine Stubbes pegaba a su cachorro favorito, pues creía que ella y su marido habían «ofendido gravemente a Dios al recibir muchas veces a esta perra en nuestra cama».[16]

Un cambio gradual en la percepción de los animales acompañó a la progresiva urbanización: en lugar de verlos como meras máquinas, como René Descartes y otros filósofos,sugirieron a mediados del siglo XVII, el público en general los aceptó ampliamente como capaces no solo de recibir sino de devolver afecto. Thomas Bedingfield fue el primero en proponer las ventajas de aprovechar este sentimiento con fines prácticos: en *The Art of Riding (El arte de montar)*, una traducción de

---

[16] Philip Stubbes, *A Christall Glasse for Christian Women* (Londres: John Wright, 1634).

Dibujo de Kornelis Visscher de un «perro de mantequilla» con collar y cascabeles, hacia 1650.

1584 de un manual italiano, *Il Cavalarizzo* de Claudio Corte, decía a los entrenadores de caballos que asegurarse de que sus jinetes los querían era más eficaz para adiestrarlos que los duros métodos anteriores basados en el «dominio». Los monos se convirtieron en mascotas populares, apreciadas por su capacidad de «imitar» el comportamiento humano. Por primera vez, los gatos se convirtieron en compañeros populares, especialmente para las mujeres, pero los perros pequeños seguían siendo más frecuentes y aparecían con frecuencia en los retratos. Resurgió la práctica de enterrar a los perros favoritos en cementerios especiales. Cualquiera que fuera la especie animal, el concepto de afecto mutuo llegó a ser ampliamente aceptado.

Por supuesto, el vínculo cada vez más estrecho entre algunos humanos y algunos animales no puso fin a la crueldad animal (ni lo ha hecho todavía). La quema viva de gatos gozó de amplia aceptación hasta el siglo XVII, y hasta 1817, el Festival de los Gatos, celebrado hasta hoy en la ciudad belga de Ypres, consistía en arrojar una bolsa llena de gatos vivos desde lo alto de la torre de la iglesia (hoy la bolsa contiene peluches). En el campo, las actitudes hacia los perros podían distar mucho de ser sentimentales: en 1698, un granjero de Dorset dejó constancia de su satisfacción por haber extraído once libras de grasa tras matar y luego cocer a fuego lento a su perro anciano.[17]

Cuando la tenencia de mascotas comenzó a extenderse en el siglo XVIII, la selección de especies era mayor que en la actualidad. La mayoría de los animales de compañía no eran especies domesticadas, sino especímenes salvajes domesticados, un reflejo involuntario de los hábitos de los cazadores-recolectores en zonas lejanas y aún inexploradas del mundo. Las tortugas, los monos, las nutrias y las ardillas eran animales de compañía al alcance de quienes podían permitírselos, pero quizá los más populares en el Londres del siglo XVIII eran los pájaros cantores enjaulados (los canarios y los pinzones eran especialmente asequibles) y las grajillas, urracas y loros parlantes. El poeta William Cowper (1731-1800) tuvo tres liebres como mascotas a las que llamó Puss, Tiney y Bess (para descubrir después que todas eran machos). Su devoción por ellas se extendió hasta el punto de mandar hacer una caja de rapé con una tapa grabada en la que aparecían las tres y sus nombres. Evidentemente, ellos no le tenían tanta devoción, ya quePuss, en particular, se escapaba con frecuencia y había que sacarlo a la fuerza. Más tarde, Cowper tuvo tres perros como mascotas: Mungo, El Marqués y luego Beau; su biografía describe a este último de la siguiente manera: «Beau, al igual que su predecesora, la liebre, a menudo distraía el corazón de Cowper de pensamientos que le producían dolor y le obligaban a sonreír».[18]

Los perros que se tenían solo como mascotas eran todavía raros, pero algunos propietarios evidentemente consideraban a sus perros

[17] Keith Thomas, *Man and the Natural World: Changing Attitudes in England, 1500-1800* (Londres: Allen Lane, 1983), 102.

[18] Thomas Wright, *The Life of William Cowper* (Nueva York: Haskell House Publishers, 1892).

de trabajo con afecto. A principios del siglo XVIII, el sabueso favorito de un granjero podía vivir en casa: «Acariciado y querido por todos, recorría la casa sin control». A finales del siglo XIX, los gatos se habían convertido en mascotas populares, puestas de moda en el Reino Unido por la reina Victoria. Mientras tanto, al otro lado del Atlántico, Mark Twain escribió, sin ironía, en un ensayo publicado tras su muerte en 1910: «Cuando un hombre ama a los gatos, yo soy su amigo y camarada, sin más presentación».[19]

A lo largo de la prehistoria y de la historia, la tenencia de animales de compañía pasó por dos etapas distintas. Incluso en la prehistoria, la humanidad tenía una percepción de los animales mucho más compleja que la del simple depredador por su presa, el cazador por el cazado. Aunque siempre fueron una valiosa fuente de proteínas, en algún momento —quizá cuando la conciencia sofisticada evolucionó por primera vez en el cerebro de los homínidos— los animales adquirieron otros significados, si nos atenemos a las costumbres de los pueblos paleolíticos supervivientes. Los humanos eligieron algunos animales para compartir sus espacios vitales, incluso integrándolos íntimamente en la familia. El amamantamiento generalizado de crías de mamíferos, chocante para la sensibilidad moderna, podría sugerir de una forma superficial un vínculo muy distinto del que existe entre la mascota actual y su dueño. Sin embargo, probablemente surgió como una simple necesidad nutricional, como única forma de criar a las crías de mamíferos capturadas antes del destete. No obstante, la práctica apunta a un instinto poderoso y aparentemente casi universal entre los cazadores-recolectores de extender su cuidado más íntimo a los animales jóvenes y gastar recursos esenciales en ellos.

Esta primera etapa fue desapareciendo de forma gradual a medida que los grupos de cazadores-recolectores daban paso a sociedades estratificadas en gobernantes y súbditos. En la segunda etapa, la tenencia de animales domésticos se convirtió en un privilegio de quienes tenían dinero e influencia. Ambas etapas tienen un denominador común: la diferencia entre los sexos en sus actitudes fundamentales

[19] Robert Hirst, ed. *Who Is Mark Twain?* (Nueva York: Harper, 2009).

hacia los animales. En las sociedades pequeñas, las mujeres y los niños solían ser quienes más cuidaban de los animales salvajes capturados. En la Edad Media, mientras los hombres de la aristocracia valoraban a los sabuesos y halcones por su utilidad y el prestigio que conferían, sus damas demostraban afecto por los perros pequeños especialmente criados.

Así, aunque las autoridades (casi exclusivamente masculinas) no lo vieron con buenos ojos durante gran parte de la historia, la tenencia de animales domésticos continuó en la vida cotidiana, sostenida en gran medida por las mujeres y sobre todo, aunque probablemente no de forma exclusiva, por las clases acomodadas. En la Alemania medieval, miles de mujeres fueron acusadas de brujería por su afecto a los gatos. Incluso a finales del siglo XVII, entre los condenados durante los juicios por brujería de Salem había dos perros «poseídos por el Diablo».

En el siglo XVIII, las actitudes habían empezado a cambiar, allanando el camino tanto para un enfoque mucho más humano de los animales domésticos, en general como para la tercera etapa de la tenencia de animales de compañía: su aceptación universal en Occidente.

CAPÍTULO 2

...Y MODERNAS

A primera vista, la tenencia de mascotas moderna no se parece en nada a la de nuestros antepasados cazadores-recolectores. Puede que nuestra predilección por el sentimentalismo haya encontrado su máxima expresión en Internet, pero incluso los medios impresos actuales sirven de vehículo. Bajo el titular «Nacen cachorros, gatitos y conejitos», un artículo destacado en la edición del 4 de abril de 2015 de *The Times*, proclamaba la inauguración de la sección más nueva —y quizás más irónica— del periódico, «Anuncios de mascotas. Somos pioneros en el periodismo antropomórfico», declaraba el artículo. «Los seres humanos serían inconmensurablemente más pobres sin las mascotas», presumiblemente en el sentido emocional, dada la floreciente lista de oportunidades disponibles para que los dueños de mascotas se desprendan de su dinero. «Nos consuelan, nos divierten, juegan con nuestros hijos, nos devuelven nuestro afecto... y nos ayudan cuando nos sentimos solos, frágiles o discapacitados». Las propias páginas intercalan los tradicionales nacimientos, muertes, cumpleaños e incluso aniversarios (en ese día concreto, el tercer aniversario de boda de dos conejos) con secciones más específicas de animales tituladas «En busca de un nuevo hogar», «Perdidos» y «Hábitos extravagantes».

La creencia de que las mascotas no son simples compañeros, sino que tienen el poder de educarnos, consolarnos e incluso evitar que enfermemos, se ha generalizado. Se trata de una evolución superficialmente moderna, pero es posible que nuestros antepasados prehistóricos tuvieran creencias similares. ¿Por qué, si no, enterraban a veces a sus mascotas con tanta ceremonia? Nuestras actitudes hacia los animales domésticos pueden parecer inauditas en su especificidad, pero ¿quién puede decir que no surgen de formas mucho más fundamentales, casi instintivas, en las que siempre hemos reaccionado ante los animales?

Nuestra actitud actual hacia los animales de compañía tiene su origen en la separación entre el hogar y el lugar de trabajo que se produjo durante la Revolución Industrial. En las sociedades rurales tradicionales, e incluso en muchas ciudades, los seres humanos y los animales domésticos compartían un espacio vital. En las ciudades abundaban los animales: caballos para el transporte, gallinas para los huevos, vacas para el ordeño. Hasta el siglo XIX, los carniceros sacrificaban a los animales en la parte trasera de sus tiendas, encima de las cuales a menudo vivían. La construcción de mataderos fuera de las ciudades no se produjo hasta que la gente empezó a quejarse de que el ganado vacuno, ovino y porcino abarrotaba las calles, por no mencionar la dudosa higiene de los mataderos.

Durante la época victoriana, animales y humanos ocuparon espacios cada vez más separados. Con la llegada del ferrocarril, las vacas y las gallinas ya no necesitaban vivir entre humanos: los trenes podían transportar su leche y sus huevos del campo a la ciudad. La estabulación de los animales de abasto en alojamientos propios perfeccionó la distinción entre animales «de exterior» y «domésticos». Para la mayoría de la gente, sin embargo, esta distinción solo se aplicaba a criaturas individuales, no a especies enteras. Aunque la gente prodigaba afecto a los perros que vivían en casa, consideraba a los perros callejeros no solo una molestia, sino animales salvajes que solo podían ser eliminados. Los franceses y otros europeos aún mataban a los perros callejeros ahorcándolos; los americanos preferían lanzarlos y estrangularlos. Sin embargo, se empezó a distinguir entre los animales de compañía y los de mera utilidad.

El cambio de actitud hacia los animales domésticos llevó a la fundación de sociedades protectoras de animales. Los reformistas crearon la primera, la Sociedad para la Prevención de la Crueldad contra los Animales (SPCA), en Londres en 1824 (la reina Victoria le concedió el prefijo «Real» dieciséis años después), principalmente para proteger a los caballos y burros que trabajaban en las calles de Londres, y con el tiempo también a los animales domésticos. Siguieron organizaciones similares en las principales capitales europeas. A finales de la década de 1860 habían aparecido numerosas SPCA en ciudades estadounidenses y también en Montreal, la primera organización de este tipo en Canadá. Estas actitudes favorables al trato humanitario de los animales allanarían el camino para una explosión de la tenencia familiar de animales de compañía.

A finales del siglo XIX, la tenencia de perros de compañía había adquirido su forma actual. Los perros seguían desempeñando sus funciones tradicionales, proporcionando estatus social a los hombres y compañía a las mujeres. Pero también se convirtieron en emblemas del buen gusto con la aparición de razas con pedigrí, que se habían generalizado a principios del siglo XX. Los parisinos (naturalmente) no solo exhibían a sus perros como accesorios de moda, sino que los vestían con prendas de alta costura: «bonitos abrigos bordados, chaquetas de seda, trajes de abrigo para el invierno, ligeros para el verano», señalaba un comentarista.[1]

Más o menos al mismo tiempo, surgió en Occidente un nuevo tipo de literatura sentimental que describía a los perros como héroes desinteresados, ejemplos de fidelidad y lealtad. La leyenda de Greyfriars Bobby fue una de ellas (véase el capítulo 6); otra, escrita por el fundador de la SPCA escocesa, habla de Buck, un terrier de Skye que vivía en París, que asistió a los funerales de todos los miembros de su familia, uno tras otro, y finalmente «se tumbó en una agonía de desesperación, y con un grito lastimero, que hablaba de la profundidad de su emoción, expiró».[2]

---

[1] Traducido al inglés por Kathleen Kete de Alfred Barbou, *Le Chien: Son histoire, ses exploits, ses aventures* (París: Furne, Jouvet et Compagnie, 1883).

[2] William Chambers, *The Story of a Long and Busy Life* (Edimburgo: W. & R. Chambers, 1882).

Los gatos no fueron aceptados como animales de compañía hasta principios del siglo XX. Unos cincuenta años antes, la opinión popular seguía considerándolos demasiado «bohemios» e insuficientemente leales para rivalizar con el siempre fiel y abnegado perro. Un panfleto publicado por la RSPCA advertía a los posibles propietarios de gatos: «Incluso cuando está de buen humor, no siempre se puede confiar en él».[3] Tampoco ayudaba el hecho de que la esterilización de los gatos no estuviera muy extendida —ni lo estaría hasta la década de 1930— y su comportamiento ruidoso y abiertamente sexual hería la sensibilidad victoriana.

Sin embargo, los gatos también tuvieron sus campeones, sobre todo el ilustrador Harrison Weir (véase la ilustración cercana), que organizó la primera exposición felina en 1872 en el Crystal Palace de Londres. La promoción de razas de gatos que se diferenciaban claramente del gato común ayudó a mejorar la imagen de toda la especie.

A finales del siglo XIX, la costumbre de tener gatos como mascotas se había extendido bastante en Occidente. Pero, aunque se les animaba a cazar, los felinos domésticos seguían teniendo una pata en la naturaleza. De hecho, la mayoría de los propietarios no los tenían como gatos domésticos, sino que les dejaban vagar a su antojo, incluso encerrándolos deliberadamente durante la noche. En la década de 1950, el papel cazador del gato empezó a disminuir con el desarrollo de eficaces raticidas químicas. Sin embargo, muchos gatos siguieron cazando por necesidad; hasta la década de 1970, gran parte de la comida comercial para gatos era deficiente en uno o más nutrientes clave. No fue hasta principios de los ochenta cuando los nutricionistas se dieron cuenta de las peculiaridades metabólicas de los gatos, que se extienden a toda la familia felina, y diseñaron los alimentos nutricionalmente completos de hoy en día. Los más aprensivos de entre nosotros lo más probable es que siempre han preferido no pensar en cómo se alimentan nuestros gatos, pero en las últimas tres décadas las reacciones hacia los roedores descuartizados que supuestamente dejan los gatos como «regalo» han pasado de la admiración general al horror y el asco. En la imaginación popular, ayudada por su representación en Internet,

[3] Royal Society for the Prevention of Cruelty to Animals, *Domestic Animals and Their Treatment* (Londres: RSPCA, 1857).

Ilustración de Harrison Weir, fundador de la exposición moderna de gatos, para el cuento infantil moralista «Tres gatitos».

los gatos han pasado de asesinos silenciosos a monadas descuidadas, y ahora esperamos que se comporten como mascotas devotas las 24 horas del día, los siete días de la semana.

Durante los últimos 150 años, los perros y los gatos han sido, con diferencia, los animales de compañía más populares en Occidente, pero, por supuesto, la gente también tiene otros tipos de mascotas. En el siglo XIX proliferaron los animales salvajes cautivos en los hogares de clase media. Los propietarios apreciaban menos a las especies autóctonas que a las de lugares exóticos, quizá como emblemas del dominio de las naciones europeas sobre sus lejanos imperios. Los acuarios decorativos de peces tropicales se hicieron cada vez más populares, al igual que las aves de jaula, como loros, periquitos y canarios. Por supuesto, hoy en día mucha gente tiene pájaros, peces, serpientes, tortugas y galápagos exóticos, pero siguen siendo intereses minoritarios, ya que representan el 1 % de los hogares tanto en el Reino Unido como en Estados Unidos. Del mismo modo, las «mascotas de bolsillo» (ratones, jerbos, hámsteres y similares) son populares entre los padres de niños pequeños, pero rara vez se convierten en un interés de por vida, por lo que solo representan una de cada cincuenta familias propietarias de mascotas. Como tienen que estar enjaulados gran parte del tiempo, rara vez generan el mismo nivel de afecto sostenido que el perro o el gato, mucho más interactivos.

Los conejos están saliendo de su condición original de animales de jaula. Hasta la década de 1980, los conejos de compañía vivían en pequeñas conejeras, a menudo al aire libre, y servían de «mascotas de iniciación» baratas para los niños (la gente se preocupaba poco de si ese estilo de vida era ideal para una especie gregaria y en libertad). Más recientemente, con la introducción del conejo doméstico, se han convertido en una mascota cada vez más popular, aunque todavía minoritaria, que recibe los mismos cuidados veterinarios, juguetes, comida de alta calidad y espacio dedicado que muchos gatos de interior.

Aún más notable es el auge del caballo de ocio. A lo largo de su historia, el caballo ha sufrido múltiples transformaciones. En la prehistoria, los caballos se utilizaban sobre todo para producir leche y carne. Hace 4500 años, se habían convertido en animales de tiro, como demuestran los primeros enterramientos de carros, que suelen contener un guerrero, su carro y su caballo favorito. El siglo XX fue testigo de la culminación de su transformación en amados compañeros.

La invención del motor de combustión interna debería haber relegado al caballo doméstico al olvido. Sin embargo, el número de caballos en Estados Unidos se ha multiplicado al menos por tres desde 1950 y, tanto en Estados Unidos como en el Reino Unido, ha aumentado en torno a un tercio con respecto a su máximo anterior, alcanzado en 1900. En 2005, el sector estadounidense de los caballos de ocio aportó a la economía unos 80 000 millones de dólares. Teniendo en cuenta que la tenencia de caballos es aproximadamente una décima parte de la de perros, esta suma indica lo caro que puede llegar a ser. Citando una encuesta reciente entre propietarios de caballos en EE. UU., «si la propiedad de un perro o un gato cuesta aproximadamente lo mismo que la compra de un Buick algo usado, el coste de la propiedad de un caballo a lo largo de una vida de 25-30 años permitiría comprar un Maserati nuevo». Tal vez no sorprenda que el tiempo y el dinero que los propietarios de caballos deben dedicar a sus animales pueda crear conflictos en el seno de sus familias (humanas).[4]

Aunque a menudo son muy queridos por sus dueños, los caballos no son, biológicamente, animales domésticos. No solo son obviamente demasiado grandes para vivir en casas modernas, sino que forman vínculos sociales mucho más fuertes con otros caballos que con las personas. A diferencia de los perros y los gatos (y probablemente de los conejos), no pueden socializarse con los humanos a una edad temprana. Más bien hay que «domarlos»—habituarlos de forma gradual a la proximidad de las personas— antes de que puedan entablar cualquier tipo de relación individual con sus dueños. A pesar de algunos paralelismos con las relaciones que las personas mantienen con perros y gatos, la mayoría de las autoridades consideran que los caballos son animales de compañía, pero no animales de compañía.[5]

La actual explosión de la tenencia de animales de compañía en Occidente se remonta al auge económico que siguió a la Segunda Guerra Mundial y al éxodo de las ciudades a los nuevos suburbios, más acogedores para las mascotas. En el siglo XXI, la tenencia de perros y gatos supera con creces la de cualquier otro tipo de mascota. En Estados Unidos, más de un tercio de los hogares tienen perro, mientras que son algo menos los que tienen gato. El Reino Unido, a pesar de su fama de país amante de los animales de compañía, tiene cifras algo más bajas: una cuarta parte de los hogares tienen perros y una sexta parte, gatos. Los gatos están más extendidos en Europa continental, donde ocupan alrededor de una cuarta parte de los hogares, y superan en número a los perros, que se encuentran aproximadamente en uno de cada cinco hogares. El espacio físico disponible es un factor importante: los perros suelen necesitar más que los gatos, por lo que las familias rurales tienden a favorecer a

---

[4] Susan Keaveney, «Equines and Their Human Companions», *Journal of Business Research* 61 (2008): 444-54.

[5] Véase, por ejemplo, Deborah Wells y Peter Hepper, «Pet Ownership and Adults' Views on the use of Animals», Society & Animals 5 (1997): 45-63.

los perros, mientras que los habitantes de las ciudades tienden a preferir a los gatos (aparentemente inconscientes de las dificultades que muchos gatos experimentan viviendo en ciudades de alta densidad, como se puso de relieve en una reciente serie de documentales de BBC Horizon, *Cat Watch 2014*). En Japón, los perros son poco comunes en apartamentos pequeños, pero comparten alrededor de un tercio de los hogares con acceso a más de cien metros cuadrados de espacio. En una encuesta realizada en Australia, más de la mitad de las personas que actualmente no tienen un animal de compañía querrían tenerlo si las circunstancias se lo permitieran.[6] Muchas personas tienen perros o gatos, pero la practicidad, tanto como la propensión, afecta a su elección: el reciente aumento de la popularidad de los gatos es paralelo a la proporción cada vez mayor de personas que viven en pueblos y ciudades, donde los perros requieren más esfuerzo que en el campo.

Aparte de las consideraciones prácticas, la moda desempeña un papel importante en el tipo de mascota que se elige. Cada pocos años, la moda de un nuevo tipo de animal ayuda a su dueño a destacar entre la multitud. Los cerdos miniatura son un ejemplo reciente. No está claro si la moda, más que el estilo de vida, influye en la elección de un gato o un perro, pero lo cierto es que ha habido muchas modas por razas específicas de perros, sobre todo, en Estados Unidos. Una película de éxito protagonizada por una raza concreta puede catapultarla a la popularidad. Los perros pastores ingleses se convirtieron en favoritos en la década de 1960 tras la película de Disney *La dama y el vagabundo* (1959). Las películas de Lassie de los años cincuenta provocaron un auge de la tenencia de *collies* duros, pero la popularidad de esta raza ha ido disminuyendo de forma gradual, posiblemente porque necesita mucho ejercicio y, por tanto, no se adapta a muchos estilos de vida contemporáneos. Los mismos factores pueden explicar el rápido auge y caída del dálmata tras el *remake* de *101 dálmatas* en 1985. Las inscripciones de labradores aumentaron tras la película de Disney de 1963 *El viaje increíble*, y siguieron haciéndolo durante las dos décadas

---

[6] Cat Watch 2014: The New Horizon Experiment', BBC, http://www.bbc.co.uk/programs/b04lcqvq; Anónimo, *The Power of Pets: A Summary of the Wide-Ranging Bene ts of Companion Animal Ownership* (Artarmon, Australia: Australian Companion Animal Council, 1995).

siguientes, posiblemente porque el labrador no exige demasiado ejercicio. En cambio, las cifras de la otra raza que aparece en la misma película, el *bulldog*, apenas cambiaron. El chihuahua es el único que parece no seguir esta tendencia: aunque *Un chihuahua en Beverly Hills* (2008) funcionó bien en taquilla, no consiguió frenar el declive de la raza, que pasó de la undécima posición en 2006 a la duodécima en 2009 y a la vigésimo cuarta en 2014. Un ligero aumento de su número a finales de la década de 1990 puede haber tenido algo que ver con la popularidad de «Gidget», una chihuahua (interpretada en diferentes momentos por dos o quizás más «actrices») que aparecía en los anuncios de televisión de Taco Bell. Es muy posible que, con la proliferación de nuevos medios de comunicación, las películas individuales ya no tengan el impacto que tenían antes en las elecciones de estilo de vida de los espectadores.[7] Cambios culturales más fundamentales también han afectado a la popularidad de los distintos tipos de mascotas. La occidentalización ha transformado la cultura de la tenencia de perros en Japón. Las razas occidentales, como los caniches de juguete, los perros salchicha, los pomeranias y los *yorkshire terrier* —y, para los pocos afortunados con más espacio, los *golden* y los labradores— han desplazado en gran medida a las razas tradicionales japonesas, como el *shiba inu*, el *kishu inu* y el *akita* (*inu* es simplemente la palabra japonesa para «perro»). Los japoneses también han llegado a tratar a sus perros de forma diferente, ya que antes los tenían sobre todo como guardianes y cazadores, y los encadenaban en el jardín cuando no estaban trabajando. El concepto del perro como mascota familiar es relativamente nuevo en Japón, lo más probable es que fuera importado de Estados Unidos junto con los perros de raza americana. Parte de la misma tendencia es la creciente popularidad del adiestramiento de perros; antes, los japoneses solo adiestraron perros de caza.

En ciertos aspectos, sin embargo, Japón sigue teniendo su propia cultura en lo que respecta a los perros. Incluso hoy en día, los japoneses

---

[7] Harold Herzog, «Forty-Two Thousand and One Dalmatians: Fads, Social Contagion, and Dog Breed Popularity», *Society & Animals* 14 (2006): 383-97; Stefano Ghirlanda, Alberto Acerbi y Harold Herzog, «Dog Movie Stars and Dog Breed Popularity: A Case Study in Media Influence on Choice», *PLoS ONE* 9 (2014): artículo e106565, doi: 10.1371/journal.ponc.0106565.

Las razas caninas japonesas tradicionales están en declive.

de todas las edades tienden a desaprobar la eutanasia, mientras que los veterinarios occidentales sacrifican rutinariamente a perros que sufren y tienen pocas esperanzas de recuperarse. El enfoque occidental es probablemente un residuo de la creencia cartesiana/cristiana en el dominio sobre los animales, mientras que la tradición budista-sintoísta concibe a humanos y animales por igual como parte de la naturaleza, lo que, al menos en algunas interpretaciones, conlleva el derecho a sufrir. Esta diferencia cultural fundamental también ha dificultado la aceptación de los perros guía para ciegos en Japón. En el Reino Unido y Estados Unidos, estos perros gozan del estatus de «compañeros», que se responsabilizan del bienestar de sus guardianes ciegos, aunque bajo un grado necesario de control. Sin embargo, las tradiciones confucianas de Japón crean la percepción de que los perros guía son esclavos: su obligación de ir a todas partes donde va su humano ciego les priva de su derecho natural a la autonomía.[8]

[8] Véase Ayaka Miura, John W. S. Bradshaw y Hajime Tanida, «Attitudes Towards Assistance Dogs in Japan and the UK: A Comparison of College Stu-

Así, mientras que algunos aspectos de la tenencia de animales de compañía parecen viajar bien de una cultura a otra (normalmente como parte de la llamada coca-colonización, la difusión global de las costumbres y valores americanos), otros no lo hacen, haciendo que las vidas de perros de compañía —y perros de trabajo— por lo demás idénticos sean algo diferentes, dependiendo de dónde vivan. En general, sin embargo, en el mundo postindustrializado, el vínculo entre dueño y mascota es cada vez más fuerte y personal.

En el siglo XXI, los animales domésticos tienen más significado emocional para sus dueños que en cualquier otro momento del pasado. Según las encuestas realizadas por la Asociación Americana de Hospitales de Animales (AAHA), aunque muchos de los encuestados (47 %) se llevarían a un ser humano como única compañía en una isla desierta, serían más (50 %) los que se llevarían a un perro o un gato. A la pregunta «¿Quién le escucha mejor?», el 30 % respondió que su cónyuge o pareja; la mitad (45 %) respondió que su mascota. Cuatro de cada cinco dijeron que pensaban en su mascota varias veces al día mientras estaban fuera de casa. Más de la mitad afirmaron que «muy probablemente»arriesgarían sus vidas por sus mascotas. Más de dos tercios admitieron haber infringido las normas del hogar, como dejar subir a la mascota a la cama, cuando sus parejas estaban fuera.[9]

Dada la intensidad del vínculo entre los humanos modernos y sus mascotas, no es de extrañar que el gasto en ellas se haya disparado, y que aumente cada año, independientemente del estado de la economía. En la encuesta de la AAHA de 2014, tres de cada cinco propietarios declararon gastar más en sus mascotas que tres años antes, mientras que el 41 % declaró haber gastado más de 500 dólares en facturas veterinarias para sus mascotas en los doce meses anteriores. Solo una cuarta parte de los encuestados visitaba a su propio médico con más frecuencia de la que llevaba a su mascota al veterinario.

dents Studying Animal Care», *Anthrozoös* 15 (2002), 227-42; póster titulado «The Westernisation of Attitudes Towards Dogs in Japan», presentado en la reunión de 2014 de la Sociedad Internacional de Antrozoología celebrada en Viena.

[9] «2004 Pet Owner Survey», American Animal Hospital Association, https://www.aahanet.org/PublicDocuments/petownersurvey2004.pdf.

No solo ha aumentado el gasto en el cuidado de mascotas. El coste de las propias mascotas puede ser astronómico. Algunas razas se han convertido en artículos de lujo y símbolos de estatus, algo muy parecido a una pluma Mont Blanc, un coche deportivo Porsche o un reloj Patek Philippe. A lo largo de los siglos, hasta que se aprobaron leyes para proteger su bienestar, los grandes felinos como leones y tigres eran los «gatos de estatus» preferidos por los nuevos ricos (muchos de los cuales, al no saber cómo cuidarlos ni lo peligrosos que pueden ser, los abandonaron). Hoy en día, los perros y gatos «de diseño» parecen haber ocupado este nicho. Un gato Ashera perfecto —un híbrido de gato doméstico y serval salvaje, con marcas de «leopardo de las nieves»— le costará a su dueño 125 000 dólares. En China, el aumento de la riqueza personal, unido a la demanda de razas tradicionales pero difíciles de encontrar, como el mastín tibetano, ha disparado los precios por encima del millón de dólares. En Estados Unidos, un cachorro de samoyedo blanco puro puede costar más de 10 000 dólares; en el Reino Unido, en 2014, un raro cachorro de *bulldog* británico «de pelo lila» valorado en 16 000 libras fue robado de casa de su criador.

Aunque pagar decenas de miles de dólares por una mascota puede parecer excesivo, algunos propietarios van más allá y pagan cientos de miles o incluso millones para clonar a sus animales favoritos. Desde que la tecnología empezó a estar disponible hace unos quince años, un pequeño número de devotos propietarios han fantaseado con la idea de sustituir a su preciada mascota por una réplica exacta. En 2000, el multimillonario tejano John Sperling fundó la empresa Genetic Savings & Clone para reproducir a Missy, su adorada mezcla de *border collie* y *husky*. El «Proyecto Missiplicity» fracasó: resultó que los gatos eran más fáciles de clonar que los perros, pero hubo pocos interesados en el puñado de gatos que se produjeron y cuyo precio era de 50 000 dólares cada uno. Sin embargo, los avances tecnológicos (transferencia de núcleos celulares somáticos) de la Universidad Nacional de Seúl (Corea del Sur) permitieron producir en 2007 no una, sino cuatro «Missies». Dos años antes, el mismo equipo había creado a Snuppy, el primer perro clonado del mundo, un sabueso afgano gestado en un labrador amarillo. El primer clon de perro vendido comercialmente fue Lancelot Encore, un labrador amarillo macho al que un matrimonio de Florida encargó 155 000 dólares: el perro se anotó otra primicia al engendrar su propia camada de cachorros en 2012. Otros clientes del laboratorio de Seúl han sido un veterinario de Luisiana que hizo producir dos clones, Ken y Henry, de su «mezcla de perro leopardo de Catahoula», llamado Melvin, comprado originalmente por 50 dólares. La misma empresa, Sooam Biotech, intentó despertar el interés en el Reino Unido organizando un concurso cuyo premio era una clonación: la ganadora fue Winnie, una perra salchicha anciana que, según su propietaria Rebecca Smith, la había ayudado a superar la bulimia cuando era adolescente.[10]

Aunque la clonación de perros ya es posible, algunos propietarios pueden encontrar los resultados decepcionantes. El apego humano a los animales rara vez se basa solo en la estética. Quienes clonan a sus perros no solo esperan una réplica física exacta de su querida mascota, sino también un sustituto con su misma personalidad y hábitos. Por desgracia, tanto la naturaleza como la crianza, los genes y el entorno, moldean la personalidad de un cachorro a medida que madura.

Las personas que gastan demasiado en sus mascotas pueden empañar la imagen de la tenencia de animales en general; lo mismo ocurre con los acaparadores de animales. Los que coleccionan animales —gatos o perros, por lo general— en cantidades que ponen en peligro su propia salud y la de los animales pueden parecer que han llegado al extremo insano de un espectro de implicación emocional que, en última instancia, incluye a todos los dueños de mascotas. Otra posibilidad es que su obsesión por los animales apunte a un trastorno mental subyacente. En cualquier caso, su comportamiento arroja poca luz sobre la tenencia normal de animales de compañía.

Solo en Estados Unidos puede haber unos 3000 acaparadores de animales de compañía, pero el alto índice de reincidencia, que puede alcanzar el 60 %, complica la estimación de su número. Una vez adquirido, el hábito de coleccionar animales parece difícil de romper, y

[10] «Genetic Savings and Clone Forced to Shut Down», *BioTechnology*, enero de 2009, http://biotechnology-industries.blogspot.co.uk/2009/01/genetic-savings-and-clone-forced-to.html.

Perros clonados.

algunos agresores llegan a extremos para evitar la separación forzosa de sus peludos compañeros. En un caso notorio, Vikki Kittles (alias Susan Dietrich, Rene Depenbrock o Lynn Zellan) viajó por todo Estados Unidos en un autobús repleto de más de cien perros, antes de ser detenida en Oregón en 1993. Sin inmutarse por su condena por crueldad hacia los animales, volvió a recoger perros en 1996. Se pasó a los gatos en 2000 y fue procesada en Wyoming en 2002, para reaparecer —con un perro infestado de gusanos— en Colorado en 2006; en 2012, un tribunal de Wyoming la condenó por crueldad con dieciocho gatos.[11]

Los acaparadores de animales suelen encajar en el estereotipo de la «loca de los gatos». La mayoría son mujeres, solteras y mayores de sesenta años, y la mayoría coleccionan gatos (aunque los hombres tienden a coleccionar perros). Los acaparadores se consideran amantes supremos de

[11] «Animal Hoarding Case Study: Vikki Kittles», ALDF, 10 de marzo de 2012, http://aldf.org/resources/laws-cases/animal-hoarding-case-study-vikki.-kittles; Lindsey Erin Kroskob, «Animal Hoarder Found Guilty», Wyoming News, 10 March 2012, http://www.wyomingnews.com/articles/2012/03/10/news/01top_03-10-12.txt.

los animales y creen que nadie más puede darles los cuidados que ellos les dan. Muchos también están convencidos de que tienen una capacidad única para entender a sus animales y comunicarse con ellos.

¿Podría alguno de estos comportamientos parecerse a la tenencia habitual de animales de compañía? La retorcida visión del mundo de los acaparadores es poco significativa para entender la tenencia habitual de animales de compañía. Su comportamiento puede tener mucho en común con el acaparamiento compulsivo en general, con la diferencia de que una colección de periódicos viejos es un peligro de incendio pero puede ignorarse, mientras que una colección de animales requiere cuidados y gastos constantes. Es posible que a estos acaparadores el impulso de coleccionar les resulte demasiado fuerte como para resistirse. Una vez más, dado que estas personas parecen tener un trastorno obsesivo-compulsivo, su decisión de coleccionar animales probablemente nos diga poco sobre la verdadera tenencia de mascotas.

La literatura científica sobre los acaparadores de animales sugiere que difieren mucho de los propietarios habituales de mascotas. Un porcentaje significativo de ellos carece de vínculos con otras personas, normalmente porque han sobrevivido a infancias caóticas o traumáticas. Muchos muestran signos de enfermedad mental, aunque no predomina ningún tipo concreto. Transfieren todos sus afectos primarios a los animales: una mujer de cincuenta años dijo de uno de sus gatos machos: «Creo que Freddie piensa que, en cierto modo, soy su esposa porque está muy cerca de mí». Mantienen relaciones antropomórficas con sus animales, a los que consideran no solo parte de su familia, como hacen muchos dueños de mascotas, sinosu propia familia. Consideran a sus animales al menos tan inteligentes como los humanos y creen que pueden comunicarse con ellos en pie de igualdad.[12]

En algunas de sus manifestaciones, por tanto, el acaparamiento de animales puede parecer una forma extrema de tenencia de mascotas, pero lo más probable es que se deba a una enfermedad mental o a un trastorno extremo de la personalidad en el que la atención a los gatos

---

[12] Gail Steketee et al., «Characteristics and Antecedents of People Who Hoard Animals: An Exploratory Comparative Interview Study», *Review of General Psychology* 15 (2011): 114-24, doi: 10.1037/a0023484.

o los perros es casi casual. El término «acaparador» describe una situación particular para los animales afectados, no el estado mental de la persona (ir)responsable.

Los acaparadores parecen diferenciarse de los propietarios habituales de animales de compañía en la extrema gratificación emocional que obtienen de sus animales y en la convicción inquebrantable de que solo ellos tienen suficiente conocimiento de las necesidades de sus animales para cuidarlos adecuadamente (de ahí su reticencia a entregarlos a quienes están en mejores condiciones de cuidarlos). Con moderación, ambas cualidades forman parte de la tenencia normal de animales de compañía; en los acaparadores suelen interactuar con otros factores no relacionados, como un historial de malos tratos, hasta convertirse en patológicas.

El reciente interés de la sociedad por otra manifestación extrema de la tenencia de animales de compañía, los llamados perros peligrosos, también amenaza con socavar la opinión pública sobre los perros de compañía en general. Algunos propietarios consideran a sus animales, sobre todo a los perros, como extensiones de sí mismos y eligen una raza para mejorar su autoimagen. Esto no es necesariamente perjudicial en sí mismo. Tener un *golden retriever*, quizá el arquetipo del «perro de familia», proyecta «valores familiares». Los *rottweiler* y los *dobermann* proyectan masculinidad; los gatos persas y los pomerania, lo contrario. Estas proyecciones suelen ser saludables con moderación. En el extremo, pueden llevar a prácticas inaceptables para los estándares actuales. Pensemos en el dueño que, en su afán de dominación, prefiere la llamada raza de pelea, como un *pit bull,* y lo adiestra para que sea agresivo.

Los concursos escenificados entre animales se consideraban antaño una forma de entretenimiento perfectamente aceptable. Hoy en día, violan los conceptos modernos de bienestar animal. También crean perros que no se ajustan a la expectativa moderna de que los compañeros caninos deben comportarse «bien» (sin agresividad) en público, de ahí la protesta pública cuando un perro asusta a alguien.

No es fácil separar la verdad sobre los *pit bulls* y otras razas de pelea de la invectiva que los rodea, pero un estudio sobre jóvenes pandilleros del sur de Gales demostró que, paradójicamente, la crueldad manifiesta hacia los animales y el fuerte apego a perros individuales pueden coexistir. Estos jóvenes solían seleccionar perros de tipo *bull*—en su mayoría Staffordshire *bull terriers*— y los utilizaban en encuentros con bandas rivales: «Algunos de los chicos los entrenan para las peleas... Los meten en un armario y solo les dan carne roja para que prueben el sabor de la sangre. Luego, al cabo de una semana o dos de estar en un cuarto oscuro, salen con los ojos muy abiertos y se pelean». A veces se mataba de hambre a los perros antes de las peleas y, en ocasiones, se les electrocutaba en la creencia de que esto aumentaría su agresividad.[13]

Todas estas prácticas encajan en el estereotipo, presentado tanto por los medios de comunicación como por las autoridades, de jóvenes «salvajes» y sus «perros-arma». Sin embargo, los propios miembros de la banda declararon que no tenían perros para competir, sino para tener compañía («es mi mejor amiga. Lo he pasado mal y es la única con la que quiero pasar tiempo, siempre está conmigo») y como interés común con otros miembros de la banda («simplemente paseamos, jugamos, salimos, vamos al parque... [Son] parte del grupo, me siento bien»). El estudio no aclara cómo conciliaban los miembros de la banda el afecto que sin duda sentían por sus perros con el sufrimiento que evidentemente sabían que les estaban infligiendo. Sin embargo, sí demuestra que las relaciones con los perros, al menos, pueden ser mucho más polifacéticas que el simple contraste entre ser «uno de la familia» o «un arma».

Aunque las manifestaciones extremas de la tenencia de animales de compañía —ya sea la participación en peleas ilegales de perros, el acaparamiento de una casa llena de gatos hambrientos o la compra de un perro de un millón de dólares— suelen recibir una gran atención

[13] Para el estudio en el sur de Gales, véase Jennifer Maher y Harriet Pierpoint, «Friends, Status Symbols and Weapons: The Use of Dogs by Youth Groups and Youth Gangs», *Crime, Law and Social Change* 55 (2011): 405-20. Para un relato sólido de la polémica sobre los pit bull en el Reino Unido, véase Simon Hallsworth, «Then They Came for the Dogs!», *Crime, Law and Social Change* 55 (2011): 391-403.

mediática, la tenencia normal y cotidiana de animales de compañía es tan omnipresente que apenas merece comentario. Y, sin embargo, esta práctica es realmente sorprendente, dado que los inconvenientes de compartir el hogar con un animal son evidentes, mientras que los beneficios son, a primera vista, menos tangibles. ¿Por qué la gente tiene animales de compañía?

Primero debemos acabar con el mito de que la gente solo tiene mascotas porque se siente sola. Si así fuera, la mayoría de los animales de compañía serían propiedad de personas que viven solas. Sin embargo, en la mayoría de los países, la tenencia de perros es más frecuente en los hogares grandes, sobre todo entre las familias con niños que viven en casa. Por supuesto, hay razones prácticas para ello. Algunas personas que viven solas pueden pensar que no pueden tener una mascota porque no estarán en casa la mayor parte del tiempo. Las personas mayores pueden dudar de si serán capaces de satisfacer las necesidades de un perro o un gato durante toda su vida, como demuestra una encuesta realizada a propietarios británicos, en la que la tenencia de gatos no empezó a disminuir hasta que los encuestados tenían unos sesenta y cinco años, pero la de perros se redujo a partir de los cincuenta y cinco, quizá porque los encuestados empezaron a preocuparse por su capacidad para pasear a un perro todos los días durante los próximos diez o quince años de su vida. En Japón, menos de uno de cada diez hombres mayores de sesenta y cinco años tiene perro, aunque más del 50 % de esta cohorte lo ha tenido en algún momento de su vida.[14]

Obviamente, todo tipo de cuestiones prácticas influyen en la decisión de tener un animal de compañía y de qué tipo. El factor que más influye en el deseo de tener un animal de compañía parece ser si la persona ha crecido con animales. La concepción de lo que constituye un «hogar» comienza en la infancia; una vez adquirida, se mantiene. No es de extrañar, por tanto, que las personas que crecieron con perros tiendan a tener perros más adelante; las que crecieron con gatos tienden a

---

[14] Jane Murray et al., «Number and Ownership Pro les of Cats and Dogs in the UK», *Veterinary Record* 166 (2010): 163-8; Miho Nagasawa y Mitsuaki Ohta, «The Influence of Dog Ownership in Childhood on the Sociality of Elderly Japanese Men», *Animal Science Journal* 81 (2010): 377-83.

tener gatos; las que han vivido de cerca ambos tipos de animales no son quisquillosas, pero les gusta tener animales a su alrededor.[15]

En las familias que tienen mascotas, los adultos cuidan de la mayoría de los perros y gatos, que nominalmente pueden pertenecer a uno de los hijos. Sin embargo, las mascotas pequeñas que los niños suelen decir que son «suyas» (incluso cuando uno de los padres se encarga de la mayoría de las tareas asociadas) son más populares entre las niñas que entre los niños, y entre los hermanos menores, como si se tratara de una compensación por la falta de un hermano o hermana menor. En esta era de familias fracturadas, los padrastros y las madrastras también son más propensos que los padres biológicos a tener mascotas para los niños que viven con ellos, posiblemente también como forma de compensación.

Como adultos, tomamos todo tipo de decisiones —si adoptar mascotas, cuántos hijos tener, a qué iglesia asistir— que tienen alguna base en nuestra experiencia familiar temprana. Pero ¿podrían entrar en juego otros factores? ¿Es posible que el deseo —o la falta de deseo— de tener un animal de compañía se herede genéticamente? Es decir, ¿podría el afecto por las mascotas estar codificado en nuestro ADN y transmitirse de padres a hijos? Hay razones para pensar que esto es posible. La religión es un ejemplo mucho mejor estudiado: la cultura determina la fe elegida, pero la religiosidad —la fuerza de las creencias— se hereda genéticamente. Si la tenencia de mascotas es como la religión (y solo estoy sugiriendo una analogía útil, no que la tenencia de mascotas sea un tipo de fe), entonces podríamos predecir que el afecto por los animales tiene un componente genético.

Tradicionalmente, los psicólogos utilizan estudios de gemelos para determinar si el ADN influye en los patrones de comportamiento. Los gemelos criados por los mismos padres suelen tener las mismas experiencias vitales hasta que abandonan el hogar, pero difieren en

[15] James Serpell demostró por primera vez esta conexión en «Childhood Pets and Their In uence on Adults' Attitudes», *Psychological Reports* 49 (1981): 651-4. Carri Westgarth et al, «Family Pet Ownership During Childhood: Findings from a UK Birth Cohort and Implications for Public Health Research», *International Journal of Environmental Research and Public Health* 7 (2010): 3704-29, doi: 10.3390/ijerph7103704.

su similitud genética entre sí dependiendo de si son idénticos (100 % similares) o fraternos (no más similares genéticamente que cualquier pareja de hermanos, con un 50 %). Mediante complicadas matemáticas, los investigadores desentrañan los efectos de los genes, el entorno compartido (generalmente durante la infancia) y las experiencias únicas (que se producen sobre todo después de que los gemelos estudiados hayan abandonado el hogar y vivido separados).

Uno de los primeros y más famosos estudios sobre gemelos tuvo como protagonistas a dos perros con el mismo nombre. Los gemelos Jim Springer y Jim Lewis fueron separados al nacer y no se conocieron hasta los treinta y nueve años. Este tipo de rarezas son como oro para los investigadores, ya que les permiten distinguir entre los efectos genéticos y los de la experiencia. Ambos tenían perros de compañía a los que, sorprendentemente, habían bautizado con el nombre de «Toy». Esto último es presumiblemente una coincidencia, pero el hecho de que ambos tuvieran perros encaja con la idea de que la tenencia de mascotas es cosa de familia.

Hasta la fecha, solo un estudio de gemelos ha examinado las actitudes hacia los animales de compañía, y de forma algo oblicua, pero arrojó resultados inesperados. Los sujetos eran 500 parejas de gemelos, algunos fraternos y otros idénticos. Todos eran varones, la mayoría ciudadanos estadounidenses de origen caucásico con edades comprendidas entre los cincuenta y los sesenta años; todos habían crecido con su gemelo (algunos estudios sobre gemelos, aunque no este, se centran en gemelos que han sido adoptados por separado). El estudio se limitaba a preguntar a los participantes si habían jugado con un animal de compañía durante el mes anterior.

Las conclusiones fueron sorprendentes. Las experiencias de la infancia parecían tener poca influencia: los gemelos no habían adquirido su deseo de interactuar con animales a partir de los hábitos de sus padres. Sin embargo, sí habían heredado la predisposición genética de sus padres a interactuar con los animales: las respuestas de los gemelos idénticos (que son genéticamente idénticos) coincidían más que las de los mellizos (que solo comparten el 50 % de sus genes). Sin embargo, ni siquiera los gemelos idénticos dieron siempre la misma respuesta. Las experiencias individuales de cada uno, se supone adquiridas sobre todo durante los aproximadamente treinta y cinco años que él y su gemelo habían vivido separados el uno del otro, influyeron aproximadamente el doble que sus genes.[16]

Así pues, crecer rodeado de mascotas no parece ser el factor crucial para que a un hombre le gusten las mascotas en la madurez. Los dos parecen estar relacionados, sin duda, pero el vínculo parece residir en los genes, no en el entorno familiar de la infancia. Los padres que están genéticamente bien predispuestos hacia los animales tenderán a tener mascotas, pero incluso si no lo hacen —quizá limitados por el lugar de residencia o por factores económicos— sus hijos heredarán esos genes y les gustarán las mascotas cuando crezcan. Es poco probable que los adultos sin los genes putativos pro-animales tengan sentimientos positivos hacia los animales, aunque se hayan criado en una casa llena de mascotas. Sin embargo, aunque la convivencia con mascotas en la infancia no parece tener una influencia duradera, la experiencia con animales durante la edad adulta sí la tiene: las personas que tienen una primera mascota tienden a querer repetir la experiencia.

Estas conclusiones deben seguir siendo provisionales. La experiencia con animales de compañía en la infancia puede tener cierta influencia, pero carecemos de datos que muestren hasta qué punto puede influir el entorno familiar de la infancia en las personas que acaban de abandonar su hogar y adquieren su primer animal de compañía. Quizá la influencia de los padres tarde treinta años en desaparecer, y para entonces la mayoría de los que adoptaron una mascota al instalarse por primera vez en casa —y luego la conservaron durante toda su vida— habrían tenido más de una oportunidad de engrosar las filas de los desencantados.

Por tanto, podemos proponer una explicación para el «efecto familia», aunque se base en gran medida en este único estudio. El deseo de tener un animal de compañía parece tener una base genética y, en un principio, puede manifestarse con mayor facilidad en familias en las que a ambos progenitores les gustan lo suficiente como para haber adquirido uno (o más) mientras sus hijos crecían. Este hábito adquirido

[16] Kristen Jacobson et al., «Genetic and Environmental Influences on Individual Differences in Frequency of Play with Pets Among Middle-Aged Men: A Behavioural Genetic Analysis», Anthrozoös 25 (2012): 441-56.

puede persistir hasta la edad adulta, pero en la mediana edad la parte no genética del «efecto familiar» probablemente haya desaparecido, sustituida por el impacto de encuentros más recientes con animales. Y aún no tenemos información sobre si el mismo patrón se aplica a las mujeres, aunque bien podría ser así, dado que la genética suele afectar por igual a los rasgos de personalidad de hombres y mujeres: los genes influyen en un 40 % y la experiencia en un 60 %.

Las personas que crecen rodeadas de animales de compañía no solo tienen más probabilidades de tener mascotas en el futuro, sino que también es más probable que se preocupen por el bienestar de los animales en general. También es más probable que se interesen por la vida salvaje y la conservación de los animales, y que sean vegetarianos. Este efecto puede ser independiente de la cultura en la que crezca una persona. Cuando la Dra. Ayaka Miura y yo estudiamos los efectos de la experiencia infantil con los animales de compañía en las actitudes de los adultos jóvenes tanto en Japón como en el Reino Unido, encontramos algunas similitudes notables. Aunque el número de japoneses que habían convivido con animales de compañía en su infancia era menor, los que sí lo habían hecho tenían una actitud mucho más positiva hacia la tenencia de mascotas. En ambos países, cuantas más mascotas se habían tenido en la infancia, más probabilidades había de tener sentimientos positivos hacia los animales en general y más preocupados estaban por su bienestar. A pesar de tener un espectro diferente en cuanto a la tenencia de mascotas —ninguno de los japoneses mencionó caballos, pero era más probable que tuvieran experiencia con pájaros de jaula—, los dos países también mostraron grandes similitudes: cuando se les pidió que eligieran su mascota familiar favorita, tanto los encuestados británicos como los japoneses nombraron a los perros y gatos en primer y segundo lugar, respectivamente. Y lo que es más sorprendente, cuantas más mascotas habían tenido en la infancia, más probabilidades había de que los encuestados hubieran estudiado una asignatura de biología en la universidad.[17]

---

[17] Ayaka Miura, John Bradshaw y Hajime Tanida. «Childhood Experiences and Attitudes Towards Animal Issues: A Comparison of Young Adults in Japan

Las pruebas apuntan a una sólida relación entre la experiencia de convivir con animales de compañía durante la infancia y las actitudes posteriores de una persona hacia los animales en general, incluidos los animales de compañía pero sin limitarse a ellos. Sin embargo, no es fácil separar la causa del efecto. Tal vez algún otro factor, hasta ahora no identificado, explique la conexión. He aquí una hipótesis plausible: algunos padres, influidos por su ADN y guiados por sus experiencias individuales, educan a sus hijos de forma que influyen positivamente en su forma de pensar sobre los animales durante toda la vida, y una de las consecuencias es que ambas generaciones están predispuestas a tener animales de compañía. En sí misma, la tenencia de animales de compañía puede ser un rasgo cultural, aunque primado por la genética, que cada generación acaba recogiendo de la anterior.

Como ocurre con la mayoría de los rasgos de personalidad, en lo que respecta al afecto por los animales de compañía, resulta difícil desenmarañar los factores genéticos y ambientales. ¿Cómo explicar, por ejemplo, las diferencias sustanciales entre grupos étnicos en cuanto a la tenencia de animales de compañía? Tanto en Estados Unidos como en el Reino Unido, los blancos son más propensos que los no blancos a tener animales de compañía, incluso después de controlar los factores económicos. El apego a animales individuales es considerablemente más raro en el África rural que, por ejemplo, en Melanesia.

Las diferencias pueden ser notables cuando coexisten dos culturas. En el desierto del Kalahari, en el sur de África, los perros de los bosquimanos ju/'hoansi lo pasan mal, ya que la mayor parte de su interacción física con la gente se produce en forma de patadas o piedras voladoras (véase la ilustración cercana). Solo se les trata con respeto cuando cumplen su función como parte de una partida de búsqueda de comida o de caza. En el pueblo, tanto los adultos como los niños no les muestran ningún afecto y, desde luego, no los tratan como a animales domésticos.

Los ju/'hoansi consideran incomprensible, incluso despreciable, la actitud de los granjeros afrikáners hacia los perros. Para complementar

and the UK», Animal Welfare 11 (2002): 437-48.

Los perros ju/'hoansi no son tratados como animales de compañía.

su caza y recolección tradicionales, los hombres ju/'hoansi trabajan a tiempo parcial en granjas locales propiedad de descendientes de colonos holandeses. No pueden creer que estos granjeros alimenten a sus perros con carne mientras ofrecen a sus jornaleros, después de un día de trabajo, solo gachas de maíz; se preguntan por qué los granjeros rara vez les invitan a cruzar los umbrales de sus granjas pero permiten que los perros duerman en sus camas. A los ju/'hoansi no solo les molesta que se les trate peor que a los perros, sino que ven con desdén la aparente confusión de los afrikaners entre las necesidades caninas y las humanas.

Para los cazadores ju/'hoansi, los animales no son personas; son animales, pura y simplemente, cada uno con una identidad y un comportamiento únicos, y deben ser respetados como tales. Tienen su propio tipo de empatía por los animales que les rodean, pero difiere mucho de la que entienden los dueños de mascotas occidentales. Como muchos otros cazadores-recolectores, pueden estar completamente absortos en las costumbres de los animales que cazan (los ju/'hoansi cazan con flechas envenenadas y pueden tener que rastrear a sus presas durante días mientras esperan a que la toxina haga efecto), pero nunca son sentimentales. Un cazador que impute motivaciones humanas a su presa probablemente la perderá. Por eso, aunque domesticados, sus perros siguen siendo animales, siguen estando separados. En sus palabras: «El problema con ustedes, los blancos, es que creen que los perros se comportan como humanos o incluso que sus perros creen que son humanos. No son humanos. Son perros. Sus costumbres son diferentes ».[18]

Como exponentes modernos de estilos de vida paleolíticos, los ju/'hoansi no muestran el mismo afecto por los animales que sus homólogos del sudeste asiático y la Amazonia. Sus perros son animales de trabajo, no de compañía, y la tenencia de mascotas no parece formar parte de su cultura. Si estas aparentes diferencias raciales reflejan también factores genéticos que influyen en el afecto por los animales sigue siendo un tema de investigación, y hay muchas otras posibles explicaciones basadas en las diferencias culturales.

La aparentemente simple decisión de adquirir un animal de compañía es, por tanto, más matizada de lo que podría parecer a primera vista. Para algunos, las consideraciones de moda o estatus pueden impulsar la decisión inicial de adoptar, mientras que los beneficios de la compañía llegan más tarde, a medida que se desarrolla la relación. Estas consideraciones influirán sin duda en la elección del perro frente al gato y en la raza preferida de uno u otro. Sin duda, los elementos culturales entran en juego, sobre todo en los tipos de animales disponibles. También influyen las tradiciones familiares. Aunque la relación de cada dueño con su animal de compañía incorpora una combinación ligeramente distinta de motivaciones, en el fondo el vínculo entre ambos se basa en el afecto y, en mayor o menor medida, en la indulgencia.

Probablemente siempre fue así. A pesar de las innegables diferencias de detalle entre las mascotas que tenían nuestros antepasados cazadores-recolectores y las que preferimos hoy, no hay razón para suponer que los incentivos subyacentes hayan cambiado mucho. Las influencias culturales —la imitación del comportamiento de los demás— siguen siendo fuertes, aunque los límites del grupo de iguales hayan cambiado de las pocas docenas de personas que viven en el mismo pueblo a las «tribus» globales que visitan los mismos sitios de

[18] James Suzman, «Sympathy for a Desert Dog», Opinionator (blog), *New York Times*, 31 de agosto de 2014, http://opinionator.blogs.nytimes.com/2014/08/31/sympathy-for-a-desert-dog.

redes sociales. Lo mismo ocurre con el estatus. Pero el afecto que se desarrolla en última instancia debe haber sido una característica del comportamiento humano durante decenas de miles de años y constituye un hilo conductor constante de la tenencia de mascotas desde sus inicios no registrados hasta nuestros días.

El deseo de tener animales de compañía parece consustancial a la naturaleza humana, más allá de culturas, razas y economías. Por supuesto, el número de personas con tiempo y recursos para dedicarse a este hábito ha variado enormemente a lo largo de la historia de nuestra especie. En las sociedades relativamente igualitarias de nuestros antepasados cazadores-recolectores, la mayoría de las mujeres y los niños tenían algún animal de compañía. La estratificación de la sociedad que siguió a la primera revolución agrícola, hace unos 12 000 años, hizo más difícil que los más humildes tuvieran animales de compañía, aparte de los gatos de granja y los perros pastores que tiraban de los suyos. Más recientemente, el aumento general del nivel de vida ha vuelto a hacer posible la tenencia de animales de compañía para casi todo el mundo que se sienta inclinado a ello. La riqueza ha permitido incluso a unos pocos mimar a sus mascotas de formas hasta ahora inimaginables, pero ¿es la generosidad con la que tratan a sus compañeros más preciada o personal que la lactancia de un mono por parte de una joven guajá? Puede que la conexión emocional subyacente sea la misma.

Hay que reconocer que no todo el mundo siente lo mismo por los animales. Los factores genéticos parecen predisponer a algunas personas a crear un vínculo duradero con los animales de compañía, mientras que otras permanecen inmunes a sus encantos. Mientras que la minoría que hoy desaprueba los animales de compañía por principio (aproximadamente una de cada cuarenta personas en la mayoría de los países occidentales) tiende a centrarse en los inconvenientes de la tenencia de mascotas, los propietarios de animales de compañía tienden a minimizar los riesgos que presentan sus animales, tanto para ellos mismos como para la sociedad. Una vez establecida la relación con el animal, la mayoría de los propietarios muestran un notable grado de lealtad, exagerando los aspectos positivos de su mascota y pasando por alto sus defectos. Al igual que los padres siempre valoran a sus hijos por encima de la media (a pesar de cualquier prueba en

Los perros ya pueden adiestrarse para ayudar a los usuarios de sillas de ruedas.

contrario), los dueños de animales de compañía también valoran a sus mascotas. Es plausible que esta visión optimista ayude a explicar las extraordinarias cantidades de dinero que algunos propietarios gastan en sus mascotas, por no mencionar el tiempo que les dedican y su tolerancia a los inevitables inconvenientes que surgen, especialmente con la tenencia de perros. Si la tenencia de mascotas forma parte de la naturaleza humana, esta aparente ceguera requiere alguna explicación, al igual que los poderes casi místicos que algunos, sobre todo los medios de comunicación populares, pretenden conferir a los animales de compañía.

Dado el ritmo cada vez más rápido de cambio de las sociedades humanas, la imagen de los animales de compañía (especialmente los perros) muestra signos poco sorprendentes de estar cambiando una vez más: el mero placer que los animales de compañía aportan indudablemente a las vidas de sus dueños ya no justifica su existencia.

Hacia finales del siglo XX, los perros pasaron de ser útiles compañeros a convertirse en diversos tipos de superhéroes menores. A partir de la invención, tras la Primera Guerra Mundial, de los perros guía para invidentes, hemos encontrado muchos nuevos usos para su particular inteligencia: ahora los perros ayudan a los usuarios de sillas de ruedas y alertan a los dueños epilépticos y diabéticos de ataques inminentes (véase la ilustración cercana). Mucha gente hace ahora afirmaciones aún más atrevidas sobre sus capacidades. Algunos afirman que el simple hecho de tener un perro puede prevenir enfermedades cardiacas, atraer a los niños retraídos y contrarrestar el sentimiento de soledad. En general, los gatos han eludido muchas de estas especulaciones, como si estuvieran por debajo de su dignidad. Aunque es posible que los dueños de mascotas no hayan experimentado estas hazañas en carne propia, toda esta prensa positiva ha infundido a la tenencia de mascotas un brillo cálido y difuso y la ha hecho un poco más indiferente a las críticas. Pero ¿pueden tener fundamento todas estas afirmaciones, o han exagerado, como afirman algunos cínicos, quienes están dispuestos a beneficiarse más de nuestro gasto cada vez mayor en animales de compañía?

CAPÍTULO 3

MASCOTAS: ¿LA OPCIÓN SALUDABLE?

Hace medio siglo, la mayoría de la gente habría descartado la idea de que convivir con un animal de compañía pudiera ser bueno para la salud. Claro, un perro te hace salir al aire libre, y acariciar a un gato es bastante agradable, pero ¿algo más que eso? Ridículo. Sin embargo, hoy en día la prensa e incluso algunos expertos promocionan ampliamente a las mascotas como la panacea para todo tipo de males: hipertensión, estrés, soledad, enfermedades cardiacas y depresión, por nombrar solo algunos. Libros como *Every Dog Has a Gift: True Stories of Dogs Who Bring Hope and Healing into Our Lives* y *Healing Companions: Ordinary Dogs and Their Extraordinary Power to Transform Lives* abarrotan las estanterías de la sección de mascotas de las librerías de todo el mundo. Internet ofrece infinidad de artículos que ensalzan las virtudes de tener un animal de compañía (junto a artículos como «10 razones por las que no estás perdiendo los últimos 10 kilos» y «14 razones para tener más sexo»). He aquí doce maneras en que las mascotas mejoran la salud (la cursiva es mía): Las mascotas pueden *reducir el colesterol*; ayudan a *aliviar el estrés*; pueden *reducir la tensión arterial; mejoran* la forma física; *reducen* el riesgo de enfermedades cardiovasculares [así que hay un par de ellos en los que confían]; pueden *prevenir las alergias* en los niños; *alivian* la depresión; alivian el dolor crónico; mejoran las relaciones; controlan los cambios en la salud (¡ahorran tiempo y dinero en revisiones médicas!)[1].

Estas extraordinarias afirmaciones parecen haber surgido de la nada. Cuando tuve mi primer perro, hace cuarenta años, habría sido el hazmerreír de todos si hubiera dicho que viviría más. Hoy en día, aunque las afirmaciones de gran alcance sobre la salud no sean el factor primordial que convence a la gente para tener un animal de compañía, sin duda impregnan la tenencia de mascotas con el tipo de brillo cálido que ayuda a los que se inician en la tenencia de animales de compañía a justificar su decisión, al menos ante sí mismos, y posiblemente ante los demás.

A la ciencia le ha costado seguir el ritmo de todas estas afirmaciones. Por lo general, los estudios fiables no han encontrado pruebas convincentes de que vivir con animales haga más sanos a sus dueños. Incluso en los casos en que las pruebas parecen respaldar la idea de que las personas con mascotas están en mejor forma que las que no las tienen, puede haber otras explicaciones aparte de la «magia» de las mascotas. Nuestras cacareadas nociones de los extraordinarios poderes curativos de los animales de compañía sugieren que hay algo en nuestra naturaleza humana que nos inclina no solo a tener animales de compañía, sino también a verlos con gafas de color de rosa.[2]

La creencia en el poder curativo de los animales de compañía se ha extendido con notable rapidez y amplitud. Por un lado, podemos considerar la «terapia con animales de compañía» como parte del reciente movimiento hacia la medicina complementaria y alternativa, pero mirados desapasionadamente, los animales de compañía parecen agentes terapéuticos improbables. Albergan todo tipo de microorganismos, incluidos algunos que pueden enfermar a las personas. Su

[1] Karen Pallarito, «12 maneras en que las mascotas mejoran tu salud», MSN.com, 15 de agosto de 2014, http://www.msn.com/en-us/health/wellness/12-ways-pets-improve-your-health/ss-AA2fsAf. Véase también Mandy Oaklander, «Science Says Your Pet Is Good for Your Mental Health», Time Health, 6 de abril de 2017, http://time.com/4728315/science-says-pet-good-for-mental-health.

[2] Molly Crossman ofrece una excelente evaluación objetiva de la (escasa) ciencia que respalda los beneficios psicológicos de las mascotas en «Effects of Interactions with Animals on Human Psychological Distress», *Journal of Clinical Psychology* (2016), doi:10.1002/jclp.22410.

comportamiento es a menudo impredecible: los perros parecen deleitarse lamiendo la cara de quienes menos aprecian este gesto de afecto, mientras que los gatos tienen sus propias reglas sobre a quién permiten acercarse a ellos. Las mascotas parecen demasiado salvajes y caprichosas, sobre todo en comparación con el seductor envase de un medicamento homeopático o las relajantes manos de un reflexólogo. El hecho de que consideremos a las mascotas como «coterapeutas» dice más del atractivo instintivo que tienen para nosotros que de los beneficios tangibles que puedan aportar.

Sorprendentemente, podemos rastrear esta oleada de positivismo hacia los animales de compañía hasta dos primeros estudios: uno, una serie de historias clínicas llevadas a cabo por un psicoterapeuta, y el otro, un estudio realizado por un equipo de las universidades de Pensilvania y Maryland.

El Dr. Boris Levinson, psicoterapeuta de la Universidad Yeshiva de Nueva York, acuñó el término *pet therapy* (terapia con animales de compañía) en 1960, cuando descubrió la función de los animales como «mediadores» para pacientes poco comunicativos, sobre todo niños. Según cuenta la historia, un día una madre y su hijo, crónicamente retraído, llegaron temprano a su cita y se encontraron con que el Dr. Levinson aún no había sacado de su consulta a su perro Jingles. El niño, que nunca había hablado durante las sesiones anteriores, empezó de repente a dirigirse al perro y luego empezó a responder a las preguntas del Dr. Levinson, aunque dirigiendo sus respuestas no a él sino al perro. Inspirado por este éxito, Levinson empezó a incorporar a Cascabel en su tratamiento de otros pacientes jóvenes y descubrió que muchos jugaban alegremente con el perro incluso cuando se sentían incómodos hablándole: al insinuarse de forma gradual en estos juegos, descubrió que podía establecer confianza con muchos de estos niños. Aunque al principio sus colegas académicos se mostraron escépticos sobre el uso de animales en psicoterapia, él promovió enérgicamente sus métodos, que, a su muerte en 1984, habían sido ampliamente aceptados en Estados Unidos.[3]

[3] Gerald Mallon, «Un espíritu generoso: La obra y la vida de Boris Levinson», *Anthrozoös* 7 (1994): 224-31.

Aunque quizá fue el primero en abogar por el uso de perros como ayuda terapéutica, Levinson no fue el primero en darse cuenta de que pueden reconfortar a las personas con trastornos mentales. En el Reino Unido, el York Retreat, fundado por los cuáqueros a finales del siglo XVIII, fue el primer manicomio que incluyó el contacto con animales domésticos como uno de los elementos para proporcionar un entorno hogareño a sus internos (en su mayoría esquizofrénicos). El propio Sigmund Freud permitía a menudo que su *Chow Chow* Jofi asistiera a sus sesiones de terapia (véase la ilustración cercana), alegando que el perro a veces podía evaluar mejor el estado mental de sus pacientes, pero al parecer no se planteó elevar a Jofi a la categoría de coterapeuta, como más tarde hizo Levinson con tanto éxito. Sin embargo, incluso en sus momentos más fuertes, la defensa de Levinson de los beneficios del contacto con los perros no se extendió más allá de los niños, aunque sí sugirió que todos los niños, no solo los que padecían trastornos psicológicos, podían mejorar su desarrollo emocional cuidando de animales.

Un segundo estudio, realizado unos veinte años después del de Levinson, abrió el camino a una afirmación mucho más general sobre los beneficios de la tenencia de animales de compañía: que las mascotas podrían suponer una mejora generalizada de la salud cardiovascular. La antrozoóloga pionera Erika Friedmann y sus colegas examinaron cómo la vida en el hogar y el estado psicológico de las víctimas de ataques cardíacos podían afectar a sus tasas de supervivencia tras el alta hospitalaria. Descubrieron que, como era de esperar, los que presentaban síntomas cardiovasculares más graves eran los que menos probabilidades tenían de seguir vivos un año después, al igual que los que vivían solos. La sorpresa llegó al examinar el número de supervivientes que tenían animales domésticos: El 40 % de los que no tenían mascota habían muerto, pero más del 94 % de los que sí la tenían habían sobrevivido. Pensando que esto podría reflejar la necesidad de hacer ejercicio de los dueños de perros, los eliminó del análisis y descubrió que de las diez personas con «otras mascotas», precisamente ninguna había muerto.

El estudio de Friedmann desencadenó una búsqueda de explicaciones que continúa hoy en día. ¿Cómo podría la simple compañía de un animal como un gato o un conejo facilitar la recuperación de un sistema cardiovascular humano gravemente dañado? Una respuesta podría ser

Freud y Jofi.

simplemente que no lo hace. El estudio original era pequeño —incluía menos de cien pacientes— y, tras su publicación, otros científicos afirmaron que la menor edad media de los dueños de mascotas del grupo podría explicar algunas de las aparentes asociaciones entre mascotas y salud. Cuando la profesora Friedmann repitió su estudio en una muestra mucho mayor de 369 supervivientes de infartos, los dueños de perros salieron bien parados (solo 1 de cada 87 murió), pero los dueños de gatos tenían, en todo caso, más probabilidades de morir que los que no tenían mascota alguna. Estudios posteriores han tendido a respaldar la relación entre la tenencia de perros y la salud del corazón, pero no han logrado disociar causa y efecto: es posible que las personas que, para empezar, no gozan de buena salud rara vez elijan a los perros como mascotas porque saben que tendrán que pasearlos. Además, la tenencia de otros animales de compañía no influye demasiado (de hecho, más de un estudio ha demostrado que quienes tienen gatos corren más riesgo de sufrir un segundo infarto que quienes no los tienen). Sin embargo, los propietarios de mascotas, los medios de comunicación e incluso los médicos parecen muy interesados en perpetuar el mito de que los animales de compañía mejoran la salud. En una encuesta reciente realizada en Estados Unidos, el 97 % de los médicos encuestados declararon creer que los animales de compañía tienen beneficios para la salud, y el 74 % afirmó que «recetaría» un animal de compañía para mejorar la salud general. Un entusiasmo tan fuera de lugar pide a gritos una explicación.[4]

Boris Levinson probablemente estaría más que sorprendido por la amplia aplicación de sus afirmaciones sobre los poderes terapéuticos de los animales. La organización benéfica Pets as Therapy (Mascotas como terapia), con sede en el Reino Unido, ha registrado a más de 28 000 perros como terapeutas desde su fundación en 1983 y actualmente tiene más de 4000 perros (y unos cuantos gatos) en sus registros. La Alliance of Therapy Dogs, que opera en Estados Unidos y Canadá, ha registrado más de 14 000 animales. Los perros, aunque muy utilizados, no son ni mucho menos las únicas especies empleadas: la organización Pet Partners, con sede en Estados Unidos, registra una gran variedad de animales para su uso en terapias, incluidos perros, gatos, conejos, pájaros, cobayas, ratas, cerdos en miniatura, llamas, alpacas, caballos, burros y minicaballos. El entusiasmo es real, pero ¿son siempre eficaces estas terapias? Y en el caso de las que sí lo son, ¿cómo contribuye el animal? ¿O depende el éxito de las motivaciones del terapeuta?[5]

Hay que distinguir entre los animales utilizados simplemente para alegrar el día a alguien y los empleados como parte de un programa de tratamiento específico para un individuo. Algunos de los que practican

---

[4] Erika Friedmann et al., «Animal Companions and One-Year Survival of Patients After Discharge from a Coronary Care Unit», *Public Health Reports* 95 (1980): 307-12; Erika Friedmann y Sue Thomas, «Pet Ownership, Social Support, and One-Year Survival After Acute Myocardial Infarction in the Cardiac Arrhythmia Suppression Trial (CAST)», *American Journal of Cardiology* 76 (1995): 1213-17; Gordon Parker et al., «Survival Following an Acute Coronary Syndrome: A Pet Theory Put to the Test», *Acta Psychiatrica Scandinavica* 121 (2010): 65-70; Sarah Knight y Victoria Edwards, «In the Company of Wolves: The Physical, Social, and Psychological Benefits of Dog Ownership», *Journal of Aging & Health* 20 (2008): 437-55; «Pets and Health: Family Physician Survey», Human-Animal Bond Research Initiative, http://www.habri.org/2014-physician-survey.php.

[5] Para más información sobre animales de terapia, véase «All About Therapy Animals», *National Service Animal Registry*, https://www.nsarco.com/therapy-animal-info.html.

esta última se oponen a que se haga referencia a la primera como «terapia», que prefieren restringir a las intervenciones adaptadas para ayudar a un paciente concreto. Afirman que deberíamos referirnos a la práctica ya habitual de llevar perros, conejos y otros animales a las salas de hospitalización de larga estancia y a las residencias de ancianos como «actividad asistida por animales». Sin embargo, en el lenguaje general, la palabra «terapia» se aplica ampliamente a ambas: casi todos los perros registrados por Mascotas como Terapia se limitan a visitar a ancianos y enfermos, sin ningún tratamiento individualizado. Además, ambas prácticas, diseñadas para mejorar el estado mental de una persona, difieren de la ayuda prestada por los perros de asistencia (perros guía y perros auditivos, por ejemplo), que proporcionan sobre todo ayuda física, lo que no quiere decir que no ofrezcan también beneficios psicológicos.

Difícilmente podemos considerar a los delfines como animales de compañía, pero el extraordinario entusiasmo acerca de sus poderes curativos ilustra a la perfección lo poderosas que pueden ser tales creencias. En los últimos veinte años, las llamadas terapias asistidas con delfines han proliferado en todo el mundo. Algunas consisten simplemente en nadar bajo supervisión con delfines salvajes; otras implican actividades más estructuradas con delfines cautivos. Sus defensores afirman que estos encuentros pueden aliviar o incluso curar una amplia gama de afecciones tanto mentales como físicas, incluidos el sida, el cáncer y la depresión clínica. Algunos incluso afirman que los delfines participan activamente en las terapias. He aquí un ejemplo: «Muy a menudo los terapeutas me cuentan su experiencia de trabajo con los pacientes en su consulta. Diseñan sus planes para el día, solo para descubrir que los delfines ya saben lo que hay que hacer cuando el terapeuta y el paciente llegan al agua.'[6]

La opinión generalizada es que los delfines son especialmente valiosos como coterapeutas para niños con necesidades especiales, autismo, síndrome de Down, parálisis cerebral e incluso comas de vigilia: los padres, desesperados por ver alguna mejora en el estado de sus

[6] Judith Simon Prager, PhD, «Dolphin-Assisted Therapy: Something Magical in the WaterÇ, *Huffington Post,* 2011, http://www.huffingtonpost.com/judith-simon-prager-phd/dolphin-assisted-therapy_b_996389.html.

hijos, pagan hasta 7000 dólares por diez horas de terapia con delfines, mucho más de lo que pagarían por otras terapias asistidas con animales (muchas de las cuales son gratuitas o se ofrecen a precio de coste). Supuestamente, los delfines hacen algo «mágico» con el agua que les rodea, elevando a cualquier persona que pase nadando a un estado de euforia. Quizá sea el sonido que emiten (los chasquidos que aparecen en los documentales de televisión sobre cetáceos). Tal vez sea su supuesta capacidad de provocar en nosotros un estado meditativo o de «sincronizar» los hemisferios izquierdo y derecho de nuestro cerebro. O quizá solo sea divertido nadar en aguas cálidas, en un lugar exótico, junto a un mamífero juguetón.

Cualesquiera que sean las afirmaciones, numerosos intentos de precisar los efectos de la terapia asistida con delfines han fracasado. Muchos de los estudios publicados proceden de los propios terapeutas, y hasta ahora ninguno ha cumplido las normas exigidas a los ensayos médicos. Por ejemplo, aunque algunos investigadores han concluido que el ultrasonido emitido por los delfines podría teóricamente afectar los tejidos humanos, la cantidad característica recibida es muy inferior a la que se sabe que tiene algún efecto.[7]

Peor aún, independientemente de la eficacia, parece muy poco ético mantener en cautividad a mamíferos marinos altamente inteligentes con fines de terapia humana. Los propios delfines muestran a veces su inquietud atacando a quienes trabajan con ellos y, en ocasiones, a los pacientes que se supone deben curar. Por ello, la Whale and Dolphin Conservation Society ha pedido que se prohíba en todo el mundo la terapia asistida con delfines, alegando la escasez de beneficios demostrados y la falta de preocupación por el bienestar y la conservación de los animales implicados. La organización Research Autism no recomienda la terapia con delfines como tratamiento para personas con ese trastorno.[8] De hecho, el uso de cualquier animal salvaje o cautivo

---

[7] Lori Marino y Scott Lilienfeld, «Terapia asistida con delfines: More Flawed Data and More Flawed Conclusions», *Anthrozoös* 20 (2007): 239-49; Karsten Brensing, Katrin Linke y Dietmar Todt, «Can Dolphins Heal by Ultrasound?», *Journal of Theoretical Biology* 225 (2003): 99-105.

[8] «The Case Against Dolphin Assisted Therapy», Whale and Dolphin Conservation, http://uk.whales.org/issues/case-against-dolphin-assisted-therapy;

como ayuda terapéutica plantea serias cuestiones éticas, ya que no podemos saber cómo percibe el animal su situación. Las especies domesticadas, por el contrario, se han adaptado por definición a entornos creados por el hombre y, por lo tanto, pueden interpretar mejor el comportamiento humano; además, sus entrenadores pueden responder de forma adecuada y sensible a sus necesidades.

También hay quien hace extravagantes afirmaciones sobre el valor terapéutico de los caballos. Varios tipos de terapia utilizan caballos domésticos, y los entusiastas de los equinos suelen afirmar que cualquier interacción personal con un caballo aporta beneficios tanto físicos como psicológicos. La equitación terapéutica puede mejorar el control postural, el equilibrio y los reflejos, pero algunos afirman que también mejora la confianza en uno mismo y el control emocional. Como su nombre indica, la psicoterapia asistida por equinos se centra en los beneficios psicológicos, utilizando al caballo más en el papel de coterapeuta, tal como prevé Levinson. Los programas de televisión de autoayuda han promovido ampliamente este tipo de terapia, y algunos terapeutas han hecho afirmaciones sobre las capacidades del caballo, como que las investigaciones han demostrado la eficacia de la equinoterapia para personas que luchan contra problemas como la depresión, la adicción, los trastornos alimentarios y la recuperación de traumas o abusos. Sin embargo, una evaluación reciente de catorce estudios sobre tratamientos relacionados con caballos para trastornos mentales concluyó que las pruebas actuales no respaldan estas afirmaciones.[9]

Por lo tanto, los beneficios psicológicos de la interacción con delfines y caballos parecen en gran medida el producto de ilusiones tanto del terapeuta como del cliente. ¿Puede decirse lo mismo de la terapia asistida con mascotas? La mayoría de las mascotas de terapia son perros, por lo

---

«Dolphin Therapy and Autism», Research Autism, http://www.researchautism.net/interventions/64/dolphin-therapy-and-autism/Introduction.

[9] Contraste con Lissa Corcoran, «Straight from the Horse's Mouth: Equine Assisted Psychotherapy», Best Self Atlanta, http://www.bestselfatlanta.com/sponsored-topic/life-enrichment/equine-assisted-psychotherapy/straight-from-the-horses-mouth-equine-assisted-psychotherapy.html, con Michael Anestis et al., «Equine-Related Treatments for Mental Disorders Lack Empirical Support: A Systematic Review of Empirical Investigations», *Journal of Clinical Psychology* 70 (2014): 1115-32.

que no es sorprendente que sean los mejor estudiados. En las últimas dos décadas, se han publicado docenas de investigaciones sobre terapias asistidas con perros, y la gran mayoría ha descubierto que la terapia era eficaz para la mayoría de los pacientes.[10]

¿Por qué tanto escepticismo? Porque es muy difícil precisar cómo puede funcionar un procedimiento complejo como la terapia con animales de compañía. En primer lugar, están las expectativas del paciente o, en el caso de un niño, de los padres. Los supuestos beneficios para la salud de las mascotas han recibido tanta publicidad que el simple hecho de esperar que la terapia funcione podría dar la impresión de mejora. En segundo lugar, sabemos que los medicamentos placebo pueden, en algunos casos, lograr muchos de los mismos resultados que los medicamentos reales (simplemente porque los pacientes creen que las pastillas funcionan), y que el efecto placebo es especialmente frecuente en los tratamientos dirigidos a trastornos mentales. ¿No podría ocurrir lo mismo con las terapias con animales de compañía? Sin duda, el perro de terapia será novedoso, emocionante y enérgico, y todo ello puede levantar el ánimo del paciente lo suficiente como para parecer una mejoría, pero este efecto solo dura mientras el perro está presente. En tercer lugar, el entusiasmo de un terapeuta humano convencido de la eficacia del perro puede contagiarse al paciente y elevar temporalmente su estado de ánimo.

¿Qué pruebas sugieren que la propia mascota mejora el estado de ánimo del paciente? En los inicios de la terapia asistida con perros, mis alumnos y yo organizamos sesiones de terapia para niños con síndrome de Down. En algunas sesiones, la terapeuta los animaba a interactuar con un perro labrador negro; en otras, les proponía los mismos juegos, pero con un simulacro de peluche al que llamamos Max. Max no solo servía para acariciar y abrazar; tenía collar y correa, por lo que se le podía sacar a «pasear» (¿arrastrar?), así como un buche

---

[10] Véase, por ejemplo, un desglose reciente de la utilidad de las intervenciones asistidas con animales para el trastorno de estrés postraumático: Marguerite O'Haire, Noémie Guérin y Alison Kirkham, «Animal-Assisted Intervention for Trauma: A Systematic Literature Review», *Frontiers in Psychology* 6 (agosto de 2015), artículo 1121, doi: 10.3389/fpsyg.2015.01121, con un resumen en Marguerite E. O'Haire et al., «Animal-Assisted Intervention for Trauma, Including Post-Traumatic Stress Disorder», HABRI Central, agosto de 2015, https://habricentral.org/resources/48078.

para poder «darle de comer» galletas. No ofrecimos ninguna terapia específica, ya que solo nos interesaba saber si el perro real provocaba un cambio en el comportamiento de los niños, y así fue. En comparación con Max, el perro de verdad mantenía la atención de los niños durante mucho más tiempo, y también estaban más atentos al adiestrador cuando el perro era de verdad.[11]

La aparición de animales robóticos más realistas ha socavado en cierta medida la hipótesis de que solo un animal vivo puede aportar beneficios terapéuticos. Los estudios han demostrado que tanto Aibo (un perro robot obviamente mecánico) como Paro (un cachorro de foca arpa esponjoso y extraordinariamente realista —y adorable—; véase la ilustración cercana) son tan eficaces como los perros para aliviar la soledad en las residencias de ancianos. Así pues, tal vez la interacción con algo receptivo —pero no necesariamente vivo— produzca la mayor parte de los beneficios. La investigación sobre la terapia asistida por robots avanza a buen ritmo en Japón, que se enfrenta a una grave escasez de personal para atender a su numerosa y creciente población de ancianos, muchos de los cuales consideran que el pelo y la saliva de los perros son repelentes antihigiénicos.[12]

Evaluar la eficacia de la terapia asistida con perros conlleva otro problema conocido por los científicos como el efecto archivador. Es un hecho poco apreciado que gran parte de la investigación científica se queda guardada en los ordenadores de las personas que la realizaron. Esto no siempre es malo: por ejemplo, alguien que inició un estudio puede haberse dado cuenta a mitad de camino de que no lo había diseñado de una forma adecuada; a veces, un experimento bien diseñado simplemente no arroja resultados especialmente interesantes.

---

[11] Jennifer Limond, John Bradshaw y Magnus Cormack, «Behaviour of Children with Learning Disabilities Interacting with a Therapy Dog», *Anthrozoös* 10 (1997): 84-9.

[12] Marian Banks, Lisa Willoughby y William Banks, «Animal-Assisted Therapy and Loneliness in Nursing Homes: Use of Robotic Versus Living Dogs», *Journal of the American Medical Directors Association* 9 (2008): 173-7; Hayley Robinson et al., «The Psychosocial Effects of a Companion Robot: A Randomized Controlled Trial», *Journal of the American Medical Directors Association* 14 (2013): 661-7; Lori Marino, «Construct Validity of Animal-Assisted Therapy and Activities: How Important Is the Animal in AAT?», *Anthrozoös* 25 (2012): S139-S151.

Las «mascotas» robóticas pueden aliviar la soledad.

Las revistas científicas no están tan ávidas de sensaciones como los periódicos sensacionalistas, pero siguen siendo reacias a dedicar páginas a estudios que «no demuestran gran cosa», por lo que es comprensible que los profesores, en apuros, dediquen sus esfuerzos a redactar sus resultados más concluyentes.

Así, los estudios que muestran grandes efectos de una intervención —ya sea un perro de terapia o una píldora antidepresiva— se publican, mientras que los que muestran efectos menores o nulos tienden a quedar relegados a un segundo plano. Como resultado, la literatura científica exagera inadvertidamente el efecto aparente de cualquier intervención, en contraposición a no hacer nada en absoluto. La realidad sale a la luz en las raras ocasiones en que los científicos se toman la molestia de desenterrar estudios inéditos

—tesis doctorales, por ejemplo— y compararlos con los trabajos publicados. Cuando los investigadores hicieron esto para las terapias asistidas con animales, descubrieron que el efecto en los estudios no publicados era aproximadamente la mitad que en los publicados. El antrozoólogo Hal Herzog comentó: «Si 100 personas recibieran terapia asistida con animales, aproximadamente 9 de ellas mejorarían gracias a la experiencia, mientras que las otras 91 habrían hecho lo mismo quedándose en casa y pasando el rato en Facebook».[13] No creo que quisiera decir que Facebook es una alternativa viable a la terapia para las personas psicológicamente vulnerables. Cabe señalar, sin embargo, que el mismo sesgo estaría en juego si se descubriera que la terapia asistida con perros es perjudicial en algunas circunstancias: a los editores de revistas científicas les encanta una buena controversia. Pero no ha aparecido ningún estudio de este tipo, lo que significa que la terapia asistida con perros es generalmente benigna, aunque a menudo solo sea marginalmente eficaz.

La terapia con mascotas parece tener efectos reales y positivos en los niños autistas. Los perros parecen especialmente útiles para que los niños con trastornos de tipo autista entablen conversación con sus terapeutas. Aunque les cuesta establecer contacto visual y conversar con personas, muchos de estos niños parecen mucho menos inhibidos cuando se trata de animales; de hecho, muchos muestran mucho más interés por las imágenes de animales que por las de personas. Sin duda, sus padres suelen considerar que la terapia con animales merece la pena: casi uno de cada cuatro la ha probado, y la mitad de ellos persiste, pues cree que ha hecho a su hijo más sociable (solo la suplementación dietética es más popular). En conjunto, los estudios demuestran que muchos niños autistas reaccionan positivamente a los perros. No solo experimentan menos estrés y sonríen y ríen con más frecuencia,

[13] Hal Herzog, «¿Funciona realmente la terapia asistida con animales? What Clinical Trials Reveal About the Effectiveness of Four-Legged Therapists», *Psychology Today*, 17 de noviembre de 2014, https://www.psychologytoday.com/blog/animals-and-us/201411/does-animal-assisted-therapy-really-work. Herzog hace referencia a Janelle Nimer y Brad Lundahl, «Animal-Assisted Therapy: A Meta-analysis», *Anthrozoös* 20 (2007): 225-38.

sino que también se vuelven más conversadores con los humanos de la habitación. Como en el caso original de Levinson, el perro puede servir de puente entre el niño y la persona.[14]

Sin embargo, no todos los niños autistas responden bien a los perros: alrededor de un tercio se muestran indiferentes y a unos pocos les molesta la presencia del perro. Depende mucho del adiestramiento del perro y de lo bien que se adapte al comportamiento, a veces imprevisible, del niño. Además, algunos niños atípicos pueden encontrar igual de amenazadores a un perro que a una persona desconocida.

Los perros pueden ser demasiado saltarines para algunos niños autistas, y animales menos sensibles, como las cobayas, han producido recientemente mejoras más fiables, sobre todo en las aulas. Muchos niños autistas, aunque se eduquen en escuelas ordinarias, tienen dificultades para integrarse con los demás alumnos. En comparación con otras sesiones idénticas en las que se utilizaban juguetes (coches, muñecas, plastilina y peonzas), las sesiones experimentales centradas en una cobaya resultaron mucho más eficaces para conseguir que los niños autistas socializaran con sus compañeros: con la cobaya reían,sonreían más,-fruncían el ceño y lloraban menos. En comparación con otros estudios realizados con pacientes adultos, los niños eran menos propensos a comportarse según nociones preconcebidas de los poderes «mágicos» de los animales y más propensos a responder directamente a los animales. Hay indicios claros de que la terapia es eficaz a nivel biológico: cuando los investigadores midieron la conductancia cutánea de los niños, que indica excitación y/o frustración, la conductancia de los niños autistas era generalmente más alta que la de los otros niños, pero disminuía cuando manipulaban las cobayas.[15] Las sesiones de terapia formal pueden no ser

---

[14] Giorgio Celani, «Human Beings, Animals and Inanimate Objects: What Do People with Autism Like?», Autism 6 (2002): 93-102; Lillian Christon, Virginia Mackintosh y Barbara Myers, «Use of Complementary and Alternative Medicine (CAM) Treatments by Parents of Children with Autism Spectrum Disorders», Research in Autism Spectrum Disorders 4 (2010): 249-59; Marguerite O'Haire, «Animal-Assisted Intervention for Autism Spectrum Disorder: A Systematic Literature Review», *Journal of Autism and Developmental Disorders* 43 (2013): 1606-22.

[15] Marguerite O'Haire et al., «Social Behaviours Increase in Children with Autism in the Presence of Animals Compared to Toys», *PLoS ONE* 8, no. 2 (2013): e57010, doi: 10.1371/journal.pone.0057010; Marguerite O'Haire et al., «Animals

el uso más eficaz de los animales de compañía para sacar a los niños autistas de su caparazón, ya que suelen ser breves y no permiten al niño conocer al animal particularmente bien. Conseguir una mascota específica para el niño, si se hace correctamente, puede permitir que se desarrolle una relación más espontánea y también permite experimentar con otros tipos de animales. Aunque escasos y poco frecuentes, los «gatos de terapia» pueden, al menos anecdóticamente, ser mascotas muy exitosas para los niños autistas (véase la ilustración cercana). Iris Grace Halmshaw, una niña autista considerada un prodigio artístico en Inglaterra, solo se consolaba pintando paisajes al estilo de Monet hasta que una gatita Maine Coon llamada Thula la sacó de allí (según cuenta su madre).[16] Un estudio de caso bien documentado también apoya esta idea. A los dieciocho meses, Fraser Booth lloraba sin cesar, consolado únicamente por una tira de plástico con la que había formado un vínculo inexplicable. Diagnosticado con un trastorno del espectro autista, también carecía de tono muscular. A los tres años estaba socialmente aislado, ignoraba a los demás niños de su grupo de juego y se asustaba cada vez que veía a un extraño; además, trataba a su madre, en palabras de esta, «como a un mueble». Entonces sus padres adoptaron un gatito abandonado al que llamaron Billy. A los pocos días, observaron un cambio radical en el comportamiento de Fraser. Estaba mucho menos tenso y, con el paso de los meses y los años, empezó a relacionarse con sus padres e incluso con los visitantes de la casa. Puede que Billy no sea especialmente mágico, aunque parece más flexible que otros gatos, pero Fraser cree que es muy especial. Como dijo en una entrevista —un hecho extraordinario en sí mismo, teniendo en cuenta su anterior aversión a los extraños—: «Me gusta abrazarle, besarle y zarandearle».[17]

May Act as Social Buffers: Skin Conductance Arousal in Children with Autism Spectrum Disorder in a Social Context», *Developmental Psychobiology* (27 de abril de 2015), doi: 10.1002/dev.21310.

[16] Aimee Brannen, «Un vínculo inquebrantable entre una niña autista y su gato», *Daily Mail*, 15 de marzo de 2016, http://www.dailymail.co.uk /femail/article-3491674/Autistic-six-year-old-paints-cycles-SWIMS-tabby-feline-helped-voice.html.

[17] Sally Williams, «El gato que salvó a mi hijo autista», *Sunday Times Magazine*, 8 de febrero de 2014, 26-32.

La llegada de Billy a la casa cuando Fraser tenía tres años puede haber sido la clave del éxito de su relación. Cuando Fraser nació, sus padres ya tenían un gato de mediana edad llamado Toby, pero Fraser y Toby no mostraron ningún interés el uno por el otro. Un estudio sobre niños autistas realizado en Francia sugiere que este fenómeno puede ser general: mientras que las mascotas existentes parecen beneficiar poco a los niños autistas, las mascotas obtenidas durante la mitad de la infancia pueden ayudarles a ser más sociables, quizá porque la llegada del animal irrumpe en el ensimismamiento del niño.[18]

Los defensores de la terapia asistida con animales de compañía también la promueven con entusiasmo como beneficiosa para las personas mayores; muchos profesionales afirman que ayuda a recuperar a los pacientes geriátricos de una vida cada vez más aislada. Cada vez son más las personas mayores que viven en alojamientos construidos a tal efecto. Hace tan solo treinta años, pocos establecimientos de este tipo admitían animales, por considerarlos antihigiénicos y demasiado complicados de cuidar. Hoy en día, sin embargo, muchos hospitales geriátricos, residencias de ancianos y centros de día reciben con agrado las visitas de la legión de entusiastas equipos de terapia con animales de compañía. Algunos centros incluso tienen mascotas residentes. El contacto con los animales puede ayudar a aliviar la soledad y la depresión de las personas mayores y también a reducir algunos síntomas de la demencia.

Los numerosos signos positivos que observaron animaron a los pioneros de las visitas de mascotas. En 1990, los psicólogos Val Elliott y Derek Milne registraron las visitas de Thistle, un Wheaten terrier, y su cuidador a dos salas del Hospital St George de Morpeth, en el noreste de Inglaterra. Los veintisiete residentes del pabellón 1 padecían demencia: algunos eran pacientes de larga duración; otros estaban allí para dar un respiro a sus cuidadores habituales. En el pabellón 2, la mayoría de los veintiún pacientes sufrían depresión. En ambos casos, los pacientes se mostraban mucho más animados cuando Thistle

---

[18] Marine Grandgeorge et al., «Does Pet Arrival Trigger Prosocial Behaviours in Individuals with Autism?», *PLoS ONE* 7, nº 8 (2012): e41739, doi: 10.1371/journal.pone.0041739.

Añadir un gato al hogar puede tener efectos positivos sobre el autismo.

estaba presente, interactuando más no solo con el perro, sino también con el personal y con sus compañeros. El personal de enfermería coincidió en general en que muchos de los pacientes parecían estar mejor tanto durante como después de las visitas de Thistle, y ninguno pudo identificar a ningún paciente cuyo comportamiento se hubiera deteriorado como consecuencia de ello. Además, muchos miembros del personal afirmaron que las visitas del perro les habían levantado el ánimo y mejorado su moral, creando un mejor ambiente en general.

Como psicólogos profesionales, Elliott y Milne se mostraron escépticos, y con razón, sobre si el perro era el ingrediente mágico de la terapia. Los cambios en el comportamiento de los pacientes fueron más marcados en el pabellón 1 que en el pabellón 2. En lugar de atribuir esta diferencia a los distintos trastornos de las salas, sugirieron que podría deberse al entusiasmo por los perros mostrado por una de las enfermeras de la Sala 1. No era demasiado exagerado sugerir que el principal efecto del perro podría no haber sido tanto elevar el estado de ánimo de los pacientes directamente como cambiar la forma en que el personal se comportaba con ellos, y Elliott y Milne plantearon la posibilidad de que «se podrían haber conseguido los mismos resultados si estas personas hubieran hablado con cada paciente sin el perro». Sin embargo, como señalaron, «independientemente de que el perro fuera o no el principal contribuyente a los resultados beneficiosos, sin el perro no habría paquete de terapia». También destacaron la contribución que dichas visitas podrían hacer a la «normalización» del entorno de la sala, que de otro modo sería estéril y extraño, devolviendo a los pacientes un toque de su vida cotidiana anterior a su hospitalización.[19]

Evidentemente, esta normalización se extiende tanto al personal como a los pacientes, y a veces les pilla por sorpresa. Debra Fila, que trabajaba como jefa de enfermería administrativa en una unidad de cuidados intensivos del Centro Médico de la Universidad de California a mediados de los años ochenta, quedó conmocionada por la reacción de sus colegas ante el ingreso de un paciente para una cirugía ocular reconstructiva acompañado de su perro guía, un labrador amarillo llamado Woo-Woo. Para mí, lo que podría haber sido una pesadilla, se convirtió en una de las experiencias más satisfactorias de mi carrera como enfermera. No tenía ni idea de que el personal de enfermería, los pacientes, las familias y los médicos reaccionarían de forma positiva ante la presencia de un perro grande en la unidad del hospital... Mientras Woo-Woo estaba sentada detrás del puesto de enfermería, observé que los médicos y el personal de enfermería se paraban a acariciarla, sonreían y le decían un rápido y amistoso «hola». Los comentarios del personal indicaban sentimientos positivos y un ambiente de menor estrés ».[20]

No todas las personas mayores desean el contacto con animales de compañía, por lo que es poco probable que la terapia con mascotas sea beneficiosa para todos. Como era de esperar, las preferencias de los pacientes suelen estar relacionadas con sus experiencias previas con animales: en un estudio realizado en residencias del sur de Misisipi, ninguno del 12 % de los que rechazaron la terapia asistida con perros había tenido mascotas antes de ingresar en una residencia, mientras que casi todos los que aceptaron la terapia sí las habían tenido. En esta población, las visitas de un perro a menudo provocaban recuerdos espontáneos de mascotas de décadas anteriores y de las correspondientes actitudes hacia ellas. Una residente «recordaba con cariño cómo su perro mascota le traía ardillas, conejos y zarigüeyas muertas», que ella

---

[19] Val Elliott y Derek Milne, «Patients' Best Friend?», *Nursing Times* 87, nº 6 (6 de febrero de 1991): 34-5.

[20] Betty Carmack y Debra Fila, «Animal-Assisted Therapy: A Nursing Intervention», *Nursing Management* 20, no. 5 (1989): 96-101.

tenía la costumbre de filetear y luego freír como su próxima comida.Es de suponer que le dejaba al perro el resto del cadáver.[21]

Sin embargo, la profesión médica en su conjunto se ha resistido bastante a la terapia con mascotas, quizá por considerarla una manifestación más de la medicina alternativa, y las investigaciones en profundidad sobre su eficacia han sido escasas. En uno de estos estudios, realizado en una residencia de ancianos de Roma, los científicos examinaron las reacciones de los residentes, amantes de los perros, a sesiones regulares de media hora con uno de los dos perros de terapia, un *golden retriever* de cinco años y un *cocker spaniel* de seis. Jugar con los perros provocó un cambio notable en su comportamiento: de ser en gran medida apáticos, se volvieron gradualmente no solo más activos y animados, sino también más espontáneos con los perros, por ejemplo, lanzando una pelota para que el perro la recuperara. Otra característica notable de la interacción con los perros es que los ancianos residentes se acercaban a ellos y los tocaban, lo que reducía su sensación de aislamiento emocional.[22]

Este aumento de la interacción debería —como demostraron la mayoría de los estudios— aligerar el estado de ánimo de los residentes y reducir sus sentimientos de depresión, al menos temporalmente. No sabemos si estos efectos son efímeros o más duraderos, pero anecdóticamente los residentes no suelen perder interés en las visitas del perro con el tiempo, como puede ocurrir con otros tipos de actividades terapéuticas menos atractivas.[23]

Quizá el mayor reto al que se enfrentan hoy en día quienes cuidan de personas mayores sea la «epidemia mundial» de demencia. En

---

[21] Marian Banks y William Banks, «The Effects of Animal-Assisted Therapy on Loneliness in an Elderly Population in Long-Term Care Facilities», Journal of Gerontology: Ciencias Médicas 57A (2002): M428-32.

[22] Alessandra Berry et al., «Developing Effective Animal-Assisted Intervention Programs Involving Visiting Dogs for Institutionalized Geriatric Patients: A Pilot Study», *Psychogeriatrics* 393 (2013): 143-50; Arline Siegel, «Reaching the Severely Withdrawn Through Pet Therapy», *American Journal of Psychiatry* 118 (1962): 1045-46; Penny Bernstein, Erika Friedmann y Alessandro Malaspina, «Animal-Assisted Therapy Enhances Resident Social Interaction and Initiation in Long-Term Care Facilities», *Anthrozoös* 13 (2000): 213-24.

[23] Megan Souter y Michelle Miller, «Do Animal-Assisted Activities Effectively Treat Depression? A Meta-analysis», *Anthrozoös* 20 (2007): 167-80.

un grado sin precedentes en la historia de la humanidad, los cuerpos están sobreviviendo a las mentes. Se calcula que en todo el mundo hay 50 millones de personas con demencia, con un coste total para la economía mundial de más de 600 000 millones de dólares al año. El tratamiento farmacológico eficaz sigue siendo difícil de alcanzar (en los últimos quince años, solo se han aprobado tres nuevas terapias farmacológicas para tratar la enfermedad de Alzheimer) y gran parte de la investigación se centra en reducir el impacto de la demencia en quienes la padecen y en sus cuidadores.[24]

Dado el entusiasmo de quienes promueven la terapia con mascotas para las personas mayores, las afirmaciones de que el contacto con animales mejora los síntomas de la demencia no son sorprendentes. El escaso número de estudios formales realizados no indica que la terapia con mascotas tenga un efecto importante sobre la función cognitiva (es decir, no detiene la progresión del deterioro). Pero los estudios sí demuestran que la terapia con animales de compañía puede reducir la agitación de los pacientes que sufren demencia y, como en el caso de los que padecen depresión, mejorar sus interacciones con sus cuidadores. En general, el contacto regular con un animal de terapia puede mejorar la calidad de vida del enfermo de demencia, según se mide tanto formalmente como en los intercambios observados entre residentes y cuidadores de perros. Al igual que con los ancianos deprimidos, estas conversaciones a menudo incluyen recuerdos de los residentes sobre las mascotas que tenían cuando eran más jóvenes y las emociones que esas mascotas evocaban.[25]

El contacto continuado con las mascotas puede aportar una alegría nostálgica a las personas que ya no pueden cuidar de una mascota propia. Por ello, los programas de visitas a mascotas parecen merecer la pena, incluso si, como parece probable, los beneficios médicos son

[24] Alison Cuff, «Dementia: A Global Epidemic», On Medicine, 18 de mayo de 2015, http://blogs.biomedcentral.com/on-medicine/2015/05/18/dementia-global-epidemic.

[25] Virginia Bernabei y otros, «Animal-Assisted Interventions for Elderly Patients Affected by Dementia or Psychiatric Disorders: A Review», *Journal of Psychiatric Research* 47 (2013): 762-73; Lena Nordgren y Gabriella Engström, «Animal-Assisted Intervention in Dementia: Effects on Quality of Life», Clinical *Nursing Research* 23 (2014): 7-19.

marginales y pueden ser en su mayoría imaginarios. Incluso cuando las terapias con animales de compañía son efectivas, el papel exacto del animal rara vez está claro. Por ello, podemos sentirnos tentados a descartar las terapias asistidas con animales y meterlas en el mismo saco que otros remedios «alternativos» y «complementarios» de dudosa eficacia. Sin embargo, la participación del animal parece impulsar realmente un cambio en el comportamiento de los participantes humanos. El uso cada vez mayor de «terapias con animales de compañía» apunta a mecanismos psicológicos potencialmente exclusivos de las interacciones entre personas y animales. Aún no está claro si afectan de una forma más directa al entusiasmo del terapeuta o al estado de ánimo del sujeto, y es posible que sea difícil determinarlo en una situación terapéutica. Quizá podamos descubrir pruebas menos ambiguas examinando las afirmaciones de que los animales de compañía afectan al modo en que las personas se sienten en su vida cotidiana.

La misma frase «animal de compañía» sugiere que los animales de compañía deberían combatir eficazmente la soledad, y así se cree en general. Sin embargo, ¿es la tenencia de animales de compañía una protección contra la soledad o una respuesta a ella? ¿Las personas que desean compañía humana, pero no la consiguen, recurren a los animales como la segunda mejor opción? La respuesta parece ser a veces y, por alguna razón aún desconocida, sobre todo entre las mujeres.

La soledad es un problema especial para las personas mayores que siguen estando lo suficientemente bien como para vivir en la comunidad, pero cuyos círculos sociales disminuyen. En Europa occidental y Estados Unidos, casi la mitad de los mayores de sesenta y cinco años se consideran moderada o gravemente solos. La soledad es un concepto subjetivo y varía no solo de un individuo a otro, sino también entre culturas. Por ejemplo, en Grecia, donde la mayoría de las personas mayores viven con su familia o muy cerca de ella, muchas siguen afirmando sentirse solas: la soledad parece surgir cuando la vida social de uno no se ajusta a sus expectativas, en lugar de emerger automáticamente cuando el número de contactos sociales cae por debajo de algún umbral arbitrario. Por tanto, debemos examinar cómo cambian las expresiones de soledad de los individuos en función de sus circunstancias, en lugar de, por ejemplo, limitarnos a comparar la soledad entre quienes tienen y no tienen animales de compañía.

El Estudio Longitudinal Inglés sobre el Envejecimiento, que desde 1998 ha realizado un seguimiento de más de 5000 personas mayores de cincuenta años, ofrece datos únicos y sorprendentes sobre la compleja relación entre la tenencia de animales de compañía y la soledad. Alrededor del 40 % de los sujetos tenían mascotas al principio, porcentaje que descendió al 30 % en los diez años siguientes, presumiblemente debido a una combinación de reducción de ingresos, deterioro de la salud y preocupación por que una nueva mascota les sobreviviera. Al hacer un seguimiento de quién tenía mascotas en cada etapa del estudio y compararlo con el grado de soledad que sentía cada persona, los investigadores pudieron identificar qué mascotas habían adquirido los sujetos para evitar la soledad y cuáles habían protegido a sus dueños contra ella. [26]

Entre los hombres (casi 1000 de ellos), los investigadores no pudieron discernir ninguna relación entre la tenencia de mascotas y la soledad. Entre las mujeres, las propietarias de mascotas empezaron más solas que el resto, pero muchas se sintieron menos solas durante los diez años siguientes. Así pues, para las mujeres de cincuenta años, tener un animal de compañía puede ser un intento de combatir la soledad, posiblemente debido a la pérdida de vínculos con sus hijos; además, parece funcionar, al menos para algunas. Ni los sentimientos de soledad ni la expectativa de que un animal de compañía pueda curarlos parecen desempeñar un papel importante en los motivos por los que los hombres del Reino Unido adquieren animales de compañía al final de la mediana edad.

Si las mascotas evitan la soledad, pueden salvar vidas, porque la soledad es mortal. Las personas solitarias tienen más probabilidades de sufrir infartos, suicidarse y beber alcohol en exceso. En consecuencia, la soledad puede estar a la altura del tabaquismo y la obesidad como riesgo para la salud.[27] Amenudo se piensa que la soledad tiene

[26] Jitka Pikhartova, Ann Bowling y Christina Victor, «Does Owning a Pet Protect Older People Against Loneliness?», BMC Geriatrics 14 (2014), http://www.biomedcentral.com/1471-2318/14/106.

[27] Sobre los efectos de la soledad en la salud, véase Julianne Holt-Lunstad y otros, «Loneliness and Social Isolation as Risk Factors for Mortality: A Metaa-

dos causas: la falta de una red de personas a las que pedir ayuda —familiares, amigos, colegas— y la falta de una relación cercana de persona a persona, por ejemplo, con una pareja romántica. No está del todo claro dónde encaja un animal de compañía en este marco, y las distintas especies, incluso los distintos animales, pueden desempeñar papeles diferentes. Un perro bien educado podría ayudar en ambos casos, poniendo a su dueño en contacto con otras personas durante los paseos y actuando también como «confidente» si el dueño vive solo. Los gatos y los pequeños animales de compañía proporcionan compañía en casa, pero es poco probable que amplíen las redes sociales de sus dueños, aparte de la pequeña minoría que lleva a sus animales a exposiciones de mascotas.

Las personas mayores, a veces carentes de la oportunidad de entablar nuevas relaciones con otros seres humanos, pueden recurrir a los animales de compañía como sustituto, sobre todo si recuerdan relaciones satisfactorias con mascotas domésticas de sus primeros años. Las mujeres mayores que tienen animales de compañía se sienten más unidas a ellos cuanto más solas se sienten, lo que sugiere que recurren a sus animales para compensar la escasez de relaciones humanas. Sin embargo, este apego parece tener poco efecto en su salud general, lo que pone en duda que sus mascotas tengan realmente un impacto en su soledad, o al menos en los aspectos de la soledad que más afectan a la salud. Tal vez la explicación resida en que la mayoría de las ancianas eligen un animal de compañía, los gatos, que no suponen un incentivo para salir de casa e interactuar con otros seres humanos como lo haría un perro.[28]

Aunque la terapia con animales domésticos parece eficaz para aliviar los signos de depresión en entornos institucionales, no hay pruebas claras de que las personas que tienen animales domésticos estén menos deprimidas que las que no los tienen. De hecho, al menos un

nalytic Review», *Perspectives on Psychological Science* 10 (2015): 227-37.

[28] Cheryl A. Krause-Parello, «The Mediating Effect of Pet Attachment Support Between Loneliness and General Health in Older Females Living in the Community», *Journal of Community Health Nursing* 25 (2008): 1-14; Elsie Gulick y Cheryl Krause-Parello, «Factors Related to Type of Companion Pet Owned by Older Women», *Journal of Psychosocial Nursing and Mental Health Services* 50 (2012): 30-37.

estudio, realizado en Noruega, descubrió que, entre las mujeres mayores, las que tenían gatos eran más propensas a la depresión que las que evitaban la compañía de los felinos, mientras que las que tenían perros no estaban ni más ni menos deprimidas que la mayoría de las mujeres que no tenían mascotas. No ocurrió lo mismo con los hombres del estudio, que en general estaban más deprimidos que las mujeres, quizá menos capaces de soportar el invierno escandinavo. En Estados Unidos, los hombres solteros de todas las edades que tenían animales de compañía se mostraban más deprimidos que los que no los tenían, pues al parecer consideraban a sus animales una carga más que un beneficio. Otro estudio, que indicaba que solo las mujeres solteras sentían los beneficios de tener perro, confirmaba esta conexión. Sin embargo, un cuarto estudio, realizado en Australia y dirigido principalmente a mujeres casadas que tenían perros, puso de manifiesto altos niveles de depresión entre las que pasaban más tiempo con sus mascotas. El fuerte apego que sentían por sus animales parecía potencialmente insano: algunas se sentían inseguras de poder abandonar a sus mascotas si tenían que someterse a una intervención quirúrgica.[29]

Sin embargo, las dueñas de perros pueden encontrar un verdadero consuelo en la compañía de sus mascotas tras la muerte de su cónyuge. Normalmente, las viudas recientes ven cómo su salud se deteriora de forma inesperada, pero posiblemente no tanto si tienen un perro. El perro parece ser una ayuda especial solo si la persona tiene pocas personas en quien confiar, por lo que incluso en este caso los beneficios de tener un perro pueden ser algo limitados: quizá los perros no puedan sustituir a las personas, pero si no hay nadie cerca, pueden ser lo más parecido.[30]

---

[29] Ingela Enmarker et al., «Depression in Older Cat and Dog Owners: The Nord-Trøndelag Health Study (HUNT)-3», *Aging and Mental Health* 19 (2014): 347-52; Roni Beth Tower y Maki Nokota, «Pet Companionship and Depression: Results from a United States Internet Sample», *Anthrozoös* 19 (2006): 50-64; Krista Marie Clark Cline, «Psychological Effects of Dog Ownership: Role Strain, Role Enhancement, and Depression», *Journal of Social Psychology* 150 (2010): 117-31; Jasmin Peacock, Anna Chur-Hansen y Helen Wine eld, «Mental Health Implications of Human Attachment to Companion Animals», *Journal of Clinical Psychology* 68 (2012): 292-303.

[30] Sharon Bolin, «The Effect of Companion Animals During Conjugal Bere-

Si los animales domésticos no parecen ser muy beneficiosos para las personas mayores a la hora de evitar la depresión, excepto quizá en entornos institucionales, los perros sí tienen al menos el potencial de mejorar su vida social. En uno de los primeros estudios, residentes de parques de caravanas de Sacramento,California, grabaron sus conversaciones durante los paseos cotidianos. Algunos eran dueños de perros, mientras que otros no; los dueños de perros salieron a pasear acompañados de sus perros y también solos. El hecho de tener perro no influyó en el número de conversaciones que mantuvieron los sujetos mientras paseaban, pero sí en lo que hablaron. Los transeúntes hablaban con los dueños de los perros sobre sus perros (estuvieran o no allí), y estas conversaciones, incluso una vez que se habían desviado hacia otros temas, se centraban en sucesos y sentimientos actuales: «Tigre no ha estado comiendo muy bien los últimos días. Ha estado rechazando la cena. Quizá sea el cambio de tiempo. Sé que se pone de mal humor, y yo también me pongo un poco de mal humor». Los perros parecían desviar la atención hacia el aquí y el ahora, proporcionando a los participantes una alternativa a sus temas de conversación habituales, que, quizá como era de esperar, dada su edad, solían centrarse en cuestiones de salud.[31]

El hilo conductor de todos estos estudios es el modo en que los perros unen a las personas. Dado que el contacto social es beneficioso para muchos aspectos de la salud, esto puede explicar los beneficios terapéuticos observados en los perros, así como la ineficacia casi total de los gatos, que prefieren interactuar de uno en uno y en privado. El reducido número de estudios que examinan el papel de los perros como puentes sociales confirma que, en efecto, hay algo bastante especial en esta especie, aunque las razones precisas por las que la mayoría de nosotros reaccionamos positivamente ante los perros siguen sin estar claras.

Como animales activamente sociables que son, los perros intentan relacionarse con personas que no conocen (además de con las que sí)

avement», *Anthrozoös* 1 (1987): 26-35; Thomas Garrity et al., «Pet Ownership and Attachment as Supportive Factors in the Health of the Elderly», *Anthrozoös* 3 (1989): 35-44.

[31] John Rogers, Lynette Hart y Ronald Boltz, «The Role of Pet Dogs in Casual Conversations of Elderly Adults», *Journal of Social Psychology* 133 (1993): 263-77.

y, por tanto, pueden catalizar una conversación entre humanos, aunque el intercambio se limite a «No me gustan los perros. Por favor, aléjalo de mí». «BUSTER, VEN AQUÍ». Pero ¿es la curiosidad natural de los perros el único factor o su mera presencia cambia la percepción de la gente? ¿Tendría el mismo efecto cualquier animal no amenazador?

En un valiente estudio realizado en California, una joven se sentaba en un parque, leía y anotaba de vez en cuando en un cuaderno, acompañada por un conejo o una tortuga; o, en lugar de llevar un animal, soplaba burbujas con una varita de vez en cuando. Las burbujas atraían más a los niños que pasaban, pero el mismo número de niños y adultos se acercaban a ella cuando traía el conejo. Incluso la tortuga suscitó algunas preguntas. Hay algo en los animales —incluso en los más discretos, como los conejos y las tortugas— que parece romper las barreras entre las personas.[32]

No es de extrañar que los perros ejerzan una poderosa atracción. Los que actúan como guías de invidentes, aunque están adiestrados para no iniciar interacciones con las personas con las que se encuentran, suscitan, sin embargo, una gran atención por parte de los transeúntes. Además, las personas que no han conocido previamente al adiestrador del perro parecen sentirse más atraídas. Esta era una de las principales dificultades para quienes confiaban en los perros guía en Japón: los jóvenes, especialmente, parecían atraídos como polillas a una llama por tocar a estos perros, y pocos apreciaban que tanto los perros como sus compañeros ciegos pueden encontrar esta atención muy distractora.

Incluso los perros desaliñados o potencialmente agresivos parecen capaces de vencer la reticencia natural de las personas cuando se encuentran con extraños. En un estudio, un adiestrador vestía unos vaqueros rotos y sucios, botas de trabajo desgastadas, una camiseta vieja y una chaqueta de burro manchada. Su perro llevaba un collar con tachuelas y un trozo de cuerda deshilachado como correa. Sin embargo, los transeúntes se acercaban o sonreían ocho veces más al adiestrador que cuando iba solo. Solo un 35 % más de personas interactuaban con

---

[32] Susan Hunt, Lynette Hart y Richard Gomulkiewicz, «Role of Small Animals in Interactions Between Strangers», *Journal of Social Psychology* 132 (1992): 245-56.

él si tanto él como el perro iban vestidos elegantemente. En otro estudio se compararon las reacciones ante un labrador y un *rottweiler* para comprobar si la raza del perro influía en lo accesible que se volvía una persona. La duración y el tipo de interacción variaban (por ejemplo, el *rottweiler* no atraía a la gente a la conversación tanto como el labrador), pero cualquier perro era mejor que ninguno. Además, las personas recuerdan que un perro acompañó a alguien en una ocasión anterior y es más probable que entablen conversación en ocasiones posteriores, aunque solo sea para preguntar: «¿Dónde está tu perro hoy?».[33] La facilidad con la que los dueños de perros entablan conversaciones entre sí parece reflejar un aura de confianza dotada por el perro que ese dueño no poseería si estuviera solo. Por ejemplo, en un estudio realizado en Francia, un hombre de veinte años dijo la siguiente frase a 240 mujeres jóvenes elegidas al azar mientras paseaban solas por una zona peatonal: «Hola, me llamo Antoine. Solo quiero decirte que me pareces muy guapa. Tengo que ir a trabajar esta tarde, pero me preguntaba si podrías darme tu número de teléfono. Te llamaré más tarde y podremos tomar algo juntos en algún sitio». Cuando Antoine iba acompañado de un perro (no el suyo), casi un tercio de las jóvenes le dieron su número de teléfono; cuando iba solo, menos del 10 % lo hizo (véase la ilustración cercana). En otro estudio, añadir la frase «con un perro» al perfil de citas de un hombre claramente interesado solo en relaciones a corto plazo indujo, sin embargo, a algunas mujeres a considerarlo un serio candidato al matrimonio. El poder de los perros para atraer a la gente a una conversación sugiere que la facilidad con los animales es intrínsecamente atractiva (incluso cuando esa facilidad ha sido fingida). Incluso los gatos, a pesar de su naturaleza solitaria, pueden poseer algunas de las mismas propiedades: un estudio descubrió que hacían que los hombres (pero posiblemente no las mujeres) parecieran más dignos de confianza.[34]

---

[33] June McNicholas y Glyn Collis, «Dogs as Catalysts for Social Interactions: Robustness of the Effect», *British Journal of Psychology* 91 (2000): 61-70; Deborah Wells, «The Facilitation of Social Interactions by Domestic Dogs», *Anthrozoös* 17 (2004): 340-52.

[34] Nicolas Guéguen y Serge Ciccotti, «Domestic Dogs as Facilitators in Social Interaction: An Evaluation of Helping and Courtship Behaviours», *Anthrozoös* 21

Por ello, los animales de compañía, especialmente los perros, pueden desempeñar un papel importante en las comunidades y aportar beneficios a personas de todas las edades, no solo a los ancianos. Pueden catalizar conversaciones casuales que se conviertan en relaciones más duraderas. En términos más generales, tener un perro (pero no un gato) requiere excursiones regulares a espacios abiertos locales, lo que genera oportunidades para conocer a vecinos que, de otro modo, podrían seguir siendo extraños. Las exigencias de la tenencia de animales de compañía pueden establecer redes informales de ayuda, incluso una tan sencilla como que dos propietarios de gatos alimenten a los animales del otro mientras uno está de vacaciones.[35]

Los efectos socializadores de los animales de compañía —o al menos de los perros— parecen sólidos, a pesar de la salvaje exageración de algunas de sus propiedades más específicas. ¿Qué hay de los efectos aparentes sobre las enfermedades cardiacas? Espoleados por el estudio original del profesor Friedmann a finales de la década de 1970, científicos de todo el mundo empezaron a explorar si los animales de compañía podrían servir como un amortiguador fiable contra esta enfermedad. Ya existían mecanismos bien establecidos que explicaban por qué dejar el alcohol, por ejemplo, podía prolongar la vida, pero no por qué tener un perro o un gato podía hacer lo mismo. Una vía de investigación resultó prometedora en un principio: la hipertensión es un buen indicador de infarto, por lo que si interactuar con animales reducía la presión arterial, eso podría explicar el «efecto mascota». Y, efectivamente, el contacto con animales (tranquilos) parece tener un efecto calmante, reduciendo tanto la frecuencia cardiaca como la presión arterial durante actividades ligeramente estresantes. Incluso contemplar una pecera llena de peces o tener un perro

(2008): 339-49; Sigal Tifferet et al., «Dog Ownership Increases Attractiveness and Attenuates Perceptions of Short-Term Mating Strategy in Cad-like Men», *Journal of Evolutionary Psychology* 11 (2013): 121-9; Claire Budge et al., «The Influence of Companion Animals on Owner Perception: Gender and Species Effects», *Anthrozoös* 9 (1996): 10-18.

[35] Véase Lisa Wood, Billie Giles-Corti y Max Bulsara, «The Pet Connection: Pets as a Conduit for Social Capital?», *Social Science & Medicine* 61 (2005): 1159-73.

Marca la diferencia: un perro puede hacer que un hombre parezca más digno de confianza.

en la habitación funciona (aunque también lo hace ver un vídeo de lo mismo). Acariciar al perro produce un efecto aún mayor.[36]

La forma en que estos cambios a corto plazo pueden traducirse de forma rutinaria en mejoras a largo plazo de la salud física es mucho menos evidente. Los momentos tranquilos que pasamos acariciando y hablando con nuestros compañeros animales, aunque probablemente sean nuestras interacciones más agradables con ellos, no son ni mucho menos las únicas. Es muy posible que los factores de estrés asociados a la tenencia de un animal de compañía -—cuando se porta mal, cuando se lesiona-—, sumados a las exigencias económicas, anulen con creces los momentos de relación que eliminan el estrés. Además, dado que acariciar es la parte más tranquilizadora de tener una mascota, el gato, muy táctil, debería ser más beneficioso para la salud que el perro, pero los datos indican lo contrario.

Tras la sugerencia original de que los dueños de mascotas podrían vivir más tras un infarto, la búsqueda se amplió para examinar la salud

[36] Erika Friedman et al., «Pet's Presence and Owner's Blood Pressure During Daily Lives of Owners with Pre- to Mild Hypertension», *Anthrozoös* 26 (2013): 535-50; Andrea Beetz et al., «The Effect of a Real Dog, Toy Dog and Friendly Person on Insecurely Attached Children During a Stressful Task: An Exploratory Study», *Anthrozoös* 24 (2011): 349-68; véase también Deborah Wells, «The Effects of Animals on Human Health and Well-Being», *Journal of Social Issues* 65 (2009): 523-43.

más general de los dueños de mascotas. Al principio, las señales eran prometedoras para los partidarios de la hipótesis de las «mascotas para la salud». Un amplio estudio realizado en Australia sugería que tener un animal de compañía podía ser tan protector como seguir una dieta baja en sal o reducir el consumo de alcohol. En Inglaterra, los nuevos dueños de animales de compañía consideraron que su salud había mejorado durante los primeros meses después de adquirirlos (pero no, lo que quizá resulte revelador, un año después). Desde entonces, los estudios que no muestran ninguna diferencia general en la salud entre los que tienen mascotas y los que no, o incluso una asociación entre la tenencia de mascotas y la mala salud, han equilibrado los que muestran un efecto positivo. En Australia, científicos del Instituto del Perro Negro de Nueva Gales del Sur realizaron un estudio de una gran cohorte de pacientes cardiacos y descubrieron que los dueños de gatos tenían más probabilidades de ser hospitalizados de nuevo o morir al año siguiente que los pacientes sin mascotas. La tenencia de perros apenas aportaba beneficios. Cada vez parece más probable que el supuesto poder beneficioso para la salud de los animales de compañía se deba a su origen: los dueños de animales de compañía tienden a ser más ricos —y, por tanto, más sanos— que los que no los tienen.[37]

---

[37] Véanse, por ejemplo, Warwick Anderson, Christopher Reid y Garry Jennings, «Pet Ownership and Risk Factors for Cardiovascular Disease», *Medical Journal of Australia* 157 (1992): 298-301; James Serpell, «Beneficial Effects of Pet Ownership on Some Aspects of Human Health and Behaviour», *Journal of the Royal Society of* Medicine 84 (1991): 717-20. Contrasta estos resultados con los de Gordon Parker et al., «Survival Following an Acute Coronary Syndrome: A Pet Theory Put to the Test», *Acta Psychiatrica Scandinavica* 121 (2010): 65-70. Muchos de estos estudios se basan en correlaciones, una técnica estadística matemáticamente sólida, pero que en la vida real se presta notoriamente a sobreinterpretaciones. Por ejemplo, el sitio web tylervigen.com muestra una correlación muy significativa entre la edad de Miss América y el número de asesinatos por vapor, vapores calientes y objetos calientes en el mismo año, lo que presumiblemente es sólo una casualidad y no se debe a que unos cuantos individuos se sintieran tan disgustados porque una reina de la belleza de 24 años fuera preferida a sus rivales más jóvenes que decidieran lanzarse a matar (véase «Age of Miss America Correlates with Murders by Steam, Hot Vapours, and Hot Objects», tylervigen.com, http://www.tylervigen.com/spurious-correlations). Sin embargo, también pueden darse correlaciones engañosas debido a tendencias subyacentes comunes, como la similitud entre las tasas anuales de suicidio y el gasto en investigación científica en Estados Unidos, que se duplicaron aproximadamente en la década comprendida entre 1999 y 2009,

La investigación ha explorado los posibles vínculos entre la psicología de la tenencia de animales de compañía y los supuestos beneficios para la salud. Si la capacidad de las mascotas para unir a las personas es responsable de muchos de los beneficios psicológicos que confieren, ¿podría servir también de base para las afirmaciones sobre sus efectos en la salud física? Hubo un tiempo en que los científicos creían que ambas cosas estaban interrelacionadas, que los beneficios psicológicos de la interacción social inducían los beneficios físicos. Las personas aisladas de sus semejantes tienen más probabilidades de morir prematuramente, y no solo porque nadie les regañe para que se cuiden —comer bien, hacer ejercicio—, aunque este parece ser un beneficio para la salud asociado al matrimonio. El resultado parece tener más que ver con una adaptación humana básica a depender de los demás para protegerse. Cuando estamos solos, no podemos evitar preocuparnos de forma innecesaria por amenazas imaginarias, probablemente parte de un mecanismo que evolucionó en nuestros antepasados como forma de protegernos de los depredadores cuando, literalmente, nadie nos cubría las espaldas. Los sentimientos de aislamiento hacen que aumente nuestra presión arterial y nuestras hormonas del estrés (incluido el cortisol), lo que a su vez reduce la eficacia de nuestro sueño y dificulta nuestro sistema inmunitario. Si persisten durante mucho tiempo, estos factores parecen acelerar el día en que dejamos de ser mortales. Mientras que las redes humanas sólidas nos protegen de la muerte prematura, las relaciones sólidas con los animales de compañía no tienen ningún efecto sobre la longevidad. Desgraciadamente, aunque los animales de compañía proporcionan su propia forma de compañía, su presencia en el hogar, según el pensamiento actual, tiene poco efecto en la esperanza de vida de sus dueños.[38]

---

a medida que la población crecía y se hacía más próspera. Ninguna correlación debe interpretarse nunca como causa y efecto, por muy (im)plausible que sea, aunque se haga habitualmente. Las diferencias entre propietarios y no propietarios que pueden explicar los «beneficios para la salud» se documentan en Jessica Saunders, Layla Parast, Susan Babey y Jeremy Miles, «Exploring the differences between pet and non-pet owners: Implications for human-animal interaction research and policy», *PLoS ONE* 12(6) (2017): e0179494.

[38] Véase Hal Herzog, «Why Do Human Friends (but Not Pets) Make People Live Longer?», *Psychology* Today, julio de 2013, https://www.psy-

Otros afirman que todos estos estudios han mirado en el lugar equivocado. Si los dueños de perros tienen mejor salud cardiovascular que otras personas, incluidos los dueños de otros animales de compañía, la explicación obvia no requiere ningún mecanismo psicológico invisible: la mayoría de los perros salen a pasear al menos de vez en cuando. En las sociedades occidentales, solo una minoría de personas hace la cantidad de ejercicio recomendada para gozar de buena salud, pero los dueños de perros hacen más que la mayoría. A pesar de algunos indicios de que las personas que deciden tener perro ya son más activas que las que no, tener un perro suele conllevar un pequeño aumento de la actividad; por ejemplo, en un estudio realizado en Australia Occidental, los paseos recreativos aumentaron entre veinte y treinta minutos a la semana tras la llegada de un perro al hogar. Por desgracia, este ejercicio extra no se traduce en un descenso de la obesidad ni en una mayor longevidad. Ahora sabemos que la relación entre obesidad y ejercicio es una especie de mito: el sobrepeso es, en gran medida, consecuencia de comer en exceso. Más decepcionante es la aparente falta de relación entre pasear al perro y la esperanza de vida, ya que, según una estimación reciente, poco más de una hora de ejercicio moderado a la semana alarga la vida casi dos años, lo que supone una notable «amortización» de aproximadamente cinco a uno (es decir, cada hora de ejercicio debería retrasar la muerte en cinco horas para una persona media de mediana edad).[39]

---

chologytoday.com/blog/animals-and-us/201307/why-do-human-friends-not-pets-make-people-live-longer; Hal Herzog, «Study Finds Dog Walkers Have More Bad Mental Health Days!», *Psychology Today*, febrero de 2017, https://www.psychologytoday.com/blog/animals-and-us/201702/study-finds-dog-walkers-have-more-bad-mental-health-days.

[39] Rebecca Utz, «Walking the Dog: The Effect of Pet Ownership on Human Health and Health Behaviours», *Social Indicators Research* 116 (2014): 327-39; Glenn Levine et al., «Pet Ownership and Cardiovascular Risk: A Scientific Statement from the American Heart Association», *Circulation* 127 (2013):2353-63; Richard Gillum y Thomas Obisesan, «Living with Companion Animals, Physical Activity and Mortality in a U.S. National Cohort», *International Journal of Environmental Research and Public Health* 7 (2010): 2452-9; Carri Westgarth, Robert Christley y Hayley Christian, «How Might We Increase Physical Activity Through Dog Walking? A Comprehensive Review of Dog Walking Correlates», *International Journal of Behavioural Nutrition and Physical Activity* 11 (2014): artículo 83, http://www.ijbnpa.org/content/11/1/83; Steven Moore et al., «Leisure Time Physical Activity of

Muchas de las personas que pasean al perro en el parque que hay junto a mi casa no parecen caminar muy rápido —y en estos días muchos parecen más interesados en sus teléfonos que en sus perros—, así que quizá solo una minoría cruza el umbral del ejercicio «moderado» beneficioso para la salud. No obstante, el ejercicio tiene otros beneficios, como la prevención o el retraso de enfermedades cardiacas, diabetes de tipo 2 y algunos tipos de cáncer.

Dado que los poderes de las mascotas para mejorar la salud parecen en gran medida ilusorios, debemos disipar una última falacia: que la tenencia de mascotas reduce el coste de la atención sanitaria. Varios estudios demuestran que los dueños de mascotas acuden menos al médico que las personas sin mascotas, pero la causa y el efecto no están claros. El sentido común sugiere que las personas sanas tienen tiempo, motivación y dinero para dedicar a un animal de compañía (y la energía física para hacerse cargo de un perro), mientras que las no sanas tienen menos; de ahí que estas últimas no carguen con (más) animales de compañía, pero sí acudan más al médico. Sin embargo, aunque la tenencia de mascotas podría asociarse (siendo optimistas) a una reducción anual estimada de 12 000 millones de dólares de los costes sanitarios en Estados Unidos, el coste de la atención veterinaria por sí solo, sin tener en cuenta los demás costes incurridos, anularía con creces cualquier ahorro. En países como el Reino Unido, donde los contribuyentes corren con los gastos sanitarios, parece un tanto injusto sugerir que la gente asuma los considerables costes de tener un perro (estimados en un mínimo de 15 000 libras a lo largo de su vida por la PDSA) solo para ahorrar unos cientos de libras a sus conciudadanos.[40]

Los gastos veterinarios no son el único inconveniente de la tenencia de animales de compañía. El nuevo entusiasmo de la profesión médica

---

Moderate to Vigorous Intensity and Mortality: A Large Pooled Cohort Analysis», *PLoS Medicine* 9, nº 11 (2012): e1001335, doi: 10.1371/journal.pmed.1001335.

[40] Véase el desglose de Hal Herzog sobre los costes y beneficios económicos de la tenencia de mascotas en «Three Reasons Why Pets Don't Lower Health Care Costs»,*Psychology Today*, enero de 2016, https://www.psychologytoday.com/blog/animals-and-us/201601/three-reasons-why-pets-dont-lower-health-care-costs.

por esta práctica contrasta claramente con las advertencias que antes lanzaba sobre los peligros para la salud de acercarse demasiado a los animales. Aunque las mejoras en la atención veterinaria rutinaria han reducido sin duda estas preocupaciones, incluso los animales de compañía siguen planteando algunos riesgos. Muchas de las infecciones que contraemos de nuestros animales de compañía son de bajo grado (véase el recuadro), por lo que resulta difícil estimar su impacto sobre la salud a lo largo de toda nuestra vida.

Durante nuestra larga coexistencia con perros y gatos, probablemente hemos coevolucionado para hacer frente a la mayoría de las enfermedades graves que podríamos transmitirnos mutuamente. Sin embargo, las alergias a perros y gatos son cada vez más frecuentes, como parte de la epidemia de asma, eccema y fiebre del heno que ha asolado recientemente el mundo occidental. El hecho de que estos trastornos sean hereditarios y tengan una base genética no explica por sí solo el repentino aumento del número de personas afectadas. Más bien, los cambios en los estilos de vida durante la segunda mitad del siglo XX son los probables culpables. Algunos científicos apuntan a la adopción generalizada en la vida cotidiana durante ese periodo de sustancias químicas potencialmente irritantes (conservantes, tensioactivos, fragancias), productos farmacéuticos y cambios en la dieta (alimentos procesados y leche de fórmula para lactantes).

Riesgos sanitarios comunes asociados a los perros y gatos de compañía

Algunos perros, sobre todo los cachorros, siguen albergando el parásito Toxocara canis, a pesar de la disponibilidad de antihelmínticos, y excretan los huevos en las heces. En ocasiones, los niños se infectan a través de la tierra de jardín contaminada. Aunque los gusanos no pueden desarrollarse plenamente en el tejido humano, pueden causar daños cuando empiezan a migrar por el cuerpo humano. Esto causa inflamación, normalmente en el hígado o los pulmones, lo que provoca fiebre y, si los gusanos llegan a los ojos, ceguera. Aunque esta enfermedad ya no es tan frecuente, en Estados Unidos se producen unos setecientos casos de larva migratoria ocular al año. En algunas partes del mundo, sobre todo en Asia y África, los perros son los principales transmisores de la rabia (normalmente a través de mordeduras), pero en Estados Unidos este dudoso honor recae hoy en día en los murciélagos, gracias sobre todo a los 300 millones de dólares anuales que los propietarios de perros gastan en vacunas contra la rabia.

El parásito felino más grave, en términos de riesgo para los propietarios, es un protozoo unicelular, el Toxoplasma. A diferencia de la ascáride, este organismo vive y se multiplica felizmente en cualquier mamífero (aunque solo puede reproducirse sexualmente en los gatos), y es muy probable que los gatos de caza lo adquieran de sus presas. El protozoo, que se desplaza de un cuerpo a otro, consigue que los roedores que infecta sean más fáciles de capturar reprogramando algunos de los nervios de su cerebro para disminuir su miedo a los depredadores. Esto puede haber dado lugar a la fábula de que la toxoplasmosis transmitida a través de los gatos puede causar esquizofrenia. En todo el mundo, aproximadamente la mitad de la población humana está o ha estado alguna vez infectada por Toxoplasma, la mayoría de las veces con pocos efectos nocivos, salvo en personas con sistemas inmunitarios extremadamente frágiles. Supone un riesgo para el feto humano, ya que puede causar defectos congénitos; por ello, en el pasado era un consejo médico habitual que las mujeres embarazadas realojaran a sus gatos, o al menos se abstuvieran de limpiar las bandejas sanitarias, ya que, al igual que con Toxocara, los quistes de Toxoplasma se transmiten en las heces. Sin embargo, hay muchas otras fuentes, como la carne poco cocinada y las verduras o frutas sin lavar. Hoy en día, la tenencia de gatos no está especialmente asociada a la infección, a menos que uno sea criador de gatos.[41]

Más infecciosa que la toxoplasmosis es la fiebre por arañazo de gato, causada por una bacteria transmitida por pulgas (la mayoría de las pulgas de los gatos son en realidad pulgas de perro, siendo la pulga de gato bastante rara). Tras un retraso de una semana aproximadamente, el lugar del arañazo se enrojece y los ganglios linfáticos de ese lado del cuerpo se hinchan; las complicaciones son raras, pero incluyen una inflamación de las válvulas cardíacas, a menudo mortal.

Otros prefieren la «hipótesis de la higiene», que sostiene que, debido a nuestro estilo de vida urbano y a la higiene de nuestras casas, en la infancia nos encontramos con muchos menos alérgenos que antes y, por tanto, no «entrenamos» adecuadamente nuestro sistema inmunitario. En consonancia con esta teoría, la incidencia de estos trastornos es menor en las familias de granjeros, cuyos hijos están expuestos a una amplia variedad de alérgenos del ganado y microorganismos asociados desde una edad temprana.[42]

[41] Francesca Solmi et al., «Curiosity Killed the Cat: No Evidence of an Association Between Cat Ownership and Psychotic Symptoms at Ages 13 and 18 Years in a UK General Population Cohort», *Psychological Medicine* (2017), doi: 10.1017/S0033291717000125.

[42] John McFadden, «The Great Atopic Diseases Epidemic: Does Chemical Exposure Play a Role?», *British Journal of Dermatology* 166 (2015): 1156-7.

Sorprendentemente, la profesión médica sigue dividida en cuanto a si la exposición en la infancia a los animales de compañía favorece la susceptibilidad a las alergias o las protege contra ellas. A pesar de que ambas especies producen sus principales alérgenos en la piel, la exposición a los perros puede tener efectos diferentes de la exposición a los gatos. Tener un perro en casa parece, en todo caso, proteger a los niños contra la alergia a los perros, mientras que lo contrario puede ocurrir con los gatos y los pájaros, aunque muchos estudios no han encontrado ninguna relación. Parece haber una compleja interacción entre la genética del niño y la exposición a los gatos: en familias susceptibles, los gatos aumentan el riesgo de sibilancias; en familias sin antecedentes de alergias, pueden proteger contra el asma. En cualquier caso, vivir con una mascota puede no ser esencial para la exposición. En lugares en los que la tenencia de mascotas es habitual, incluso los niños que no tienen mascotas en casa se encuentran con alérgenos tanto de gatos como de perros en la guardería o el preescolar, ya que los niños con mascotas llevan pelo y caspa de animales en la ropa.[43]

Quizá lo más sorprendente, desde la perspectiva de la comprensión del vínculo entre dueño y mascota, es que la gente suele resistirse a que una alergia, a menos que sea especialmente grave, les disuade de tener animales. En un estudio, el 80 % se negó a renunciar a sus mascotas por consejo médico, y el 70 % adquirió nuevas mascotas tras la muerte de la original. En una ocasión, un equipo médico me consultó sobre sus dificultades para convencer a las mujeres embarazadas de que se deshicieran de sus gatos, incluso cuando sus historiales médicos indicaban que era probable que sus hijos nonatos fueran alérgicos. Sorprendentemente, estas mujeres no estaban más apegadas a sus gatos de lo que era típico para su edad y estado reproductivo; evidentemente, consideraban que su vínculo con el gato era más importante que los consejos médicos, por muy bien intencionados que fueran. Algunos padres se abstienen de tener animales de compañía cuando un niño tiene una reacción similar

---

[43] Andrew Fretzayas, Doxa Kotzia y Maria Moustaki, «Controversial Role of Pets in the Development of Atopy in Children», *World Journal of Pediatrics* 9 (2013): 112-19.

a la fiebre del heno, pero la tenencia de animales de compañía es al menos tan común en las familias propensas a las alergias como en las que no lo son. Los propietarios que entregan sus animales a organizaciones benéficas suelen aducir la alergia como motivo; sin embargo, estas afirmaciones rara vez se comprueban, y algunas organizaciones benéficas creen que la alergia simplemente sirve como cortina de humo plausible para algún otro motivo menos aceptable socialmente.[44]

En general, las nuevas investigaciones no han confirmado las promesas de los primeros estudios. Tener una mascota no garantiza la salud futura, ni física ni mental. Puede conferir beneficios sutiles que dependen de alguna combinación de la mascota y la personalidad y estilo de vida del dueño, pero el apoyo científico (aunque no popular) a la noción de la mascota como panacea para el bienestar de los adultos es cada vez menor.

Las buenas noticias que han resistido el escrutinio son escasas. Algunos niños autistas parecen beneficiarse enormemente de la compañía de un animal de compañía adecuado (pero otros no, ya que sienten casi el mismo rechazo hacia los animales que hacia las personas). Acariciar a un perro o a un gato es agradable, pero no parece producir ningún beneficio duradero para la salud. Pasear al perro probablemente debería convertirse en hacer *footing* para tener algún efecto sobre la longevidad.

Hay una conclusión difícil de refutar: que la compañía de un perro (y posiblemente de otros animales) confiere un aura de confianza. Este efecto de «puente social«» no solo explica por qué los dueños de perros tienden a hacerse amigos de otros dueños de perros, sino que también puede ser la base de gran parte del éxito de la terapia asistida por animales: el efecto terapéutico puede proceder principalmente del cuidador humano, mientras que el perro u otro animal induce una actitud positiva en el paciente. Puede que la ciencia haya tardado en reconocer este efecto, pero la industria publicitaria, que a menudo incluye animales en los anuncios para realzar la imagen de los seres humanos representados,

---

[44] Stanley Coren, «Allergic Patients Do Not Comply with Doctors' Advice to Stop Owning Pets», *British Journal of* Medicine 314 (15 de febrero de 1997): 517; Randi Bertelsen et al., 'Do Allergic Families Avoid Keeping Furry Pets?', *Indoor Air* 20 (2010): 187-95.

parece ser consciente de ello desde hace bastante tiempo. Como candidatos presidenciales, Franklin Roosevelt, Richard Nixon y Ronald Reagan se cuidaron de ser fotografiados con sus perros (véase la ilustración cercana). La reciente oleada de gatos en Downing Street, aparentemente traídos para controlar los ratones, puede haber distraído de algunas de las decisiones más impopulares de la administración conservadora.

La característica más interesante del meme de las «mascotas como panacea» es el entusiasmo con el que lo ha aceptado el público en general. Quienes promueven esta idea, sin duda desde un compromiso genuino, han encontrado un público deseoso de aceptar cualquier buena noticia para contrarrestar los ocasionales picos de mala prensa dirigidos a los perros, especialmente a los «perros peligrosos». ¿Qué tienen los animales de compañía hoy en día que hace que muchas personas acepten como verdades sin ambages ideas que sus padres habrían considerado profundamente inverosímiles? ¿Por qué somos tan sugestionables cuando se trata de nuestros compañeros animales? ¿Cuál es esa necesidad tan arraigada de conectar con los animales que muchas personas parecen sentir tan poderosamente? Tal vez, como muchas otras cosas en la naturaleza humana, todo esto comienza en la infancia.

El presidente Roosevelt con su *terrier* escocés Fala.

CAPÍTULO 4

TENEMOS EL PERRO PARA LOS NIÑOS

A los niños les encantan los animales. Son los protagonistas de aproximadamente un tercio de los libros infantiles. El porcentaje es aún mayor en los libros escritos para preescolares (el 42 % de los libros que mi mujer y yo guardamos para nuestros nietos tienen animales como protagonistas, y los animales desempeñan papeles secundarios en muchos más).[1] Es evidente que la obsesión de la especie humana por los animales comienza a una edad temprana y, para algunos, alcanza su punto álgido durante la infancia.

El hecho de que esta fascinación comience tan pronto demuestra que la mente humana está programada para prestar atención a los animales y recabar información sobre ellos. Desde el punto de vista biológico, es algo extraordinario. La mayoría de los animales, salvo los parásitos y algunos depredadores especializados, están preparados

[1] Recientemente, la atención académica se ha centrado menos en el hecho de que los animales puedan superar en número a los humanos y más en el hecho de que los animales machos superen en número a las hembras, empezando desde el principio con los personajes de Beatrix Potter. Véase Janice McCabe y otros, «Gender in Twentieth-Century Children's Books: Patterns of Disparity in Titles and Central Characters», *Gender and Society* 25, nº 2 (abril de 2011): 197-226; véase también Carolyn Burke y Joby Copenhaver, «Animals as People in Children's Literature», *Language Arts* 81, no. 3 (2004): 205-13.

para aprender los hábitos sociales de su propia especie. Los niños humanos son los únicos que incorporan personajes animales a sus círculos sociales más próximos, aunque hoy en día es más probable que se trate de personajes imaginarios de los libros y la televisión que de animales reales, con los que aún no tienen la capacidad de interactuar. A mi nieto Senan, de dos años, le fascina la serie de televisión *La Patrulla Canina* (*Paw Patrol*), en la que una manada de perros lleva a cabo misiones de rescate (sospecho que le decepciona bastante que los perros de verdad parezcan más egocéntricos). El atractivo de los animales para los niños sugiere que hay algo en la mente humana que no solo tiende la mano a otros seres humanos, sino también a otros seres vivos, y esta búsqueda comienza en el primer año de vida.

Este fenómeno parece tan obvio que se pasa por alto: los científicos sociales lo dan por sentado, centrándose en las funciones que los animales pueden desempeñar en el desarrollo y la educación de la infancia. La gente da por sentado que el contacto adecuado con los animales beneficia a los niños. Citando a una madre estadounidense, «nuestras mascotas sacan lo mejor de los niños en cuanto a responsabilidad, amabilidad, afecto, primeros auxilios y preocupación por otros seres vivos». Los padres también parecen creer, sin muchas pruebas, que los animales de compañía ayudan a preparar a los niños para experiencias posteriores de la vida, como el embarazo, el parto, la crianza de los hijos y la muerte de un ser querido. Hablamos mucho del aparente poder de las mascotas para infundir un sentido de empatía, compasión y preocupación por el bienestar. Muchos afirman que la exposición a los animales de compañía refuerza el sistema inmunitario de los niños, compensando nuestros niveles extremos de higiene doméstica (según los estándares históricos).[2]

---

[2] La cita es de Froma Walsh, «Human-Animal Bonds II: The Role of Pets in Family Systems and Family Therapy», *Family Process* 48, no. 4 (2009): 481-99. Para otro ejemplo, véase Bill Strickland, «The Benefits of Pets: 5 Surprising Ways Pets Are Good for Kids - and Families Too!», *Parents*, marzo de 2008, http://www.parents.com/parenting/pets/kids/pets-good-for-kids. Para un ejemplo de la interacción entre higiene y asma, véase Guang-hui Dong et al., «Asthma and Asthma-Related Symptoms in 16,789 Chinese Children in Relation to Pet Keeping and Parental Atopy», *Journal of Investigative Allergology and Clinical Immunology* 18, no. 3 (2008): 207-13.

Basándose en sus propias experiencias infantiles con animales de compañía, los padres pueden proyectar en sus hijos los beneficios de tener mascotas. Incluso de adultos, las personas que crecieron con mascotas tienden a verlas con ojos de rosa. Tomemos como ejemplo un artículo de la revista profesional *Family Process*: «En mi caso, al crecer como hijo único con dos padres que trabajaban, mi perro Rusty me daba la bienvenida a casa desde el colegio (si alguna vez se quedaba solo, probablemente sufría angustia por separación), compartía mi leche y mis galletas (¿lo habría compartido con él, si hubiera podido elegir?), y se acurrucaba cerca de mí *para ayudarme con los deberes*» (subrayado mío). Una vez más, este tipo de recuerdos probablemente nos dicen más sobre la fascinación y el entusiasmo que muchas personas sienten por los animales, especialmente por sus propias mascotas, que sobre cualquier beneficio universal para el desarrollo de los niños.

Los animales de compañía han adquirido fama de beneficiar el desarrollo de los niños de formas quizá más aparentes que reales. Al igual que ocurre con los supuestos beneficios para la salud de las mascotas, debemos hacernos una pregunta: ¿Por qué estamos tan dispuestos a atribuir a nuestros compañeros animales poderes aparentemente mágicos? Es natural que los padres exploten instintivamente la evidente fascinación de sus hijos por los animales como puente entre sus respectivas imaginaciones, pero eso no explica de dónde viene esta fascinación ni por qué a los padres les parece tan natural creer que sus hijos se beneficiarán de una relación con un animal real —y no ficticio—. Es bastante plausible que ambos respondan a instintos establecidos durante la evolución de la raza humana y no a una afectación permitida por la opulencia moderna.

En occidente, los padres tienden a creer que los animales de compañía enseñan a ser responsables. Por ello, las familias tienden a adquirir nuevos animales de compañía cuando sus hijos tienen entre cinco y doce años, independientemente de si la familia es grande o pequeña y ya tiene otros animales de compañía o no. Sin embargo, es probable que los padres que esperan que sus hijos se vuelvan más conscientes como consecuencia del cuidado de un animal se lleven una decepción. Varios estudios indican que las interacciones de los niños con los animales de compañía son más sociables que responsables; véase el título de uno de estos trabajos: «Mamá lo limpió y yo solo jugué con él». Una minoría de los niños en edad escolar que contribuyen al cuidado de los animales domésticos también ayudan en las tareas domésticas, bastante más que los que no tienen mascotas. Pero esto no prueba en absoluto una relación causal. Tal vez algunos padres simplemente esperan más ayuda de sus hijos y eso incluye tanto la ayuda para limpiar la jaula del hámster como para fregar los platos.[3]

Hay quien sostiene que estar rodeado de mascotas también puede mejorar las capacidades cognitivas del niño. A primera vista, esta idea parece plausible: cada vez somos más conscientes de que los niños no adquieren «inteligencia» solo en la escuela. Por ejemplo, los niños que están en buena forma física parecen tener cerebros más aptos, que procesan la información más rápidamente que los niños que hacen poco o ningún ejercicio (una conclusión respaldada por imágenes cerebrales). Adquirir las complejas habilidades de coordinación que implica un deporte como el tenis tiene efectos tangibles en el desarrollo. Aprender a tocar un instrumento musical también tiene beneficios de largo alcance, como la mejora de las habilidades lingüísticas, la atención a las tareas, la memoria de trabajo y la flexibilidad cognitiva. Desgraciadamente, no hay pruebas directas de que aprender a cuidar de un animal de compañía pueda tener efectos más generales en la mente de un niño, más allá de la adquisición de la habilidad en sí, a pesar de las creencias de muchos padres.[4]

Los proponentes sostienen que criar a los niños en presencia de animales enseña empatía, no solo hacia los animales, sino también hacia

---

[3] Véase Gail Melson, «Availability of and Involvement with Pets by Children: Determinants and Correlates», *Anthrozoös* 1 (1988): 45-52; Janine Muldoon, Joanne Williams y Alistair Lawrence, «Mum Cleaned It and I Just Played with It: Children's Perceptions of Their Roles and Responsibilities in the Care of Family Pets», *Childhood* 22 (2015): 201-6.

[4] Marco Taubert y Burkhard Pleger, «A Sound Children's Mind in a Healthy Children's Body», *Frontiers in Neuroscience* 8 (2014): article 143, doi: 10.3389/fnins.2014.00143; Ewa Miendlarzewska y Wiebke Trost, «How Musical Training Affects Cognitive Development: Rhythm, Reward and Other Modulating Variables», *Frontiers in Neuroscience* 7 (2013), artículo 279, doi: 10.3389/fnins.2013.00279.

las personas. La teoría sostiene que, en ausencia de empatía, la violencia puede convertirse en la norma y que quienes maltratan a los animales cuando son niños pasan a maltratar a sus seres más queridos cuando son adultos. Se ha hablado mucho de la supuesta relación entre la crueldad hacia los animales y hacia las personas, entre otras cosas porque permite a las organizaciones benéficas dedicadas al bienestar animal y humano hacer causa común entre sí. La gente asume que los niños que tienen una relación sana y afectuosa con los animales de compañía desarrollan de alguna manera una mayor capacidad para tener relaciones sanas y afectuosas con las personas, y que este beneficio perdurará en la edad adulta. Sin embargo, esta idea se basa en un concepto algo simplista de la empatía, como si fuera una habilidad, como montar en bicicleta: una vez aprendida, nunca se olvida. Los psicólogos profesionales consideran que la empatía es un proceso complejo y multinivel en el que intervienen muchos aspectos de la genética, la personalidad y las actitudes de una persona. Debemos tener cuidado al evaluar qué elementos de la «empatía» puede afectar positivamente tener una mascota en casa.

En el conjunto de la humanidad, algunas personas parecen mucho más empáticas que otras, y estamos llegando a comprender los factores que subyacen a estas diferencias. Las mujeres tienden a ser más empáticas que los hombres y, sin duda, la empatía es hereditaria. Los niveles de empatía están relacionados con el trato de los padres durante la infancia y también tienen un componente genético, sobre todo en lo que se refiere al aspecto más intuitivo y visceral de la empatía, la versión que hace que se nos salten las lágrimas al observar a alguien llorar (no tanto el lado más consciente de la empatía que nos permite adivinar lo que sienten los demás). Componente esencial de la vida social humana, la empatía sustenta el comportamiento altruista e inhibe la agresividad: las personas que carecen de uno u otro de sus componentes suelen estar en desventaja y pueden ser etiquetadas de «autistas» o «psicópatas».[5]

---

[5] Coloquialmente, «empatía» se refiere a la capacidad de una persona para compartir y comprender los sentimientos de los demás. Cuando vemos llorar a alguien a quien apreciamos, la mayoría de nosotros nos sentimos tristes espontáneamente. Si presenciamos el reencuentro de un niño perdido con su madre, podemos compartir un poco el alivio y la felicidad que suponemos que ambos

La mayoría de las personas nacemos con cierto grado de empatía, pero el alcance de su expresión se desarrolla a medida que maduramos (de ahí la afirmación de que el contacto con los animales podría «hacer crecer» la empatía, de la que hablaremos más adelante). Los bebés muestran una empatía aparente desde una edad muy temprana, mucho antes de tener un sentido claro de sí mismos: al ver a una hermana mayor caerse y hacerse daño, un bebé de diez meses se mostrará inmediatamente angustiado y buscará consuelo en su madre. A los dieciocho meses, a medida que madura su sentido de la identidad, muchos niños no solo habrán llegado a distinguir entre su propia angustia y la de los demás, sino que también pueden intentar consolar al

deben estar sintiendo. Pero la empatía es una emoción compleja: algunos de sus elementos funcionan a un nivel emocional casi intuitivo, mientras que otros requieren más reflexión, sobre todo la capacidad de identificar y luego imaginar los cambios emocionales que observamos en quienes nos rodean. Los estudios sobre el funcionamiento del cerebro respaldan esta distinción: las partes más emocionales de la empatía se basan en las neuronas espejo, mientras que la empatía cognitiva está vinculada a los sistemas de «teoría de la mente», la parte del cerebro que nos permite darnos cuenta de que otras personas tienen mente y construir ideas de lo que podrían estar pensando. La parte cognitiva nos permite interactuar con los demás de forma sofisticada: por ejemplo, podemos empatizar con un familiar al que acaban de diagnosticar una enfermedad potencialmente mortal, aunque tengamos poco conocimiento de esa dolencia concreta y nunca hayamos estado personalmente en una situación así. También podemos empatizar (apreciar el estado emocional de otra persona) sin simpatizar automáticamente, quizá si consideramos que la emoción de la otra persona está fuera de lugar o es inapropiada para la situación. Sin embargo, en la vida real tanto la empatía emocional como la cognitiva suelen activarse simultáneamente, por lo que es posible que no nos demos cuenta de que en realidad son diferentes. Véase Richard Koestner, Carol Franz y Joel Weinberger, «The Family Origins of Empathetic Concern: A 26-Year Longitudinal Study», *Journal of Personality and Social Psychology* 58 (1990): 709-17; Mark Davis, Carol Luce y Stephen Kraus, 'The Heritability of Characteristics Associated with Dispositional Empathy', Journal *of Personality 62 (*1994): 369-91. La persistencia del autismo en la sociedad moderna ha estimulado la especulación sobre la posibilidad de que, en ocasiones, haya sido ventajoso durante nuestro pasado de cazadores-recolectores, ya que permitía a los individuos buscar comida de forma más eficaz cuando los alimentos estaban poco repartidos, lo que convertía la vida en grupo en una receta para la inanición. Véase Jared Reser, «Conceptualizing the Autism Spectrum in Terms of Natural Selection and Behavioural Ecology: The Solitary Forager Hypothesis», *Evolutionary Psychology* 9 (2011): 207-38; Universidad del Sur de California, «Autism May Have Had Advantages in Humans' Hunter-Gatherer Past, Researcher Believes», *Science Daily*, 3 de junio de 2011, http://www.sciencedaily.com/releases/2011/06/110603122849.htm.

niño que está angustiado o tratar de pedir ayuda, por ejemplo, a sus propias madres. La mayoría de los niños de tres años son capaces de darse cuenta de que otros niños pueden reaccionar de forma diferente a la suya ante determinadas situaciones y, en la edad escolar, muchos se expresan emocionalmente cuando se les cuentan los sentimientos de otra persona, sin ser realmente testigos de ellos. Los niños mayores pueden aprender a incorporar conceptos mucho más generales en sus reacciones empáticas, por ejemplo, comprender que otros niños pueden no disfrutar de una vida hogareña tan feliz como ellos.

Muchos consideran que esta forma más desarrollada de empatía es un fundamento de la justicia social. El impulso de ayudar a los que están peor que uno mismo —por ejemplo, los enfermos crónicos o los pobres— tiene probablemente una base emocional. Tales ideas constituyen las raíces del liberalismo moderno, tal como lo propusieron originalmente John Stuart Mill (1806-73) y su mentor, Jeremy Bentham (véase el recuadro de la pág. 161).

La idea de que la empatía hacia los animales está relacionada con la que se siente hacia los humanos existe desde hace siglos. El filósofo alemán Immanuel Kant (1724-1804) pensaba que la amabilidad hacia los animales refuerza la amabilidad y la justicia hacia las personas. William Wilberforce, líder del movimiento para abolir la esclavitud, también ayudó a fundar, en 1824, la Real Sociedad para la Prevención de la Crueldad contra los Animales (RSPCA), y John Colam, secretario de la RSPCA en la década de 1890, fue decisivo en la creación de la Sociedad Londinense (ahora Nacional) para la Prevención de la Crueldad contra los Niños, que inicialmente compartió la sala de juntas de la RSPCA en Jermyn Street. De hecho, la primera organización benéfica de protección de la infancia en Inglaterra, la Sociedad de Liverpool para la Prevención de la Crueldad contra los Niños, surgió en una reunión de la RSPCA convocada para debatir la construcción de un nuevo hogar para perros. En el siglo XIX, los vínculos entre la protección de los niños y la de los animales eran igualmente fuertes en Estados Unidos: en 1908, más de la mitad de las 354 organizaciones estadounidenses de lucha contra la crueldad eran «sociedades humanitarias» que combatían el maltrato tanto de animales como de niños, y solo una octava parte se limitaba exclusivamente a los niños. El teólogo, médico, Premio Nobel de la Paz y vegetariano Albert Schweitzer propugnó el respeto por todos los seres vivos en su filosofía de «Reverencia por la vida». Mohandas Gandhi, también vegetariano, dijo en un discurso en 1931: «La grandeza de una nación y su progreso moral pueden juzgarse por la forma en que se trata a sus animales. Sostengo que cuanto más indefensa es una criatura, más derecho tiene a que el hombre la proteja de la crueldad del hombre».[6]

Por supuesto, no todos los que se preocupan por los animales son pioneros de la justicia social. En la Alemania de los años treinta, Adolf Hitler y varios de sus compañeros nazis consiguieron conciliar de algún modo su práctica del vegetarianismo y su preocupación por el bienestar animal con un enfoque muy selectivo del bienestar de sus congéneres. El propio Hitler fue un ávido amante de los perros durante toda su vida, adoptando primero un *fox terrier* callejero al que llamó Fuchsl; incluso durante las últimas semanas de la Segunda Guerra Mundial, arriesgó su vida a diario para pasear a su último perro, un pastor alemán llamado Blondi. Su afecto por Blondi no le impidió utilizarla para probar una de las cápsulas suicidas de cianuro que consiguió para evitar rendirse a los aliados. Funcionó.

La correlación entre la empatía hacia los animales y hacia los humanos no siempre está clara. Muchas de las personas que apoyan a organizaciones con una postura firme a favor de los derechos de los animales, como Compassion in World Farming y la Vegan Society, expresan altos niveles de empatía hacia los animales en general, pero una empatía hacia los humanos inferior a la media. Por el contrario, las personas que trabajan en refugios de animales suelen ser muy empáticas tanto con los animales como con los humanos. Sin embargo, los granjeros, que posiblemente tienen tanto contacto real con los animales como los trabajadores de los refugios, expresan menos empatía hacia los animales que el público en general. Los dueños de animales tienden a mostrar más empatía hacia las mascotas y los padres más hacia los niños.[7]

---

[6] Para una descripción de las primeras sociedades humanitarias estadounidenses, véase Monica Flegel, Conceptualizing Cruelty to Children in Nineteenth-Century England: Literature, Representation, and the NSPCC (Farnham, Reino Unido: Ashgate Publishing, 2009), 61.

[7] Sarah Knight et al., «Human Rights, Animal Wrongs? Exploring Attitudes

Criar cachorros hace que la gente empatice más con los perros.

Podría decirse que las personas toman determinadas decisiones en la vida —por ejemplo, trabajar en el rescate de animales, dejar de comer carne o adoptar una mascota— porque ya sienten una empatía inusualmente alta por los animales. Si es así, ¿de dónde procede esa empatía? ¿Se deriva de la relación directa con los animales? ¿Refleja la influencia de la experiencia infantil o de la educación formal? Un estudio sueco sugiere que vivir con un animal de compañía aumenta la empatía del propietario hacia los animales en general, aunque el sentimiento de empatía hacia los animales puede haber impulsado al individuo a tener un animal de compañía en primer lugar. En concreto, el estudio descubrió

Towards Animal Use and Possibilities for Change», Society & Animals 18 (2010): 251-72; Tania Signal y Nicola Taylor, «Attitude to Animals and Empathy: Comparing Animal Protection and General Community Samples», Anthrozoös 20 (2007): 125-30; Adelma Hills, «The Motivational Bases of Attitudes Towards Animals», *Society & Animals* 1 (1993): 111-28.

que las personas que habían criado cachorros mostraban una empatía especialmente alta hacia los animales de compañía, como si el propio acto de criar a un animal joven potenciara sus sentimientos.[8]

Toda esta variación socava la idea de que la empatía, tanto hacia los humanos como hacia los animales, es una especie de moneda universal de la que algunas personas tienen más que otras. De hecho, un estudio estima que la empatía hacia las personas solo coincide en un 5 % con la empatía hacia los animales, tanto en hombres como en mujeres. Una conexión tan débil haría muy improbable la existencia de una «empatía universal».[9]

Casi todas las personas experimentan empatía de algún tipo y grado, pero la emoción se desencadena de varias maneras. La investigación indica que la empatía por los animales y la empatía por las personas son categorías genuinas pero distintas, aunque las personas varían en cuanto a los animales o seres humanos por los que expresan mayor empatía (normalmente aquellos individuos, de cualquier especie, que conocen bien o con los que se sienten más afines). Por lo tanto, es posible que los animales y las personas evoquen empatía a través de distintas vías cerebrales que han evolucionado por separado y por motivos diferentes. El grado de activación de estas vías puede depender de su fuerza inicial (un factor genético) y también —y casi con toda seguridad más importante— de las experiencias con personas y animales que cada individuo tenga desde la primera infancia. Proporcionar mascotas a los niños no es, en ningún sentido claro, la mejor manera de enseñarles a sentir empatía por las personas. Las conexiones entre ambas son demasiado débiles.

A pesar de las pruebas de la investigación que demuestran lo contrario, muchos siguen creyendo que la preocupación por los animales va de la mano de la preocupación por las personas y que a medida que una crece, también lo hace la otra. Así, muchos padres y educadores

---

[8] Véase Malin Angantyr, Jakob Eklund y Eric Hansen, «A Comparison of Empathy for Humans and Empathy for Animals», *Anthrozoös* 24 (2011): 369-77.

[9] Elizabeth Paul, «Empathy with Animals and with Humans: Are They Linked?», *Anthrozoös* 13 (2000): 194-202.

persisten en mantener que el contacto con los animales tiene una influencia civilizadora en los niños. La página web de la organización benéfica American Humane ensalza los beneficios de una lección para niños de cinco a siete años titulada «Lo que necesita un perro»: «En esta lección, los alumnos aprenderán algunas de las cosas que los perros necesitan para ser felices, estar sanos y sentirse cómodos. Los niños que aprenden este tipo de lecciones pueden convertirse en adultos más empáticos que se preocupan no solo por los animales, sino también por los demás y por el medio ambiente».[10]

Nada menos que Boris Levinson, el fundador de la terapia asistida con animales, promovió la idea de que las mascotas son realmente buenas para el bienestar de todos los niños. En *Pet-Oriented Child Psychotherapy* escribió: «La mascota, en cierto sentido, se convierte en el espejo en el que el niño se ve a sí mismo deseado y amado, no por lo que él (o ella) debería ser o podría ser o podría haber sido, sino por lo que él (o ella) es». Nuestro conocimiento actual de las mentes de perros y gatos apoya en general la última parte de esta afirmación: que las mascotas tienen probablemente nociones y expectativas de los niños mucho menos complicadas que las de sus padres. Sin embargo, no está tan claro si los niños valoran de una forma inevitable a la mascota de la familia por quererlos incondicionalmente. Tal vez los niños interactúen con los animales domésticos por simple fascinación instintiva y no porque obtengan algún tipo de consuelo emocional profundo de la atención de una mascota (suponiendo que la reciban: ¡no todos los gatos se llevan bien con los niños!). Es más probable que los animales de compañía se conviertan en objetos de fuerte apego cuando otros aspectos del bienestar emocional del niño son menos que perfectos, quizá en momentos de enfermedad o soledad.

Cuando se les pregunta, los niños suelen incluir a las mascotas (si su familia tiene alguna) en la lista de las personas más significativas de su vida, pero no está del todo claro por qué. Tal vez lo hagan simplemente porque las mascotas les resultan familiares y están siempre presentes. Sin embargo, algunos datos sugieren que las mascotas proporcionan a

---

[10] Educator Resources, American Humane, https://www.american humane.org/fact-sheet/educator-resources.

algunos niños cierto apoyo social: en un pequeño estudio de familias con mascotas, los padres de niños de cinco años que no parecían utilizar a los animales como confidentes calificaron a sus hijos como más ansiosos que los padres de los que sí parecían tener relaciones estrechas con las mascotas de la familia. Varios estudios han demostrado la existencia de un vínculo entre la autoestima de los niños y su relación con los animales, sobre todo en los primeros años de la adolescencia, pero la causa y el efecto no están claros. ¿Es posible que los niños que no tienen confianza en sí mismos prefieran pasar el tiempo de otra manera?[11]

Pocos estudios abordan directamente la cuestión de si el cuidado de mascotas puede hacer que los niños sean más empáticos, pero dos investigaciones tempranas de Robert Poresky sugirieron que ambas cosas podrían, al menos, estar asociadas, aunque normalmente se asume que son las mascotas las que provocan el aumento de la empatía. En la primera, planteó cuatro situaciones a niños de entre tres y seis años del Medio Oeste: un niño acaba de perder a su mejor amigo», «un niño es perseguido por un monstruo grande y aterrador», «un niño tiene muchas ganas de salir pero no le dejan» y «un niño va a jugar a su parque favorito». A continuación, preguntó a los niños cómo se sentirían ellos —y el niño hipotético—en esa situación (las respuestas «correctas» eran triste, asustado, enfadado y feliz, respectivamente). A continuación, presentó a los mismos niños las mismas situaciones, pero con «perro» en lugar de «niño». Poresky descubrió que los veintiséis niños que tenían una mascota en casa no mostraban ni más ni menos empatía hacia otros niños que los doce que no la tenían, pero de los veintiséis, cuanto mayor era la empatía que los niños expresaban hacia el perro, más empatía mostraban hacia el niño. En un segundo estudio, Poresky demostró que

[11] Rebecca Purewal et al., «Companion Animals and Child/Adolescent Development: A Systematic Review of the Evidence», *Revista Internacional de Investigación Ambiental y Salud Pública* 14 (2017): 234, doi:10.3390 /ijerph14030234. Para el primer estudio, véase Gail Melson, «Child Development and the Human-Companion Animal Bond», *American Behavioural Scientist* 47 (2003): 31-9. Para otras revisiones del desarrollo infantil, véase Nienke Endenburg y Hein van Lith, «The Influence of Animals on the Development of Children», *Veterinary Journal 190 (2011)*: 208-14; Kelly Thompson y Eleonora Gullone, «Promotion of Empathy and Prosocial Behaviour in Children Through Humane Education», *Australian Psychologist* 38 (2003): 175-82.

cuanto más fuerte calificaban los padres el vínculo entre el niño y la mascota, más empático parecía ser el niño.[12]

El hecho de que los niños que se preocupan por sus perros sean también más cariñosos con otros niños no prueba que una cosa lleve a la otra. Es posible que su personalidad —o la influencia de sus padres— les haya predispuesto a prestar más atención y ser más comprensivos con todos los seres vivos. Los pocos estudios que han tratado de demostrar que los niños que aprenden a cuidar animales en el aula se vuelven más empáticos con sus compañeros se han visto obstaculizados por el hecho de que los perros no pueden, por sí solos, enseñar nada, por lo que es difícil desentrañar cuáles pueden ser los efectos precisos del animal. El entusiasmo de los voluntarios que llevan a los perros a clase podría fácilmente beneficiar más a los niños que los propios animales, un efecto similar a la forma en que las personas mayores responden a las visitas con animales.

Cuidar de las mascotas también puede estar relacionado con otras emociones además de la empatía. En un estudio pionero, los niños de diez años que declararon haber tenido conversaciones de corazón a corazón con sus animales mostraron más empatía hacia las personas que los que no lo hicieron, pero también eran más competitivos. Lo contrario ocurría con los niños de siete años del mismo estudio: los que tenían una relación más estrecha con sus mascotas parecían los menos empáticos. Estos resultados un tanto confusos pueden parecer menos sorprendentes si recordamos que entre los adultos existe poca relación entre la empatía hacia los animales y hacia los semejantes.[13]

---

[12] Robert Poresky, «The Young Children's Empathy Measure: Reliability, Validity and Effects of Companion Animal Bonding», *Psychological Reports* 66 (1990): 931-6; «Companion Animals and Other Factors Affecting Young Children's Development», *Anthrozoös* 9 (1996): 159-68; véase también Beth Daly y Larry Morton, «Children with Pets Do Not Show Higher Empathy: A Challenge to Current Views», *Anthrozoös 16 (2003)*: 298-314; «An Investigation of Human-Animal Interactions and Empathy as Related to Pet Preference, Ownership, Attachment, and Attitudes in Children», *Anthrozoös*, 19 (2006): 113-27; «Empathic Differences in Adults as a Function of Childhood and Adult Pet Ownership and Pet Type», *Anthrozoös 22* (2009): 371-82.

[13] Brenda Bryant, «El paseo vecinal: Sources of Support in Middle Childhood», *Monographs of the Society for Research in Child Development* 50, no. 3 (1985).

Sin embargo, la idea de que los animales de compañía enseñan empatía parece haberse consolidado. Las incertidumbres sobre los mecanismos psicológicos precisos que subyacen a la empatía se pasan por alto en la campaña a favor de una mayor «educación humanitaria» en las escuelas. Por supuesto, esto no quiere decir que no debamos animar a los niños a interactuar con animales. Hay pruebas fehacientes de que enseñar a los niños a respetar a los animales altera sus actitudes hacia ellos, lo cual es valioso en sí mismo. Pero no está tan claro si su empatía hacia los animales se traduce en actitudes más empáticas hacia las personas.

Gran parte del ímpetu que hay detrás de demostrar una conexión entre la empatía hacia los animales y el comportamiento prosocial hacia las personas parece provenir de lo contrario: la idea de que un único conjunto de motivaciones impulsa la violencia hacia las personas y los animales por igual. Algunos académicos y organizaciones humanitarias van incluso más allá, proponiendo no solo que el maltrato de animales y la violencia hacia las personas están relacionados sino, más concretamente, que el primero de alguna manera anuncia la segunda. A lo largo de los siglos, esta supuesta relación ha recibido atención esporádica por parte de filósofos y escritores de ficción. Un ejemplo muy conocido es la novela de William Golding *El señor de las moscas* (1954), en la que un grupo de muchachos varados en una isla cometen actos de crueldad con los animales antes de pelearse y luego matarse entre ellos. La antropóloga Margaret Mead creía que la sociedad debía tomarse en serio el maltrato de animales por parte de los niños como una señal de advertencia de tendencias violentas y reprimirlo duramente antes de que fuera a más: Un fallo en el castigo... puede ser tan fatal o más que un castigo demasiado violento. La tentación de volver a intentarlo, de intentar algo más grande, de matar a un gato en vez de a un pájaro, de retorcerle el cuello a un perro en vez de a un canario, puede apoderarse del niño».[14]

En los últimos veinticinco años se ha recurrido a la ciencia para apoyar lo que hasta ahora había sido más una creencia que un principio

[14] Margaret Mead, «Cultural Factors in the Cause and Prevention of Pathological Homicide», *Bulletin in the Menninger Clinic* 28 (1964): 11-22.

establecido. Las autoridades en materia de desarrollo infantil llevan mucho tiempo describiendo la crueldad hacia los animales —incluso los «juegos» que antes se consideraban parte aceptable de la infancia, como arrancar las alas a las moscas moribundas— como una forma de insensibilizar a los protagonistas a la violencia. Según este punto de vista, cualquiera que dañe o mate animales de forma «cruel» (ignorando las grandes diferencias culturales en las definiciones de «crueldad») es o se convertirá en un peligro para sus semejantes. El Dr. Randall Lockwood, psicólogo que ha escrito mucho sobre la relación entre el maltrato animal y la violencia humana, afirma: «Los que maltratan a los animales sin motivo evidente son psicópatas en ciernes. No tienen empatía y solo ven el mundo como lo que va a hacer por ellos».[15] El movimiento de protección animal suele presentar la crueldad hacia los animales como algo habitual, asociado a la agresión hacia la pareja o los hijos, y como un componente del ciclo intergeneracional de violencia familiar, por el que los niños maltratados se convierten en adultos maltratadores.

No es difícil encontrar anécdotas que apoyen esta idea. El asesino de masas, Jeffrey Dahmer, supuestamente cortó la cabeza a perros y gatos y luego los empaló en palos; el «estrangulador de Boston» Albert DeSalvo atrapó a perros y gatos en cajas y luego los atravesó con flechas; el «hijo de Sam» David Berkowitz envenenó al periquito de su madre. Muchos de los recientes «tiradores de patio de colegio» (nueve de veintitrés entre 1988 y 2012) habían cometido actos de violencia «cercanos y personales» contra animales domésticos —aunque en la mayoría de los casos no eran los suyos propios—, como quemarlos, ahogarlos, patearlos o golpearlos hasta la muerte.[16]

Sin embargo, estudios más sistemáticos solo han proporcionado un apoyo intermitente a estas ideas. Los delincuentes violentos y los pacientes psiquiátricos son, en efecto, más propensos que los demás a admitir haber cometido actos de crueldad contra los animales cuando eran niños, pero la palabra clave aquí bien puede ser «admitir»: tal vez estén

---

[15] Véase Cathy Kangas, «Animal Cruelty and Human Violence», *Huffington Post*, 18 de enero de 2013, imal-cruelty-and-human-_b_2507551.html.

[16] Arnold Arluke y Eric Madfis, «Animal Abuse as a Warning Sign of School Massacres: A Critique and Refinement», *Homicide Studies* 18 (2014): 7-22.

más dispuestos a revelar actos de violencia de todo tipo, deseando proyectar una imagen de «hombre duro».

En la actualidad, dos hipótesis distintas intentan explicar la conexión entre el maltrato animal y la violencia hacia las personas. La «hipótesis de la graduación» sostiene que las personas que maltratan a los animales de niños se insensibilizan a la violencia y pasan a ser agresivas con las personas. A pesar de la popularidad de esta idea, los datos no la respaldan realmente: el maltrato animal suele seguir a la violencia hacia las personas. La «hipótesis de la generalización de la desviación» postula que el maltrato animal y la agresión hacia las personas son simplemente dos tipos o estilos de comportamiento antisocial o desviado. En lugar de que uno lleve inevitablemente al otro, ambos expresan causas subyacentes similares (vida familiar disfuncional, pobreza, falta de educación, necesidad psicológica de control o dela elección del hombre o la bestia como objetivo, según este punto de vista, depende en gran medida de las circunstancias y la oportunidad). Desde este punto de vista, la elección del hombre o de la bestia como objetivo depende en gran medida de las circunstancias y de la oportunidad: los adolescentes varones, los autores más habituales de actos de crueldad contra los animales, pueden simplemente encontrar a los gatos callejeros más accesibles como objetivos y, lo que es quizá más importante, es poco probable que obtengan represalias.

Además, es probable que la mayoría de los niños solo cometan este tipo de actos una o dos veces en su vida, quizá para explorar su creciente masculinidad a través de lo que algunos psicólogos han denominado «juego sucio». Niños de tan solo seis o siete años pueden participar en juegos basados en la violencia fantástica, por ejemplo, el desmembramiento de soldados de juguete o peluches. A medida que los niños se acercan a la adolescencia, muchos añaden una dimensión social a este tipo de comportamiento, ya que cuando están en grupos de iguales sin la supervisión de un adulto se incitan unos a otros a llevar a cabo bromas de distintos niveles de agresividad, como llamar al timbre y salir corriendo, lanzar huevos a los coches que pasan o cometer actos aleatorios de vandalismo o crueldad, entre cuyos objetivos pueden encontrarse ocasionalmente animales (véase la ilustración cercana). Participar

Niños burlándose de un gatito; detalle de *The Kitten Deceived*, 1816, de William Collins.

en estas actividades prohibidas parece perseguir dos objetivos: en primer lugar, ganar estatus dentro de un grupo que queda unido por la complicidad compartida en tales actos; y en segundo lugar, explorar la capacidad del individuo para lograr el control de las situaciones sobrepasando deliberadamente los límites de lo que la sociedad considera un comportamiento aceptable.

Estos ritos de iniciación son probablemente tan antiguos como la propia humanidad. El filósofo griego Bion de Borístenes (citado posteriormente por el más famoso Plutarco) observó hace más de 2000 años que los niños maltrataban a los animales: «Aunque los niños tiren piedras a las ranas por deporte, las ranas no mueren por deporte, sino en serio». En *El rey Lear* de William Shakespeare, el conde de Gloucester dice: «Como las moscas a los niños libertinos, somos nosotros para los dioses: nos matan por deporte». Sin embargo, fuera de sus grupos de iguales, esos mismos chicos pueden comportarse de forma impecable, y la mayoría de ellos se convierten en ciudadanos honrados y respetuosos con la ley. La crueldad que han mostrado, aunque deplorable en sí misma, puede representar una prueba de límites que, en última instancia, les ayude a convertirse en adultos equilibrados. El tipo de rabia interior que posteriormente los llevará a la delincuencia adulta y a la cárcel puede motivar algunos de estos actos, pero es casi seguro que no a la mayoría.[17]

Estas sutilezas se ignoraron en gran medida cuando, en los primeros años del siglo XXI, varias organizaciones benéficas de protección de los animales, en particular la American Humane Association, forjaron una alianza con las dedicadas a prevenir el maltrato infantil, haciéndose eco de los orígenes de muchas de estas organizaciones como organismos de doble finalidad. En Estados Unidos constituyen la National Link Coalition, también conocida como «The Link», con la inclusión adicional de organizaciones dedicadas a la violencia doméstica y al maltrato de ancianos. En el Reino Unido, la RSPCA, la Sociedad Nacional para la Prevención de la Crueldad contra los Niños (NSPCC) y otras organizaciones benéficas de los sectores de la protección de los animales y los niños formaron el Grupo de Vínculos, que elaboró un folleto titulado «Understanding the Links: Child Abuse, Animal Abuse and Domestic Violence», en el que se destacaba la posibilidad de que el maltrato de animales domésticos formara «parte de una constelación de violencia familiar» y se reiteraba la afirmación de que la crueldad infantil hacia los animales puede conducir a la violencia hacia las personas en la edad adulta. A pesar de las críticas de algunos sectores, la promoción de estas ideas muestra pocos signos de disminuir: activistas en Escocia lanzaron un plan en 2015 para alentar a los veterinarios (así como a los bomberos, dentistas y peluqueros) a ser proactivos en la detección de la violencia doméstica, basado «en un modelo estadounidense» (presumiblemente, The Link).[18]

---

[17] Gary Fine, «El juego sucio de los niños pequeños», *Society* 24 (1986): 63-7.

[18] The Link parece ser una marca registrada de la American Humane Association; véase «The Link», American Humane Association, http://www.americanhumanesociety.net/interaction/professional-resources./el-enlace. Véase también Frank R. Ascione, *Children and Animals: Exploring the Roots of Kindness and Cruelty* (West Lafayette, IN: Purdue University Press, 2005). El folleto titulado «Understanding the Links: Child Abuse, Animal Abuse and Domestic Violence»

La investigación y los informes de casos respaldan muchas de las afirmaciones de estos diversos documentos. Los perros que han sufrido malos tratos suelen ser lo bastante agresivos como para morder a los niños de la casa, tal vez porque, como consecuencia de los malos tratos sufridos en sus hogares anteriores, se han vuelto propensos a morder como primera línea de defensa; lo más probable es que el trato cruel de sus actuales dueños los haya vuelto crónicamente temerosos y propensos a responder a cualquier provocación con violencia propia. También está bien documentado que las mascotas de las mujeres maltratadas pueden ser utilizadas como peones en su lucha con los maltratadores (hombres), que pueden amenazar con herir o matar a estos animales si sus víctimas no acceden a sus deseos. En términos más generales, la hipótesis de la generalización de la desviación predice que cualquier hogar en el que haya maltrato de animales domésticos por parte de un adulto probablemente implicará otros intercambios violentos, incluido el maltrato de niños.

Cualquier afirmación de una correlación directa entre el maltrato animal en la infancia y el futuro maltrato doméstico es potencialmente peligrosa. La afirmación del documento de la NSPCC de que «la crueldad sostenida contra los animales en la infancia se ha relacionado con una mayor probabilidad de comportamiento violento contra los seres humanos en la edad adulta» se basa solo vagamente en la investigación. Su conclusión implícita de que lo primero lleva a lo segundo no solo es engañosa, sino que podría tener consecuencias devastadoras para cualquiera que se vea atrapado en su aplicación demasiado entusiasta a casos individuales. Tras combinar un gran número de estudios realizados entre 1979 y 2008, los investigadores llegaron a la conclusión de que entre el 35 % y el 40 % de los hombres no violentos («normales») habían maltratado a un animal en algún momento de su vida. Los

no parece estar disponible en la propia NSPCC, pero es ampliamente accesible en Internet, incluido el sitio web del Links Group (http://www.thelinksgroup.org.uk/wccms.-resources/3/141bb3dc-e44c-11e4-9dd2-0050568626ea.pdf). Gran parte de estos consejos figuran en el documento «Guidance on Investigating Child Abuse and Safeguarding Children», elaborado en 2009 por la National Policing Improvement Agency para la Asociación de Jefes de Policía del Reino Unido y disponible en el sitio web del CEOP (https://www.ceop.police.uk/Documents)./ACPOGuidance2009.pdf).

mismos porcentajes eran válidos para los delincuentes violentos (violadores, asesinos y otros agresores), lo que contradice la «hipótesis de la graduación»«. El mejor diseñado de esos estudios sí indicaba una diferencia, ya que alrededor del 25 % de los delincuentes violentos admitían haber maltratado animales, frente a alrededor del 15 % de los hombres no violentos. Pero la generalización de la desviación puede explicar esta diferencia tan bien como la «graduación».[19]

¿Las personas condenadas por crueldad hacia los animales tienen más probabilidades de haber cometido, o de cometer, otros tipos de delitos? Los pocos estudios publicados sobre este tema no han logrado establecer ninguna conexión sólida (en ninguna dirección o incluso en general). Aún menos estudios han distinguido entre crueldad «sostenida» y actos ocasionales de maltrato cometidos durante la adolescencia. En general, hay pocas pruebas sistemáticas que apoyen la idea de que un niño que es cruel de forma repetida con los animales crecerá inevitablemente siendo violento con las personas.

Los documentos del enlace también afirman que los niños que son crueles con los animales pueden haber sufrido abusos: «Si un niño es cruel con los animales, esto puede ser un indicador de que ha sufrido graves negligencias y abusos». Hay algo de verdad en esto: los niños maltratados tienen más probabilidades que otros de maltratar a los animales. Sin embargo, si, como parece plausible, alrededor de un tercio de los adolescentes de Estados Unidos y el Reino Unido cometen algún tipo de acto cruel o desconsiderado hacia un animal, entonces podríamos interpretar esta afirmación como que el maltrato o el abandono infantil son endémicos y generalizados en ambos países, lo cual parece muy poco plausible (y, de ser cierto, debería preocupar profundamente a la sociedad en su conjunto, no solo a los organismos directamente relacionados con la protección de la infancia).

Este es un ejemplo de lo engañosas que pueden ser las afirmaciones sobre «el vínculo». La National Link Coalition de Estados Unidos describe el maltrato animal como «la punta del iceberg: la forma en que se

[19] Véase Emily Patterson-Kane y Heather Piper, «Animal Abuse as a Sentinel for Human Violence: A Critique», *Journal of Social Issues* 65 (2009): 589-614.

considera a los animales en una familia es una ventana a las relaciones interpersonales y la dinámica familiar. Los investigadores que detectan crueldad, maltrato o abandono de animales rara vez se sorprenden al ver otros problemas que acechan bajo la superficie». Sorprendentemente, para un indicador tan supuestamente revelador, el «maltrato animal» rara vez se define con precisión. La crueldad es sinónimo de daño deliberado; la negligencia implica una falta de atención más pasiva a las necesidades del animal. ¿Abarca el término «maltrato» ambos tipos de actos o solo los premeditados, siendo estos últimos más acordes con la conexión con la violencia familiar? El acaparamiento de animales hasta el punto de hacer imposible su cuidado es una forma de maltrato bien documentada, pero no hay pruebas de que coincida habitualmente con la violencia contra las personas. Por poner otro ejemplo, muchos consideran cruel el uso de dispositivos que administran descargas eléctricas como parte del adiestramiento rutinario de perros (o gatos): si esta práctica tan extendida entra dentro de la definición de «maltrato», ¿significa eso que debemos sospechar que todos los dueños de mascotas que poseen un collar de descargas eléctricas maltratan a su cónyuge o a sus hijos?[20]

Dado que la violencia en el hogar a menudo se prolonga durante años antes de que nadie se dé cuenta, el hecho de que los organismos compartan información y trabajen juntos para desentrañar dichas conexiones caso por caso es totalmente admirable. Sin embargo, si se toman sin sentido crítico o con demasiado entusiasmo, las suposiciones sobre una conexión entre el «maltrato» animal (como, por ejemplo, la negligencia causada por una desgracia temporal) y el maltrato infantil podrían dar lugar a una intervención de mano dura. Resulta alentador que haya pocas pruebas publicadas que indiquen que en la práctica

---

[20] Véase, especialmente, Dorian Solot, «Untangling the Animal Abuse Web», *Society & Animals* 5 (1997): 257-65, en el que también señala que prácticamente toda la investigación sobre el maltrato animal se ha centrado en «el vínculo» y no en las razones por las que los animales fueron tratados cruelmente, que probablemente sean mucho más complejas de lo que permite el modelo del vínculo. En el momento de escribir estas líneas, los collares de descarga eléctrica están prohibidos en Gales, Dinamarca, Noruega, Suecia, Austria, Suiza, Eslovenia y Alemania, y en algunos estados de Australia; se están estudiando propuestas de prohibición en el resto del Reino Unido. Véase «Electric Shock Collars», The Kennel Club, http://www.thekennelclub.org.uk/our-resources/kennel-club-campaigns./collares eléctricos.

se establezcan tales conexiones, aunque esto puede deberse en parte a que los tribunales británicos mantienen en privado la mayoría de los procedimientos relacionados con el cuidado de los niños. Un caso, de 2009, del que se informó cuando llegó al tribunal de apelación tras dos años de litigios en el sistema judicial, se refería a una niña de cinco años «separada de sus padres tras una redada de la RSPCA», aunque nada en el informe sugiere que «el vínculo» provocara la retirada inicial de la niña por parte de los servicios sociales.[21] No obstante, estas generalizaciones tan amplias que vinculan categorías muy diferentes del denominado maltrato crean un terreno fértil para que los agentes de policía y los organismos de protección de menores saquen conclusiones que no se basan en las pruebas.

Dada su fascinación instintiva por los animales, los niños prestan mucha atención a las lecciones sobre todo tipo de criaturas, desde cochinillas hasta elefantes, y a menudo adoptan una actitud más positiva incluso hacia los animales que al principio les parecen espeluznantes o repugnantes. Enseñar a los niños a cuidar de los animales con empatía es, pues, en sí mismo, meritorio y eficaz. Sin embargo, los estudios científicos ponen en duda que esto se transmita a la forma en que los niños perciben a los demás. Debemos preguntarnos si podríamos mejorar esto último de forma más eficaz enseñando directamente a los niños la ética social humana. Tal vez los educadores podrían utilizar a los animales como ejemplos iniciales para captar la atención de los niños, antes de pasar sutilmente a cuestiones más generales como la equidad y la justicia social (de hecho, algunas versiones de la educación humanitaria incorporan este enfoque integrado).[22]

---

[21] Paul Bracchi y Dennis Rice, «I Want to Come Home Mummy », *Daily Mail*, 10 de julio de 2009, http://www.dailymail.co.uk/femail/article-1198957-I-want-come-home-mummy-Aged-Jenny-torn-parents-social-workers-RSPCA-raid-Now-court-says-adopted-.html.

[22] Véase, por ejemplo, Chiara Mariti et al., «Improvement in Children's Humaneness Towards Nonhuman Animals Through a Project of Educational Anthrozoology», *Journal of Veterinary Behaviour: Clinical Applications and Research* 6 (2011): 12-20; Christoph Randler, Eberhard Hummel y Pavol Prokop, «Practical Work at School Reduces Disgust and Fear of Unpopular Animals», *Society & Animals* 20 (2012): 61-74.

También parece poco probable que la educación humanitaria tenga mucha influencia en la prevención del maltrato animal. Las pocas pruebas que tenemos sugieren que los maltratadores de animales, lejos de mostrar una indiferencia psicopática hacia el sufrimiento de los animales, en realidad expresan una gama normal de niveles de empatía hacia los animales. Muchos parecen notablemente sensibles a las emociones de los animales, aparte de los que han seleccionado como blancos de maltrato. Esto arroja dudas sobre si la empatía desempeña un papel crucial en todos los casos de maltrato animal. Al menos un estudio sugiere que los principales factores que predisponen al maltrato grave de animales pueden ser el abuso sexual previo, unido a la capacidad de construir fantasías violentas (igual provocadas por ese maltrato), que posteriormente se ponen en práctica utilizando animales en lugar de personas como objetivo.[23]

Los estudios científicos se han esforzado por aclarar el papel que desempeñan los animales en la vida de los niños. Los animales son un gancho útil para implicar a los niños en el aprendizaje de la justicia social, pero la relación con los animales domésticos, aunque aumenta la empatía hacia esos animales individuales y posiblemente hacia los animales en general, puede tener poco o ningún efecto en la forma en que los niños se relacionan entre sí o con los adultos. Una proporción bastante alta de niños, en su mayoría varones, pasan por una breve fase en la que cometen actos de crueldad contra animales desventurados, pero casi todos crecen y se convierten en adultos responsables. Los animales domésticos pueden tranquilizar a los niños en momentos de infortunio, aunque ese apoyo es totalmente imaginado por el individuo, sea cual sea su edad: los animales domésticos no tienen la capacidad cognitiva de comprender lo que están proporcionando en esas circunstancias. La expresión «compañía sin prejuicios», aplicada a menudo a los animales de compañía, difiere totalmente del «enfoque sin prejuicios» adoptado por los trabajadores sanitarios y los consejeros: este último consiste en la

---

[23] Véase Bill Henry, «Empathy, Home Environment and Attitudes Towards Animals in Relation to Animal Abuse», *Anthrozoös* 19 (2006): 17-34.

supresión deliberada y consciente de los signos externos de juicio, mientras que los animales de compañía son intrínsecamente incapaces de emitir juicios.

Al igual que ocurre con los supuestos beneficios para la salud de las mascotas, el rasgo más interesante de las creencias sobre la capacidad de los animales para civilizar a los niños puede ser su persistencia. Hoy en día, solo una pequeña proporción de niños crecen trabajando directamente con animales, pero durante gran parte de la existencia humana, tanto la facilidad con los animales como una curiosidad innata por ellos habrían sido cruciales para la supervivencia. Esto se aplicaba a los cazadores-recolectores desde los albores del *Homo sapiens*; incluso hoy en día, estas sociedades ponen gran énfasis en adquirir y compartir un conocimiento detallado de los animales del entorno que les rodea. A pesar de un inevitable cambio de enfoque, las mismas capacidades probablemente habrían cobrado aún más importancia una vez que nuestras economías pasaron a depender del éxito de la cría de animales domésticos. Desde esta perspectiva, los padres que animan a sus hijos a interactuar con animales no hacen sino obedecer un instinto que habría beneficiado la supervivencia de sus antepasados, no porque civilizara a sus hijos, sino porque les permitía adquirir conocimientos y habilidades cruciales en relación con los propios animales.

Además, incluso los niños muy pequeños muestran una fascinación instintiva por los animales, no solo en los juguetes de peluche a los que se aferran, sino también en su preferencia por los personajes animales de ficción de los libros y la televisión. Es posible que su posterior trato con los animales domésticos no les haga más humanos en el sentido de ser amables con las personas, pero sí parece que les hace más comprensivos con los animales en general. Dado que otros animales han desempeñado, hasta hace muy poco, un papel tan importante en el viaje de nuestra propia especie desde simio a sofisticado urbano, su atractivo para los niños no es sorprendente. Si ayudamos a los más jóvenes a apreciar a los animales incluso hoy en día, cuando enseñarles código informático o mandarín puede parecer más útil, podemos animarlos a abrazar un componente intrínseco, aunque ya no esencial, de la naturaleza humana.

Jeremy Bentham - Padre del bienestar animal

Gran parte del liberalismo moderno, así como el pensamiento actual sobre el bienestar animal, se remontan a un excéntrico inglés, Jeremy Bentham (1748-1832). El propio Bentham parece haber sido poco empático: evitaba los compromisos sociales y, en las raras ocasiones en que cenaba con amigos, distribuía de antemano una lista de temas de conversación. Su filosofía, sin embargo, estaba muy adelantada a su tiempo. Consideraba que todo el mundo tenía derecho a la felicidad («la mayor felicidad del mayor número es la medida del bien y del mal»), y se oponía a los arraigados derechos de la aristocracia, la Iglesia oficial, la Corona y el sistema judicial de la época, que a su juicio conspiraban para defender sus propios intereses frente a los del pueblo en su conjunto. Se opuso a la esclavitud y a la pena capital; promovió la libertad de prensa, el libre comercio, la igualdad de derechos para la mujer y el derecho al divorcio, y (en privado) apoyó la despenalización de la homosexualidad.

Bentham también fue uno de los primeros defensores de los derechos de los animales, en una época en la que predominaban las actitudes utilitaristas y la crueldad hacia los animales estaba muy extendida, sobre todo en las ciudades (la RSPCA se creó en 1824 específicamente para proteger a los caballos de trabajo). Le encantaba la compañía de los animales: en una ocasión compartió su cama con un cerdo (cuyo nombre, por desgracia, no se conserva) y adoraba a un gato al que insistía en llamar Reverendo John Langhorne. También tenía un gran número de ratones como mascotas, sin duda una tentación para el reverendo John. Sin embargo, las opiniones de Bentham sobre el bienestar animal no parecen haber surgido de sus experiencias directas con animales, sino de la consideración más general de que si los animales podían ser maltratados porque no podían defender su propio caso, lo mismo se aplicaba a los niños y adultos humanos con enfermedades mentales y demencia. Plasmó esta lógica en la que quizá sea su cita más famosa: La cuestión no es si pueden razonar o hablar, sino si pueden sufrir».

Bentham se licenció en la Universidad de Oxford, pero, tras su muerte, se asoció más estrechamente con el University College de Londres, donde su cuerpo (aparte de su cabeza, que ha sido sustituida por una réplica de cera), vestido con sus ropas originales, se conserva en una vitrina de cristal, de la que se saca periódicamente, en cumplimiento de sus últimos deseos. Aunque la última vez que asistió a una reunión universitaria fue en 1975, treinta años después estuvo presente en una cena universitaria en conmemoración de su protegido Joh Stuart Mill.

CAPÍTULO 5

¿UNO DE LA FAMILIA?

Aunque muchos propietarios tratan a sus mascotas como «personitas», estos animales también son posesiones. Por definición, pertenecen a sus dueños, aunque la mayoría conservan cierto grado de autonomía. Al igual que ocurre con los hijos a cargo, es evidente que la atención que los propietarios dedican a sus animales tiene una fuerte base emocional; sin embargo, también existen diferencias, que reflejan no solo la barrera de la especie —nuestras mascotas no pueden razonar con nosotros, aunque tienen sus propias formas de respondernos—, sino también su ambiguo estatus como parte persona, parte propiedad. No obstante, se trata de las relaciones más estrechas y afectuosas que la mayoría de la gente mantiene con cualquier tipo de animal. Al analizar estas relaciones, pretendo averiguar si la tenencia de animales de compañía se basa simplemente en una confusión descuidada de las categorías humana y animal o refleja algo único en la forma en que concebimos a nuestros compañeros animales que procede de nuestro propio pasado evolutivo.

A pesar de la tendencia a atribuir a los animales de compañía «derechos» que se aproximan a los de las personas dependientes, la sociedad occidental distingue claramente entre animales de compañía y niños en un sentido: cómo los obtenemos y nos deshacemos de ellos. La profesión veterinaria fomenta la eutanasia de los animales de compañía que sufren de forma intolerable; la eutanasia de los niños, incluso de los enfermos terminales, es ilegal en muchos países y muy polémica en todas partes. Del mismo modo, aunque muchas organizaciones benéficas de acogida de animales utilizan la palabra «adopción», el proceso de adopción de un niño está mucho más regulado que el traspaso de una mascota no deseada a un nuevo propietario. Una persona que entrega un animal de compañía a una organización benéfica está mucho menos estigmatizada que una mujer que tiene un hijo que no puede criar y al que, por tanto, debe renunciar. Puede que algunos animales de compañía se conviertan en «pequeños humanos» a los ojos de sus cariñosos dueños, pero la frontera entre especies sigue siendo muy real para la sociedad en su conjunto y (salvo posiblemente en el caso de algunos acaparadores de animales) evidente en la forma en que la gente trata a sus animales.

A medio camino entre el niño y el bien mueble, los animales de compañía ocupan una aparente tierra de nadie que puede difuminar la realidad de la relación entre ellos y sus dueños. Hasta ahora, la mayoría de los intentos de caracterizar los aspectos emocionales de estos vínculos han partido, quizá inevitablemente, de comparaciones con las relaciones entre personas. Pero ¿son realmente las relaciones humanas la mejor analogía para las ricas y diversas formas en que las personas se relacionan con sus mascotas? ¿O es el vínculo humano-animal lo suficientemente distintivo como para exigir una nueva concepción?

Sin duda, nuestras mascotas despiertan fuertes emociones en nosotros. Cuando la estrella del pop Katy Perry se divorció del cómico reconvertido en actor, Russell Brand, en 2012, los gatos de la pareja de famosos, más que sus fortunas financieras, acapararon los titulares. No había duda de que cada uno debía quedarse con el gato que tenía antes de los catorce meses de matrimonio, Kitty Purry y Morrissey. La disputa se centró en quién debía quedarse con la custodia de Krusty, el gatito que habían adoptado juntos en 2010. Por desgracia para Brand, ya había socavado públicamente su reclamación al poner a Krusty a la venta en YouTube, aunque fuera en broma y con la aparente colaboración de su entonces esposa. De ahí que Perry se quedara con Krusty y lo rebautizara como Monkey.[1]

Las disputas sobre quién se queda con los animales domésticos se han convertido en habituales en los procesos de divorcio y separación en todo el mundo, lo que pone de relieve el equívoco estatus de los animales domésticos. ¿Debemos considerar a los animales domésticos como posesiones, que se reparten como adornos o muebles de jardín, o como hijos, que requieren acuerdos negociados y codificados de residencia y contacto? ¿Qué intereses deben primar, los del propietario o los de la mascota? Si el exmarido quiere más al perro que su exmujer, pero ella se queda con la casa familiar, ¿dónde debe vivir el perro? ¿Es justo para la mascota que los tribunales dividan su tiempo entre los antiguos «padres»?[2]

La creciente atención a los «derechos» de los animales domésticos es un fenómeno reciente, aunque no lo es la idea de que los animales merecen una disposición especial en los acuerdos de divorcio. En el País de Gales del siglo x, la ley decretaba que el marido podía llevarse un gato de la casa, pero todos los demás debían permanecer con la esposa. Las cualidades afectivas del gato, sin embargo, no se valoraban especialmente en aquella época: los gatos tenían un precio oficial de cuatro peniques, pero solo si podían ver, oír y matar ratones, tenían las dieciséis garras intactas y eran conocidas por ser buenas madres (no se menciona ninguna afinidad por los lengüetazos, y los *tomcats* no parecen haber tenido ningún valor). En cambio, el gato ideal de hoy en día está esterilizado y no muestra ninguna inclinación a matar nada.

En el microcosmos, estas consideraciones ponen de relieve el ambiguo estatus de los animales de compañía en la sociedad actual. ¿Son realmente «parte de la familia», como dicen muchos dueños, o solo lo dicen para describir una relación afectiva para la que no existe un término

[1] Se puede ver a Brand «subastando» a Krusty en «Russell Brand - Buy Love Here», vídeo publicado en YouTube por Russell Brand Stand Up Comedy, 26 de mayo de 2010, https://www.youtube.com/watch?v=cX7LtaUtCD8.

[2] Para un análisis de las cuestiones jurídicas, véase Eithne Mills y Keith Akers, «Who Gets the Cats... You or Me? Analyzing Contact and Residence Issues Regarding Pets upon Divorce or Separation», *Family Law Quarterly* 36 (2002): 283-301.

Tras el huracán Katrina, muchos residentes de la costa del Golfo se negaron a ser rescatados porque las autoridades no les permitían llevar a sus mascotas.

más preciso? Si se les pregunta directamente si sus mascotas son miembros de sus familias, por lo general entre el 80 y el 90 % de los propietarios responden afirmativamente, aunque algo menos de hombres que de mujeres y menos de personas del medio rural que del urbano. Cuando ocurre una desgracia, muchos propietarios de animales de compañía hacen todo lo posible por evitar separarse de ellos, llegando incluso a poner en peligro sus propias vidas como consecuencia de ello.[3]

Si no se les pregunta, muchas menos personas incluyen a sus mascotas en su «círculo íntimo» de familiares cercanos. En un estudio sobre estructuras familiares realizado en el sur de Gales, solo el 8 % de los propietarios de animales de compañía de la muestra citaron a sus animales (en su mayoría perros) en las descripciones espontáneas de sus redes sociales personales. Solo alrededor de la mitad mencionó a sus

[3] Las estadísticas sobre «familia» proceden de una encuesta realizada en 2006 a 3000 propietarios de mascotas en Estados Unidos: «Gauging Family Intimacy», Pew Research Center, 7 de marzo de 2006, http://www.pewsocialtrends.org/2006/03/07/gauging-family-intimacy. Gracias a las lecciones aprendidas durante el Katrina (véase la ilustración), justo un año después el presidente George W. Bush promulgó la ley H.R. 3858, Pets Evacuation and Transportation Standards (PETS) Act. Véase William Brangham, «Katrina Ten Years Later: How Did Katrina Change How We Evacuate Pets from Disaster?», *PBS Newshour*, 29 de agosto de 2015, http://www.pbs.org/newshour/rundown/hurricane-katrina-change-way-evacuate-pets-devastation.

mascotas cuando se les entrevistó en profundidad sobre a quién acudirían en busca de apoyo. Además, los propietarios que sí hablaron de sus mascotas a menudo pidieron permiso al entrevistador antes de hacerlo, como si no estuvieran seguros de si debían incluir a estos compañeros en cualquier conversación seria sobre su vida familiar. Muchos parecían pensar que los demás podrían considerar la cercanía emocional con los animales como algo trivial, quizá vergonzoso, e incluso más incómodo de expresar con palabras que la intimidad de las relaciones de los dueños con los miembros «reales» de la familia.[4]

Esta reticencia puede deberse en parte a nociones contradictorias de lo que constituye una «familia» y de quién cuenta como «pariente». La definición más formal se basa en el parentesco genético y en contratos legales como el matrimonio y la adopción; sin embargo, la definición práctica de familia de muchas personas incluye a las personas con las que conviven o de las que dependen para su manutención y quizá a las que dependen de forma similar de ellos: de ahí que puedan excluir a un hermano separado (emparentado al 50 % y, por tanto, «pariente» en el sentido biológico), pero no duden en incluir a un vecino (genéticamente no emparentado) que cuida de los hijos de la familia después del colegio mientras sus padres siguen trabajando.

Uno de los factores que dificultan que las personas identifiquen a los animales de compañía como familia puede ser que, en el conjunto de la sociedad occidental, la percepción que los propietarios tienen de sus mascotas ha cambiado de forma bastante significativa desde que se tiene memoria. Muchas personas mayores y de cualquier edad procedentes de entornos rurales tienden a valorar a los animales más por su utilidad que por la compañía que puedan proporcionarles. Tradicionalmente, los perros se criaban para pastorear, vigilar y cazar; los gatos eran, en primer lugar, ratones y, en segundo lugar, miembros del hogar.

[4] Los porcentajes se han calculado a partir de Nickie Charles y Charlotte Aull Davies, «My Family and Other Animals: Pets as Kin», *Sociological Research Online* 13, no. 5 (2008) artículo 4, doi: 10.5153/sro.1798, ajustado utilizando las cifras de propietarios de mascotas en Gales en 2008 extraídas de «All about Pet Food», Pet Food Manufacturers' Association, http://www.pfma.org.uk./población-regional-de-mascotas.

Hoy en día, una minoría de perros y unos pocos gatos siguen cumpliendo estas funciones. Algunos granjeros siguen manteniendo una colonia de gatos para mantener a raya a ratas y ratones en lugar de recurrir a venenos químicos. Las razas de perros de caza, perros de muestra y perros cobradores siguen formando parte de los deportes de campo actuales, y en el último siglo han surgido multitud de nuevas funciones que aprovechan el cerebro, la fuerza o el olfato sensible de los perros: perros guía para ciegos, perros de asistencia para sillas de ruedas y perros capaces de avisar a sus dueños diabéticos cuando está a punto de producirse una bajada de azúcar potencialmente mortal. El apego que siente la persona beneficiaria (que puede no ser el «propietario» legal) puede ser especialmente intenso, reforzado por la asistencia diaria que presta el perro, pero debemos considerar, no obstante, que la relación es más compleja que la de mera compañía.[5] Además, muchos perros trabajan en un marco institucional, como los que facturan las maletas en el aeropuerto cuando uno se apresura a tomar un vuelo; muchos de estos animales viven en perreras y no tienen un único «propietario», aunque algunos viven en casa de sus cuidadores cuando no están de servicio y, por tanto, pertenecen legítimamente a la categoría de «mascotas de trabajo».

Los propietarios de algunos tipos de animales de compañía pueden sentirse ambivalentes a la hora de incluirlos en su definición de familia porque no los tienen principalmente para que les hagan compañía. Si se mantienen solos, los pájaros de jaula —como el loro que conversa con su dueño o el canario que encanta con su canto y emprende un vuelo diario por la habitación— pueden considerarse miembros de la familia. Otros atraen menos como animales de compañía que como vida salvaje, aunque sea en microcosmos: la gente suele valorar las pajareras de pinzones o los tanques rebosantes de peces tropicales por sus cualidades estéticas (aunque los propietarios puedan identificar a cada uno de los animales).

[5] No todas las personas que dependen de los perros para funcionar los ven con afecto. Una vez entrevisté a un ciego que, tras algunas dudas, acabó admitiendo que, aunque estaba profundamente agradecido a la organización de perros guía —y a su perro— por haberle devuelto la movilidad y la independencia, siempre había tenido y seguía teniendo fobia a los perros en general y a la saliva canina en particular. Por eso, una parte de su cerebro siempre se concentraba en encontrar un lugar donde lavarse las manos.

Algunas de estas colecciones pueden ser poco más que decoración, una versión más cuidada de las plantas exóticas de interior o una costosa escultura cinética.

Es fácil suponer que un perro o un gato es ante todo un animal de compañía, pero hay notables excepciones. La mayoría de los criadores de perros o gatos de raza le dirán que adoran a sus animales; sin embargo, para algunos, lo más importante es la exhibición y no la cría. Las exposiciones de animales de raza son muy competitivas, y cualquiera que asista a un evento de este tipo percibirá de inmediato que los criadores y adiestradores son al mismo tiempo miembros de un club exclusivo e intensos rivales por los premios que se ofrecen. Una vez establecidos como parte de la fraternidad de las exposiciones, los criadores también pueden disfrutar de la red social que ofrece la afiliación: en palabras de una pareja, «No fumamos, no bebemos. Es un *hobby* para nosotros y nos permite salir. Y tenemos amigos por todas partes, en todo el país »[6].

Especialmente los perros pueden convertirse en extensiones del ego de su dueño. Los criadores absorbidos por el mundo de las exposiciones a menudo ven a los perros y gatos como algo más que mascotas o una forma de relacionarse con personas afines. Pueden llegar a ser muy importantes para la autoestima del dueño, una fuente esencial de orgullo y autoafirmación. Incluso personas que nunca inscribirían a una mascota en una exposición competitiva pueden seleccionar su raza para mejorar su autoimagen, aunque esta motivación puede perder importancia a medida que florece la relación con el animal.

En su fundamento, el vínculo de un propietario con un animal de compañía es emocional. La relación puede tener otras facetas, pero en ausencia de afecto, el animal es una «mascota» solo de nombre. La clave para entender el vínculo entre dueño y mascota es comprender qué implica ese afecto y cómo se compara con el que fluye entre dos personas.

Al examinar los sentimientos de los dueños hacia sus compañeros animales, la mayoría de los psicólogos se han centrado en el concepto de apego, que ha tenido una historia algo enrevesada en los círculos

[6] Charles y Davies, «My Family and Other Animals».

psicológicos. Según la mayoría de los estudios, el psicólogo John Bowlby acuñó el término «apego» en los años cincuenta para describir su entonces revolucionaria teoría del vínculo afectivo entre un bebé humano y su madre, sustituyendo la noción de que esta relación se basaba en la alimentación del bebé por parte de la madre por la afirmación del apego fundamentalmente emocional de los bebés a sus madres. En esta formulación original, el apego debería trasladarse mejor al modo en que las mascotas sienten a sus dueños que viceversa.De hecho, algunos etólogos han intentado tomar prestado el concepto para estudiar el grado de vinculación de los animales de compañía con sus dueños, obteniendo al parecer resultados contrarios a la intuición —véase el recuadro cercano—). Los animales de compañía, como los bebés humanos, dependen físicamente de quienes los cuidan y, por tanto, tienden a permanecer cerca de ellos —o apegados a ellos—.[7] Una situación análoga entre los dueños implicaría una dependencia emocional total de un animal de compañía y una autopercepción como una especie de pseudopadres. Una situación análoga entre los propietarios implicaría una dependencia emocional total de la mascota y una autopercepción como una especie de pseudopadre. Este escenario podría describir de forma plausible algunos casos extremos, como el de las personas que acaparan animales de forma obsesiva o tienen una relación psicótica con un único animal, pero no se da en la gran mayoría de los propietarios de mascotas.

La versión del apego que más se aproxima a la relación del dueño con la mascota surgió en la década de 1980 para describir los sentimientos de una madre hacia su hijo (es decir, lo contrario de la concepción original de Bowlby), así como un componente clave de las relaciones románticas. Dado que los adultos tienen mayores facultades cognitivas, el apego que experimentan posee un sabor distinto del que experimentan los bebés. El apego impulsa a padres y parejas a ser proactivos en sus relaciones, en lugar de reactivos, como los bebés.

---

[7] La prensa difundió ampliamente un estudio sobre gatos como prueba de que no quieren a sus dueños. En realidad, el experimento demostró simplemente que muchos gatos, a diferencia de los perros, ignoran a sus dueños mientras exploran lugares desconocidos. Véase John Bradshaw, «Why Aren't Cats Loyal? You Asked Google – Here's the Answer», *Guardian*, 30 de septiembre de 2015, http://www.theguardian.com/commentisfree/2015/sep/30/why-arent-cats-loyal-google-answer.

¿Formamos parte de sus familias?

Perros y gatos tienen ideas muy distintas de lo que significa «familia», porque sus antepasados salvajes vivieron vidas muy diferentes. Pero ambos, a su manera, nos integran en sus estructuras familiares.

Antes de la domesticación, los gatos eran animales solitarios, con vínculos familiares que solo se daban entre las madres y sus gatitos y que duraban hasta que los gatitos tenían edad suficiente para valerse por sí mismos. Los gatos salvajes son solitarios y, en nuestros términos, egocéntricos. La ciencia no tiene una respuesta definitiva a la pregunta de cómo nos perciben los gatos, pero hay algunas pistas. Nuestros gatos nos saludan levantando la cola y frotándose alrededor de nuestras piernas, precisamente lo que hacen cuando se encuentran con otro gato al que conocen bien o consideran un miembro de la familia. El más pequeño de los dos gatos suele iniciar este saludo, lo que probablemente explica por qué siguen haciéndolo cuando la mayoría de nosotros claramente no sabemos cómo debemos responder. Los perros descienden de los lobos, que en estado salvaje tienen vínculos familiares muy fuertes. En particular, los lobos jóvenes suelen retrasar la formación de sus propias manadas y se quedan con sus padres para ayudarles a criar una o dos camadas de cachorros. Aunque los perros, cuando se les deja a su aire, forman manadas, parecen haber perdido la necesidad de ayudar a sus padres y prefieren competir con ellos cuando son lo bastante mayores para empezar a criar. Una de las explicaciones de este cambio es que la domesticación ha reorientado el instinto natural del lobo de ayudar a la familia para que los perros nos miren con respeto como su «familia» más cercana, lo que explica su legendaria lealtad.

Cuando los adultos establecen relaciones de apego con los niños o entre sí, normalmente se produce algún tipo de cuidado. Los psicólogos conciben los cuidados como un sistema de comportamiento independiente pero complementario del apego. Es más evidente en las madres de bebés. En teoría, los cuidados (la parte emocional, más que las acciones consecuentes, como alimentar o consolar) se activan cuando el niño está angustiado o en peligro, tanto si la señal es oír llorar al bebé desde su cuna como verlo arrastrarse sin miedo hacia lo alto de la escalera. La resolución de la situación desactiva el cuidado, y la experiencia subjetiva es una reducción del estrés y un aumento de la satisfacción.

La relación entre dueño y mascota es, por tanto, una especie de híbrido entre distintos modelos psicológicos de apego. En general, los dueños cuidan de sus mascotas y no al revés, y los casos inversos obvios, como los perros guía que ayudan a los ciegos, son solo parciales y están lejos de ser espontáneos, ya que requieren una gran intervención (sobre todo en forma de adiestramiento) por parte de otras personas. Así pues, el modelo de madre a bebé se ajusta mejor que el modelo original de Bowlby de bebé a madre. Por otro lado, algunos propietarios expresan una dependencia emocional hacia sus mascotas que se asemeja en cierta medida a la característica de las relaciones románticas y a la de los hijos adultos con sus padres. La fuerza del afecto sentido parece ser similar a la que se siente hacia un progenitor y quizá incluso más universal: en una encuesta, el 94 % de los dueños de perros dijeron sentirse «cercanos» a sus perros, frente al 87 % que se sentían cercanos a sus madres y el 74 % que se sentían cercanos a sus padres. Incluso los gatos superan con creces a los padres, con un 84 %.[8] Segúnun modelo ampliamente aceptado de apego y cuidado, el comportamiento de las personas hacia sus figuras de apego refleja el grado de bienestar emocional que dicen obtener de la relación y la probabilidad de que recurran a esas personas en momentos de angustia. Por lo general, solo las parejas románticas superan a los animales domésticos en valor de apego. Los aspectos asistenciales de la relación se caracterizan mejor por la medida en que los dueños intentan mantenerse cerca, y sobre todo, en contacto físico, con los objetos de su afecto, cómo reaccionan cuando su mascota se angustia y cuánto la echan de menos cuando no está cerca. En pocas palabras, el apego surge de la dependencia, mientras que el cuidado refleja la creencia de los dueños de que sus mascotas dependen de ellos.[9]

La parte asistencial parece obvia: los dueños no solo atienden las necesidades físicas de sus mascotas, sino que la mayoría las valora por el contacto físico que permiten. Cuando se trata de tocar, las mascotas suelen representar un objetivo mucho más accesible que otra persona, porque el contacto no tiene carga emocional. Los perros y la mayoría de los gatos aceptan una caricia o una palmadita sin reservas, mientras que el contacto físico entre personas, especialmente entre adultos, suele suscitar dudas sobre las motivaciones del iniciador y, por tanto, rara vez es tan espontáneo.

---

[8] «Gauging Family Intimacy», Pew Research Center.

[9] Véase Lawrence Kurdek, «Pet Dogs as Attachment Figures for Adult Owners», *Journal of Family Psychology* 23 (2009): 439-46.

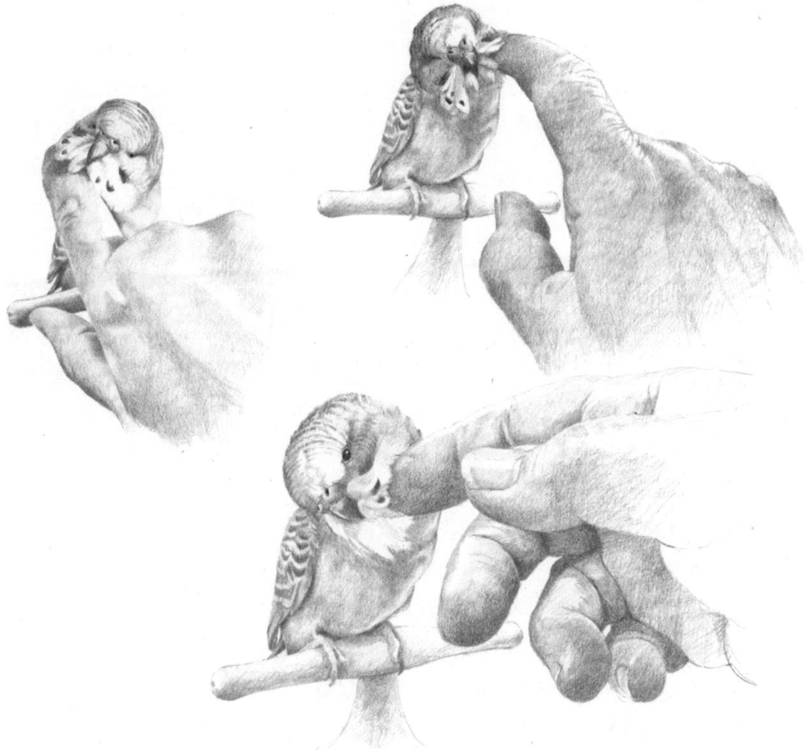

El tacto desempeña un papel fundamental en nuestras relaciones con las mascotas, incluso con los pájaros.

El tacto es tan automático con las mascotas que puede ser casi subconsciente. Cuando los perros nos meten la cabeza entre las rodillas, podemos hacerles cosquillas detrás de las orejas casi sin darnos cuenta. Es difícil resistirse al menos a pasar los dedos por la cola de un gato cuando se frota contra nuestras piernas. Incluso a los periquitos les gusta que les hagamos cosquillas bajo la barbilla cuando están fuera de la jaula (véase la ilustración de arriba).[10] Es evidente que los dueños cuidan de sus mascotas en el sentido de alimentarlas y atenderlas cuando están enfermas o heridas, pero cuidarlas es también una experiencia emocional. El mercado de golosinas para mascotas, valorado en 1000 millones de dólares, manifiesta de forma tangible el placer de los dueños por ofrecer

[10] Para más ejemplos de cómo el tacto aumenta la intimidad de las relaciones de los dueños con sus mascotas, véase Alan Beck y Aaron Katcher, *Between Pets and People: The Importance of Animal Companionship* (West Lafayette, IN: Purdue University Press, 1996), 84-9.

a sus animales experiencias alimentarias agradables e interactivas, además de una nutrición suficiente para sus necesidades diarias. Además, los dueños sienten verdadera angustia cuando su preciado compañero sufre y alivio cuando ellos (y su veterinario) han resuelto el problema.

No cabe duda de que los propietarios varían en cuanto a lo mucho que echan de menos a sus mascotas cuando están lejos de ellas, por ejemplo, en el trabajo. Algunos optan por tener un gato porque prefieren limitar su implicación emocional a los momentos en que pueden estar en casa, confiando en que el gato soportará estar solo. Otros eligen un perro porque les gusta la atención sin reservas que reciben de su compañero, quizá sin apreciar el lado negativo de la dependencia emocional del animal. La mayoría de los perros se alteran cuando su dueño desaparece; a pesar de la opinión popular, la compañía de otro perro no alivia esa angustia. Cada vez son más populares las cámaras que vigilan a las mascotas y envían imágenes a los teléfonos inteligentes de los dueños; algunas incluso funcionan como dispensadores de golosinas, satisfaciendo así el ansia de los dueños por ver a sus mascotas. A los dueños puede disgustarles ver lo agitados que están sus perros en su ausencia, pero es de esperar que esto les alerte del hecho de que sus perros les echan aún más de menos que viceversa.[11]

Si existe el apego a los animales de compañía, en el sentido original del apego que los bebés humanos sienten por sus madres, debe derivarse de la dependencia emocional. Para ser una figura de apego, la mascota debe representar algo más que un simple objeto que cuidar; también debe proporcionar consuelo y seguridad emocional. Para los bebés, la presencia de la madre proporciona al menos dos beneficios psicológicos distintos: tranquilidad cuando el bebé está angustiado (es un supuesto refugio seguro) y estímulo en momentos de desafío (es mucho más probable que los bebés exploren su entorno desde la base segura que les proporciona su madre). Obviamente, las parejas que funcionan bien obtienen beneficios similares (pero recíprocos). Cada miembro de la pareja consuela al otro cuando lo necesita, y la

[11] Véase el capítulo 6 de mi libro *Dog Sense: In Defence of Dogs* (Nueva York: Basic Books, 2011).

presencia del otro le da a cada uno más confianza en situaciones ligeramente estresantes, como las ocasiones sociales exigentes. Hay pruebas que apoyan la idea de que la compañía de un perro hace que su dueño se sienta más seguro en situaciones de estrés leve (se han hecho pocas pruebas con gatos, pero a primera vista parecen candidatos menos prometedores), por lo que algunos tipos de mascotas parecen cumplir los aspectos emocionales del criterio de «base segura».[12]

En términos más generales, sin embargo, abundan las pruebas de que al menos algunos propietarios confían en sus mascotas como apoyo emocional. Los perros, que suelen ser más sensibles que otras especies, parecen ser los más indicados. Como era de esperar, en un estudio, los propietarios adultos de Estados Unidos y Canadá valoraron más a sus perros en los aspectos emocionales de los cuidados que en las dos facetas del apego: tranquilizar y animar. No obstante, más de un tercio de ellos otorgaron a sus perros las máximas puntuaciones tanto en la faceta de tranquilizar como en la de animar. Parecen haber interpretado el «estímulo» de forma un tanto imaginativa, ya que incluye ideas tan nebulosas como «puedo contar con que mi perro estará a mi lado». Esta afirmación podría aplicarse realmente a los perros de trabajo, si el propietario depende del animal para su sustento o para realizar tareas cotidianas. Pero los dueños de perros de compañía pueden referirse tan solo a la tranquilidad que les proporcionan sus perros en momentos de estrés.[13]

---

[12] Sigal Zilcha-Mano, Mario Mikulincer y Phillip Shaver, «Pets as Safe Havens and Secure Bases: The Moderating Role of Pet Attachment Orientations», *Journal of Research in Personality* 46 (2012): 571-80.

[13] Los datos proceden de Lawrence Kurdek, «Pet Dogs as Attachment Figures for Adult Owners», *Journal of Family Psychology* 23 (2009): 439-46. Se evaluó la seguridad pidiendo a los dueños que valoraran lo siguiente de uno (totalmente en desacuerdo) a siete (totalmente de acuerdo): Cuando me siento mal y necesito un estímulo, acudo a mi perro para que me ayude a sentirme mejor; Cuando estoy decepcionado, acudo a mi perro para que me ayude a sentirme mejor; Cuando me pasa algo malo, acudo a mi perro para que me ayude a sentirme mejor; Cuando estoy disgustado, acudo a mi perro para que me ayude a sentirme mejor. La confianza se evaluó a partir de sus puntuaciones para lo siguiente: Puedo contar con que mi perro estará a mi lado; Puedo contar con que mi perro se preocupará por mí pase lo que pase; Puedo contar con que mi perro es digno de confianza; Puedo contar con mi perro para sentirme cómodo.

En cuanto a la tranquilidad, los perros suelen recibir una valoración más alta que otros miembros de la familia. En el estudio mencionado, los propietarios describieron a sus perros como más tranquilizadores que sus madres, padres, hermanos, hermanas, mejores amigos e hijos. Solo las parejas románticas superan a los perros en este frente, y por muy poco. Es posible que la tendencia a que los amantes de los perros se ofrecieran voluntarios para el estudio haya sesgado ligeramente los resultados, pero no cabe duda de que los amantes de los perros afirman que obtienen un gran consuelo emocional de sus mascotas, sobre todo en retrospectiva, una vez que el animal ha fallecido. En palabras de un antiguo propietario: «Mi perro era el único psicólogo en el que confiaba; tras su muerte, no tengo a nadie a quien contarle mis problemas».[14]

¿Los dueños de gatos encuentran a sus gatos emocionalmente tranquilizadores? A primera vista, los gatos podrían ser candidatos menos adecuados que los perros porque tienden a elegir cuándo y cómo interactuar con sus dueños, mientras que la mayoría de los perros proporcionan afecto las 24 horas del día, los siete días de la semana. Aunque en mis investigaciones nunca he hecho comparaciones (¡posiblemente injustas!) entre gatos y parejas sentimentales como confidentes eficaces, la verdad es que los gatos no salen mal parados. Por lo general, he descubierto que los propietarios de gatos afirman que posiblemente recurrirían a sus gatos en nueve situaciones estresantes comunes (la lista completa que utilizo incluye sentirse solo, tener un «mal día», tener problemas dentro de la familia, experimentar una pérdida temporal de confianza, sentirse indispuesto, sentirse deprimido, tener problemas con personas ajenas a la familia, sentirse nervioso y perder a un ser querido). Por cierto, pronto descubrí que los propietarios distinguen claramente entre las situaciones en las que recurrirían a una mascota como confidente y aquellas en las que la mera idea sería ridícula, por ejemplo, en momentos de estrés económico. Se trata de una división totalmente lógica, dado que las

[14] De Lilian Tzivian, Michael Friger y Talma Kushnir, «Grief and Bereavement of Israeli Dog Owners: Exploring Short-Term Phases Preand Post-euthanization», *Death Studies* 38 (2014): 109-17.

patas de los gatos no pueden hacer funcionar una calculadora, pero al hacer tal distinción los encuestados demostraron que realmente consideraban que merecía la pena confiar en sus gatos (o perros) cuando sus problemas eran más emocionales que materiales.[15]

Esta percepción de tranquilidad requiere alguna explicación, sobre todo cuando se atribuye a un gato. Los gatos y los perros rara vez se han estudiado por separado a este respecto, pero en una encuesta los encuestados calificaron a los gatos como iguales a los miembros humanos de la familia en cuanto a la fiabilidad de su amistad; los perros obtuvieron una puntuación ligeramente superior a la de los humanos, al igual que en el caso del compañerismo, en el que los gatos obtuvieron peores resultados. Para demostrar que los datos recogidos en este estudio no se basan en un sentimiento abrumador hacia los animales, ni los perros ni los gatos obtuvieron tan buenos resultados como los humanos a la hora de compartir confidencias.[16]

Los dueños de mascotas hablan del «amor incondicional» que les proporcionan. Como observó Sigmund Freud en una ocasión, «los perros aman a sus amigos... a diferencia de las personas, que son incapaces de amar en estado puro y siempre tienen que mezclar amor y odio». Las mascotas, al carecer de lenguaje, no pueden juzgar públicamente, responder, divulgar confidencias ni dejarse influir por lo que otros digan de sus dueños (en el estudio antes citado, las puntuaciones de conflicto eran las más altas para los humanos, intermedias para los gatos y las más bajas para los perros). Así pues, el propietario puede proyectar libremente, dentro de unos límites, cualquier interpretación sobre el comportamiento de su mascota en un momento dado. Los gatos, con rostros un tanto inexpresivos, dan pocas pistas y a menudo parecen ignorar o incluso despreciar (¡como si les importara!) las

[15] Para un ejemplo, véase la charla que di en la reunión de 2012 de la Sociedad Internacional de Antrozoología: «John Bradshaw», vídeo publicado en YouTube por ISAZ2012, 14 de agosto de 2012, https://www.youtube.com/watch.v=xLMb6X3Jab4.

[16] Sheila Bonas, June McNicholas y Glyn Collis, «Pets in the Network of Family Relationships: An Empirical Study», en *Companion Animals and Us: Exploring the Relationships Between People and Pets*, editado por Anthony Podberscek, Elizabeth Paul y James Serpell (Cambridge: Cambridge University Press, 2000), 209-36.

divagaciones de su dueño. Los perros están casi obsesivamente atentos a sus dueños, por lo que siempre están listos y a la espera de absorber una confidencia.

La estrechez del vínculo se hace más evidente cuando muere una mascota. Dado que los perros y los gatos pueden vivir entre diez y veinte años, la mayoría de los propietarios pasan inevitablemente por esa experiencia al menos una vez. Racionalmente, saben que la mascota no es inmortal y que probablemente vivirán más que ella; no obstante, la mayoría de los propietarios se sienten profundamente afligidos cuando mueren sus compañeros animales. No todos experimentan un duelo en toda regla —los estudios estiman que entre uno de cada cinco y uno de cada tres pueden verse profundamente afectados—, pero para los que sí, las cicatrices emocionales pueden no curarse hasta pasados varios meses. Los síntomas pueden incluir un profundo sentimiento de tristeza, llanto incontrolable e incluso una depresión subclínica temporal. En palabras de una abogada israelí de 32 años tras la muerte de su perro: «Antes de que muriera, yo estaba llena de energía. Mis amigos se asombraban de la cantidad de cosas diferentes que era capaz de hacer en un día. Y ahora estoy agotada y ni siquiera me atrevo a recoger a mi hijo de la guardería. Así que lo dejo allí y su profesora se lo lleva a su casa para que se quede con ella unas noches». Los propietarios pueden tomar medidas deliberadas para reavivar los recuerdos de la relación: «Por la noche me llevo a la cama una de las mantas de mi perro muerto y duermo con él. Por la mañana, beso su correa y lo bendigo».[17]

Dado que todas las religiones tienen mucho que decir sobre la muerte y el duelo, cabría esperar que las personas religiosas experimentaran la pérdida de un animal de compañía de forma diferente a las que tienen una visión más pragmática de la vida y la muerte. Como es lógico, dado que consideran que los animales no tienen alma, la mayoría de las religiones abrahámicas no abordan directamente la muerte de los animales: por ejemplo, el judaísmo no tiene un equivalente

---

[17] Esta cita y otras de éste y los siguientes párrafos proceden de Tzivian, Friger y Kushnir, «Grief and Bereavement of Israeli Dog Owners», 109-17.

animal al tradicional periodo de luto de siete días (*shivah*) que sigue a la muerte de un familiar cercano. El *Catholic Herald* tachó de malentendido una información de*The New York Times* según la cual el papa Francisco había dicho a un niño cuyo perro acababa de morir que «el paraíso está abierto a todas las criaturas de Dios». Por el contrario, el hinduismo y el budismo profesan una continuidad entre las mentes humana y animal, en lugar del dualismo del cristianismo. En la India aparecen de vez en cuando en los periódicos consejos para sobrellevar la pérdida de un animal de compañía, y la ceremonia budista Phowa, la «transferencia de conciencia en el momento de la muerte», puede utilizarse y se ha utilizado para los animales de compañía. En Japón, los funerales de mascotas se han convertido en algo habitual, a pesar de que la tradición de tener mascotas por parte de las clases medias japonesas tiene poco más de medio siglo (véase la ilustración cercana). Incluso se han celebrado funerales por perros-robot (Aibo) desaparecidos, imposibles de curar por la decisión de Sony de dejar de fabricar piezas de repuesto y cerrar su clínica Aibo en 2014.[18]

Lejos de ayudar a mitigar el dolor, la religiosidad (al menos en el caso de los cristianos; no se han estudiado en profundidad otras confesiones) parece hacer que el duelo por una mascota sea más difícil de sobrellevar. Las personas que tienden a sentirse ansiosas, enfadadas o culpables (el tipo de personalidad clasificado como «neurótico») experimentan el duelo más profundamente cuando muere un pariente cercano; no es sorprendente que la pérdida de una mascota afecte a

[18] Al parecer, fue el Papa Pablo VI en los años 70, y no el Papa Francisco en 2014, quien pronunció las palabras «El paraíso está abierto a todas las criaturas de Dios», no se comentaron en su momento. Véase Madeleine Teahan, «Pope Francis "Did Not Say Pets Go to Heaven"», *Catholic Herald*, 15 de diciembre de 2014, http://www.catholicherald.co.uk/news/2014/12/15/pope-francis-did-not-say-pets go-heaven. Para ejemplos del hinduismo, el budismo y el sintoísmo, respectivamente, véase Nivedita Kumar, «Coping with the Death of a Pet», *Hindu*, 29 de octubre de 2014, http://www.thehindu.com/features/metroplus/coping.-with-the-death-of-a-pet/article6545176.ece; biscuitsspace, «Honouring Biscuit: A POWA Ceremony for Biscuit», Biscuit's Space, 29 de agosto de 2013, https://biscuitsspace.com/2013/08/29/honouring-biscuit-a-powa-ceremony-for-biscuit; «Buddhist Pet Funerals», Quirky Japan Blog, https://qjphotos. wordpress.com/2010/05/17/buddhist-pet-funerals. El funeral de AIBO se describe en Miwa Suzuki, «In Japan, Robot Dogs Are for Life - and Death», Phys.org, 25 de febrero de 2015, http://phys.org/news/2015-02-japan-robot-dogs.-vida-.html.

estas personas más que a la mayoría. Sin embargo, el único estudio realizado hasta la fecha revela que las creencias religiosas son dos veces más poderosas que el neuroticismo a la hora de predecir la intensidad del duelo. En concreto, los propietarios que se preguntaban si Dios les había abandonado cuando murió su mascota o incluso consideraban la muerte como algún tipo de castigo eran los más afectados (la misma relación aparece con la muerte de un familiar). Y lo que es más sorprendente, el duelo intenso por una mascota también se correlacionaba—aunque con menor intensidad— con los intentos de buscar consuelo en creencias religiosas. Esto es bastante lógico —una persona religiosa que se sienta estresada probablemente intentará rezar como consuelo—, pero también sugiere que tales intentos no son especialmente eficaces.[19]

Dado que las religiones occidentales, al menos, parecen ofrecer poco consuelo a los dueños de mascotas en duelo, no es de extrañar la reciente proliferación de líneas telefónicas de ayuda. La Cruz Azul, una organización benéfica de adopción, ofrece un servicio telefónico, al igual que la Sociedad Americana para la Prevención de la Crueldad contra los Animales y muchas de las facultades de veterinaria de Estados Unidos. Una profusión de sitios web también ofrecen asesoramiento. Dado que estos servicios son confidenciales, no podemos saber si las personas que llaman sienten verdadera pena, como podrían sentir por un familiar humano; culpa, por ejemplo, por la decisión de solicitar la eutanasia; o sentimientos encontrados sobre si sustituir o no a una mascota recientemente fallecida.

A pesar de las similitudes entre la pérdida de un animal de compañía y el fallecimiento de un amigo íntimo o un familiar, las diferencias también tiñen la experiencia. Hoy en día, en Occidente, pocas mascotas mueren por causas naturales: la mayoría son sacrificadas por los veterinarios. La decisión de llevar a la mascota al veterinario suele recaer en el propietario, que puede pasar por agonías de indecisión al intentar encontrar el dificilísimo equilibrio entre el deterioro de la

---

[19] Véase Sherman Lee y Nicole Surething, «Neuroticism and Religious Coping Uniquely Predict Distress Severity Among Bereaved Pet Owners», *Anthrozoös* 26 (2013): 61-76.

En Tokio, los dueños en duelo pueden alquilar un cubículo en uno de los siete cementerios de mascotas, donde exponen objetos que les recuerdan a su preciada mascota.

calidad de vida de la mascota y su derecho a vivir el mayor tiempo posible. Durante este tiempo, los propietarios se dan cuenta de que evaluar el grado de sufrimiento de un animal es más un arte que una ciencia, y pocos veterinarios tomarán la decisión por ellos. En palabras de un propietario, «el único problema es dónde está el límite: ¿cuánto tiempo hay que dejar sufrir a un perro? ¿Qué es lo realmente crítico para tomar la decisión de dejarlo?». Algunos consideran que el punto crítico es que deje de comer: «Físicamente, el perro ya estaba en muy malas condiciones, pero mientras comiera, seguíamos adelante». Otros imaginan que el propio perro ha tomado la decisión: «Vi en sus ojos que quería morir. Sus ojos dijeron "basta". La perra se levantó y me miró, y comprendí que estaba preparada».

Aunque la mayoría de los propietarios puedan justificar verbalmente su decisión, es posible que sigan sintiéndose culpables. ¿He esperado demasiado para sacrificar a mi mascota? ¿O no lo suficiente? La muerte de un ser querido también puede invocar sentimientos de culpa, pero estos serán probablemente distintos de los que se sienten cuando uno ha tenido que tomar la iniciativa de decidir el momento. No obstante, solo uno de cada cinco propietarios afirma tener sentimientos de culpa graves, y estos pueden reflejar un sentimiento persistente de haber optado por la eutanasia por su propia conveniencia, por ejemplo, cuando la mascota se había vuelto incontinente pero, por lo demás, parecía gozar de una salud razonablemente buena.

Quizá la muerte de un animal de compañía difiera más fundamentalmente de la pérdida de un familiar humano en que muchos propietarios se plantean obtener un sustituto solo un par de semanas después de la eutanasia. No todos, por supuesto. En ese momento, muchos aún están de duelo y, como es de esperar, dicen cosas como: «Tengo miedo de tener un perro porque me duele enterrarlo al final». Algunos deciden que, al no tener que cuidar de una mascota, pueden cambiar su estilo de vida, por ejemplo, viajar más. En algunos casos, la sustitución es casi inmediata: «Siempre tengo otro perro un mes después de la muerte del anterior». Incluso quienes sufren intensamente la muerte de un animal de compañía la superan con más rapidez que la de un familiar cercano: «Con una persona como mi madre, era algo más a largo plazo. Pero con un perro, fue muy intenso durante un breve periodo y luego lo superas. En cambio, con las personas no es tan intenso, pero dura más tiempo».[20]

Aunque el impacto emocional sea similar inmediatamente después del triste acontecimiento, la muerte de un animal de compañía no es la misma que la de un familiar o un amigo humano cercano. Esta distinción apunta a una diferencia cualitativa en el apego entre dueño y mascota: a menudo intenso mientras la mascota está viva, se desvanece para muchos una vez que el animal ya no está físicamente presente. No podemos achacarlo a un fallo de la memoria humana. Después de cuarenta y cinco años de tener mascotas, puedo recordar el carácter de cada uno de mis antiguos compañeros animales con la misma viveza con la que recuerdo a mis abuelos y a mis padres (y hay fotografías de ambos en las paredes de mi casa). Pero, como la mayoría de los dueños de mascotas de toda la vida, no tuve ningún problema en plantearme la posibilidad de tener un nuevo perro o gato unos meses después de la muerte de alguno de ellos. En general, el apego que la gente siente por sus mascotas puede ser intenso, pero se desvanece más rápidamente que el vínculo con un

---

[20] De Charles y Davies, «Mi familia y otros animales».

pariente humano tras su fallecimiento. A largo plazo, nuestros cerebros tratan a ambos de forma diferente.

Los psicólogos que las han buscado específicamente han encontrado algunas similitudes entre la cercanía emocional a las mascotas y la propensión a formar relaciones afectivas con otras personas. Contrariamente al perezoso estereotipo de que las mujeres son más cariñosas, la personalidad parece desempeñar un papel más importante que el género cuando se trata de mascotas. Como en otros aspectos de su vida emocional, las mujeres tienden a expresar más afecto por sus mascotas que los hombres, pero eso puede deberse simplemente a que las mujeres tienden a ser más abiertas sobre sus emociones. En un estudio sobre propietarias americanas de raza caucásica —por lo que no es necesariamente representativo de todos los propietarios—, las que puntuaban alto en los rasgos de personalidad de concienciación (eficientes y organizadas en lugar de despreocupadas o descuidadas), amabilidad (amistosas y compasivas en lugar de analíticas y distantes) y extraversión (extrovertidas y enérgicas en lugar de solitarias y reservadas) declararon tener una relación ligeramente más estrecha con sus mascotas que las demás. La concienciación, en particular, puede beneficiar a la mascota, que, al fin y al cabo, necesita unos cuidados adecuados. Sabemos que las personas que puntúan alto en concienciación tienen cónyuges físicamente más sanos que la media, por lo que es probable que las mascotas obtengan el mismo beneficio, aunque la investigación no ha documentado esta conexión. En el mismo estudio, una relación ansiosa con una mascota era (quizá no sorprendente) más común en dueños que ya tenían una predisposición hacia la sensibilidad o el nerviosismo (esto también puede conllevar beneficios para el animal, ya que estas personas también tienden a tener aversión al riesgo). Así pues, algunos rasgos de la personalidad parecen tener una influencia similar en las relaciones con los animales de compañía que en las relaciones con las personas.[21]

---

[21] Gretchen Reevy y Mikel Delgado, «Are Emotionally Attached Companion Animal Caregivers Conscientious and Neurotic? Factors That Affect the Human-Companion Animal Relationship», *Journal of Applied Animal Welfare Science* 18 (2015): 239-58. Para una visión general de las diferencias entre hom-

Sin embargo, los dueños de mascotas no parecen establecer vínculos con ellas siguiendo las mismas reglas que con las personas. Por ejemplo, estudios recientes han descubierto que la disposición a compartir confidencias con una mascota no predice si a alguien le gusta confiar en las personas, o viceversa. No obstante, algunas personas que prefieren mantenerse algo distantes en sus relaciones humanas parecen sentir cierto grado de ansiedad ante la idea de utilizar un animal de compañía como confidente seguro; tal vez no estén seguras de que sea lo correcto. Además, las personas con personalidades un tanto ansiosas pueden sentir cierta inseguridad sobre si cualquier pareja potencial —animal o humana— les corresponderá. No obstante, estos vínculos son bastante débiles. En general, parece que la forma en que la mayoría de la gente aborda y siente sus relaciones con los animales no está estrechamente relacionada con su visión de las personas.[22] Esta diferencia se opone al concepto de la tenencia de animales de compañía como «sustituto de un niño o un amigo». Al parecer, las personas que adquieren animales de compañía desarrollan su propia forma de relacionarse con ellos, que depende en cierta medida de su enfoque por defecto de las relaciones de todo tipo, pero mucho más de sus experiencias individuales con ese animal en particular y con otros que hayan tenido en el pasado. Los investigadores no han estudiado este proceso en detalle, pero al menos para los dueños de perros, el comportamiento del perro puede ser mucho más importante para determinar la calidad de la relación dueño-mascota que cualquier efecto de sus propias personalidades.

---

bres y mujeres, véase Hal Herzog, "Gender Differences in Human- Animal Interactions: A Review', *Anthrozoös* 20 (2007): 7-21.

[22] Allen McConnell y otros, «Friends with Benefits: On the Positive Consequences of Pet Ownership», *Journal of Personality and Social Psychology* 101 (2011): 1239-52; Sigal Zilcha-Mano, Mario Mikulincer y Phillip Shaver, «An Attachment Perspective on Human-Pet Relationships: Conceptualization and Assessment of Pet Attachment Orientations», *Journal of Research in Personality* 45 (2011): 345-57; Lisa Beck y Elizabeth Madresh, «Romantic Partners and Four-Legged Friends: An Extension of Attachment Theory to Relationships with Pets», *Anthrozoös 21 (2008)*: 43-56. John Archer y Jane Ireland también analizan la teoría del apego en «The Development and Factor Structure of a Questionnaire Measure of the Strength of Attachment to Pet Dogs», *Anthrozoös 24 (2011)*: 249-61.

Sean cuales sean los detalles, los dueños de mascotas no aplican ciegamente a sus animales de forma automática lo que sienten sobre las relaciones con las personas.[23]

El apego a las mascotas también tiene su lado emocional. Tener un animal de compañía no siempre es un camino de rosas: no todo es apego, cariño y «aceptación incondicional». Se ha estudiado poco y se ha comentado muy poco lo que ocurre cuando una familia con mascota se vuelve disfuncional. Sin embargo, mis conversaciones casuales con propietarios de animales de compañía me han llevado espontáneamente a hablar de personas que no han sacado tanto provecho de sus compañeros animales como esperaban, y estos comentarios suelen formularse en términos críticos; por ejemplo, la sugerencia de que a estas personas «nunca se les debería haber permitido tener un animal de compañía». A pesar de sus consecuencias duraderas, la decisión de adquirir un animal de compañía rara vez se toma ni la mitad de en serio que las decisiones sobre qué trabajo elegir, si casarse o cuándo tener un hijo.

En algunas familias, la incorporación de un animal de compañía puede, sin duda, mejorar el equilibrio de las relaciones humanas. En ocasiones, la compañía de un animal permite seguir viviendo a una persona profundamente sola. Un niño que imagina que sus padres no le quieren puede encontrar consuelo en el afecto de un perro o un gato. Pasear al perro puede convertirse en un puente hacia el mundo exterior para alguien que se siente atrapado en un hogar infeliz.

Las mascotas también pueden afectar negativamente a las relaciones familiares. Los que adquieren mascotas a veces no tienen en cuenta cómo pueden reaccionar sus familiares, como en el caso de una pareja que había dejado de visitar a la hermana de la esposa porque «ahora tienen un perro, y al perro no le gusta mi marido».[24] Los niños que tienen alergia aguda a los perros o los gatos pueden

[23] Lisa Cavanaugh, Hillary Leonard y Debra Scammon, «A Tail of Two Personalities: How Canine Companions Shape Relationships and Well-Being», *Journal of Business Research* 61 (2008): 469-79.

[24] Charles y Davies, «My Family and Other Animals».

verse aislados de los amigos cuyas familias empiezan a tener animales de compañía.

La tenencia de animales de compañía suele ser un camino lleno de baches. Cuando se les pide una respuesta, más de un tercio de los dueños de perros y gatos admiten que encuentran problemático al menos un aspecto del comportamiento de su mascota. Por ejemplo, parece probable que haya más mascotas que orinan o defecan en casa de lo que sus dueños quisieran admitir. En una amplia encuesta realizada a propietarios de un pueblo cercano a Liverpool, el 5 % de los perros «a veces» o «a menudo» orinaban dentro de casa, y el 4 % defecaban. Muchos de los encuestados se habían saltado esta pregunta, quizá avergonzados de admitir tales fallos ante el entrevistador que se encontraba en la puerta de su casa. Muchas parejas no preparan adecuadamente a su perro o gato para la llegada de su primer bebé y temen que su recién nacido no esté seguro con el perro que le gruñe o el gato que intenta meterse en su cuna. La mayoría de los perros, a menos que estén adiestrados para ello, detestan separarse de sus dueños y pueden mostrar su angustia aullando, ladrando, orinando o defecando, o destrozando el mobiliario. Algunos propietarios, inconscientes de que el problema tiene solución mediante adiestramiento, renuncian a salir por las tardes o los fines de semana; en casos extremos, uno de los miembros de la familia decidirá trabajar desde casa o incluso renunciar por completo al trabajo. Los gatos que orinan en casa o los perros que temen a los extraños pueden llegar a ser tan vergonzosos que sus dueños dejen de invitar a amigos. Tales sacrificios demuestran la fuerza del concepto de «mascota como familia»: cualquier decisión de renunciar a la mascota o de sacrificarla puede verse como una especie de «decisión de Sophie», el sacrificio de un miembro de la familia para proteger a otro.[25]

---

[25] Para una visión general de los efectos del comportamiento problemático en la vida de los propietarios, véase Victoria Voith, «The Impact of Companion Animal Problems on Society and the Role of Veterinarians», *Veterinary Clinics of North America: Práctica en pequeños animales* 39 (2009): 327-45. Para la encuesta mencionada, véase Carri Westgarth et al., «Dog-Human and Dog-Dog Interactions of 260 Dog-Owning Households in a Community in Cheshire», *Veterinary Record* 162 (2008): 436-42

Los propietarios que permiten que se desarrolle esta situación pueden ser criticados por no gestionar adecuadamente a sus animales, y a veces hay algo de verdad en ello. Algunos creen que los problemas son culpa del animal y, una vez acumuladas suficientes quejas de la familia o de los vecinos, abandonan al animal, para sustituirlo pronto por un modelo más joven y mono. Muchos, sin embargo, simplemente no saben que pueden alterar el comportamiento de su mascota o han seguido malos consejos, lo han intentado, han fracasado y se han rendido.[26]

A veces, la incorporación de un animal de compañía puede suponer un desastre para la familia. Leonard Simon, psicoanalista que ejerció en Nueva York en la década de 1980, entrevistó a cientos de propietarios de mascotas elegidos al azar. Según él:

> No todo lo que oía era benigno. Con algunas personas llegué a convencerme de que sus vidas habrían sido totalmente distintas —y probablemente mejores— si no hubieran tenido un animal de compañía. Con demasiada frecuencia oí hablar de años perdidos y vidas estancadas en las que casi todo lo que hacía una persona giraba en torno a su animal. Oí hablar de divorcios que quizá nunca se hubieran producido y de algunos que probablemente deberían haberse producido mucho antes y, tras la muerte de la mascota, finalmente se produjeron. Supe de niños que fueron abandonados por una mascota. Supe de niños que podrían haber nacido si no hubiera habido mascota. Supe de niños que fueron mordidos por perros que habían dado claras muestras de celos graves, pero cuyos dueños eran incapaces de separarse de ellos.[27]

Si la devoción por un perro o un gato puede a veces tensar las relaciones familiares, los propietarios de caballos, al parecer, suelen encontrarse con que el tiempo y el dinero que deben dedicar a su animal se convierten en motivo de conflicto (ver recuadro cercano).

---

[26] La ignorancia o el mal manejo de la situación por parte de los propietarios suele exacerbar los problemas de comportamiento; véase Andrew Jagoe y James Serpell, «Owner Characteristics and Interactions and the Prevalence of Canine Behaviour Problems», *Applied Animal Behaviour Science* 47 (1996): 31-42.

[27] De Leonard Simon, «The Pet Trap: Negative Effects of Pet Ownership on Families and Individuals», en *The Pet Connection: Its Influence on Our Health and Quality of Life*, ed. Robert Anderson, Benjamin Hart y Lynette Hart. Robert Anderson, Benjamin Hart y Lynette Hart (Minneapolis: Center to Study Human-Animal Relationships and Environments, Universidad de Minnesota, 1984), 226-40.

A pesar de ciertas similitudes, las relaciones con los animales de compañía y con otros miembros de la familia también presentan diferencias, algunas sutiles, otras no. Los propietarios reciben constantes recordatorios, aunque sean subliminales, de que su mascota no es una persona: un cartel de «no se admiten mascotas», el comportamiento «privado» de su mascota, típico de su especie. Un gato que se rasca las uñas en el respaldo de una silla, un perro que busca y consume un montón caliente de excrementos de caballo... son otros aspectos de la vida de las mascotas que los dueños no pueden ni quieren compartir.

Las mascotas son tratadas a veces como niños y a veces como posesiones. Esta distinción es más clara al final de la vida de una mascota. La eutanasia está ampliamente aceptada como la mejor forma de poner fin al sufrimiento de un animal, pero es controvertida en el mejor de los casos cuando se trata del destino de otro ser humano. Además, la mayoría de los propietarios acaban por aceptar la idea de reemplazar a una mascota que ha muerto. No hay pruebas de que la muerte de un animal de compañía provoque la separación o el divorcio de la pareja que lo poseía, un desenlace que puede seguir a la muerte de un hijo.[28]

El vínculo que se forma con un perro o un gato parece más cambiante que el que existe entre seres humanos adultos. Al contrario que el «amor a primera vista» y el «romance relámpago» propugnados por la ficción y la prensa popular, los psicólogos consideran que los vínculos duraderos entre dos personas tardan varios años en formarse; el duelo tras la muerte de un ser querido puede durar toda la vida. El afecto por un animal de compañía parece construirse más deprisa (quizá por la incapacidad del animal de contradecir las ideas que su dueño tiene de él) y disiparse con mayor rapidez, lo cual es lógico teniendo en cuenta la duración relativa de la vida. Además, la forma en que la mayoría de los dueños enfocan las relaciones con sus mascotas —su «estilo de apego»— se parece poco a los valores por defecto que utilizan cuando establecen nuevos vínculos con las personas.

---

[28] Parece que se ha exagerado un poco la probabilidad de que la muerte de un hijo provoque la separación de los padres. Véase Catherine Rogers et al., «Long-Term Effects of the Death of a Child on Parents' Adjustment in Midlife», *Journal of Family Psychology* 22 (2008): 203-11.

Propietarios de caballos: ¿miembros de sus familias?

Aunque pocos caballos son animales de compañía en el mismo sentido que los perros y los gatos, sus relaciones con sus propietarios tienen algunos rasgos comunes a las que disfrutan los animales domésticos. La mayoría de los propietarios hablan de los fuertes lazos de amistad que se desarrollan entre ellos y sus caballos, y para muchos el vínculo también tiene elementos físicos, expresados a través del acicalamiento y las muestras espontáneas de afecto, como abrazos y besos. Algunos afirman que sus animales les proporcionan un importante apoyo emocional y les alivian del estrés de la vida cotidiana. «Si estoy estresada o triste, me acaricia y me hace sentir mejor». Sin embargo, a diferencia de los dueños de perros, la mayoría de los propietarios de caballos tienen pocas ilusiones de que sus caballos les quieran o de que tengan que trabajar para ganarse su confianza. «Para mi caballo, soy como una gran zanahoria».

El componente más importante de la relación caballo-propietario parece ser el alto nivel de coordinación física que se desarrolla a través de la equitación, la sensación de ser uno con el caballo: «Llegamos a un punto en el que podía "pensar" una señal y el caballo respondía. Era como... un solo corazón, una sola mente. Creo que se necesitan años para llegar a este tipo de entendimiento». Este alto nivel de comunicación casi intuitiva —de ida y vuelta— parece estar en el corazón de la cercanía casi espiritual que expresan muchos propietarios de caballos. «Cuando estoy con mi caballo estoy más cerca de Dios que en ningún otro momento. Cuando estoy con mi caballo estoy donde tenía que estar, haciendo lo que tenía que hacer. Cuando estoy con mi caballo me siento realmente completo», (aunque, según mi propia experiencia, los muchos caballos de compañía que no se pueden montar, porque están enfermos o son demasiado viejos, siguen recibiendo el afecto intacto de sus dueños, aunque a veces lo revelen con un poco de nostalgia).[29]

En general, la relación caballo-propietario parece tener tres dimensiones distintas. Incluye elementos de compañía animal, pero a diferencia de la relación con los animales domésticos, también implica la participación en un deporte de alto riesgo. Además, muchos jinetes parecen imbuirlo de una dimensión casi espiritual que puede no ser única, pero que a menudo se expresa de forma más explícita de lo que suele ser habitual en el caso de los animales domésticos de interior.

Hay algunas diferencias operativas evidentes: puedes hablar con tu gato de los problemas que has tenido con tu vecino, pero el gato no puede ofrecerte ningún consejo concreto a cambio, y mucho menos responder el teléfono e intentar resolver la situación. El «apoyo» que proporciona una mascota suele ser en gran medida imaginario

[29] Todas las citas proceden de Susan Keaveney, «Equines and Their Human Companions», *Journal of Business Research* 61 (2008): 444-54.

(a menos que también sea un animal de trabajo). Las diferencias de calidad entre las relaciones con nuestras familias humanas y las que mantenemos con nuestros animales de compañía pueden deberse, al menos en parte, a su falta de lenguaje y a su consiguiente capacidad para actuar como un apoyo acrítico a nuestras necesidades emocionales, y por tanto a su aparente «amor incondicional».

Sin embargo, también es probable que, a lo largo de la evolución de nuestra especie, consideraciones más pragmáticas hayan afectado a la forma en que pensamos sobre los animales, incluso sobre aquellos que hemos acogido en nuestros hogares y con los que hemos establecido vínculos afectivos. Un pastor debe comprender cada detalle del carácter de su perro si quiere que ambos mantengan la intensa compenetración necesaria para burlar a las ovejas. Sin embargo, a lo largo de su vida laboral, un pastor tendrá varios perros de este tipo y necesitará ser capaz de formar un nuevo vínculo tan pronto como cada perro sucesivo se haga demasiado viejo y enfermo para trabajar: no puede dejar que su pena por un perro empañe su capacidad para trabajar con el siguiente. No cabe duda de que las diferencias entre el duelo por las personas y por los animales de compañía tienen su origen en la evolución de nuestras mentes.[30]

La pregunta sigue siendo: ¿pensamos realmente en nuestras mascotas como miembros de nuestra familia, o es solo una metáfora conveniente? Muy pocos estudios han abordado esta cuestión con eficacia. La mayoría han preguntado directamente a los dueños de mascotas si consideran a sus animales parte de su familia, y los dueños —quizá un poco a la defensiva o sin saber qué otra respuesta dar— han respondido mayoritariamente que sí. De hecho, el concepto de familia que incluye a todas las especies está tan extendido en los medios de comunicación que un investigador se vería en apuros para preguntar a la gente sobre sus mascotas sin que se le viniera a la cabeza el concepto

[30] El duelo que sigue a la muerte de un familiar humano es desadaptativo —por ejemplo, compromete la función inmunitaria—, por lo que resulta difícil de explicar en términos evolutivos. Los psicólogos sostienen que es un efecto secundario inevitable, aunque extremo, de la ansiedad que sentimos cuando nos separamos temporalmente de un ser querido. Véase John Archer, *The Nature of Grief* (Londres: Routledge, 1999).

de familia. Sin embargo, a pesar de este posible sesgo, hay suficientes similitudes en la forma en que nos relacionamos con las personas y con las mascotas como para indicar que deben tener algunos procesos psicológicos subyacentes en común.[31]

La tenencia de animales de compañía es solo una de las muchas interacciones de la humanidad con los animales no humanos, por lo que los animales de compañía también deben desencadenar otras formas de pensar. Durante nuestra propia evolución, los animales nos han depredado y nosotros mismos hemos sido depredadores. Los hemos explotado como alimento, como medio de transporte y como guardianes. Tenemos una relación estética con los animales distinta de la que tenemos con los humanos. Puede que resulte cómodo hablar de los animales de compañía como miembros de la familia, pero el hecho de que nuestras relaciones con ellos no se asemejen a las que tenemos con las personas, junto con la facilidad con la que muchos de nosotros sustituimos a nuestros compañeros animales, sugiere lo contrario. Los animales de compañía no ocupan tanto una tierra de nadie entre la persona y la posesión como un espacio propio en el complejo tapiz que es la sociedad humana.[32]

Si los animales de compañía no son ni animales ni niños, la percepción e interpretación que nuestro cerebro hace de su comportamiento debería ser igual de peculiar. Si la tenencia de mascotas es una parte intrínseca de la naturaleza humana, entonces debe basarse en procesos de pensamiento que implican algo más que una confusión de las formas en que pensamos sobre otras personas y las formas en

[31] Cuando introduje «familia de mascotas» en un conocido motor de búsqueda, las 100 primeras imágenes (excluidos los logotipos) consistían en lo siguiente: 37 imágenes de familias de dos o tres generaciones y su mascota o mascotas; 30 de uno o más adultos con una selección de mascotas, entre ellas un perro buceador y un carpincho (tres de los humanos parecían estar desnudos, con sus mascotas colocadas estratégicamente); 29 de niños con sus mascotas (una era de un bebé envuelto en una boa constrictor); 2 de familias idealizadas de varias especies (perros con gatos/conejos/loros); y sólo 2 de familias de una sola especie, de perros.

[32] Desde la perspectiva de un sociólogo, véase Nickie Charles, «¿Familias posthumanas? Dog-Human Relations in the Domestic Sphere», *Sociological Research Online* 21 (3), 8 (31 de agosto de 2016), http://www.socresonline.org.uk/21/3/8..html.

que pensamos sobre los animales. Es lógico que la relación propietario-mascota tome prestados mecanismos psicológicos de ambos, porque la evolución favorece las modificaciones de lo que ya existe en lugar de inventar nuevas vías; sin embargo, también debe tener características únicas. Algunas de ellas surgen en el lenguaje que utilizamos para describir lo que piensan nuestras mascotas, que delata nuestro desliz automático hacia el antropomorfismo. Otras se manifiestan en nuestros sentimientos hacia ellos, nuestras reacciones ante su aparente ternura y nuestro disfrute de su compañía.

CAPÍTULO 6

ANIMALES IMAGINARIOS
Por qué nuestro cerebro busca sin descanso crear vida

La tenencia de animales domésticos es una característica biológica de la vida moderna que se remonta a los albores de nuestra especie. Y, sin embargo, nos hemos estado contando a nosotros mismos una historia diferente. En los últimos cincuenta años, los científicos han dedicado muchos esfuerzos a examinar los supuestos beneficios de tener animales de compañía: aliviar el estrés, alargar la vida, curar a los discapacitados, hacer que nuestros hijos sean más amables y llenar los huecos de nuestras familias, cada vez más reducidas. Muchos de estos beneficios han resultado ser en gran medida imaginarios, o al menos mucho menos sustanciales de lo prometido.

Entonces, ¿por qué muchos de nosotros sentimos la necesidad de tener perros y gatos, ahora que ya no cumplen sus funciones históricas? ¿Y por qué muchos de nosotros creemos que estos animales pueden tener efectos tan profundos en nuestro bienestar?

Las respuestas a estas preguntas deben de estar en sesgos intrínsecos a nuestra psicología y, como biólogo de formación, me inclino a buscarles explicaciones evolutivas. Reaccionamos ante los animales de forma muy distinta a como lo hacemos ante otras características de nuestro entorno y, a pesar de que la naturaleza de nuestras interacciones con los animales y con las personas coincide en gran medida, existen, como hemos visto, diferencias, algunas evidentes, otras sutiles. Una conversación con un gato o un perro es mucho más unilateral que con una persona, lo cual puede ser parte de su atractivo: permite al dueño imaginar el «apoyo incondicional» que supuestamente proporciona la mascota.

¿Por qué proyectamos tanto en nuestras mascotas? Tenemos una fuerte tendencia a invocar pensamientos y sentimientos humanos en todo tipo de situaciones —no solo las que implican animales— en las que no hay pruebas inmediatas de que otra mente humana esté realmente implicada. Es evidente que este antropomorfismo forma parte de la naturaleza humana y, aunque es probable que no evolucionara específicamente para que pudiéramos compartir nuestras vidas con animales, hoy en día quizá encuentra su expresión más común en nuestras relaciones con las mascotas.

El antropomorfismo parece ser un subproducto del hábito exclusivamente humano de adivinar lo que piensan los demás. Cuando lo hacemos, suponemos razonablemente que tienen mentes como la nuestra. Cuando intentamos adivinar las intenciones de un animal, tendemos a recurrir a los mismos mecanismos, a menos que lo conozcamos bien y podamos basar nuestras predicciones en su comportamiento en situaciones similares en el pasado. Antropomorfizamos a los animales, y la mayoría de las veces el proceso funciona bastante bien, aunque sabemos que sus mundos no son idénticos al nuestro y, por tanto, sus pensamientos y motivaciones deben diferir en algunos aspectos de los nuestros. En épocas más supersticiosas, también imaginábamos que una variedad de entidades importantes pero (en aquel momento) impredecibles tenían mentes e intenciones: el mar, el tiempo, las estaciones. Pero hoy nuestras mascotas son el principal objetivo de nuestra atribución instintiva de procesos de pensamiento humanos a todo lo que parece tener mente propia.

En agosto de 2011, varias bandas arrasaron las calles de la zona londinense de Tottenham, saquearon tiendas e incendiaron edificios comerciales. Inmediatamente se produjeron disturbios similares en otras partes de la capital y también en grandes ciudades como Birmingham,

Nottingham, Bristol, Lincoln y Manchester. A día de hoy, las razones de los disturbios siguen siendo objeto de debate, y se culpa alternativamente al racismo, la envidia de clase, el declive económico, la quiebra de la moral social y la cultura de las bandas. Cualesquiera que fueran las causas, cinco civiles murieron y muchos resultaron heridos; durante varios días, casi doscientos agentes de policía, así como cinco perros policía, resultaron heridos durante la lucha para contener a los alborotadores.

A uno de esos perros se le concedió después la «OBE animal», técnicamente hablando, una medalla de la Orden del Mérito otorgada por el Dispensario Popular para Animales Enfermos (PDSA), una organización benéfica que proporciona atención veterinaria gratuita a los propietarios de mascotas con bajos ingresos. Diez caballos de la policía también recibieron medallas idénticas. Según *The Mirror*, «un perro policía cuyo cráneo se fracturó durante los disturbios de Londres ha recibido una "OBE animal"». Linpol Luke, conocido como Obi, fue golpeado por un ladrillo cuando se enfrentaba a misiles, cócteles molotov y humo denso... El pastor alemán formaba parte de un grupo de diez animales que recibieron la Orden al Mérito de la PDSA por sus heroicos esfuerzos al enfrentarse al caos para apoyar a la policía. Phil Wells, adiestrador de Obi, declaró: «Es uno más del equipo, está en la cima de su juego y es un líder en su clase con un olfato afinado. Pero una vez en casa es parte de la familia, un gigante amable y un oso mimoso». Incluso los gatos reciben reconocimiento de vez en cuando: en 2015, la Sociedad para la Prevención de la Crueldad contra los Animales de Los Ángeles entregó su premio anual «Hero Dog» a Tara (una gata) que apareció (en vídeo) impidiendo que un perro atacara a un niño que paseaba inocentemente en bicicleta por el jardín de su casa.[1]

¿Pueden los animales ser realmente héroes o su aparente heroísmo es fruto de nuestra imaginación? Evidentemente, citar a los animales por su valentía incorpora el tipo de factor de bienestar que les gusta

[1] Orden al Mérito de la PDSA, PDSA, https://www.pdsa.org.uk/what-we-do/animal-honours/the-order-of-merit; Anna Swartz, «Brave Cat Wins Award for the Bravest... Dog», The Dodo, 22 de junio de 2015, https://www.thedodo.com/cat-wins-hero-dog-award-after-saving-her-boys-life-1211441676.html.

a las organizaciones benéficas, y si les ayuda a recaudar fondos para el bienestar de los animales, entonces tal vez no haya nada malo que hacer. Sin embargo, este grado de personificación de los animales tiene sus riesgos, sobre todo el de convencer al público en general de que sus mascotas piensan igual que los humanos. Sin duda, el uso de la palabra «heroísmo» implica que el animal ha decidido conscientemente emprender una acción valiente con la posibilidad de sufrir lesiones, y ha rechazado una alternativa cobarde pero segura. Sin embargo, ninguna de las investigaciones recientes sobre el funcionamiento de la mente de los perros (o los gatos) ha sugerido siquiera que puedan tomar esas decisiones deliberadas. Parecen vivir casi exclusivamente en el presente, reaccionando a los acontecimientos a medida que se desarrollan, sin pararse nunca a reflexionar sobre qué curso de acción podría ser el más seguro. Es probable que Tara no era más que una gata peleona que reaccionaba instintivamente a los gruñidos del perro del vecino. Obi, el perro policía, estaba haciendo aquello para lo que había sido adiestrado (evidentemente, muy bien), y, por desgracia, resultó gravemente herido. Si Obi hubiera comprendido que tenía otras alternativas —agarrar a un alborotador y clavarle un ladrillo en el cráneo o ladrar ferozmente desde el borde del escudo antidisturbios de su cuidador—, ¿cuál crees que habría elegido?

Hablamos de los animales como si su cerebro funcionara igual que el nuestro, a menudo sin pensar en ello. Este hábito se origina en lo más profundo de nuestra psique. Hablamos así tanto de los animales que «forman parte de la familia» como de los que nunca hemos conocido; también aplicamos un pensamiento similar a todo lo que nos rodea y que parece tener vida propia: robots, ordenadores, incluso el tiempo atmosférico. Esto podría reflejar pereza por nuestra parte, agravada por la escasez de un lenguaje específico para describir las mentes de los animales: llamamos «familia» a las mascotas porque carecemos de una palabra alternativa.

La leyenda de Greyfriars Bobby demuestra hasta qué punto la gente está dispuesta a creer que «el mejor amigo del hombre» es casi humano. Se cuenta que Bobby, un *terrier* de Skye, se negó a abandonar la tumba en Edimburgo de su antiguo amo —un policía llamado John Gray— durante nada menos que catorce años (véase la ilustración cercana). En

Greyfriars Bobby.

1873, un año después de la (supuesta) muerte de Bobby, se erigieron una estatua y una fuente en su honor, que siguen en pie. La inscripción dice: «Un tributo a la afectuosa fidelidad de Greyfriars Bobby». En 1858, este fiel perro siguió los restos de su amo hasta el cementerio de Greyfriars y permaneció cerca del lugar hasta su muerte en 1872. Ahora parece probable que «Bobby» fuera en realidad un perro callejero perteneciente al conservador del cementerio, que inventó la historia en connivencia con el propietario de una taberna local para atraer a los turistas sentimentales y beneficiarse de ella; de hecho, esta estratagema tuvo tanto éxito que cuando el «Bobby» original murió al cabo de nueve años, se sustituyó por un perro similar para mantener la estafa durante otros cinco.[2]

[2] Richard Alleyne, «The Legend of Greyfriars Bobby Really Is a Myth», *Telegraph*, 3 de agosto de 2011, http://www.telegraph.co.uk/news/uknews./8679341/The-legend-of-Greyfriars-Bobby-really-is-a-myth.html.

Nuestra proyección de mentes en animales y objetos inanimados es la expresión de un marco psicológico que evolucionamos para hacer frente a la incertidumbre en las muchas formas en que se presenta: qué va a hacer un animal a continuación, cuándo llegará la próxima tormenta, si el invierno terminará alguna vez. Antes de la ciencia, era nuestra mejor forma de afrontar todo lo imprevisible e incontrolable. Según una teoría, incluso dio lugar a la creencia en lo sobrenatural y, por tanto, desencadenó la superstición y, posteriormente, la creencia religiosa. Por eso, aunque no es exclusivo de nuestro trato con los animales de compañía, el antropomorfismo es un componente esencial de nuestra relación con ellos.

Hablamos de manera rutinaria y casi sin pensar sobre el mundo y las cosas que nos rodean como si tuvieran pensamientos, sentimientos e intenciones, incluso cuando un momento de reflexión podría persuadirnos fácilmente de que esto es inverosímil. Agrupados bajo la rúbrica general (y trabalenguas) de «antropomorfismos», estos errores evidentes pasan prácticamente desapercibidos en la vida cotidiana. La mayoría de nosotros ha suplicado alguna vez a su coche que arrancara en una mañana fría y húmeda, a pesar de que una molesta voz en el fondo de nuestra mente nos recuerda que el coche no tiene la culpa, sino que deberíamos habernos tomado la molestia de cambiar la batería antes de que llegara el invierno.

Cuando un ordenador de la oficina se ralentiza o se bloquea, lo castigamos sin pudor por sus errores, incluso delante de nuestros compañeros.

Otras veces podemos atribuir palabras o emociones a las «mentes» de las máquinas simplemente debido a los prejuicios de nuestro lenguaje. El llamado antropomorfismo débil se produce cuando queremos descargar la responsabilidad de nuestros actos en un objeto inanimado, pero no esperamos que nos responda. Puede que nos sintamos mejor gritándole a nuestro ordenador cuando acaba de «perder» un archivo del que no habíamos hecho una copia de seguridad, pero ni por un momento pensamos que hemos herido sus sentimientos. También es posible que simplemente utilicemos el lenguaje cotidiano para describir algo de forma eficaz, esperando que los demás lo entiendan

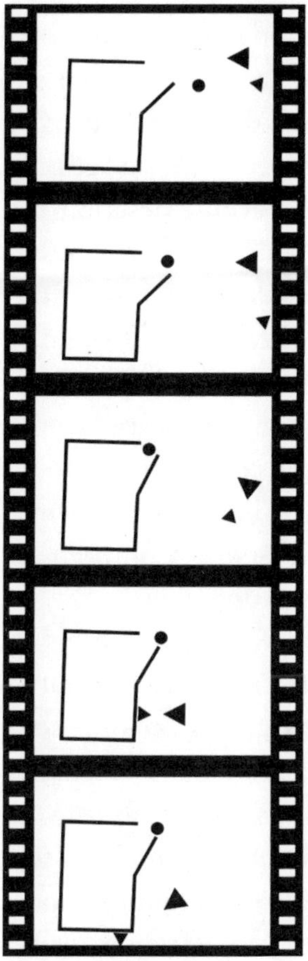

Fotogramas de la película de animación realizada por Heider y Simmel.[3]

porque sabemos que su imaginación funciona más o menos igual que la nuestra.

El caso más extremo de antropomorfismo se produce cuando automáticamente atribuimos a objetos o animales mentes propias. También se trata de un fenómeno muy instintivo, desencadenado por mecanismos más o menos arraigados en nuestro cerebro. Por ejemplo, cualquier cosa que se parezca remotamente a una cara capta de forma inmediata nuestra atención, activando un área especializada de la parte visual de nuestro cerebro, el área fusiforme de la cara. Pero hace falta algo más que un par de ojos y una boca para convencer a nuestro cerebro de que algo está vivo. Hace falta movimiento, sobre todo, un movimiento que parezca intencionado. Los experimentos clásicos de Fritz Heider y Marianne Simmel en 1944 quizá despertaron a la ciencia por primera vez a este fenómeno. Mostraron a sus sujetos cortometrajes animados que mostraban formas geométricas simples (triángulos, círculos, cuadrados) interactuando de forma aparentemente intencionada (véase la ilustración cercana). Por ejemplo, una persona describió la secuencia mostrada de la siguiente manera: «El triángulo grande persigue al triángulo pequeño mientras el círculo mira nervioso desde la puerta de la casa», atribuyendo intención y emoción a formas geométricas simples que no podrían engendrar ninguna de las dos cosas. Otro tema muestra un antropomorfismo aún mayor: «Los dos hombres se pelean y la chica empieza a entrar en la habitación para apartarse, duda y finalmente entra. Parece que no quiere estar con el

[3] Fritz Heider y Marianne Simmel, «An Experimental Study of Apparent Behaviour», American Journal of Psychology 57 (1944): 243–59.

primer hombre». A primera vista, esta descripción podría representar un uso antropomórfico del lenguaje, no una atribución seria de pensamientos y sentimientos humanos a los objetos de una película. Tal vez la forma en que se mueve un objeto sea a veces paralela a la forma en que se comportan las personas, lo que nos permite describir sus acciones utilizando palabras que podemos suponer que otros entenderán o que nos permiten ser más concisos. Los dos ejemplos citados contrastan con el del único sujeto del estudio que utilizó el lenguaje más lógico de la geometría para describir lo que había visto: «El círculo entra en el rectángulo mientras que el triángulo más grande está dentro. Los dos se mueven circularmente y luego el círculo sale por la abertura y se une al triángulo más pequeño que se ha estado moviendo fuera del rectángulo». Las descripciones antropomórficas pueden ser gratificantemente sucintas y, de algún modo, más divertidas.

Experimentos posteriores realizados con una variedad de clips de películas similares han confirmado que el antropomorfismo implica algo más que un uso económico del lenguaje. Nuestros cerebros contienen dos «módulos» especializados para detectar y analizar cualquier movimiento que pueda indicar un comportamiento intencionado (es decir, humano), incluso en interacciones entre formas simples. Estos módulos —que pueden servir para muchas otras cosas, como descodificar el habla y las expresiones faciales— no están necesariamente ubicados en una sola zona del cerebro, igual que el sistema de combustible (depósito, bomba, inyectores) y el sistema de sonido (radio, altavoces delanteros, altavoces traseros) están distribuidos por todo un coche.

El primer módulo, conocido como sistema de neuronas espejo, analiza principalmente las acciones realizadas por otros seres humanos construyendo simulaciones de esas acciones en nuestro cerebro. El segundo módulo es más general y, por tanto, más relevante para el antropomorfismo. Denominado red social, este módulo nos obliga a describir los movimientos de formas geométricas como si fueran personas. La amígdala, que procesa información emocional y socialmente relevante, forma parte de ella: los pacientes con la amígdala dañada describen los fragmentos de películas en un lenguaje exclusivamente mecánico. Sin embargo, los escáneres cerebrales de las personas que ven las películas indican la participación de al menos otras seis partes del cerebro; algunas analizan el movimiento intencionado, mientras que otras sondean la presencia de otras mentes (mentalización). Empezamos a antropomorfizar en situaciones en las que parece probable que la entidad a la que nos dirigimos tenga pensamientos y sentimientos humanos, pero lo hacemos más plenamente cuando también creemos que está pensando en nosotros.[4]

En algunas situaciones, nuestra antropomorfización es poco más que un hábito conveniente. El ordenador que utilizo para escribir este libro, y al que de vez en cuando maldigo, almacena todo tipo de información en mi nombre, mucha más de la que desearía que contuviera mi cerebro, pero no creo que tenga opiniones sobre mí ni que se sienta molesto (¿o aliviado?) cuando hago clic en «Apagar» al final del día y murmura en voz baja para sí mismo durante unos instantes antes de apagarse. En cambio, yo, como la mayoría de los dueños de mascotas, siempre he hablado a mis perros y gatos como si pudieran entenderme y he interpretado sus respuestas como si hubieran captado algo de lo que les decía, quizá no el significado literal, pero sí al menos el contenido emocional.

A medida que los ordenadores se vuelvan más sofisticados y dotados de inteligencia artificial, podríamos predecir que nuestro débil antropomorfismo hacia ellos podría transformarse en una forma más fuerte. De hecho, podemos ver que esto ocurre en la robótica, concretamente en la forma en que las personas conciben los robots con los que interactúan. A medida que la población humana envejece, surge la preocupación de quién atenderá las necesidades de los enfermos. Los ingenieros japoneses están desarrollando «robots asistenciales» como posible solución. Uno de los problemas del diseño de estos robots es

[4] Para más detalles, véanse los siguientes artículos: Thalia Wheatley, Shawn Milleville y Alex Martin, «Understanding Animate Agents: Distinct Roles for the Social Network and Mirror System», *Psychological Science* 18 (2007): 469-74; Brian Scholl y Patrice Tremoulet, «Perceptual Causality and Animacy», *Trends in Cognitive Sciences* 4 (2000): 299-309; Andrea Heberlein y Ralph Adolphs, «Impaired Spontaneous Anthropomorphizing Despite Intact Perception and Social Knowledge», *Proceedings of the National Academy of Sciences of the United States of America* 101 (2004): 7487-91; Naoyuki Osaka, Takashi Ikeda y Mariko Osaka, «Effect of Intentional Bias on Agency Attribution of Animated Motion: An Event-Related fMRI Study», *PLoS ONE* 7 (2012): e49053.

hacerlos aceptables para sus clientes, a menudo incómodos. Resulta que los robots de aspecto mecánico son aceptables, al igual que los que se asemejan a animales: baste ver la popularidad del robot Paro, relativamente sencillo, cuyo modelo es una cría de foca arpa. La gente suele rechazar como «espeluznantes» los que se parecen a los humanos: esto puede reflejar una lucha en la mente de quien los percibe sobre si el robot puede hacer juicios sobre ellos: ¿es un hombre o una máquina? —lo que indica el punto en el que se detiene el antropomorfismo y comienzan los intentos de leer la mente, normalmente reservados a los miembros de nuestra propia especie—. Así pues, nuestros mecanismos psicológicos para tratar el comportamiento animal no son simplemente versiones diluidas de los que utilizamos cuando pensamos en los demás. Podemos distinguir claramente entre situaciones que justifican una cosa u otra, hasta que nos encontramos con un androide poco convincente que no es exactamente ni lo uno ni lo otro [5].

La superstición —y la creencia en lo sobrenatural en general— es una forma extrema de antropomorfismo. Hoy en día no solemos tratar a las mascotas como dioses, por lo que la conexión puede no resultar obvia a primera vista, pero las mascotas son, hasta cierto punto, construcciones imaginarias. Entender cómo nuestra imaginación crea seres completamente intangibles debería iluminar nuestra forma de pensar sobre aquellos seres reales cuyas mentes son simplemente algo inaccesibles.

Hace miles de años, los filósofos señalaron por primera vez la conexión entre nuestra imaginación y lo sobrenatural; el teólogo griego Jenófanes acuñó el término «antropomorfismo» en el siglo VI a. C. Incluso hoy, en una era dominada por la tecnología y la ciencia,

---

[5] Para más detalles, véanse los siguientes artículos: Thalia Wheatley, Shawn Milleville y Alex Martin, «Understanding Animate Agents: Distinct Roles for the Social Network and Mirror System», *Psychological Science* 18 (2007): 469-74; Brian Scholl y Patrice Tremoulet, «Perceptual Causality and Animacy», *Trends in Cognitive Sciences* 4 (2000): 299-309; Andrea Heberlein y Ralph Adolphs, «Impaired Spontaneous Anthropomorphizing Despite Intact Perception and Social Knowledge», *Proceedings of the National Academy of Sciences of the United States of America* 101 (2004): 7487-91; Naoyuki Osaka, Takashi Ikeda y Mariko Osaka, «Effect of Intentional Bias on Agency Attribution of Animated Motion: An Event-Related fMRI Study», *PLoS ONE* 7 (2012): e49053.

alrededor de un tercio de los estadounidenses admiten creer firmemente en los fantasmas, y menos de la mitad están seguros de que no existen. Muchas personas no solo creen en las casas encantadas, sino que las buscan cuando están de vacaciones. Según el encargado de la recepción del Concord (Massachusetts) Colonial Inn, «la habitación 24 es la gran atracción; la llamamos nuestra «habitación con vistas». Está encantada, según la tradición local y los numerosos huéspedes que han presenciado extraños sucesos mientras dormían en ella. «Siempre es lo mismo. La gente o pide la habitación en concreto o pide que la pongan lejos, muy lejos de ella». En el Reino Unido, más del 60 % de las mujeres y más del 40 % de los hombres creen que algunas personas (no necesariamente ellos mismos) han experimentado fantasmas. Aproximadamente uno de cada cinco británicos y el 50 % de los estadounidenses creen que una persona puede ser poseída por el Diablo u otro espíritu maligno.[6]

Aunque en Occidente vivimos tiempos cada vez más escépticos, en todo el mundo quienes profesan una religión superan ampliamente a quienes no lo hacen. Incluso en el Reino Unido, más de la mitad de la población cree en una deidad o al menos en algún tipo de poder sobrenatural; en Estados Unidos, esa cifra se acerca a nueve de cada diez. Pocos políticos se atreven a declararse no creyentes (aunque en 2010 dos líderes de los principales partidos del Reino Unido, Nick Clegg y Ed Miliband, admitieron ser ateos; ambos son ahora miembros del Parlamento).[7]

Los científicos creen cada vez más que nuestra aceptación de lo sobrenatural tiene orígenes evolutivos. Según una teoría, tales creencias funcionaban para aportar cohesión social y moral a las familias

---

[6] Linda Lyons, «One-Third of Americans Believe Dearly May Not Have Departed», Gallup, 12 de julio de 2005, http://www.gallup.com/poll/17275/onethird-americans-believe-dearly-may-departed.aspx; «Fantasmas y ovnis», Asociación para el Estudio Científico de Fenómenos Anómalos, 2013, www..assap.ac.uk/newsite/Docs/Ghost%20UFO%20Survey%202013.pdf; '18% of Brits Believe in Possession by the Devil', YouGov, https://yougov.co.uk/noticias/2013/09/27/18-brits-creen-posesión-diablo-y-alfa-america.

[7] Véase «A Third of British Adults Don't Believe in a Higher Power», YouGov, 12 de febrero de 2015, https://yougov.co.uk/news/2015/02/12/third-british-adults-dont-believe-higher-power.

extensas. Para dejar el mayor número posible de descendientes, los abuelos debían hacer todo lo posible por evitar la rivalidad entre sus vástagos y promover su supervivencia —si era necesario, a costa de las familias vecinas (no emparentadas)—. A lo largo de gran parte de la historia evolutiva humana, hemos vivido en grupos de entre 50 y 150 individuos, formados en su mayoría por una única familia biológica con una salpicadura de parientes políticos de tribus cercanas. La afirmación de un código de comportamiento compartido era esencial para mantener el orden, sobre todo a medida que estos grupos crecían en tamaño. Según esta teoría, el culto a los antepasados —común hasta hoy en muchas sociedades de pequeña escala— habría surgido orgánicamente en este contexto. De «haz esto porque lo dice el abuelo» a «esto es lo que tu abuelo te habría dicho que hicieras cuando vivía», no habría habido más que un paso. Los chamanes, depositarios de los conocimientos culturales y las normas morales, que resolvían los problemas sociales cotidianos interpretando los códigos de conducta ancestrales, podían mediar entre los miembros vivos de la comunidad y sus antepasados muertos hace mucho tiempo. El chamanismo también persiste hoy en día en sociedades a pequeña escala, como los hopi del suroeste de Estados Unidos y los aborígenes australianos, y como elemento del éxito de sectas disidentes como las del Maharishi Mahesh Yogi (a la que se adhirieron brevemente varios *Beatles*) y el reverendo Jim Jones, cuyos miembros del «Templo del Pueblo» cometieron un asesinato/suicidio en masa en las selvas de Guyana en 1978.[8]

Las vías, en gran medida culturales, por las que el culto a los antepasados y el chamanismo evolucionaron hasta convertirse en religiones organizadas tienen menos que decirnos sobre nuestras relaciones con los animales. Sin embargo, la ausencia de sociedades totalmente ateas ha llevado a psicólogos, biólogos, antropólogos y teólogos a postular que la creencia religiosa es intrínseca a la naturaleza humana.

---

[8] Para una exploración evolutiva del chamanismo, véase Bernard Crespi y Kyle Summers, «Inclusive Fitness Theory for the Evolution of Religion», *Animal Behaviour* 92 (2014): 313-23.

Una cosa es señalar la ubicuidad de la religión y otra muy distinta identificar los mecanismos psicológicos que la sustentan. No puede haber un «gen de la religión»: los genes fabrican proteínas, o influyen en la forma en que otros genes fabrican proteínas, y no pueden crear por sí solos una determinada forma de pensar. Lógicamente, cualquier mecanismo que predisponga a la creencia (en general) debe tener su base en influencias genéticas sobre la construcción de nuestro cerebro. Tampoco puede haber genes para una religión concreta: la fe a la que se adhiere una persona suele depender de la cultura en la que le ha tocado nacer.

La aceptación de lo sobrenatural comienza con los mecanismos psicológicos que atribuyen sucesos aleatorios o inexplicables a un ser de otro mundo que no solo los causó, sino que también pensó en nosotros cuando lo hizo. Evidentemente, nos sentimos obligados a culpar a alguien o a algo cuando ocurre una desgracia. Un agente sobrenatural creíble no solo sirve como causa, sino que también proporciona una explicación: por ejemplo, la desgracia es un castigo por alguna fechoría pasada; la súplica a ese agente puede reducir la ansiedad ante la posibilidad de que el suceso se repita. La creencia en una vida después de la muerte también parece tener una base biológica, ya que aparece en la infancia. En un estudio, los niños de preescolar a los que se les mostró un espectáculo de marionetas en el que un cocodrilo se comía a un ratón estaban de acuerdo en que el ratón ya no necesitaría comer, pero creían que aún podría tener hambre, es decir, que su mente seguía viva aunque su cuerpo de sensación difusa hubiera desaparecido.[9]

Tres mecanismos psicológicos parecen subyacer a nuestra propensión a creer en agentes sobrenaturales, espíritus que no solo observan lo que hacemos, sino que dirigen activamente nuestras vidas. El primero es nuestra tendencia a imaginar una intención en todo lo que nos ocurre, sobre todo en lo desagradable. Hoy en día nos

[9] Para más información sobre el enfoque evolutivo de la religión, véase Elizabeth Culotta, «On the Origin of Religion», *Science* (Washington) 326 (6 de noviembre de 2009): 784-7.

protegemos de los daños mediante todo tipo de tecnologías (sistemas de alarma) y contratos sociales (policías profesionales). Sin embargo, durante gran parte de los millones de años de evolución del cerebro humano, nuestros antepasados homínidos se enfrentaron a todo tipo de peligros, incluidos depredadores que podían correr mucho más rápido a cuatro patas que a dos, así como otros miembros de su propia especie decididos a hacerse no solo con sus posesiones, sino también con sus cabelleras. Como detectar el peligro lo antes posible era importante para la supervivencia, nuestros cerebros desarrollaron mecanismos especializados para hacerlo y, como el coste del fracaso era tan alto, esos mecanismos se volvieron hipersensibles. ¿Cuántas veces ha saltado la alarma de incendios de su casa mientras estaba haciendo tostadas o asando un filete? Muchas, si vuestro hogar es como el mío, pero yo me aseguro de que la alarma tenga siempre una pila nueva porque no quiero que falle la única vez que la casa se incendie de verdad en mitad de la noche. Al igual que la alarma de incendios, el sistema de detección de agencia de nuestro cerebro se decanta por los falsos positivos, por lo que técnicamente se denomina dispositivo hiperactivo de detección de agencia (HADD, por sus siglas en inglés).[10]

No solo estamos inclinados a detectar la malicia dondequiera que se produzca, sino que también estamos programados para intentar pensar mejor que el agente que pueda suponer un peligro. Este segundo mecanismo se deriva de la razón por la que nuestros grandes cerebros evolucionaron en primer lugar: para predecir lo que otras personas estaban pensando antes de que pudieran hacernos daño. Esta teoría de la mente, o sistema de mentalización, nos permite tener en cuenta los pensamientos de los demás y no reaccionar simplemente a su comportamiento, como hace la mayoría de los animales. Es una parte tan intrínseca de la naturaleza humana que lo hacemos todo el tiempo, sin esfuerzo. En cuanto el HADD se da cuenta de que la acción de algún tipo de mente podría haber causado algún suceso,

[10] Véase Stewart Guthrie, *Faces in the Clouds: A New Theory of Religion* (Nueva York: Oxford University Press, 1993); Pascal Boyer, *Religion Explicado: The Evolutionary Origins of Religious Thought* (Nueva York: Basic Books, 2001).

el sistema mentalizador entra en acción y genera hipótesis sobre lo que esa mente podría estar pensando. Cuando nos despertamos en mitad de la noche, cadenas lógicas como «creo que he oído un ruido en el piso de abajo, podría ser un ladrón, si bajo y me enfrento a él probablemente me atacará» pasan por nuestra mente antes incluso de que estemos medianamente alerta.[11]

Juntos, el HADD y el sistema de mentalización proporcionan una base para la superstición y la creencia en lo sobrenatural. Una tormenta repentina arrastra a la orilla una embarcación primitiva llena de valiosa carga, y los marineros escapan a duras penas con vida. Entonces deben decidir cuándo volver a aventurarse, pero no tienen una base lógica para decidir cuánto tiempo esperar, así que resuelven su indecisión inventando espontáneamente una agencia sobrenatural que controla el tiempo. A continuación, pueden intentar manipular la agencia enviando plegarias, ofreciendo regalos o haciendo sacrificios. Como nos resulta difícil imaginar otra cosa, damos a nuestras agencias sobrenaturales pensamientos e intenciones humanos. En palabras de Charles Darwin, al desarrollar la religión, los humanos «naturalmente atribuirían a los espíritus las mismas pasiones, el mismo amor a la venganza, o la forma más simple de justicia, y los mismos afectos que ellos mismos sienten». A medida que las religiones maduran, desarrollan representaciones más codificadas y abstractas de sus deidades, pero muchos creyentes individuales siguen hablando de su deidad como si fuera poco más trascendental que nosotros. Esto dice un estudio: «Dios escuchaba el canto de dos pájaros en un árbol alto junto a un aeropuerto. Cuando aterrizó un gran avión, Dios lo escuchó porque ya no podía oír a los pájaros. Luego volvió a escuchar a los pájaros». A nivel personal, el antropomorfismo de las deidades a veces difiere poco del antropomorfismo de los animales domésticos.[12]

---

[11] Véanse Justin Barrett y Jonathan Lanman, «The Science of Religious Beliefs», *Religion 38 (2008)*: 109-24; Lee Kirkpatrick, «The Role of Evolutionary Psychology Within an Interdisciplinary Science of Religion», *Religión 41 (2011)*: 329-39.

[12] De Justin Barrett y Frank Keil, «Conceptualizing a Nonnatural Entity: Anthropomorphism in God Concepts», *Cognitive Psychology* 31 (1996): 219-47.

Un tercer factor de nuestra tendencia al sobrenaturalismo puede ser nuestro instinto de buscar función y conexión en todo lo que observamos: «un tiempo para cada propósito bajo el cielo». Esto es más evidente en los niños: la mayoría de los niños de cuatro años identifican las nubes como «cosas para llover» y solo aprenden gradualmente que existen explicaciones más científicas. Por ejemplo, cuando se les pide que elijan entre dos respuestas a la pregunta «¿Por qué se produjo la primera tormenta eléctrica?», aproximadamente un tercio de los niños británicos de seis y siete años eligen la respuesta «La primera tormenta eléctrica se produjo para que la tierra tuviera agua y todo pudiera crecer» en lugar de «La primera tormenta eléctrica se produjo porque el aire frío y el caliente se mezclaron en las nubes». En respuesta a «¿Por qué existió el primer pájaro?», más de la mitad prefirió «El primer pájaro existió para comer gusanos e insectos y que no hubiera demasiados» a «El primer pájaro existió porque un animal que vivía en el suelo empezó a desarrollar alas y a volar», lo que demuestra que atribuyen más fácilmente una finalidad a los animales que al clima.[13] El aprendizaje parece recubrir esta forma de pensar, pero no suprimirla del todo: incluso algunos científicos, presionados para dar una respuesta rápida, respaldan afirmaciones como «La Tierra tiene una capa de ozono para protegerla de la luz ultravioleta».

Combinando los tres sesgos, no hay más que un pequeño paso desde adivinar intenciones en pequeños sucesos, como imaginar que un intruso ha causado un ruido en la noche, hasta culpar a agentes sobrenaturales de catástrofes inexplicables (como supuestamente hizo Ray Nagin, alcalde de Nueva Orleans, tras el huracán Katrina: «Seguramente Dios está enfadado con Estados Unidos. Nos ha

---

La cita de Charles Darwin procede de *The Descent of Man, and Selection in Relation to Sex*, 2ª ed. (Londres: John Murray, 1874), 65.

[13] Los investigadores prefirieron Londres a Estados Unidos para este estudio por su amplia mezcla étnica y religiosa de niños; véase Deborah Kelemen y Cara DiYanni, «Intuitions About Origins: Purpose and Intelligent Design in Children's Reasoning About Nature», Journal of *Cognition and Development* 6 (2005): 3-31; véase también Deborah Kelemen, «Are Children "Intuitive Theists"? Reasoning About Purpose and Design in Nature», *Psychological Science 15 (2004)*: 295-301.

enviado huracán tras huracán tras huracán»). Aún no se sabe con exactitud cómo interactúan estos tres mecanismos, pero puede que los estudios cerebrales lo revelen. Un estudio de resonancia magnética funcional (IRMf) ya ha sugerido que la instrucción de pensar en Dios activa todas las partes del cerebro asociadas a la detección de acciones (el HADD), la percepción de personas y la mentalización.[14]

Los publicistas conocen bien el poder de estos prejuicios para alterar el comportamiento humano. Los fabricantes de automóviles diseñan astutamente las rejillas de los coches para que parezcan caras: utilizan el antropomorfismo para acabar con nuestro autocontrol racional. Podemos saber que los aperitivos ricos en calorías, por sabrosos que sean, son malos para nosotros, pero darles características humanas puede aparentemente hacer que la resistencia de algunas personas se desmorone. Quién podría resistirse a los encantos del Sr. M&M Rojo, que aparece en la publicidad de la marca: «Edad: dice treinta y tantos, pero en otoño de 2010, un anuncio de M&M decía 46. Peso: perfecto para el tamaño de su caparazón. Qué le gusta: cuando la gente sigue ciegamente sus sabios consejos. Qué odia: cuando la gente no reconoce sus evidentes dotes de liderazgo».[15]

Aunque aún nos queda camino por recorrer para llegar a los detalles de los fundamentos biológicos exactos de la religión, estos proporcionan algunas pistas útiles sobre cómo las personas pueden pensar instintivamente acerca de los animales en general y de los animales domésticos en particular. Los movimientos de muchos animales cuando intentan escapar de nosotros o las posturas que adoptan cuando piensan en abalanzarse sobre nosotros, incluso los crujidos que hacen al

[14] En la resonancia magnética funcional (RMf), los sujetos se tumban en un escáner cerebral que detecta qué partes del cerebro reciben más oxígeno y, por tanto, son las más activas. El estudio que pidió a los sujetos que pensaran en Dios fue Dimitrios Kapogiannis et al., «Cognitive and Neural Foundations of Religious Belief», *Proceedings of the National Academy of Sciences of the United States of America* 106 (2009): 4876-81.

[15] Como ejemplo, véase Julia Hur, Minjung Koo y Wilhelm Hofmann, «When Temptations Come Alive: How Anthropomorphism Undermines Self-Control», *Journal of Consumer Research* 42 (2015): 340-58. La cita de M&Ms procede de «M&M's Characters», Fandom, http://chocolate.wikia.com/wiki/Personajes_M&M's.

moverse, deberían desencadenar el HADD. A diferencia de los fantasmas, los animales reaccionan a nuestra presencia de un modo sensato pero no del todo predecible, lo que nos anima a pensar que son capaces de mentalizarse. Cabe destacar que, incluso en los estudios centrados principalmente en la psicología de la religión, los enunciados relacionados con animales provocaron respuestas antropomórficas en el mayor número de sujetos.

Obviamente, no suponemos de forma automática que todo lo que se mueve está pensando en nosotros. Sin embargo, tendemos a recurrir más a este tipo de explicaciones en unas circunstancias que en otras. Por ejemplo, tendemos a ser más lógicos con los sucesos positivos o agradables que con los negativos o desagradables. Así, es mucho más probable que maldigamos a nuestro ordenador cuando se bloquea, que lo elogiemos cuando hace lo que queremos; por el contrario, es mucho más probable que las personas que suelen tener problemas con el ordenador le atribuyan sentimientos e intenciones que aquellas cuyos ordenadores funcionan bien la mayor parte del tiempo. También antropomorfizamos más cuando estamos estresados que cuando estamos tranquilos, probablemente porque el estrés inhibe las explicaciones más racionales y científicas que, de otro modo, suprimirían los atributos más primitivos de nuestra imaginación.

Nuestra capacidad para reprimir el antropomorfismo instintivo aumenta a medida que madura nuestro cerebro. Además de atribuir a cada cosa una finalidad («los tigres son para verlos en el zoo»), los niños pequeños, cuya experiencia del mundo ha sido casi totalmente social, tratan a todos los seres vivos como si tuvieran mentes como la suya. De hecho, incluso cuando somos adultos y podemos ponernos en el lugar de los demás, a veces debemos reprimir nuestras interpretaciones egocéntricas instintivas.[16] A medida que los niños aprenden más sobre el funcionamiento del mundo, sus interpretaciones ingenuas van dando paso a las «correctas», moldeadas por los conocimientos científicos que adquieren o por la experiencia

---

[16] Para un experimento que demuestra que incluso los adultos son instintivamente egocéntricos, véase Nicholas Epley, Carey Morewedge y Boaz Keysar, «Perspective Taking in Children and Adults: Equivalent Egocentrism but Differential Correction», *Journal of Experimental Social Psychology* 40 (2004): 760-68.

cotidiana. Así, los niños de las zonas rurales, que se han enfrentado más a menudo a las realidades de la vida y la muerte, son menos sentimentales con los animales que forman parte de su experiencia cotidiana que los niños de las zonas urbanas. Los niños indígenas mayas de Yucatán absorben la «biología popular» de sus padres desde una edad temprana y a partir de los cinco años empiezan a describir el comportamiento de los animales en sus propios términos, no humanos —especialmente los varones, una vez que empiezan a acompañar a sus padres en las excursiones de caza a la selva—. Como adultos, consideramos que las explicaciones meteorológicas de las tormentas que nos dan los meteorólogos profesionales son más fiables que las que nuestros antepasados atribuían a un ser invisible en el cielo. Pero en cuanto salimos de la zona de confort que nos proporciona nuestro limitado acervo de conocimientos técnicos, el antropomorfismo está listo para darnos las explicaciones que nuestras mentes ansían.[17]

Las personas recurren al antropomorfismo no solo cuando se encuentran fuera de su zona de confort, sino también cuando intentan aumentar su control sobre sucesos impredecibles o inesperados, desde acontecimientos importantes como huracanes y muertes hasta irritaciones menores como máquinas que no funcionan como se esperaba. En un estudio se pidió a los participantes que colocaran rodamientos metálicos en una cuadrícula de pequeños agujeros en un tablero. Sin que ellos lo supieran, unos campos magnéticos que se encendían ocasionalmente debajo del tablero hacían que las bolas saltaran de un agujero a otro. En los comentarios de los sujetos sobre lo que estaba ocurriendo, los movimientos inesperados provocaban comentarios como «Ese no quería quedarse», «Oh, mira. Esos dos se han besado» o «Se están peleando». En otro estudio, los sujetos memorizaron una lista de artilugios, algunos descritos como impredecibles y otros como predecibles; a continuación, entraron en

[17] El enfoque teórico del antropomorfismo adoptado aquí debe mucho a los escritos de Adam Waytz, de la Universidad de Harvard, y Nicholas Epley, de Chicago. Para revisiones, véase Nicholas Epley, Adam Waytz y John T. Cacioppo, «On Seeing Human: A Three-Factor Theory of Anthropomorphism», *Psychological Review* 114 (2007): 864-86; Adam Waytz et al., «Causes and Consequences of Mind Perception», *Trends in Cognitive Sciences* 14 (2010): 383-8.

un escáner de IRMf y se les mostraron imágenes de los artilugios. Las áreas del cerebro relacionadas con la mentalización (las cortezas prefrontal media y cingulada anterior) se activaron específicamente cuando vieron los aparatos impredecibles.[18]

Los sentimientos de soledad o depresión son especialmente poderosos para potenciar el antropomorfismo. Como miembros de una especie altamente social, la mayoría de nosotros tenemos necesidad de pertenencia (una excepción son las personas autistas, que no suelen antropomorfizarse). En un estudio, quienes afirmaban sentirse crónicamente solos tendían a describir a sus mascotas como personas atentas, consideradas y simpáticas, cualidades todas ellas útiles para superar la barrera entre especies. Sin embargo, no eran más propensos a proyectar en sus mascotas otras cualidades humanas, a veces negativas, como la capacidad de avergonzarse, la creatividad, la desviación o los celos. Un estudio relacionado mostró a los participantes fragmentos de la película *Náufrago* para inducir sentimientos vicarios de soledad, y sus valoraciones de sus mascotas familiares cambiaron a favor precisamente de aquellas cualidades que podrían proporcionarles apoyo emocional (ver fragmentos terroríficos de *El silencio de los corderos* no produjo tal cambio, por lo que el efecto parecía bastante específico de la soledad). Así, en ambos estudios, los sujetos parecían elegir específicamente las características humanas imaginarias que se ajustaban a sus necesidades en ese momento, pero no describían a los animales como más humanos en general, mostrando una versión selectiva del antropomorfismo. En el comportamiento religioso de las personas se producen cambios similares. El aislamiento puede hacer que la oración sea más satisfactoria: en una encuesta realizada en 2005 entre cristianos de Estados Unidos, el 40 % indicó que se sentía más cerca de Dios cuando estaba solo, y solo el 2 % dijo lo mismo de estar en la iglesia. Entre los

---

[18] Para más detalles sobre el estudio del rodamiento de bolas, véase Justin Barrett y Amanda Hankes Johnson, «The Role of Control in Attributing Intentional Agency to Inanimate Objects», *Journal of Cognition & Culture* 3 (2004): 208-17. Para el estudio fMRI, véase Adam Waytz et al., «Making Sense by Making Sentient: Effectance Motivation Increases Anthropomorphism», *Journal of Personality and Social Psychology* 99 (2010): 410-35.

dueños de perros, el antropomorfismo es más intenso en quienes se sienten deprimidos o socialmente ansiosos.[19]

Aunque atribuir pensamientos y sentimientos a objetos y animales parece intrínseco a la naturaleza humana, no todo el mundo es igual de susceptible. Algunas personas son más propensas que otras a recurrir al antropomorfismo en diversas situaciones. Por ejemplo, las personas que creen que su perro les entiende también son propensas a pensar que algún tipo de rencor basado en el silicio motivó el mal comportamiento de su ordenador. Los escáneres cerebrales relacionan esta tendencia general con el aumento de tamaño de una parte muy concreta del cerebro (la unión temporoparietal izquierda), una zona implicada en la mentalización. No está claro si este aumento de tamaño se debe a la antropomorfización constante o si es congénito y permite a quienes lo padecen antropomorfizar con más libertad que los demás. En cualquier caso, los efectos son más amplios que las simples diferencias en el lenguaje que la gente utiliza para describir a sus mascotas.[20]

Las personas propensas al antropomorfismo conciben los seres vivos de forma muy distinta a las más obstinadas. Tienden a invocar una dimensión moral cuando se enfrentan a decisiones hipotéticas, como si es correcto destruir un ordenador de gran potencia. Muestran una mayor preocupación por la conservación del mundo natural, posiblemente porque los animales dominan sus concepciones de lo

---

[19] Véase Nicholas Epley et al., «Creating Social Connection Through Inferential Reproduction: Loneliness and Perceived Agency in Gadgets, Gods, and Greyhounds», *Psychological Science* 19 (2008): 114-20; véase también Nikolina Duvall Antonacopoulos y Timothy Pychyl, «The Possible Role of Companion-Animal Anthropomorphism and Social Support in the Physical and Psychological Health of Dog Guardians», *Society & Animals 18 (2010)*: 379-95; Elizabeth Paul et al., «Sociality Motivation and Anthropomorphic Thinking About Pets», *Anthrozoös* 27 (2014): 499-512. Un estudio reciente no pudo replicar el de Epley: Gillian M. Sandstrom y Elizabeth W. Dunn, «Replication of Creating Social Connection Through Inferential Reproduction: Loneliness and Perceived Agency in Gadgets, Gods, and Greyhounds» de Nick Epley, Scott Akalis, Adam Waytz y John T. Cacioppo (2008, *Psychological Science*)', Open Science Framework, https://osf.io/m5a2c.

[20] Harriet Cullen et al., «Individual Differences in Anthropomorphic Attributions and Human Brain Structure», *Social Cognitive and Affective Neuroscience* 9 (2014): 1276-80.

«natural»; antropomorfizar la propia naturaleza —incluso de forma bastante burda, por ejemplo, representando a la Tierra como si tuviera cara— puede reforzar aún más su preocupación por el medio ambiente. Al interactuar con máquinas o animales, son más propensos a creer que esas entidades les evalúan y juzgan y, en consecuencia, tienden a comportarse de forma más responsable.[21] También están mucho más dispuestos a reconocer que los animales experimentan emociones complejas, como admiración, resentimiento, vergüenza, remordimiento, bochorno, culpa, esperanza, nostalgia, humillación y optimismo, todo lo cual depende de un grado de conciencia mayor del que la ciencia puede sustentar en cualquier animal, con la posible excepción de algunos primates. La mayoría de los biólogos están de acuerdo en que los mamíferos —de hecho, todos los animales vertebrados, con la excepción parcial de los peces-— pueden experimentar toda la gama de emociones básicas, o «sentimientos viscerales», como el miedo, la ansiedad, la sorpresa, el sufrimiento, la ira, el afecto, el placer y los sentimientos asociados a la atracción sexual y el dolor. Las personas menos antropomorfas no suelen atribuir emociones superiores a sus mascotas, pero quienes lo hacen pueden ponerlas en peligro al antropomorfizarlas en exceso. Los propietarios que suponen una capacidad imaginaria de emociones complejas en sus mascotas y otros animales son más propensos a malinterpretarlos y, como resultado, a maltratarlos involuntariamente (véase el recuadro de la pág. 178).

Sin embargo, antropomorfizar a los animales no es lo mismo que proyectar automáticamente en ellos las propias tendencias emocionales. En un estudio, los individuos que tendían a sentirse ansiosos la mayor parte del tiempo no eran ni más ni menos propensos que otras personas a interpretar el comportamiento de un perro como motivado por la ansiedad. Los que tendían a sentirse culpables más que la media no solo eran más propensos a imputar culpabilidad a los perros, sino que

---

[21] Para más detalles sobre los experimentos en los que se basan estas conclusiones, véase Adam Waytz, John Cacioppo y Nicholas Epley, «Who Sees Human? The Stability and Importance of Individual Differences in Anthropomorphism», *Perspectives on Psychological Science* 5 (2010): 219-32; Kim-Pong Tam, Sau-Lai Lee y Melody Manchi Chao, «Saving Mr. Nature: Anthropomorphism Enhances Connectedness to and Protectiveness Towards Nature», *Journal of Experimental Social Psychology* 49 (2013): 514-21.

también retrataban al perro como más ansioso. Los que se sentían solos eran *menos propensos* que los demás a creer que su perro se sentía solo. Así pues, aunque el antropomorfismo ofrece a los dueños una forma de discernir las emociones de sus mascotas, una cierta dosis de objetividad les impide tratar a sus animales como simples extensiones de sí mismos.[22]

Podemos imaginar que la percepción sentimental de los animales domésticos es una afectación moderna, pero la presunción de cualidades humanas en los animales dista mucho de ser un fenómeno reciente: el antropomorfismo de los animales evidentemente ya estaba muy extendido cuando Jenófanes acuñó el término. De hecho, utilizó el ejemplo de los animales para satirizar a los dioses venerados por sus contemporáneos del siglo VI a.C. como proyecciones de sus propias personas: «Pero si el ganado, los caballos y los leones tuvieran manos, o pudieran pintar con sus manos y crear obras como las que hacen los hombres, los caballos como caballos y el ganado como ganado también representarían las formas de los dioses y harían sus cuerpos del mismo tipo que la forma que ellos mismos tienen». La tradición del zoomorfismo (la representación de un ser humano con algunas de las características de un animal no humano) continúa hasta nuestros días en todas las formas de arte y ha alcanzado nuevos niveles en las películas de animación, aunque pocas personas llevan la difuminación de la naturaleza animal humana y no humana tan lejos como los autodenominados «furries», que intentan asumir las identidades de varias especies alternativas, incluidos perros y gatos.[23]

---

[22] Christina Brown y Julia McLean, «Anthropomorphizing Dogs: Projecting One's Own Personality and Consequences for Animal Rights», *Anthrozoös* 28 (2015): 73-86; véase también Virginia Kwan, Samuel Gosling y Oliver John, «Anthropomorphism as a Special Case of Social Perception: A Cross-Species Social Relations Model Analysis of Humans and Dogs», *Social Cognition 26 (2008)*: 129-42.

[23] La cita de Jenófanes procede de «Clemente de Alejandría, Los Stromata, o Misceláneas, Libro V», Early Christian Writings, http:// www.earlychristianwritings.com/text/clement-stromata-book5.html. Para una historia del cine de animación, véase Frank Thomas y Ollie Johnson, *The Illusion of Life: Disney Animation* (Nueva York: Hyperion, 1981). Kathleen Gerbas et al. analizan el fenómeno Furry en "Furries from A to Z: (Anthropomorphism to Zoomorphism)", *Society & Animals* 16 (2008): 197-222.

Llevado al extremo, el antropomorfismo ha tenido consecuencias nefastas para los animales. En la Europa continental, el sistema judicial de la Edad Media responsabilizaba a algunos animales de los «crímenes» que habían cometido; de hecho, a veces se celebraban juicios formales. Citemos un ejemplo francés:

> El 5 de septiembre de 1379, mientras dos piaras de cerdos... se alimentaban juntas... tres cerdas, excitadas y enfurecidas por los chillidos de uno de los cerditos, se abalanzaron sobre Perrinot Muet, el hijo del porquero, y antes de que su padre pudiera acudir en su ayuda, lo arrojaron al suelo y lo hirieron tan gravemente que murió poco después. Las tres cerdas, tras el debido proceso legal, fueron condenadas a muerte; y como ambas piaras se habían apresurado al lugar del asesinato y por sus gritos y acciones agresivas demostraban que aprobaban el asalto, y estaban listas e incluso deseosas de convertirse en participles criminis, fueron arrestadas como cómplices y condenadas por el tribunal a sufrir la misma pena.[24]

Al final triunfó el pragmatismo: el duque de Borgoña indultó a los «cómplices». Pero el episodio ilustra hasta qué punto la gente de la época consideraba humano el comportamiento de los animales, no tanto por su atribución del asesinato a los supuestos autores, sino por su presunción de que los cerdos habían actuado como una turba deliberada, consciente de sus actos y responsable de incitar a los «asesinos» a la acción, algo que nuestra comprensión moderna del comportamiento animal no permitiría hoy en día. Sin embargo, incluso hoy en día las jaurías merodeadoras a veces se representan de forma muy parecida.

El antropomorfismo también nos permite utilizar a los animales como metáforas. A lo largo de la historia, hemos asignado rasgos humanos específicos a distintos tipos de animales. Las hienas son traicioneras, los cocodrilos astutos, las hormigas laboriosas, las tórtolas pacíficas; los perros son leales (o reprochadores), mientras que los caballos son orgullosos. Algunos animales asumen caracteres diferentes según el contexto: los gatos, por ejemplo, pueden ser mágicos, distantes, lascivos, diabólicos o de espíritu libre. Tales antropomorfismos constituyen

---

[24] De Edward Payson Evans, *The Criminal Prosecution and Capital Punishment of Animals* (Nueva York: E. P. Dutton, 1906), 144-5.

una fuente casi inagotable a la que pueden recurrir escritores y cineastas cuando desean invocar un atributo humano concreto, seguros de que su público no solo aceptará sin rechistar que el animal posee realmente ese atributo, sino que sabrá con precisión a cuál se está aludiendo[25].

Así pues, nuestro antropomorfismo de los animales es el resultado de cómo está construido nuestro cerebro. Es la base de la superstición y el chamanismo, equivalentes prehistóricos de la religión. Tenemos motivos para suponer que nuestros antepasados imputaban pensamientos humanos a las bestias que les rodeaban desde que nuestra especie evolucionó. El antropomorfismo no es, por tanto, producto de un sentimiento, aunque tal vez exagerado por una complacencia empalagosa. Sin embargo, ha hecho posible la tenencia de mascotas: si no nos hubiéramos inclinado a imbuir la mente y las acciones de nuestras mascotas con características humanas, no habríamos tenido otra forma de entenderlas, ya que la comprensión científica de la mente de los gatos y los perros es reciente y aún no se aprecia universalmente. Es difícil imaginar cómo, sin antropomorfismo, podría haber surgido un vínculo entre los seres humanos y sus compañeros animales.

Algunas personas son más propensas a tratar a sus mascotas como «personitas», pero no es igual de fácil dotar a todos los tipos de animales de características humanas. Sorprendentemente, las características concretas de los animales que los hacen más o menos susceptibles de ser antropomorfizados no han sido objeto de muchos estudios. Históricamente, la mayoría de los biólogos han identificado las descripciones antropomórficas del comportamiento de los animales como errores, producto de un desafortunado fallo de la cognición humana que se interpone en el camino del análisis «objetivo» (aunque quienes estudian a los primates a veces sostienen lo contrario). Tal vez por ello, los científicos no han explorado con precisión qué es lo que nos tienta a antropomorfizar en primer lugar[26].

---

[25] Véase Beryl Rowland, *Animals with Human Faces* (Knoxville: University of Tennessee Press, 1973)

[26] Robert Mitchell, Nicholas Thompson y Lyn Miles, eds., *Anthropomorphism, Anecdotes and Animals* (Albany: State University of New York Press, 1997), expone el debate sobre la legitimidad científica del lenguaje antropomórfico.

Sin embargo, se han realizado muchos estudios sobre qué animales somos propensos a antropomorfizar, en gran parte porque el tema es muy relevante para los anunciantes. Los animales aparecen en muchos anuncios, a veces obviamente antropomorfizados y otras no, aunque su inclusión es inevitablemente simbólica (excepto en la promoción de productos para mascotas). En un estudio realizado en 1993 sobre anuncios impresos de Estados Unidos, predominaban cuatro tipos de animales: perros, gatos, caballos y pájaros. Los caballos solían aparecer en su estado natural y se utilizaban sobre todo para anunciar tabaco y alcohol, posiblemente para enfatizar la fuerza, la potencia, la virilidad y el vigor. Los gatos eran menos comunes fuera del sector de los productos para mascotas y, cuando no eran de la variedad domesticada, se antropomorfizaban mucho para hacerlos parecer menos amenazadores y, por tanto, más simpáticos: un tigre de verdad no sería bienvenido en la mayoría de las mesas de desayuno, pero resulta atractivo cuando se transforma en un personaje de dibujos animados, Tony el Tigre, disfrutando de un tazón de cereales (a pesar de que los tigres de verdad tienen dificultades para digerir tanto los cereales como la leche). A pesar de su popularidad desde la década de 1950 hasta nuestros días, esta representación del tigre no monopolizó la percepción que los niños tenían de esta especie. En el clásico libro infantil de 1968 *El tigre que vino a tomar el té*, el gran felino epónimo está tan hambriento que se come toda la comida de la casa, regada con «toda la leche, y todo el zumo de naranja, y toda la cerveza de papá, y toda el agua del grifo», aunque por lo demás es simpático y camina erguido en lugar de a cuatro patas. Los productos destinados a los adultos pueden asociarse con animales en su estado salvaje natural —por ejemplo, el puma y el jaguar crean una imagen indómita y poderosa para los coches que llevan su nombre— o muy antropomorfizados, como en el caso del camello de dibujos animados Joe, utilizado para anunciar los cigarrillos Camel (cuyos compradores presumiblemente desconocían el aroma de un camello de verdad). El personaje del Viejo Joe dejó de fabricarse en 1997 tras descubrirse que resultaba tan atractivo para los niños como para los adultos[27].

[27] Nancy Spears, John Mowen y Goutam Chakraborty, «Symbolic Role of Animals in Print Advertising: Content Analysis and Conceptual Development»,

Cuando se trata de publicidad eficaz, la apariencia es importante: las especies de aspecto más humano se antropomorfizan más. En general, los mamíferos tienden a superar a las aves, que a su vez superan a la mayoría de los reptiles; mucha gente piensa que los peces, anfibios y crustáceos son poco más que autómatas, aunque incluso los insectos pueden ser antropomorfizados de maneras muy específicas: a veces se presenta a las abejas melíferas como poseedoras de una inteligencia colectiva que se aproxima a la de los humanos. Cuando los investigadores pidieron a los participantes en un estudio que eligieran un animal en peligro de extinción de una lista de seis especies amenazadas, el gorila venció al rinoceronte, que venció a la única ave de la lista (una grulla), que a su vez venció a un lagarto y a un siluro. El escarabajo de tierra de la Cueva de los Dientes (que solo se encuentra en un puñado de cuevas cerca de Austin, Texas, y es el más cercano a la extinción) fue rechazado casi universalmente.[28]

Las caras son importantes, y dentro de las caras, los ojos. No es casualidad que el emblema del Fondo Mundial para la Naturaleza (ahora simplemente WWF) sea un panda, un animal cuya cara se parece a la de un humano maquillado como un payaso, lo que tiene el efecto de hacer que sus ojos parezcan enormes. Al mirar la cara de sus perros, los dueños tienden a concentrarse en los ojos —detectores del rostro humano— más que en las orejas, que indican mejor las intenciones del perro. Los ojos parecen ser el rasgo más importante en la supuesta similitud que los dueños comparten con sus perros; de ser cierto, esto implica que, a la hora de elegir un perro, muchos dueños eligen inconscientemente las razas que más se parecen facialmente a sus parientes (o a ellos mismos). Hacer que el iris de un perro sea más distinto —sutilmente más humano— en una fotografía puede aumentar el atractivo del animal. Una boca que podamos imaginar sonriendo también resulta atractiva, aunque la «sonrisa» de un perro no exprese

Journal of Business Research 37 (1996): 87-95; Nancy Spears y Richard Germain, «The Shifting Role and Face of Animals in Print Advertisements in the Twentieth Century», *Journal of Advertising* 36 (2007): 19-33. La cita procede de Judith Kerr, *The Tiger Who Came to Tea* (Londres: William Collins Sons & Co., 1968).

[28] Scott Plous, «Psychological Mechanisms in the Human Use of Animals», *Journal of Social Issues* 49 (1993): 11-52.

tanto felicidad como un deseo de aceptación. Las expresiones que se parecen especialmente a las humanas suelen llamar la atención. En un estudio, los perros que levantaban una ceja (como si se preguntaran) a los posibles adoptantes eran realojados más rápido que los que no lo hacían, incluso en el caso de los perros que no se mostraban curiosos,que los que movían el rabo y se acercaban al frente de sus corrales, factores ya conocidos que hacen más atractivo a un perro.[29]

El movimiento también parece ser un desencadenante clave. Aunque desde el punto de vista biológico tanto los animales como las plantas son entidades vivas, solemos restringir la definición de «vivo» a los animales, al menos en Occidente (otras culturas pueden diferir: por ejemplo, los mayas itza de Guatemala consideran que varios árboles, así como el sol y los «espíritus del bosque», son entidades biológicas equivalentes a un pecarí o un pavo). De vez en cuando, las plantas reciben reconocimiento, como en 1983, cuando la recién descubierta capacidad de algunos árboles para «escucharse» unos a otros (detectar que sus vecinos están siendo atacados por insectos) provocó una avalancha de juegos de palabras antropomórficos, como «Los científicos dan un nuevo giro y descubren que los árboles pueden hablar» (*Los Angeles Times*) y «árboles parlantes cuya corteza es peor que su plaga» (*The New York Times*).[30]

---

[29] Véase Valerie Sims et al., «Eye Movements When Judging Affect in Cats and Dogs» (resumen, 14.ª Conferencia Anual de la Sociedad Internacional de Antrozoología, Niagara Falls, 2005), 54-5; Sadahiko Nakajima, «Dogs and Owners Resemble Each Other in the Eye Region», *Anthrozoös* 26 (2013): 551-6; véase también Julie Hecht y Alexandra Horowitz, «Seeing Dogs: Human Preferences for Dog Physical Attributes», *Anthrozoös* 28 (2015): 153-63; Christine Looser y Thalia Wheatley, «The Tipping Point of Animacy: How, When, and Where We Perceive Life in a Face», *Psychological Science* 21 (2010): 1854-62. Sobre la «elevación de cejas» en perros, véase Bridget Waller et al., «Paedomorphic Facial Expressions Give Dogs a Selective Advantage», *PLoS ONE* 8 (2013), artículo e82686. Interpretaron que el levantamiento de cejas aumentaba el atractivo de la «cara de bebé» del perro (véase el capítulo 7), pero dado que las asimetrías reducen el atractivo de la cara de los bebés, es más probable que se trate de un ejemplo de puro atractivo antropomórfico.

[30] De Daniel Chamovitz, *What a Plant Knows: A Field Guide to the Senses of Your Garden - and Beyond* (Nueva York: Scientific American, 2012), 43-7. Sobre las diferencias culturales entre las «biologías populares», véase Scott Atran, Douglas Medin y Norbert Ross, «Evolution and Devolution of Knowledge: A Tale of Two Biologies», *Journal of the Royal Anthropological Institute* 10 (2004): 395-420.

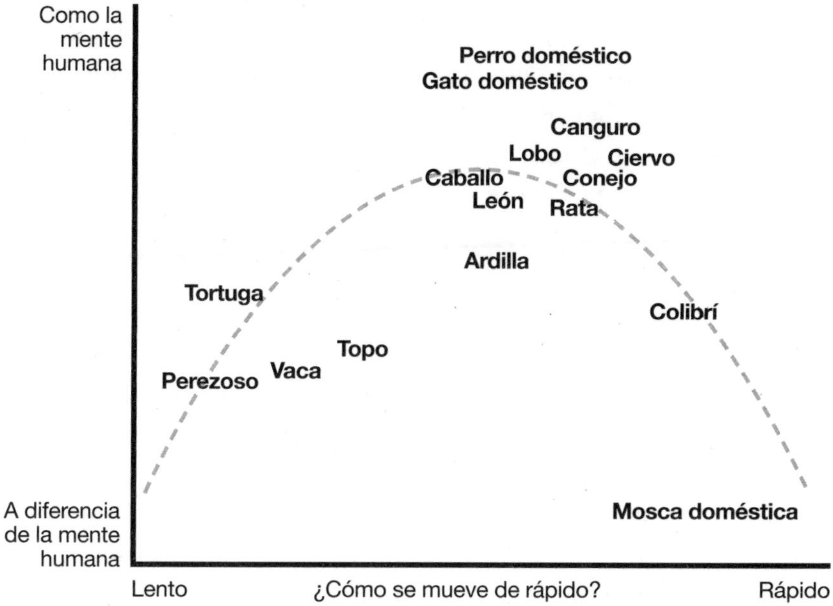

Atribución de mentes a animales no humanos según su velocidad típica de movimiento. Obsérvese la posición anómala del perro y el gato domésticos, ambos calificados como más inteligentes que sus homólogos salvajes.

La velocidad a la que se mueve un animal es especialmente importante: si es demasiado rápido, es menos probable que la gente proyecte cualidades humanas en su comportamiento. Los animales que «corretean» son «escurridizos»; si son demasiado lentos, como una tortuga, quizá parezcan demasiado vegetales. La gente tiende a calificar de inteligentes e intencionados a los animales que se mueven aproximadamente a la misma velocidad que los humanos (véase la ilustración cercana). Pero dentro de esos límites, parece que lo importante es la velocidad relativa, no la absoluta. En un experimento especialmente interesante, un equipo de psicólogos pidió a la gente que viera películas animadas de una mancha devorando vehículos y mobiliario urbano mientras los humanos realizaban actividades normales en las inmediaciones. Si la animación de los humanos se aceleraba —o ralentizaba— en relación con la de la mancha, la «inteligencia» de esta caía en picado.[31]

[31] El estudio «blob» y la ilustración cercana proceden de Carey Morewedge, Jesse Preston y Daniel Wegner, «Timescale Bias in the Attribution of Mind», *Jour-*

El perro y el gato domésticos destacan claramente sobre las demás especies en la ilustración que representa la atribución de mentes a los animales no humanos. Por lo general, se considera que los perros poseen capacidades mentales similares a las de los gorilas y otros primates no humanos, superiores a las de su antepasado, el lobo (a pesar de la evidencia de que, a medida que los lobos se domesticaron y se convirtieron en perros, sus cerebros se redujeron). Los gatos, aunque no tan inteligentes como los perros, superan con creces a sus primos los grandes felinos, como el león y el guepardo (aunque un biólogo diría que los cerebros de los tres son muy parecidos). La familiaridad por sí sola puede no ser el factor decisivo, ya que ni el conejo ni el caballo parecen obtener ventaja alguna sobre sus congéneres salvajes, por lo que el atributo crucial puede ser la condición de «parte de la familia» del perro y el gato.

También antropomorfizamos de forma diferente a los distintos tipos de mascotas. Por lo general, la gente no atribuye emociones complejas, aquellas que requieren autoconciencia, a los animales no humanos, o lo hace de forma vacilante. Aunque el antropomorfismo tiene bases biológicas, los factores culturales pueden influir mucho en su expresión concreta. Una encuesta realizada en el Reino Unido entre propietarios de animales de compañía reveló un consenso general sobre el hecho de que mamíferos y aves comparten un repertorio común de «sentimientos viscerales» básicos: tristeza, ira, afecto y miedo, por nombrar algunos. También hubo acuerdo general en que es improbable que roedores y aves experimenten emociones más complejas, como vergüenza, culpabilidad y empatía. Sin embargo, alrededor de la mitad de los encuestados —todos ellos, propietarios de mascotas desde hace mucho tiempo, sobre todo perros y gatos— pensaban que esas especies podían experimentar culpa, empatía, orgullo y celos. Además, asociaban tres de estas emociones con especies concretas (véase la ilustración cercana): la culpa con los perros, el orgullo con los caballos y los celos tanto con los perros como con

---

nal of Personality and Social Psychology 93 (2007): 1-11. En cuanto a las diferencias entre especies, véase también Timothy Eddy, Gordon Gallup y Daniel Povinelli, «Attribution of Cognitive States to Animals: Anthropomorphism in Comparative Perspective», *Journal of Social Issues* 49 (1993): 87-101

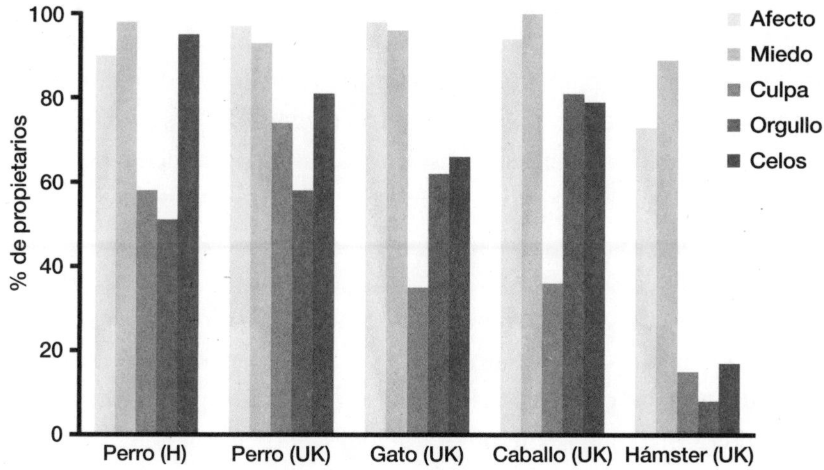

Creencia entre los propietarios de animales del Reino Unido y Hungría de que los perros, gatos, caballos y hámsters son capaces de experimentar emociones básicas seleccionadas (afecto, miedo) y emociones complejas (culpa, orgullo y celos). El primer grupo de columnas muestra creencias similares entre los propietarios de perros en Hungría (H).[32]

los caballos (pero no con los gatos). Los investigadores han encontrado un patrón similar para los perros entre los propietarios de perros húngaros.[33]

La tenencia de animales de compañía da lugar a una paradoja extraña. Es probable que la gente sepa mucho más sobre la especie que posee que sobre cualquier otra. Este conocimiento debería hacerles menos, no más antropomórficos hacia ellas, del mismo modo que comprender

[32] Los datos proceden de Paul Morris, Christine Doe y Emma Godsell, «Secondary Emotions in Non-primate Species? Behavioural Reports and Subjective Claims by Animal Owners», *Cognition & Emotion* 22 (2008): 3-20; Veronika Konok, Krisztina Nagy y Ádám Miklósi, «How Do Humans Represent the Emotions of Dogs? The Resemblance Between the Human Representation of the Canine and the Human Affective Space», *Applied Animal Behaviour Science* 162 (2015): 37-46.

[33] Curiosamente, aunque en inglés la palabra «emotion» se utiliza para todas las emociones, desde las más simples a las más complejas, algunos otros idiomas hacen una distinción mayor. En francés, «emoción» se utiliza para las emociones (vertebradas) «básicas», mientras que «sentimiento» se reserva para las emociones que se consideran únicamente humanas: una distinción similar puede encontrarse en otras lenguas romances, como el español. El húngaro es una lengua urálica (es decir, no románica).

la meteorología nos hace menos susceptibles a creer que espíritus malévolos causan las tormentas y las sequías. Hemos llegado a confiar en una explicación racional —factores físicos como la temperatura y la rotación de la Tierra impulsan los sistemas meteorológicos—, aunque en partes del mundo con tiempo inestable, las previsiones disten mucho de ser fiables.

En cambio, los dueños de mascotas están mucho más seguros que los no dueños de que los animales (en general, no solo los suyos) tienen vida emocional. No está claro si esto es consecuencia de vivir con un animal y tomarle cariño o si es un factor que impulsa a la gente a tener su primera mascota: si (hipotéticamente) uno pensara que los animales no tienen muchos sentimientos, ¿por qué se molestaría en dedicar tanto tiempo y esfuerzo a cuidarlos? Los dueños de perros y gatos sobrestiman sistemáticamente otras cualidades humanas y capacidades mentales de sus mascotas. De algún modo, tener una relación personal con un animal parece implicar imbuirle de características que la ciencia restringiría a nuestra propia especie.[34]

Puede que un elevado sentido de la antropomorfía no sea esencial para una relación satisfactoria con una mascota, aunque no cabe duda de que cierto grado de antropomorfismo es importante. En un estudio sobre dueños de gatos, examiné hasta qué punto antropomorfizaban el comportamiento de sus mascotas y lo comparé con el grado de satisfacción emocional que obtenían de la relación. Sorprendentemente, al menos para mí, no pude encontrar mucha relación: solo las personas que dudaban de que sus gatos tuvieran vida emocional —supuestamente, los que suscribían la idea de que los gatos son bestias calculadoras, frías y sin corazón— no se sentían muy cómodos con sus mascotas. Queda por ver si ocurre lo mismo con los dueños de perros.[35]

---

[34] Paul Morris, Sarah Knight y Sarah Lesley, «Belief in Animal Mind: Does Familiarity with Animals Influence Beliefs About Animal Emotions?», *Society & Animals* 20 (2012): 211-24; Paul Morris, Margaret Fidler y Alan Costall, «Beyond Anecdotes: An Empirical Study of Anthropomorphism», *Society & Animals* 8 (2000): 151-65.

[35] Describí este estudio en la conferencia de 2012 de la Sociedad Internacional de Antrozoología en Cambridge; véase «John Bradshaw», vídeo publicado en YouTube por ISAZ2012, 14 de agosto de 2012, https://www.youtube.com/watch?v=xLMb6X3Jab4.

El antropomorfismo surge de una característica inherente a la mente humana que nos permite tratar con el mundo que nos rodea y establecer y desarrollar relaciones con animales no humanos. Nuestra reacción inicial ante lo imprevisible, una tendencia a atribuirle capacidad de acción que parece estar integrada en nuestro cerebro, dio lugar a una forma de afrontar la realidad centrada en el ser humano a la que ni siquiera el más testarudo de nosotros es totalmente inmune. En consonancia con estos juicios rápidos y poco matizados, recurrimos a simples reglas empíricas para juzgar si es probable que una entidad esté pensando en nosotros, ya sea un robot, un espectro o una rata. Además, tendemos a utilizar una escala simple que va de lo mecánico a lo casi humano, pasando por lo infantil («los perros tienen la mente de un niño de cuatro años»).

Quizá nunca sepamos si nuestros lejanos antepasados empezaron antropomorfizando a los animales y luego pasaron a los objetos inanimados o al revés, o cuándo fue exactamente la primera vez que la mente humana fue capaz de antropomorfizar. Las pruebas arqueológicas (analizadas en el capítulo 9) sugieren que esto pudo ocurrir hace entre 60 000 y 30 000 años. Podemos estar razonablemente seguros de que el antropomorfismo de las mentes animales permitió a nuestros antepasados no solo cazar con mayor eficacia, sino también incorporar a su vida animales concretos. Su nueva capacidad para adivinar lo que pensaban los animales habría permitido a los cazadores-recolectores capturar crías de animales y criarlas en sus aldeas, el precursor de la moderna tenencia de mascotas.

El antropomorfismo sigue dominando nuestra forma de pensar sobre los animales, a pesar de la aparición de una alternativa más objetiva y basada en la ciencia. Es cierto que hace poco que los científicos han empezado a comprender hasta qué punto las mentes de los animales difieren cualitativamente de las nuestras, ajustándose a las circunstancias en las que evolucionó cada especie, pero sus explicaciones más racionales no han sido ampliamente adoptadas. En las dos últimas décadas, algunos de los mayores avances en el conocimiento de las mentes de los animales han venido de los perros; sin embargo, los dueños de perros siguen tratando a sus mascotas como si fueran pequeños seres humanos. De hecho, de todos los animales, los que más antropomorfizamos son

Antropomorfismo: la perspectiva de un perro

Si los dueños no creyeran que sus mascotas son seres sensibles, probablemente muchas de ellas nunca habrían nacido. Solo nuestro creciente hábito de personalizar a perros y gatos puede explicar su popularidad actual. Sin embargo, desde el punto de vista del animal, el antropomorfismo tiene sus inconvenientes.

A menudo me preguntan si los perros (especialmente) se sienten degradados cuando se les viste con disfraces cómicos o se les lleva de un lado a otro como si fueran bebés humanos. Como no hay pruebas de que los perros sientan vergüenza —por mucho que interpretemos esa emoción en su comportamiento—, siempre respondo con un cauteloso no. Si el cachorro está cómodo, probablemente no esté sufriendo.

Nuestra incomprensión de nuestros compañeros animales es mucho más profunda. Los mayores desajustes entre nuestras concepciones y su bienestar se deben a que no comprendemos su vida emocional y su forma de pensar. Por ejemplo, la mayoría de los dueños de perros creen que sus mascotas sienten culpa, y muchos castigarán a sus animales por cualquier delito que imaginen que ha generado esta emoción (por ejemplo, arañar los muebles, orinarse en la alfombra). Sin embargo, la profesora Alexandra Horowitz echó por tierra ese mito en un experimento que cambió las reglas del juego y demostró de forma concluyente que la «mirada culpable» de un perro representa en realidad una lectura exquisita por parte del perro del lenguaje corporal del dueño en el momento de descubrir la fechoría.

La idea errónea de que los perros pueden sentir culpa se debe a un error fundamental sobre el funcionamiento de sus cerebros. A diferencia de nosotros, los perros viven casi exclusivamente en el presente, incapaces de planificar más allá de unos minutos. No son dados a la ensoñación excesiva. Relacionar algo que hicieron hace varias horas con el comportamiento de su dueño ahora supera sus capacidades. En estas circunstancias, cuando se les castiga, no entienden por qué y, por tanto, establecen conexiones erróneas. Esto, a su vez, hace que sean menos confidentes en la relación con su dueño porque no pueden entender por qué se les castiga o se les recibe con afecto cuando éste vuelve a casa.

Otra idea errónea muy extendida es que los perros buscan la dominación en el hogar. Mientras que los niños pueden competir por el estatus en la familia, los perros no lo hacen, a pesar de lo que digan ciertos «expertos». Con esta idea en mente, algunos dueños castigan a sus mascotas para «mantenerlas a raya». Pero esto no tiene sentido desde el punto de vista del perro. Sus mentes caninas no funcionan como las nuestras: nuestros cerebros evolucionaron para entender y sacar provecho de las situaciones sociales; los suyos, para entender su entorno (especialmente a través del olfato, un sentido que apenas poseemos). De hecho, la ciencia aún no ha demostrado que los perros aprecien siquiera que seamos capaces de pensar en ellos. Cualquiera que sea el mensaje que reciba un perro cada vez que siente un fuerte tirón de su cadena, no será que debe respetar más su estatus en la familia.[36]

los perros y los gatos, que viven sin restricciones en nuestros hogares. Parece que sobrestimamos su inteligencia, y a muchos dueños les parece creíble que sus perros puedan tener un «sexto sentido» que les permita predecir el futuro (cuándo van a volver a casa sus dueños). Paradójicamente, cuanto más los conocemos, más humanos queremos que sean.

Sin embargo, no sentimos la necesidad de cuidar todo lo que antropomorfizamos.[37] Preferimos confinar nuestros fantasmas a la ficción. Quienes profesan afecto por sus relucientes ordenadores portátiles no tienen reparos en cambiarlos regularmente por modelos aún más relucientes. Solo nuestras mascotas se convierten en «familia». Lógicamente, tiene que haber una razón para que sigamos conceptualizando como «personitas»—quizá más que nunca— a los mismos animales sobre los que ahora sabemos tanto, tanto por experiencia cotidiana como por conocimientos adquiridos de diversas autoridades. Resulta que el antropomorfismo tiene un poderoso aliado en nuestras reacciones emocionales: también nos parecen simpáticos nuestros compañeros animales.

---

[36] Véase Rupert Sheldrake, *Dogs That Know When Their Owners Are Coming Home: And Other Unexplained Powers of Animals* (Londres: Hutchinson, 1999). Para una perspectiva científica, véase Richard Wiseman, Matthew Smith y Julie Milton, «Can Animals Detect When Their Owners Are Returning Home? An Experimental Test of the Psychic Pet Phenomenon», *British Journal of Psychology* 89 (1998): 453-62, http://www.richardwiseman.com/recursos/mascotasBJP.pdf.

[37] Alexandra Horowitz describe su experimento en *Inside of a Dog* (Nueva York: Scribner, 2009); para más información sobre el mito de la dominación, véase mi libro *Dog Sense: In Defence of Dogs* (Nueva York: Basic Books, 2011) y mi blog de *Psychology Today, Pets and Their People* (http://www.psychologytoday.com/blog./mascotas-y-su-gente).

CAPÍTULO 7

¡QUÉ PRECIOSIDAD!

Para los animales, la belleza cuenta. Los perros bonitos tienen más posibilidades de ser adoptados, mientras que sus compañeros de perrera no tan bonitos son sacrificados. La mayoría de los posibles adoptantes dedican menos de un minuto a evaluar a cada perro, y la mayoría utiliza su aspecto como criterio principal. Los cachorros y los perros más jóvenes suelen encontrar hogar más rápidamente que sus congéneres menos monos. La gente da por sentado que los perros bonitos son más cariñosos.

La ternura es una poderosa fuerza biológica que garantiza que los mamíferos cuiden de sus crías. Nuestros bebés y niños pequeños nos parecen monos, y las gatas y las perras probablemente sientan lo mismo por sus crías indefensas. Sin embargo, no es habitual que reaccionemos de forma tan poderosa a las miradas bonitas de otras especies, sobre todo de nuestras mascotas, pero también de animales salvajes cuyo aspecto provoca la misma atracción (a veces erróneamente). Los menos inhibidos rompemos espontáneamente a hablar como bebés cuando vemos un cachorro o un gatito. La supermodelo que acuna a su perro de juguete tiene similitudes evidentes con la madre que se queda en casa con su bebé. La ternura no conoce fronteras.

Aunque influidas por la cultura y la experiencia, nuestras percepciones de la monada afectan a todas nuestras interacciones con los animales, especialmente a las primeras impresiones. Si el antropomorfismo nos lleva a adivinar lo que piensan nuestras mascotas, sus adorables rasgos nos atraen para crear un vínculo emocional con ellas. Sin embargo, la monada por sí sola probablemente no baste para mantener una relación duradera (un perro viejo, sibilante, maloliente y que arrastra los pies no es tan mono como un cachorro), así que no puede ser lo más importante, pero a menudo desempeña un papel importante en la elección de un futuro dueño.

En primer lugar, nuestras respuestas a la monada deben de haber evolucionado en beneficio de nuestra propia especie, para garantizar la supervivencia de nuestra descendencia. La ciencia, consciente de que las madres que no consiguen establecer un vínculo afectivo con sus hijos pueden ser, de algún modo, ajenas a sus rasgos tiernos, ha prestado mucha más atención a nuestras respuestas al aspecto de nuestros bebés que a las de los bebés animales, aunque, de forma un tanto presuntuosa, en sus experimentos han utilizado a veces fotos de bebés animales como sustitutos de los bebés humanos. Así pues, antes de examinar cómo respondemos a los animales bonitos, tenemos que examinar nuestras respuestas a los bebés humanos, que deben de haber desempeñado un papel importante en nuestra propia supervivencia.

Konrad Lorenz, biológico ganador del premio nobel, fue el primero en señalar que probablemente nuestras reacciones a la ternura han evolucionado. Propuso que el aspecto de los bebés impulsa instintivamente a las madres (y, en nuestra especie, a los padres) a cuidar de ellos. Durante la evolución de la especie humana, las madres que no respondían a sus bebés habrían dejado menos descendencia que las que sí lo hacían, por lo que la respuesta se fijó genéticamente (y sigue siendo importante hoy en día: la ingesta excesiva de narcóticos o alcohol durante y después del embarazo son potentes bloqueadores de la respuesta de ternura en las mujeres, más graves incluso que la depresión posparto). En más de un estudio, las madres de los bebés menos monos se mostraban más atentas con los visitantes de la maternidad que con sus recién nacidos, a los que cuidaban de forma más mecánica que cariñosa. Los niños guapos suelen ser considerados más simpáticos, más sanos y más dignos de confianza que los que no lo son tanto. Para nosotros, los humanos, como para nuestras mascotas, la ternura es importante.[1]

¿Qué es exactamente la ternura? Lorenz pensó que las características clave, que denominó Kindchenschema, o «patrón de bebé», probablemente incluyeran:

- Una cabeza grande en proporción al tamaño del cuerpo.
- Una frente relativamente grande.
- Ojos grandes, que, debido a la gran frente, se encuentran a algo más de la mitad de la cabeza.
- Una nariz y una boca pequeñas.
- Mejillas redondas y salientes.
- Un cuerpo redondeado.
- Extremidades cortas y regordetas.
- Piel suave y elástica.

Todos ellos son rasgos estáticos, pero los sonidos que emiten los bebés felices —como balbuceos y arrullos— y sus movimientos descoordinados deben contribuir también a su ternura. Sin embargo, estos factores se han estudiado menos porque su impacto es más difícil de evaluar: los investigadores pueden manipular los cinco primeros factores en fotografías de caras, lo que facilita mucho la comparación de reacciones (véase la ilustración siguiente). Dicho esto, la importancia relativa de cada rasgo de la lista de Lorenz ha recibido poca atención, aparte de un primer estudio (con caras de dibujos animados) que sugiere que el tamaño y la posición de los ojos son los más cruciales.[2]

---

[1] Sobre los efectos de la monada en las madres, véase Judith Langlois et al., «Infant Attractiveness Predicts Maternal Behaviours and Attitudes», *Developmental Psychology* 31 (1995): 464-72.

[2] La lista procede de Irenäus Eibl-Eibesfelt, *Ethology: The Biology of Behaviour*, trans. Erich Klinghammer (Nueva York: Holt Reinhart & Winston, 1970), 431-2, que resume el artículo original de Lorenz de 1943 (también en alemán). Para el estudio de los dibujos animados, véase Sarah Sternglanz, James Gray y Melvin Murakimi, «Adult Preferences for Infantile Facial Features: An Ethological Approach», *Animal Behaviour* 25 (1977): 108-15.

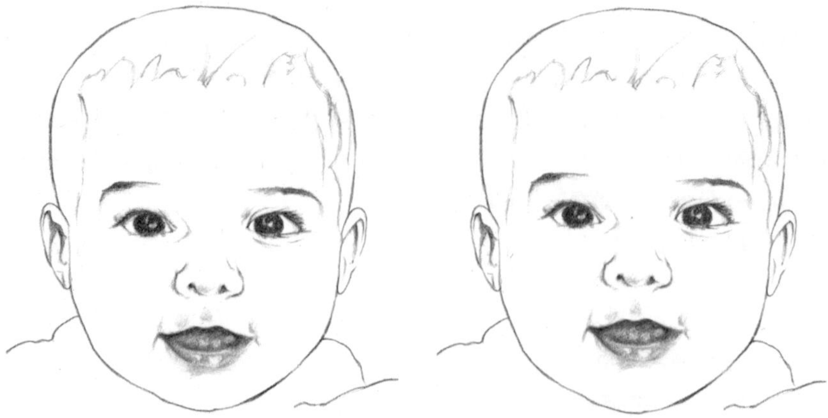

Manipulaciones aparentemente triviales de imágenes de caras de bebés pueden reducir su percepción de la ternura: la imagen de la derecha se considera ligeramente menos tierna.

Lo «mono» o adorable tiene profundos efectos en nuestro comportamiento. Las caras con rasgos adorables captan nuestra atención más rápidamente, nos hacen sonreír involuntariamente, nos incitan a acercarnos y a saludar exageradamente en lenguaje infantil, y nos hacen sentir protectores. Aunque estas reacciones no suelen variar, sí lo hace su intensidad. En general, los hombres son menos receptivos que las mujeres y menos perceptivos que ellas a la hora de juzgar las pequeñas diferencias en la aparente ternura de las caras de los bebés (un resultado aparentemente específico de la ternura; por ejemplo, los hombres y las mujeres son igual de hábiles a la hora de juzgar la emoción que transmiten las expresiones de bebés desconocidos). Las hormonas desempeñan un papel: las mujeres en edad fértil son más sensibles a la ternura que las niñas prepúberes o las mujeres posmenopáusicas, al igual que las mujeres que toman anticonceptivos orales que contienen la hormona estrógeno. La oxitocina, la hormona que provoca el comportamiento maternal y que se libera en las mujeres durante y después del parto, también aumenta su percepción de lo tierno.

Los hombres no reciben la misma orientación de sus hormonas, pero eso no quiere decir que sus cerebros no respondan de forma protectora cuando ven a un bebé, ya sea el suyo propio o uno del laboratorio del psicólogo. En un estudio, los hombres tendían a expresar algo menos de atracción por las caras de los niños que las mujeres, pero no había diferencias de género en cuanto a la intensidad con la que hombres y mujeres estaban dispuestos a «trabajar» (pulsar una tecla, como una paloma en una caja de Skinner) para ver las caras de los niños. Además, es posible que algunos hombres se sientan inhibidos a la hora de expresar su gusto por las fotos de bebés, simplemente porque en la sociedad occidental se supone que los hombres no se interesan por ellos (aparte de los suyos propios). En general, hombres y mujeres pueden ser bastante similares en su susceptibilidad a la ternura, aunque sus efectos en el comportamiento difieran ligeramente (por ejemplo, estudios cerebrales han demostrado una mayor respuesta del hemisferio derecho del cerebro en las mujeres y del hemisferio izquierdo en los hombres).[3]

La experiencia de las mujeres con los bebés, tanto a corto como a largo plazo, también afecta a sus reacciones ante la ternura. Las que crecieron sin hermanos o con una gran diferencia de edad entre ellas y su hermano pequeño (y, por tanto, no tuvieron una experiencia cotidiana con bebés durante su infancia) tienden a ser menos sensibles. Además, el contexto es clave: a corto plazo, las características de un bebé (desconocido) pueden afectar a la reacción ante otro. Después de ver varias fotos seguidas de bebés poco simpáticos, las mujeres tienden a valorar más a un bebé con rasgos muy simpáticos, y viceversa.

Es una prueba del poder de la ternura que ejerce su magia sobre hombres y mujeres por igual, afecta tanto a los que aún no han tenido hijos como a los padres, y se aplica tanto a los bebés desconocidos como a los conocidos. También trasciende las diferencias raciales y étnicas. En un estudio realizado en Suiza, las mujeres (todas caucásicas) preferían los bebés africanos monos a los bebés africanos menos monos en la misma medida que preferían los bebés monos de su propia raza. De hecho, los hombres (también caucásicos) eran más selectivos cuando se les pedía que eligieran entre los bebés africanos, concretamente a la hora de determinar a quién le regalarían un juguete. Ninguna de las personas evaluadas tenía mucha experiencia con bebés africanos, por lo que es de suponer que basaron su discriminación de la monada en reacciones

[3] Christine Parsons et al., «The Motivational Salience of Infant Faces Is Similar for Men and Women», *PLoS ONE* 6 (2011): e20632.

instintivas a las características del «patrón de bebé». Las organizaciones benéficas de ayuda a las víctimas de la hambruna, que a menudo presentan a niños en sus llamamientos para recaudar fondos, parecen ser muy conscientes de este fenómeno.[4]

Los escáneres cerebrales respaldan la idea de que la ternura influye en nuestra forma de reaccionar ante los niños. Docenas de pequeñas áreas del cerebro responden a las caras de los niños, algunas en la corteza cerebral y otras en regiones más primitivas, como el tálamo y el cerebelo. Las caras de los adultos también activan la mayoría de ellas, pero muchas responden más rápido y/o con mayor intensidad a las caras de los bebés. El reconocimiento facial inicial tiene lugar en el área fusiforme de la cara, siendo la circunvolución fusiforme derecha especialmente sensible a los rasgos simpáticos (véase la ilustración cercana). Inmediatamente después de detectar una cara, varias zonas del lóbulo parietal de la corteza cerebral dirigen la atención hacia ella. A continuación, otras zonas del cerebro generan las reacciones empáticas instantáneas que suscita la cara de un bebé: se desencadenan sentimientos cálidos hacia el bebé en los sistemas de recompensa y apego, incluido el córtex orbitofrontal. En los padres, la red de mentalización, que procesa el antropomorfismo, se activa, ya que la madre o el padre intentan averiguar qué puede estar pensando el bebé. Por último, se activan diversas áreas motoras que preparan a las madres,sobre todo, no solo para acercarse a sus hijos, sino también para hablarles.[5]

Unas pocas zonas del cerebro parecen especialmente importantes por ser particularmente sensibles a los rasgos más adorables. Además de la circunvolución fusiforme, se trata de la corteza cingulada anterior izquierda (empatía y emoción), el precuneus (posiblemente un vínculo con el pensamiento consciente) y el núcleo accumbens derecho, que también es un objetivo importante para la oxitocina.

---

[4] Jessika Golle et al., «Preference for Cute Infants Does Not Depend on Their Ethnicity or Species: Evidence from Hypothetical Adoption and Donation Paradigms», *PLoS ONE* 10 (2015), artículo e0121554.

[5] Para una revisión de los efectos *del Kindchenschema* en el comportamiento humano y el cerebro humano, véase Lizhu Luo et al., «Neural Systems and Hormones Mediating Attraction to Infant and Child Faces», *Frontiers in Psychology* 6 (2015), artículo 970.

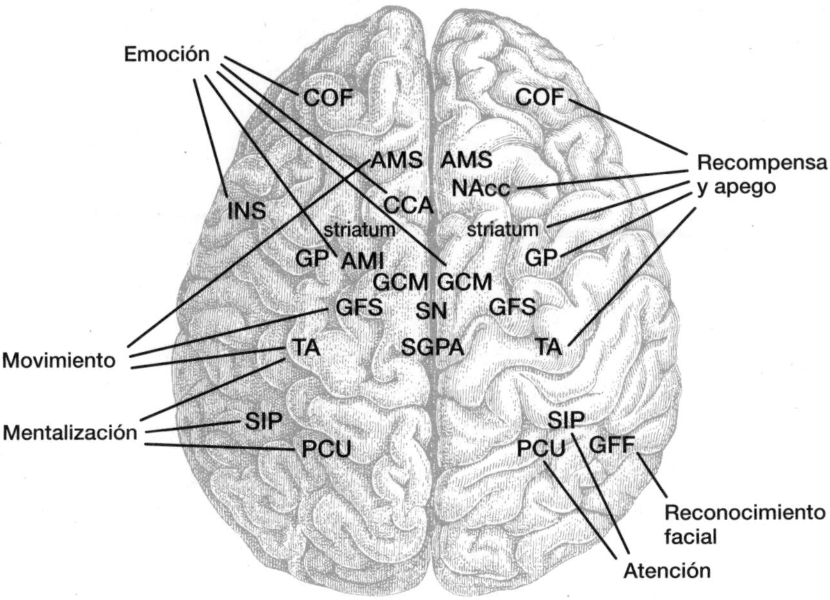

Seis tipos de áreas cerebrales activadas por imágenes de rostros de bebés humanos, divididas según la función que se cree que desempeñan. Para las abreviaturas, véase la nota.[6]

La complejidad de estos sistemas se debe en parte a la aparente mezcolanza con que la evolución construyó el cerebro humano. Aun así, el gran número de partes del cerebro que se activan cuando una mujer o un hombre ve a un bebé demuestra la importancia que tiene para nuestra supervivencia responder adecuadamente. Las aparentes contradicciones en las reacciones emocionales espontáneas de muchas personas ante la ternura, que pueden combinar sentimientos de euforia con llanto, más habitualmente asociados a la tristeza, también reflejan esta complejidad.[7]

---

[6] CCA: córtex cingulado anterior; AMI: amígdala; GFF: giro fusiforme; GP: globo pálido; INS: ínsula; SIP: surco intraparietal; GCM: giro cingulado medial; NAcc: núcleo accumbens; COF: córtex orbitofrontal; SGPA: sustancia gris periacueductal; PCU: precúneo; GFS: giro frontal superior; AMS: área motora suplementaria; SN: sustancia negra; TA: tálamo.

[7] Oriana Aragón et al., «Dimorphous Expressions of Positive Emotion: Displays of Both Care and Aggression in Response to Cute Stimuli», *Psychological Science* 26 (2015): 259-73.

Más que otra palabra para referirnos a algo que nos gusta, «mono» describe un conjunto muy específico de respuestas biológicas a los bebés. Hombres y mujeres poseemos un conjunto instintivo de percepciones y reacciones que nos impulsan a prestar atención y cuidar de nuestros bebés y niños. Los rasgos visuales del niño desencadenan algunas de ellas; otras (menos estudiadas) se basan en los sonidos que emite el bebé o en sus torpes movimientos. Algunos bebés animales comparten estos rasgos, por lo que no es sorprendente que utilicemos la misma palabra cuando reconocemos estas similitudes.

La sencillez es tan evocadora que ha impulsado la representación de los animales en los medios de comunicación. Puede que la ciencia no se fijara en la monada hasta la década de 1940, pero para entonces artistas y publicistas ya conocían el poder de la monada. Estos «experimentos naturales» muestran cómo, liberados de las limitaciones de la biología real, deseamos hacer a los animales cada vez más monos, hasta que algunos se convierten en caricaturas totales.

La dibujante Rose O'Neill podría haber tomado las especificaciones para sus personajes Kewpie del libro de Konrad Lorenz, pero aparecieron por primera vez (en el *Ladies Home Journal*) en 1909, mucho antes de que Lorenz publicara su lista. Los Kewpies eran criaturas parecidas a bebés, normalmente desnudos pero sin sexo, con pequeñas alas pegadas a los hombros. Se hicieron tan populares que O'Neill llegó a ser el ilustrador mejor pagado del mundo. Los niños eran el objetivo ostensible de la mayoría de las historias que escribió sobre los Kewpies, pero su potencial para influir en las mujeres no pudo escapar a su atención: como una de las primeras activistas por los derechos de la mujer, en 1914 permitió el uso de un Kewpie (con falda) para promover el sufragio femenino (véase la ilustración cercana).[8]

Los Kewpies eran monos como bebés desde el principio, pero otro personaje de dibujos animados más duradero, Mickey Mouse, evolucionó hasta convertirse en mono, perdiendo gradualmente sus características más animales. En su encarnación inicial, en la película *Willie*

[8] Véase el sitio web de la Galería, Museo y Hacienda de Bonniebrook (http://www.roseoneill.org/mainpage.html).

Un elfo Kewpie: sus simpáticos rasgos se utilizaron en una postal de 1914 para promover el sufragio femenino.

y el barco de vapor (1928), Mickey era travieso, incluso cruel a veces, y a pesar de estar muy antropomorfizado (llevaba pantalones, andaba a dos patas y tenía manos), por lo demás era reconociblemente parecido a un ratón. A lo largo del cuarto de siglo siguiente se fue transformando gradualmente en el personaje mucho más parecido a un bebé e inofensivo que conocemos hoy. Su aspecto cambió —de forma un tanto aleatoria, lo que sugiere que los artistas de Disney no trazaron una trayectoria consciente— para volverse mucho más juvenil. Sus diseñadores engrosaron sus extremidades, haciéndolas parecer más cortas, y agrandaron su cabeza y maximizaron el tamaño aparente de su frente desplazando sus orejas a la parte posterior de su cabeza; sus ojos crecieron de un 27 % a la friolera de un 48 % de la longitud de su cabeza. En pocas palabras, para mantener su atractivo público, Mickey pasó de adulto a niño, demostrando gráficamente la preferencia del consumidor medio por lo tierno.[9]

Hoy en día, otros personajes han eclipsado a Mickey Mouse, sobre todo Hello Kitty, la máxima manifestación de la monada antropomorfizada bidimensional. Hello Kitty (de nombre real Kitty White, «nacida» en Londres, pero inventada en Japón en 1974), reconocible al instante solo por su cabeza, solo necesita diecinueve líneas negras para representar su infantilismo casi total: cara redonda (sin boca), nariz diminuta y ojos muy separados (aunque no grandes). El envejecimiento demográfico de su país natal ha impulsado la globalización de Kitty, que atrae principalmente a las niñas: el primer parque temático de Kitty en el extranjero abrió sus puertas en China en el de 2015.[10]

Una exposición de osos de peluche en el Museo del Folclore de Cambridge (Inglaterra), a mediados de los años ochenta, brindó a dos investigadores de la Universidad de Cambridge la oportunidad de comprobar si la evolución de Mickey Mouse[11] se aplicaba también al oso de peluche, y así fue. El primer oso de la colección, de 1903,

---

[9] Véase Stephen Jay Gould, «A Biological Homage to Mickey Mouse», en *The Panda's Thumb: More Reflections in Natural History* (Nueva York: Norton, 1980).

[10] Leo Lewis, «Kitty Chases the Mouse into the Middle Kingdom», *The Times*, 10 de mayo de 2011, 41. La versión japonesa de lo mono, *kawaii*, impregna gran parte de la cultura nipona y abarca algo más que simples rasgos infantiles. Por ejemplo, las revistas y los cómics adoptaron un estilo decorativo de escritura a mano ideado por primera vez por chicas adolescentes, a veces denominado «escritura de gatito».

[11] En el siglo XIX, los osos de juguete eran casi reales, pero en 1902 (según el fabricante Steiff GmbH) aparecieron en Alemania los primeros osos posables, cubiertos de felpa y con brazos articulados. En noviembre de ese mismo año, al otro lado del Atlántico, apareció una viñeta en el *Washington Post* que mostraba al presidente Theodore «Teddy» Roosevelt negándose a disparar a un oso negro. Según cuenta la historia, el gobernador de Mississippi le había invitado a una cacería de osos, pero al no encontrar ningún oso salvaje, sus ayudantes consiguieron un oso y lo ataron a un árbol. Roosevelt se negó a dispararle por considerarlo antideportivo. Un juguetero emprendedor de Brooklyn obtuvo entonces el permiso del presidente para bautizar su línea de osos de juguete con el nombre de «Teddy's Bear» (el oso de Teddy). El nombre se mantuvo, y en 1906 tanto el producto nacional como los osos Steiff importados se conocían genéricamente como osos de peluche. Véase «Steiff: The Story», Steiff, http://www.steiffusa.com/steiff-the-story; «The Story of the Teddy Bear», Servicio de Parques Nacionales, http:// www.nps.gov/thrb/learn/historyculture/storyofteddybear.htm.

era naturalista, hasta el punto de tener un hocico largo (y llevar un bozal, como un oso de circo). Poco a poco, a lo largo del medio siglo siguiente, las cabezas de los osos se hicieron más grandes y redondeadas, y sus frentes más prominentes; aunque estos cambios no son exactamente los mismos que sufrió Mickey Mouse, sin duda apoyan la idea de que el *Kindchenschema* de Lorenz impulsó su evolución.[12]

Por supuesto, los osos de peluche no se reproducen, así que su evolución probablemente reflejaba las preferencias de las personas que los compraban, muchas de las cuales eran mujeres y, por tanto, especialmente susceptibles a los atractivos del «patrón bebé». De hecho, un bebé no debería preferir un juguete que imitara sus propios rasgos, ya que podría competir por la atención de su madre (mis dos nietos prefieren sus «rabbies», conejos de peluche con orejas grandes y suaves pero cabezas más pequeñas de lo normal). La monada no se convierte en un factor importante hasta que los niños crecen. Alrededor de los seis años, tanto los niños como las niñas empiezan a mostrar preferencia por los rasgos infantiles. Cuando se les pidió que eligieran su favorito entre una selección de osos con rasgos de adulto y de bebé, 17 de 24 niños de cuatro años eligieron un oso con rasgos de adulto, mientras que 20 de 27 niños de ocho años eligieron un oso con rasgos de bebé.[13]

Nuestra preferencia por lo tierno determina en gran medida los rasgos que preferimos en las representaciones de animales, ya sean peluches o personajes de dibujos animados. Criaturas como Mickey Mouse y Hello Kitty demuestran que, puestos a elegir, los humanos adultos prefieren lo bonito a lo menos bonito. Los animales reales tienen menos margen para el cambio, ya que deben preservar sus funciones básicas: por ejemplo, mientras su frente se agrandaba hasta alcanzar las proporciones más bonitas posibles, la boca de Hello Kitty prácticamente desapareció, y no está claro, dado el tamaño de su cabeza en proporción

---

[12] Uno de los investigadores es un distinguido miembro de la Royal Society, el profesor Robert Hinde CBE. Para una descripción del estudio del osito de peluche, véase R. A. Hinde y L. A. Barden, «The Evolution of the Teddy Bear», *Animal Behaviour* 33 (1985): 1372-3.

[13] Paul Morris, Vasu Reddy y R. C. Bunting, «The Survival of the Cutest: Who's Responsible for the Evolution of the Teddy Bear?», *Animal Behaviour* 50 (1995): 1697-1700.

a sus pies, cómo evita caerse. A pesar de las limitaciones de la realidad, abundan las pruebas de que los rasgos bonitos influyen en lo que la gente siente por los animales vivos. Además, ahora que cada vez menos perros y gatos trabajan para ganarse la vida, podemos detectar cambios paralelos en su anatomía, y cada vez más propietarios optan por razas con cara de bebé, como los persas y los carlinos.

Según una teoría de por qué tenemos animales de compañía, sus adorables características nos seducen (especialmente a las mujeres) para que nos ocupemos de ellos. Según este concepto, los animales domésticos son poco más que sustitutos de los bebés humanos, y provocan comportamientos que, por derecho, deberíamos reservar para los bebés humanos. De hecho, la hipótesis original de Lorenz proponía que la ternura trasciende los límites de las especies: no solo las gatas consideran tiernos a sus gatitos y quieren cuidarlos, sino también nosotros. Los humanos adultos prefieren ciertos rasgos de ternura, por ejemplo, en los perros. Los cachorros despiertan sentimientos de ternura mucho más intensos que los perros adultos más simpáticos. Alteraciones sutiles de las imágenes de las cabezas de varios tipos de perros han demostrado que la mayoría de la gente prefiere los que tienen los ojos más grandes, más espacio entre ellos y la papada más pequeña (este último rasgo probablemente imita la barbilla pequeña de un bebé humano). Aumentar sutilmente el tamaño de la mandíbula inferior y reducir la altura de la frente puede hacer que los gatos salgan menos monos en las fotos.[14]

No cabe duda de que tanto la experiencia directa como las normas culturales influyen en las reacciones de las personas ante los animales de compañía, por lo que demostrar que las respuestas a la ternura son instintivas no es del todo sencillo. Tal vez los niños aprendan gradualmente a reaccionar ante mamíferos indefensos imitando a sus padres, en lugar

[14] Véase Angelo Gazzano et al., «Dogs' Features Strongly Affect People's Feelings and Behaviour Towards Them», *Journal of Veterinary Behaviour* 8 (2013): 213-20; Julie Hecht y Alexandra Horowitz, «Seeing Dogs: Human Preferences for Dog Physical Attributes», *Anthrozoös* 28 (2015): 153- 63; Anthony Little, «Manipulation of Infant-like Traits Affects Perceived Cuteness of Infant, Adult and Cat Faces», *Ethology* 118 (2012): 775-82.

de obedecer a la aparición gradual de respuestas instintivas ante los rasgos tiernos. Sin embargo, un experimento casi olvidado realizado en Viena en la década de 1950 arrojó resultados muy similares a los obtenidos con los osos de peluche, pero con animales de verdad. El antropólogo Paul Spindler examinó las reacciones ingenuas de los niños ante los gatitos reclutando a sus cuarenta y ocho sujetos en un orfanato donde habían vivido desde su nacimiento y donde no había animales. Desgraciadamente, el hecho de haberlos probado antes con una serpiente puede haber influido un poco en sus reacciones ante los gatitos, pero, a pesar de ello, los experimentos fueron muy reveladores de las respuestas instintivas de los niños ante animales simpáticos y amistosos.[15]

Las reacciones de los niños fueron muy diferentes según su edad. Muchos de los más pequeños, de hasta tres años, se mostraron nerviosos al principio (algunos rompieron a llorar y tuvieron que ser consolados por su enfermera, que estaba sentada cerca), pero luego trataron al gatito como si fuera un juguete, lo que refleja su inexperiencia con los animales. Los que tenían entre tres y once años se comportaban de forma muy diferente: tanto los niños como las niñas sonreían, hablaban espontáneamente con el gatito y lo tomaban en brazos, a menudo acunándolo protectoramente en sus brazos como si fuera un bebé humano. Normalmente, apoyaban al gatito en un antebrazo y lo acariciaban con la mano libre, inclinaban la cara hacia abajo para establecer contacto visual e intentaban conversar con el gatito utilizando el lenguaje de los bebés (véase la ilustración cercana). Las niñas habrían tenido la oportunidad de practicar estas acciones con sus muñecas, pero los niños, presumiblemente, menos, lo que sugiere que su comportamiento era en gran medida instintivo, aunque incluso ellos habrían observado a las enfermeras del orfanato manipulando bebés. Así pues, a medida que los niños maduran, no solo empiezan a preferir los rasgos bonitos (como demuestra el experimento del osito de peluche), sino que reaccionan ante ellos de forma cariñosa, similar a como las madres humanas tratan a sus bebés.

---

[15] Paul Spindler, "Studien zur Vererb[illegible]g von Verhaltensweisen: 3. Verhalten gegenüber jungen Katzen", *Anthropologischer Anzeiger* 25 (1961): 60- 80, amablemente traducido al inglés para mí por la Dra. Barbara Schöning.

Los niños de un orfanato que sabían poco de animales trataban instintivamente a los gatos como bebés (redibujado a partir de fotografías del artículo científico original de 1961).

En los adultos, unas simples fotografías de gatitos o perritos pueden desencadenar un comportamiento cuidadoso. Un estudio incorporó el clásico juego infantil estadounidense «Operación» para comprobar si las mujeres se vuelven más precavidas y pacientes tras ver imágenes de animales adorables. (El juego consiste en utilizar pinzas metálicas para extraer pequeños objetos de plástico —«partes del cuerpo», como huesos— de una imagen de un cuerpo humano. Las partes del cuerpo están situadas en espacios reducidos con un borde metálico. El contacto entre las pinzas y el borde provoca un fuerte zumbido que indica que la operación ha dañado al «paciente»). El rendimiento de las mujeres mejoró —es decir, fueron mucho más cuidadosas con el «paciente» después de ver solo tres imágenes en las que aparecía un cachorro o un gatito, en lugar de un gato o un perro adulto. Sorprendentemente, los hombres mostraron el mismo efecto, aunque en menor medida. Así pues, cuando la gente ve animales bonitos, no solo siente ternura hacia ellos, sino que también se vuelve momentáneamente más tierna físicamente en general. Las mujeres que habían visto ocho fotos de bebés y niños pequeños más monos —con los ojos, las mejillas y la frente ligeramente agrandados y la nariz, los labios y la barbilla ligeramente reducidos— mostraron los mismos cambios.[16]

Aunque la mayoría de los estudios se han centrado en las caras de los animales, la concepción original de Lorenz de la ternura también abarcaba otros aspectos del cuerpo, en particular una cabeza grande, extremidades cortas y regordetas y movimientos torpes. Los cachorros y los gatitos encarnan todos estos aspectos y, por tanto, no es de extrañar que se les califique de más monos que a sus homólogos adultos. Sin embargo, mucha gente considera que los perros y gatos adultos son monos por derecho propio. Los gatos, con sus caras redondas, grandes frentes y ojos grandes y muy separados, encajan bastante bien en el «patrón bebé», aunque sus extremidades ya no sean regordetas y sus movimientos sean todo menos torpes.

Algunos tipos de perro presentan rasgos similares a los de un bebé. El atractivo de las razas de cara achatada —el término técnico es braquicefálica— debe derivarse de su parecido con los humanos (en detrimento de éstos —véase el recuadro cercano—). En el otro lado del cuerpo, por así decirlo, las patas cortas del perro salchicha, el *corgi*, el *basset hound* y razas similares (causadas por una única mutación en un gen del factor de crecimiento) no solo se parecen a las de los cachorros, sino que dan a estos perros su característico contoneo. Los perros de juguete pueden ser tomados en brazos y llevados como si fueran bebés

---

[16] Gary Sherman, Jonathan Haidt y James Coan, «Viewing Cute Images Increases Behavioural Carefulness», *Emotion* 9 (2009): 282-6; véase también Hiroshi Nittono et al., «The Power of Kawaii: Viewing Cute Images Promotes a Careful Behaviour and Narrows Attentional Focus», *PLoS ONE 7 (2012)*, artículo e46362. Este parece ser un efecto fuerte y robusto, que pude reproducir en televisión para la serie *CatWatch 2014*, también conocida como *La verdad sobre los gatos*, utilizando un juego de Don't Buzz The Wire en lugar de Operación. Véase «Do Kittens Help you Focus?", Nat Geo Wild, geographic.com/wild/the-truth-about-cats/videos/do-kittens-help-you-focus.

humanos. Sin embargo, no todos los perros son físicamente bebés, por lo que si esa cualidad fuera su único atractivo, sus dueños tenderían a rechazarlos una vez que hubieran dejado atrás la etapa de cachorros.

¿Qué es lo que hace atractivo a un gran danés o un pastor alemán adulto? Aunque no son físicamente bebés cuando crecen, estas razas siguen siendo juguetonas (imitando inconscientemente el carácter juguetón de los niños pequeños) hasta la edad adulta. Los gatos adultos también siguen jugando (sobre todo con juguetes). Tal vez jugando, tanto los perros como los gatos, sigan despertando nuestro sentido de la ternura durante toda su vida, incluso después de haber perdido algunos de sus rasgos faciales más infantiles.[17]

Hay que tener cuidado con suponer automáticamente que llamar mono a un perro solo puede significar «mono como un bebé». Los investigadores del consumo han identificado una segunda dimensión de la monada que induce a la gente a sentirse *despreocupada*, no *cuidadosa*. Los anunciantes utilizan imágenes de niños y animales monos para promocionar todo tipo de cosas, muchas de ellas sin relación alguna con los niños o los animales. Los investigadores de mercado han propuesto el concepto de «cutrez caprichosa» para explicar un fenómeno fascinante: estas imágenes suprimen el sentido común e inducen a la gente a la autoindulgencia (es decir, a querer comprar cosas que no necesita). Por ejemplo, en un estudio, la gente tomaba un 30 % más de porciones de helado cuando utilizaba un cacito con un mango en forma de mujer cuyo peinado de colmena formaba el cacito, en comparación con un utensilio liso pero de color similar. Calificaron el cacito decorado de caprichoso, divertido y juguetón, pero no de vulnerable o necesitado de cuidados, como lo habrían hecho si se hubiera desencadenado la ternura de un bebé. Del mismo modo, ver una galleta decorada con la cara de un león de dibujos animados llevó a muchas personas a preferir un plato más indulgente (rico, delicioso, pero que engorda) en lugar de una opción saludable para su comida de esa noche. Sin embargo, si la galleta se describía como procedente de «La tienda de galletas para

---

[17] Sobre el posible papel del juego en la domesticación del perro, véase Nicola Rooney y John Bradshaw, «Canine Welfare Science: An Antidote to Sentiment and Myth», en *Domestic Dog Cognition and Behaviour*, ed., Alexandra Horowitz (Berlín, Springer-Verlag, ed.). Alexandra Horowitz (Berlín, Springer-Verlag, 2014), 261

niños», la mayoría elegía la opción saludable. Los dos tipos de ternura parecían anularse mutuamente: los sentimientos generados por la ternura de los bebés, inducidos por el nombre de la tienda, inhibían los efectos de la ternura caprichosa de la cara de dibujos animados.[18]

Por eso, cuando alguien llama mono a un perro, no podemos estar seguros de si se refiere a mono «de bebé» o a mono «divertido». Si el perro es pequeño, tiene la cara achatada o las patas rechonchas, es posible que la persona lo considere «un lindo bebé» (si se trata de un carlino, que tiene estos tres rasgos, la conclusión está clara: véase el recuadro de al lado). Si el perro es de tamaño mediano o grande, de hocico largo y patas largas, como un galgo, su atractivo también puede incluir la diversión, debido a la percepción de la persona de que es juguetón y divertido estar con él, aunque la diversión también puede cruzarse con la ternura, ya que los niños pequeños son juguetones.

Además, la ternura no es simplemente un rasgo que una mascota tiene o no tiene; también muta en el ojo del que mira. En un estudio reciente realizado en Australia, los propietarios de perros a los que se mostraban fotos de perros de otras personas calificaban a unos más bonitos que a otros. Sin embargo, los dueños no solo calificaban a sus propios perros de más monos que los demás, sino que sus calificaciones no guardaban relación con las de las personas que solo habían visto las fotografías de los perros.[19] Al parecer, a medida que los dueños establecen una relación con sus perros, los califican de cada vez más monos. Es de suponer que su aspecto va perdiendo importancia a medida que la adquieren otros atributos, sobre todo el cariño que resulta ser el perro. No obstante, la impresión inicial de monada (o no) no solo parece más o menos universal, sino también importante para poner en marcha la relación entre el hombre y su mejor amigo.

Utilizamos la palabra «mono» para describir tanto a los bebés humanos como a las crías de animales y, sin duda, ambos coinciden en cómo nos

---

[18] Gergana Nenkov y Maura Scott, «So Cute I Could Eat It Up: Priming Effects of Cute Products on Indulgent Consumption», *Journal of Consumer Research* 41 (2014): 326-41.

[19] Pinar Thorn et al., «The Canine Cuteness Effect: Owner-Perceived Cuteness as a Predictor of Human-Dog Relationship Quality», *Anthrozoös* 28 (2015): 569-85.

Lo mono desde el punto de vista de un carlino

Los perros y gatos con cara achatada pueden resultar especialmente atractivos por su parecido con los bebés humanos, pero estos rasgos pueden tener un coste enorme para su bienestar. La variedad de gato persa «cara de peke», con la nariz aplastada entre los ojos, es propensa a sufrir dificultades respiratorias, trastornos oculares y malformaciones de los conductos lagrimales, y una proporción de sus gatitos superior a la normal nace muerto. La cría del bulldog británico, antaño símbolo orgulloso (y atlético) de la reputación nacional de valentía y determinación, ha favorecido una forma tan extrema de la cabeza que la mayoría de los cachorros ya no pueden recorrer el canal del parto y deben ser extraídos por cesárea. Debido a la deformación de sus fosas nasales, muchos tienen dificultades para respirar cuando duermen y se ven obligados a permanecer despiertos para no asfixiarse. Esta dolencia se debe a la excesiva cantidad de tejido blando en las vías respiratorias del perro: la mutación que causa la cara aplastada afecta al crecimiento de los huesos de la nariz, no al tejido que soporta el cráneo. Así, estos perros tienen fosas nasales de tamaño insuficiente, pliegues excesivos de tejido en el sistema que normalmente humidifica el aire que pasa por la nariz, una lengua de tamaño excesivo, un paladar y amígdalas blandos y pliegues excesivos en la laringe. Como resultado, al llegar a la edad adulta son pocos los que pueden respirar por la nariz y cada vez les resulta más difícil hacerlo incluso por la boca. Mientras luchan por inflar sus pulmones, deben adoptar una postura amplia, con los codos separados del pecho, que se asemeja

Un carlino.

al pecho agrandado de un niño con asma crónica grave. Estos perros son prácticamente incapaces de hacer ejercicio, ya que solo respiran. Al final, la laringe se colapsa por el esfuerzo y el perro se asfixia.

El carlino lo tiene aún peor que el bulldog. Una encuesta reciente realizada entre perros de la zona de Londres indica que, aunque cualquier perro con hocico corto puede tener dificultades para respirar, la raza que sale peor parada es el carlino, ya que alrededor del 90 % de los perros muestran signos de obstrucción de las vías respiratorias. [20]

Los problemas de los desafortunados carlinos no se limitan a las dificultades respiratorias. Sus ojos extragrandes, que recuerdan a los de un bebé humano, son muy susceptibles a varios tipos de problemas, como párpados inflamados y daños en la córnea que sobresale, lo que provoca ceguera parcial o incluso total en el ojo afectado. Peor aún —y esto no es para aprensivos—, una simple caída puede sacar el ojo de su cuenca, de tamaño inadecuado: los carlinos tuertos no son infrecuentes. Por si fuera poco, los excesivos pliegues de piel justo encima de la nariz pueden albergar infecciones cutáneas, y su pelo puede arañar el globo ocular. Por último, en la mandíbula superior no hay espacio suficiente para todos los dientes, algunos de los cuales se giran hacia los lados al crecer, lo que predispone al perro a sufrir dolorosas enfermedades de las encías más adelante.

Todas estas desventajas se derivan directamente del deseo de los propietarios de poseerel perro con cara de bebé por excelencia. En palabras de un distinguido veterinario especialista en comportamiento: «Me encantan los carlinos. Por eso no tengo uno».

hacen sentir, aunque sepamos perfectamente que un «bebé peludo» no es en realidad un bebé humano. Algunos estudios sugieren un solapamiento casi total, como si los animales adorables simplemente secuestraran nuestras reacciones emocionales instintivas ante los bebés de nuestra propia especie. Muchas personas consideran que incluso las caras de los gatos adultos (por no hablar de las de los gatitos) son más bonitas que las de (algunos) bebés humanos. En otro estudio, las personas a las que se les mostraban fotos de cachorros adorables calificaban las caras de los bebés humanos como menos adorables de lo que lo habrían hecho en otras circunstancias, como si los cachorros

[20] Para el estudio al que se hace referencia, véase Rowena Packer et al., «Impact of Facial Conformation on Canine Health: Brachycephalic Obstructive Airway Syndrome», *PLoS ONE* 10 (2015), artículo e0137496; véase también James Serpell, «Anthropomorphism and Anthropomorphic Selection - Beyond the Cute Response», *Society & Animals* 11 (2003): 83-100. Sobre las afecciones congénitas que sufren los carlinos, véase «Genetic Welfare Problems of Companion Animals», Universities Federation for Animal Welfare, http://www.ufaw.org.uk/dogs/pug.

hubieran saciado su apetito por lo adorable y las fotos de bebés fueran demasiado de lo mismo.[21]

En cambio, otros estudios indican que nuestras reacciones ante los animales y los niños monos son distintas. Las imágenes de bebés humanos captan nuestra atención más rápido que las de perritos y gatitos igual de monos, sobre todo si se presentan solo al ojo izquierdo y son procesadas predominantemente por el lado derecho del cerebro. La preferencia de las madres por sostener a sus bebés en el brazo izquierdo, lo que les permite controlar las expresiones faciales del niño con el ojo izquierdo, muestra un sesgo similar. En otro estudio, ver caras de bebés humanos provocó una reacción emocional positiva instantánea que no se observó con cachorros o gatitos (o humanos adultos). Los escáneres de resonancia magnética han identificado varias áreas del cerebro adulto que responden intensamente a las caras de bebés humanos, pero no a las de cachorros o gatitos. Se trata de zonas relacionadas con la emoción (ínsula, giro cingulado medial —véase la ilustración de la página 241—) y con la preparación del cerebro para la acción (tálamo, área motora suplementaria, giro fusiforme). Aunque digamos que los bebés humanos y los animales nos parecen igual de simpáticos, parece que nuestros cerebros tienen claro inconscientemente que no son en absoluto iguales y nos preparan para comportarnos de forma diferente con ellos.[22]

Aunque nos refiramos a las mascotas como miembros de nuestra familia, las pruebas científicas sugieren que nuestros cerebros no responden a nuestros perros adultos precisamente del mismo modo que respondemos a nuestros hijos. Si los animales de compañía son sustitutos de los niños, el afecto que sienten sus dueños por ellos debería manifestarse en las mismas áreas cerebrales que el que sienten por sus

---

[21] Little, «Manipulation of Infant-like Traits Affects Perceived Cuteness of Infant, Adult and Cat Faces»; Jessika Golle et al., «Sweet Puppies and Cute Babies: Perceptual Adaptation to Babyfacedness Transfers Across Species», *PLoS ONE* 8 (2013), artículo e58248.

[22] Tobias Brosch, David Sander y Klaus Scherer, «That Baby Caught My Eye... Attention Capture by Infant Faces», *Emotion* 7 (2007): 685-9; Vincenzo Senese et al., «Human Infant Faces Provoke Implicit Positive Affective Responses in Parents and Non-parents Alike», *PLoS ONE 8 (*2013), artículo e80379; Andrea Caria et al., «Species-Specific Response to Human Infant Faces in the Premotor Cortex», *NeuroImage* 60 (2012): 884-93.

hijos. En un estudio, los escáneres cerebrales de madres propietarias de perros mostraron una gran similitud cuando miraban fotos de su propio perro o de su hijo. La amígdala, el gris periacueductal y la sustancia negra, que contienen altas concentraciones de receptores de las hormonas oxitocina, vasopresina y dopamina, se iluminaron indistintamente. Sin embargo, mientras que ver al niño también provocó actividad en un área cerebral también implicada en las relaciones afectivas con las personas (el área tegmental ventral/substancia negra), ver al perro no lo hizo. Así pues, el afecto que los dueños sienten por sus perros adultos no es idéntico al que sienten por sus hijos.[23]

La forma en que las madres hablan a sus hijos también difiere sutilmente de la forma en que las dueñas hablan a sus perros. El habla de los bebés, o «lenguaje materno», se ha estudiado a fondo y difiere del habla de los adultos en varios aspectos. Se caracteriza por frases muy cortas, de unas cuatro palabras, dos veces y media menos que una frase típica en una conversación entre dos adultos. Las madres suelen hablar en presente con sus bebés y hacen pocas afirmaciones y muchas exclamaciones y preguntas: ¿Dónde está el perrito? ¿Dónde se ha metido? Está allí, ¿verdad? A menudo repiten palabras, utilizan muchos diminutivos, sobrearticulan los sonidos vocálicos y hablan en un tono más alto de lo habitual. (Los hombres utilizan algo de lenguaje infantil cuando se dirigen a sus bebés, o perros, aunque en menor medida que las mujeres). El lenguaje infantil parece estar determinado por la evolución, ya que los bebés prestan especial atención al lenguaje materno incluso cuando se les habla en una lengua que nunca han oído antes. Las madres no esperan que sus bebés entiendan todas las palabras que pronuncian, del mismo modo que la mayoría de los dueños no esperan que sus mascotas les entiendan del todo.[24]

---

[23] Luke Stoeckel et al., «Patterns of Brain Activation When Mothers View Their Own Child and Dog: An fMRI Study», *PLoS ONE* 9 (2014), artículo e107205.

[24] Aunque el lenguaje infantil es bastante homogéneo en todas las culturas, existen variaciones; por ejemplo, no todas emplean la voz aguda. La descripción que se da es la del motherese en inglés americano, ya que la mayoría de los estudios sobre el *doggerel* hasta la fecha han examinado a hablantes nativos de esa lengua. Algunos sugieren que el término *motherese* puede ser sexista y que deberíamos utilizar términos más neutros, como «lenguaje dirigido a los niños», pero como parece que lo inventaron las madres (*mother*, en inglés, palabra de la que

El *motherese,* «lenguaje de bebé», es superficialmente similar al *doggerel,* «lenguaje perruno», como se le ha llamado (recuperando la raíz original de la palabra inglesa acuñada para describir la mala poesía). El novelista estadounidense Booth Tarkington, en *Seventeen* (1917), da este ejemplo de una chica de dieciocho años que habla con su perro: «Apretando la mejilla contra la de Flopit, cambió el tono. "¡El corazoncito de Flopit es tan blandito! Mamá cuida de que el pequeñito esté bien"». En Japón, las mujeres hablan a sus perros de forma muy parecida a como lo hacen con los niños. Añaden el diminutivo *chan* al nombre de un perro de la misma forma que lo harían al dirigirse a un niño pequeño (*Dale-chan*), o utilizan la palabra *ko,* que denota a un niño pequeño (por ejemplo, *iiko* para «buen chico» o «buena chica»). Se refieren a partes del cuerpo del perro con diminutivos, como *okuchi* en lugar de *kuchi* para «boca», y hablan de sí mismas y de sus maridos como la madre (*okaasan*) y el padre (*otousan)* del perro.[25]

Aunque se han realizado pocos estudios sobre el lenguaje que utilizan los dueños de gatos con sus mascotas, parece parecerse a la jerga canina. Un estudio parece revelar algunas diferencias menores: las mujeres utilizan expresiones aún más breves (la mayoría de solo dos palabras) cuando hablan con sus gatos y una menor proporción de preguntas. Sin embargo, las personas implicadas nunca habían conocido al gato antes de que se les pidiera que jugaran con él durante el breve periodo en el que se grabaron sus comentarios. Los propietarios que conversan con sus mascotas en la intimidad de sus hogares bien podrían ser más expansivos.[26]

---

deriva el término), no veo nada malo en dar crédito a quien lo merece.

[25] Véase Robert Mitchell, «Americans' Talk to Dogs: Similarities and Differences with Talk to Infants», *Research on Language and Social Interaction* 34 (2001): 183-210; Kathy Hirsh-Pasek y Rebecca Treiman, «Doggerel: Motherese in a New Context», *Journal of Child Language 9 (1982)*: 229- 37; Naoko Koda, «Anthropomorphism in Japanese Women's Status Terms Used in Talk to Potential Guide Dogs», *Anthrozoös* 14 (2001): 109-11. Un estudio realizado en Italia ha confirmado el uso del *doggerel* tanto por parte de las mujeres como, en menor medida, de los hombres en ese idioma: Emanuela Prato-Previde, Gaia Fallani y Paola Valsecchi, «Gender Differences in Owners Interacting with Pet Dogs: An Observational Study», *Ethology* 112 (2006): 64-73.

[26] Denis Burnham, Christine Kitamura y Uté Vollmer-Conna, «¿Qué hay de nuevo, Pussycat? On Talking to Babies and Animals», *Science* (Washington) 296 (2002): 1435; Valerie Sims y Matthew Chin, «Responsiveness and Predicted Inte-

La jerga y el lenguaje infantil también difieren en que las madres señalan constantemente los nombres de las cosas a sus hijos: «Esto es una pelota. Esto es rojo». Los dueños no suelen hacer lo mismo con sus perros en situaciones informales, aunque pueden pronunciar frases similares cuando intentan adiestrarlos o darles instrucciones en general. Y lo que es más revelador, la jerga canina también difiere sutilmente del lenguaje materno en sus sonidos vocálicos, que la gente exagera menos cuando habla con los perros. Se sabe que los bebés de madres que sobrearticulan los sonidos vocálicos son más capaces de distinguir entre las consonantes que separan las vocales, así que, al igual que el uso de enunciados, este atributo del lenguaje materno parece tener una función a la hora de enseñar al niño a hablar. Dado que pocos dueños de perros esperan que estos aprendan a responderles (a pesar de los perros «parlantes» de YouTube), tiene sentido que abandonen este aspecto concreto del lenguaje materno. Sin embargo, los dueños de loros esperan que sus mascotas capten fragmentos del habla humana y, cuando hablan con sus loros, algunos (no todos) articulan demasiado las vocales, como si hablaran con un bebé.[27]

Los modos de hablar derivados del lenguaje materno se utilizan en una gran variedad de contextos, de los cuales hablar a las mascotas es solo uno (quizá dos, si incluimos a los loros, o incluso tres, si el lenguaje gatuno resulta ser sutilmente diferente del lenguaje canino). Otros destinatarios habituales son los amantes, los extranjeros, los ancianos enfermos, los adultos con problemas mentales y los robots. Las parejas románticas se hablan mutuamente como una forma de expresar al mismo tiempo afecto, compromiso y dependencia, y aunque las palabras empleadas pueden diferir, el intercambio de cariños ñoños comparte sorprendentes similitudes con la jerga canina. Menos parecidas son las versiones utilizadas cuando el hablante cree que el destinatario tiene dificultades para entender lo que se le dice, ya sea por una barrera lingüística o por una percepción de competencia disminuida; estas suelen tener un tono menos afectuoso que el utilizado cuando se habla a

lligence as Predictors of Speech Addressed to Cats», *Anthrozoös* 15 (2002): 166-77.

[27] Nan Xu et al., «Vowel Hyperarticulation in Parrot, Dogand InfantDirected Speech», *Anthrozoös* 26 (2013): 373-80.

bebés, amantes o mascotas. Así se desprende de una comparación directa entre las instrucciones verbales dadas a un *Boston terrier* y a un robot Aibo mientras los sujetos de un experimento los dirigían a través de un complejo laberinto. Dieron instrucciones muy parecidas, pero utilizaron un tono de voz notablemente más agudo —más afectuoso— para el perro que para el robot.[28]

El modo en que la gente habla a sus mascotas puede reflejar más su afecto por el animal que su concepción de él como su «bebé». Aunque es casi seguro que el lenguaje materno evolucionó como forma de tranquilizar a los bebés y enseñarles a hablar, parece que lo hemos adaptado a una amplia gama de situaciones en las que el habla normal entre adultos parece inapropiada. Cada nueva función implica una alteración, generalmente una pérdida, de una característica de su forma original, dirigida a los bebés. Las palabras cambian cuando conversan parejas románticas, la articulación se desplaza cuando se trata de perros y extranjeros, y el tono afectuoso decae cuando se trata de extranjeros y robots.

No cabe duda de que nuestra reacción instintiva a la ternura forma parte de nuestra herencia mamífera que garantiza la supervivencia de nuestra descendencia, remontándose millones de años atrás a nuestro pasado homínido y probablemente más allá. Sin embargo, los mecanismos que activan nuestras mascotas difieren sutilmente de los que ponen en marcha los bebés humanos. La visión de animales simpáticos activa zonas del cerebro ligeramente diferentes a las de la visión de un bebé, y nuestra respuesta verbal también difiere de una forma sutil. Las numerosas similitudes no deben llevarnos automáticamente a la conclusión de que los animales de compañía se aprovechan de un conjunto de respuestas que, por derecho, deberíamos reservar para nuestra propia especie. La selección natural favorece los cambios mínimos frente a la reinvención total. Si en algún momento de nuestro pasado resultó ventajoso desarrollar mecanismos para reconocer y cuidar de algunos tipos de animales, entonces esperaríamos ver el menor número posible de cambios en una respuesta ya existente, en este caso

---

[28] Aaron Pepe y otros, «Go, Dog, Go: Maze Training AIBO vs. a Live Dog: An Exploratory Study», *Anthrozoös* 21 (2008): 71-83.

la respuesta de la ternura dirigida a la propia descendencia. Parte del atractivo de las mascotas procede del atractivo de nuestros bebés, pero es una adaptación, no un plagio.

El nivel de «monería» o belleza es una parte esencial de la atracción inicial que la gente siente por los cachorros y los gatitos, los gatos en general (probablemente) y muchos tipos de perros. Es probable que sea mucho menos importante, e incluso puede no ser un factor, en muchas otras relaciones entre humanos y animales, como las que se establecen entre caballos y jinetes o entre herpetocultores y sus serpientes, por muy afectuosos que esas personas consideren que son sus vínculos con sus animales. Aunque la ternura es claramente una propiedad tanto de los bebés humanos como de algunos animales, y estimula el afecto hacia ambos, la mayoría de las personas no reacciona a estos dos conjuntos de estímulos precisamente de la misma manera, como demuestran las diferencias en las activaciones cerebrales y en el tipo de discurso utilizado para dirigirse a ellos.

Es poco probable que la monería (en el sentido de monada de bebé) sea suficiente para mantener una relación real, aunque pueda seguir desempeñando un papel en los sentimientos que un niño tiene por su osito de peluche favorito. El atractivo inicial de una cara mona puede explicar gran parte de la popularidad de los gatos (y los carlinos) en Internet, pero la sensibilidad de la gente a la monada de una cara concreta —animal o humano— disminuye con el tiempo, por lo que es poco probable que explique la durabilidad de los vínculos de los dueños con sus mascotas, perros y gatos, que pueden durar una década o más. Confundiendo un poco el panorama, los dueños de mascotas de muchos años pueden utilizar casualmente la palabra «mono» al expresar con palabras el afecto que sienten por su perro o gato. Ambas partes deben obtener algo de la relación para que esta dure. Los perros de compañía valoran por encima de todo el contacto social con las personas, los gatos la coherencia de su entorno y la protección que les proporcionan sus dueños. ¿Y qué sacan los humanos de la interacción a largo plazo? Tal vez el afecto que los dueños sienten por sus mascotas se deba más a un sentimiento de disfrute que a la simple ternura. Las mascotas nos hacen felices de una forma que otras posesiones no consiguen.

CAPÍTULO 8

AMIGOS PARA SIEMPRE, PERO ¿CUÁL ES LA RECOMPENSA?

La mayoría de los propietarios de mascotas esperan que su perro o gato sea un amigo para toda la vida (es decir, su vida). En general, la gente considera que abandonar a una mascota por motivos egoístas es algo vergonzoso, aunque ni de lejos tan despreciable como abandonar a un hijo. Esto contrasta fuertemente con lo que consideramos un comportamiento aceptable hacia los artilugios a los que los dueños de mascotas de hoy en día probablemente dedican al menos tanto tiempo como a sus compañeros animales. La gente compra y desecha teléfonos móviles y tabletas aparentemente por capricho. En el Reino Unido hay muchos más teléfonos móviles que personas (por término medio, los usuarios tienen dos teléfonos que no usan, además del que sí usan), pero al menos cada teléfono ha tenido unos dos años y medio de uso; en Estados Unidos, esa cifra se reduce a un escaso año y medio.[1] Aunque las mascotas son posesiones, se las considera mucho más como personas.

Es difícil obtener estadísticas fiables sobre la proporción de perros y gatos abandonados por sus dueños en algún momento de su

[1] Phi Tran, «Average Life of US Mobile Phone Is 18 Months», Adweek, 25 de marzo de 2013, http://www.adweek.com/socialtimes/33775/185697.

vida, sobre todo porque muchos traspasos de propiedad son asuntos privados y no implican a organizaciones de recopilación de datos (como una de las principales sociedades humanitarias). Los gatos tienden a migrar de forma espontánea de un hogar a otro, normalmente por incompatibilidades sociales más que por la calidad de la comida. Muchos perros acaban en refugios porque sus dueños se ven incapaces de hacerles frente. Sin embargo, hoy en día solemos creer que ambas especies —sobre todo los perros— pueden y deben ser amigos para toda la vida.

Las alegrías de tener una mascota deben ser fuertes y sólidas para compensar los inconvenientes. Una encuesta realizada en 2011 a dos mil dueños de perros en el Reino Unido reveló que el perro medio provoca más de 150 discusiones familiares al año, o alrededor de 2000 a lo largo de su vida. Las vacaciones son el mayor motivo de discordia: ¿Debe acompañarnos el perro? Si no, ¿quién debe cuidarlo? Quién pasea al perro también es fuente de fricciones: aunque tres cuartas partes de los propietarios afirman que les gusta pasear a sus perros, muchos intentan y no consiguen que otros miembros de la familia participen. Otra fuente de disputas son las acusaciones de que uno de los miembros de la familia es demasiado blando con el perro, permitiéndole subir al piso de arriba o incluso a la cama; en el 17 % de los hogares, esta indulgencia había obligado a uno de los miembros de la familia a dormir en una habitación libre, dejando que el perro ocupara el espacio que él (o ella) había desocupado.[2]

Por orden de aparición, las veinte principales disputas caninas tuvieron que ver con lo siguiente:

1. Qué hacer con el perro cuando se va de vacaciones/de fin de semana.
2. El hecho de que no haya sacado a pasear al perro/quién debería sacarlo a pasear.
3. Si se debe permitir que el perro suba a la cama.

[2] «Man's Worst Friend: Average Dog Causes 2,000 Family Arguments in Its Lifetime», *Daily Mail*, 12 de enero de 2012, http://www.dailymail.co.uk/news/article-2084835/Mans-worst-friend-Average-dog-causes-2-000-family-arguments-lifetime.html. Los niños provocan más discusiones que las mascotas, por término medio.

4. Si el perro puede entrar en casa.
5. ¿Quién debe limpiar el jardín trasero?
6. Si uno de los propietarios está siendo demasiado duro con el perro.
7. Si uno de los dueños debe dejar que el perro suba al sofá.
8. Cuánto ha gastado uno de los propietarios en el perro.
9. Quién debe adiestrar al perro y cómo.
10. Si se permite dar de comer al perro en la mesa del comedor.
11. Quién debe cuidar del perro.
12. Quién debe cepillar al perro.
13. Daños domésticos causados por el perro.
14. Quién decidió comprar el perro en primer lugar.
15. Quién debe recoger la suciedad cuando el perro orina o defeca en la alfombra.
16. ¿Quién debe limpiar la alfombra cuando el perro está enfermo?
17. Uno de los dueños insiste en tratar al perro como a un humano.
18. Uno de los dueños deja entrar al perro en una habitación de la casa en la que normalmente no está autorizado.
19. Se han comido los juguetes de los niños.
20. Los zapatos han sido masticados.

Para algunos propietarios, estas molestias cotidianas pueden resultar insignificantes si su perro se vuelve agresivo o no se le puede dejar solo porque «se porta mal» (probablemente debido al estrés de la separación, que es mucho más común de lo que la mayoría de los propietarios imaginan). Algunos, aparentemente inconscientes de que existe ayuda especializada, llegan a aceptar estos problemas como parte integrante de la tenencia de un perro. Las parejas dejan de entretenerse en casa porque su perro gruñe y gruñe a los extraños; una persona vive sola porque, al volver del trabajo, tiene que limpiar las heces de la habitación donde ha encerrado a su querido perro, sin saber que su comportamiento refleja la angustia que siente cuando ella se marcha cada mañana.[3]

El comportamiento molesto no es el único inconveniente de tener un perro. En el último cuarto de siglo ha surgido una nueva carga para los dueños de perros: la eliminación de sus heces en espacios públicos. En los años cincuenta, los perros no debían defecar en unos pocos lugares: los vagones de tren, por ejemplo, aunque el andén de la estación sí estaba permitido. En Occidente, el placer de pasear al perro se ha visto empañado para algunos por la necesidad de recoger y eliminar sus excrementos. En palabras del locutor Robert Hanks, «Para cualquier dueño de perro, la mierda es un problema importante... Por muy a menudo que recojas la mierda, por mucho que quieras a tu perro, el horror de la tarea no disminuye». «Por muy arraigada que esté la lección de civismo, caminar por la calle con un saco de excrementos en la mano, buscando la próxima papelera, es una humillación». Sin embargo, a pesar de esta responsabilidad adicional, la popularidad de la tenencia de perros muestra pocos signos de disminuir.[4]

Hay menos ejemplos registrados de cómo los gatos pueden alterar la vida familiar, probablemente porque son menos exigentes que los perros. Sin embargo, su fuerte apego a un lugar puede imponer cargas a su propietario e influir en las decisiones sobre la vivienda: «A veces pienso que sería más cómodo tener un piso en algún sitio, pero esta es su casa», dice el dueño de un gato en el sur de Gales. «Y tengo un gato al que no le gustaría estar en un piso, porque lo tuvimos en un piso cuando estábamos allí, cuando se estaba reformando la casa, y no estaba nada contento elpobrecillo». Otros inconvenientes más mundanos son el 10 % de los gatos domésticos que orinan o defecan regularmente en las esquinas de la casa o, peor aún, en las camas (según una encuesta que realicé en el sur de Inglaterra). Este comportamiento

---

[3] Victoria Voith, «The Impact of Companion Animal Problems on Society and the Role of Veterinarians», Veterinary Clinics of North America: Small Animal Practice 39 (2009): 327-45.

[4] De Robert Hanks, «The Tyranny of a Dog's Turds», *Guardian*, 23 de marzo de 2012, http://www.theguardian.com/commentisfree/2012/mar/23./tiranía-de-perros-toros.

suele reflejar el miedo del gato a ser aterrorizado por otros gatos. En la misma encuesta, descubrimos que aproximadamente uno de cada ocho gatos se mostraba agresivo con las personas, normalmente visitantes del hogar, por lo que este problema, aunque más grave en los perros, no se limita a esta última especie.[5]

La tenencia de mascotas también tiene consecuencias sociales, tanto para el dueño como para los transeúntes inocentes. La imagen benigna del perro familiar como curativo y compañero no concuerda con sus orígenes como carnívoro cazador de manadas: muchos perros de compañía inadecuadamente socializados pueden recurrir a la agresividad en situaciones de estrés. La agresividad canina es, y probablemente siempre ha sido, un grave problema en todo el mundo debido a las lesiones que pueden infligir los perros. En las últimas décadas nos hemos vuelto mucho menos tolerantes con este tipo de incidentes, los menos graves de los cuales solían ignorarse como uno más de los pequeños peligros de la vida. Los ingresos hospitalarios por mordeduras de perro han aumentado un 75 % entre 2005 y 2015, pero esto tiene más que ver con la seriedad con que nos tomamos estos episodios que con un aumento real de los casos. En Estados Unidos, los perros muerden cada año a entre cuatro y cinco millones de personas; de ellas, entre veinte y treinta, principalmente niños, mueren como consecuencia.[6]

Las mordeduras de perro no son el único problema. El ruido y la suciedad de los perros son fuente frecuente de disputas entre vecinos. Hace poco, mi hija tuvo que cambiar de casa porque los ladridos incesantes del perro casero de al lado impedían a su hijo dormir durante el

[5] La cita procede de Nickie Charles y Charlotte Aull Davies, «My Family and Other Animals: Pets as Kin», Sociological Research Online 13, no. 5 (2008), artículo 4, doi: 10.5153/sro.1798. Para la encuesta sobre el comportamiento no deseado entre los gatos, véase John Bradshaw, Rachel Casey y Johanna MacDonald, «The Occurrence of Unwanted Behaviour in the Pet Cat Population», Proceedings of the Companion Animal Behaviour Therapy Study Group (2000): 41-2.

[6] Anthony Podberscek, «Aspectos positivos y negativos de nuestra relación con los animales de compañía», Veterinary Research Communications 30 (Suppl. 1) (2006): 21-7; «Provisional Monthly Topic of Interest: Admissions Caused by Dogs and Other Mammals», Health and Social Care Information Centre, mayo de 2015, http://www.hscic.gov.uk/catalogue/PUB 17615/prov-mont-hes-admi-outp-ae-April%202014%20to%20February%202015-toi-rep.pdf.

día. Los perros también pueden provocar accidentes de tráfico al salir a la carretera o distraer a sus dueños mientras conducen. Y a veces las mascotas causan daños por el mero hecho de estar ahí. Cada año en Estados Unidos, hasta 100 000 personas requieren atención médica —en 25 000 casos por fracturas óseas—tras tropezar con su perro o gato. Los gatos parecen suponer un peligro especial para los mayores de 75 años, y cabe preguntarse si hay muchos más incidentes de este tipo que no son denunciados por personas mayores a las que les preocupa perder a su mascota si se considera un peligro para ellas.[7]

Dados los muchos peligros potenciales de tener un animal de compañía, los propietarios deben tener razones de peso para seguir cuidando de un animal que les causa problemas a ellos o a sus vecinos. Los sentimientos de obligación social pueden desempeñar algún papel. Una persona mayor puede persistir en conservar una mascota que le ha regalado inesperadamente un ser querido, con la esperanza de que le proporcione compañía y los supuestos beneficios para la salud; el miedo a ofender al donante puede inhibir al receptor de encontrar un hogar más adecuado para el animal. Las personas que viven solas pueden quedarse con un animal de compañía que perteneció a un hijo que se ha ido de casa, a pesar de no sentir un apego especialmente fuerte por él; las viudas y los viudos pueden quedarse con el animal de compañía que compartieron con su pareja fallecida a pesar de no haberle tenido mucho cariño en secreto. Los propietarios de cualquier edad pueden sentirse avergonzados de deshacerse de un «miembro de la familia», por difíciles que sean sus problemas con él.

El poder de la obligación social y la presión del grupo no es más evidente en ninguna parte que en las «mascotas virtuales» portátiles tan queridas por los adolescentes japoneses. El primero de ellos, el

---

[7] Nonfatal Fall-Related Injuries Associated with Dogs and Cats - United States, 2001-2006, Centros para el Control y la Prevención de Enfermedades, 27 de marzo de 2009, http://www.cdc.gov/mmwr/preview/mmwrhtml/mm 5811a1.htm. En un tono más desenfadado, el adiestrador neozelandés Mark Vette ha enseñado a conducir a varios perros rescatados, el primero de ellos un cruce de bearded collie llamado Porter. Véase Hilary Hanson, "Dogs Driving Cars: New Zealand SPCA Puts Canines Behind the Wheel", Huffington Post, 6 de diciembre de 2012, http://www.huffingtonpost.com/2012/12/05/dogs-driving-cars-new-zealand.-spca_n_2244476.html.

Una mascota de bolsillo.

Tamagotchi, apareció en el mercado en 1996 y se convirtió en una locura instantánea, con los juguetes de 10 dólares cambiando de manos por hasta 400 dólares por un raro modelo descatalogado; en 2010, se habían vendido más de 76 millones en todo el mundo. Los Tamagotchi son llaveros en forma de huevo con una diminuta pantalla que muestra un animal estilizado, supuestamente de una especie alienígena (véase la ilustración cercana). Al activar el juguete, sale un «huevo» que el jugador debe «criar» pulsando los tres botones que tiene en la cara. Cada mascota requiere alimentación, juego, limpieza y disciplina. Por ejemplo, hay que educarla: los excrementos aparecen en el borde de la pantalla y la mascota se pondrá «enferma» si el jugador no los retira. Poco antes de defecar, la mascota pone cara de asco y aparecen unas líneas fétidas a su alrededor; en ese momento, el jugador puede activar el icono del retrete y, si lo repite con éxito, la mascota estará permanentemente entrenada para ir al baño. Un icono de una calavera aparece en la pantalla para indicar «enfermedad»—por ejemplo, causada por una alimentación insuficiente o excesiva o por no recoger los excrementos— y, si no se administra la «medicina», la mascota puede morir. A diferencia de un bebé humano o de una mascota viva, la mascota de bolsillo proporciona poca información emocional en términos de expresiones faciales o comportamiento, pocos gritos de alegría o angustia: la relación se centra en las respuestas del propietario a las demandas arbitrarias e impredecibles de la «mascota». Para quien lo vea desde fuera, todo esto puede parecer trabajo y nada de diversión, pero los propietarios muestran una sorprendente dedicación a sus parásitos electrónicos en miniatura.

La simple presión de grupo puede bastar para inducir a los propietarios de Tamagotchi a tener mucho cuidado de que estas mascotas de bolsillo «sobrevivan». No cuidar adecuadamente de lo que, a primera vista, es poco más que una pantalla, un microprocesador y una batería puede tener repercusiones sociales entre el grupo de amigos del propietario. En palabras de una niña de ocho años: «¡Mamá, mamá! ¡Angela dejó morir a su bebé! No fue a verla ni le dio de comer, ¡y por la mañana estaba muerta!».[8]

Evitar la vergüenza no es el único factor que impulsa a los propietarios a seguir cuidando de sus mascotas de bolsillo. La fascinación que ejercen estos juguetes parece derivar de la explotación del antropomorfismo simple por parte de sus inventores. Están programados para parecer impredecibles y autónomos (también son bonitos, pero en el sentido caprichoso, así que esto no puede explicar más que una fracción de su atractivo). Exigen a sus dueños lo mismo que una mascota de verdad: los modelos originales «decidían» cuándo lo hacían, aunque tras las objeciones de los profesores, los modelos posteriores incorporaron una función de pausa para que sus dueños pudieran centrarse en sus deberes. Los Tamagotchi «crecen» desde la infancia hasta la edad adulta, y requieren cuidados regulares por parte de sus dueños, en su mayoría mujeres (para quienes fueron diseñados originalmente;

---

[8] La cita procede de Becky Bailey, «The Impact of Electronic Media and Communication on Object Relations», *Psychoanalysis Online 2.* The Impact of Electronic Media and Communication on Object Relations*: Impact of Technology on Development, Training and Therapy*, ed., Jill Savege Scharff (Londres: Karnac Books, 2015), 15-16. Jill Savege Scharff (Londres: Karnac Books, 2015), 15-16.

apócrifamente, los chicos que compran Tamagotchi se dedican más a disciplinarlos que a cuidarlos).[9]

El antropomorfismo, la ternura caprichosa y la obligación social se combinan para mantener el interés del niño por su mascota de bolsillo. Cuando se canse temporalmente de responder a todos sus caprichos, la idea de la censura de sus compañeros de clase si la deja «morir» la animará a seguir. Las mismas presiones, aunque aumentadas, se aplican cuando la mascota es un animal vivo. Sin embargo, por muy exigentes que parezcan las «mascotas» de bolsillo, sus necesidades palidecen en comparación con la cantidad de cuidados que necesita una mascota de verdad a lo largo de toda su vida. Porque cuidar de un perro o un gato puede ser una tarea pesada, la relación debe tener ventajas que justifiquen con creces el esfuerzo realizado, al menos para la mayoría de los dueños. Gracias a la búsqueda científica de lo que podría haber detrás de las supuestas (y probablemente ilusorias) propiedades de la tenencia de animales de compañía para prolongar la vida, los investigadores han estudiado a fondo las recompensas emocionales de la interacción con los perros.

Teniendo en cuenta todos los problemas, obligaciones y gastos que conlleva tener un animal de compañía, tiene que haber un lado positivo. En conjunto, las mascotas nos hacen felices. No nos aferramos a ellos simplemente por obligación, aunque a veces lo sintamos así si el animal ha hecho algo especialmente vergonzoso. Es muy difícil determinar por qué algunas cosas nos hacen felices y otras no, pero el modo en que la química de nuestro cuerpo cambia con nuestro estado de ánimo ofrece algunas pistas. Los investigadores han observado en dueños de mascotas cambios significativos en los niveles de varias hormonas inmediatamente después de interactuar amistosamente con sus animales. Estos hallazgos pueden explicar en gran medida cómo se refuerza el vínculo entre dueño y mascota una vez que la atracción inmediata ha empezado a decaer.

---

[9] Judith Donath, «Artificial Pets: Simple Behaviours Elicit Complex Attachments», en The Encyclopedia of Animal Behaviour, ed. Marc Bekoff (Westport, CT: Greenwood Press, 2004, 955-7). Marc Bekoff (Westport, CT: Greenwood Press, 2004), 955-7.

Numerosos trabajos indican que interactuar con un animal de compañía real puede tener una influencia tranquilizadora (siempre que, naturalmente, el propio animal esté tranquilo: intentar acariciar a un gato díscolo o separar a dos perros que se pelean nunca será relajante). El contacto físico directo con el propio animal parece importante, ya que provoca una reducción de las hormonas del estrés epinefrina, norepinefrina y cortisol.[10]

Un grupo de personas que casi con toda seguridad se siente ansioso es el de los estudiantes universitarios en época de exámenes. Más de 1000 universidades de todo el mundo han puesto en marcha programas de visitas de animales para ayudar a los estudiantes a calmarse. Por ejemplo, en mayo de 2015 mi propia universidad (Bristol) se unió a la organización benéfica Guide Dogs para ofrecer a los estudiantes estresados la oportunidad de relajarse en una «sala de cachorros»: las 600 plazas disponibles de un cuarto de hora se llenaron rápido. Sorprendentemente, las sesiones fueron casi tan populares entre los hombres como entre las mujeres. Las investigaciones respaldan el entusiasmo de los estudiantes: en un estudio, tras solo siete minutos de interacción con un perro amistoso, los estudiantes declararon una reducción significativa de la ansiedad y una mayor satisfacción. El simple hecho de ver un pase de diapositivas con imágenes del mismo perro durante el mismo tiempo no tuvo ningún efecto sobre su estado de ánimo o agitación. Además, aunque los estudiantes que ya tenían experiencia con perros y les gustaban esperaban sacar más provecho de la sesión, la experiencia previa no influyó en el beneficio posterior. El contacto físico y la interacción con un perro amistoso parecen ser realmente calmantes a corto plazo; a pesar de la proliferación de cafeterías para gatos en todo el mundo, aún no sabemos si una sesión equivalente con un gato tiene el mismo efecto, pero parece plausible.[11]

---

[10] Para una revisión, véase Deborah Wells, «The Effects of Animals on Human Health and Well-Being», *Journal of Social Issues* 65 (2009): 523-43.

[11] Molly Crossman, Alan Kazdin y Krista Knudson, «Brief Unstructured Interaction with a Dog Reduces Distress», *Anthrozoös* 26 (2015): 649-59; véase también «Puppy Love to Help Relieve Exam Stress», Universidad de Bristol, 12 de mayo de 2015, http://www.bristol.ac.uk/news/2015/may/puppy.-sala.html.

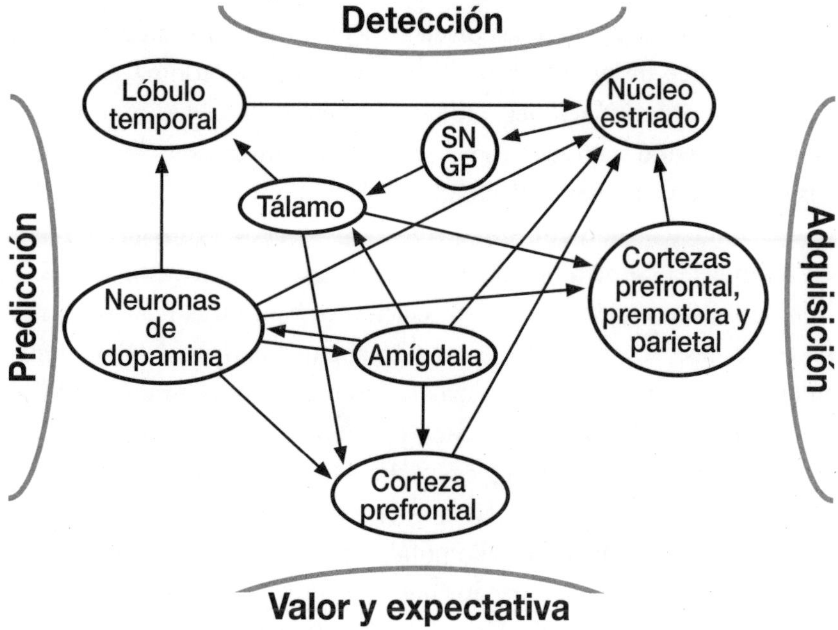

Cómo detecta el cerebro las recompensas y predice dónde y cuándo es probable que se repitan, y cómo podrían adquirirse.[12]

Aunque gratificante en sí mismo, el efecto tranquilizador de los perros sobre los alumnos también puede generar cambios de actitud a más largo plazo. Los alumnos que reaccionaron positivamente al acariciar al perro recordarán esa experiencia e intentarán repetirla en el futuro, tanto inconsciente como conscientemente.

¿Qué es lo que hace tan feliz a la gente cuando juega con animales? ¿Se acumula la simple repetición de estas alegrías para producir el vínculo entre dueño y mascota? Varios sistemas muy complejos pero potentes del cerebro humano nos llevan a repetir acciones que nos han hecho sentir bien, sobre todo si esas consecuencias son algo impredecibles (de ahí el atractivo de las máquinas tragaperras). De hecho, esas sensaciones pueden convertirse en objetivos por derecho propio (véase la

[12] Figura extraída de Wolfram Schultz, «Multiple Reward Signals in theBrain», Nature Reviews Neuroscience 1 (2000): 199-207. Para las abreviaturas, véase el capítulo 7, nota 6. En el original, «Adquisición» aparece como «Representación de objetivos».

ilustración cercana). Pero las diversas neurohormonas implicadas, las más conocidas de las cuales son la dopamina y la serotonina, se liberan en todo tipo de situaciones que nos resultan agradables, no específicamente cuando interactuamos con animales amistosos. Otros mecanismos deben explicar el afecto que sentimos por nuestras mascotas.

El contacto físico con otros seres vivos puede producir cambios en los niveles de otra hormona, la oxitocina, y los investigadores lo han destacado recientemente en relación con nuestras relaciones con las mascotas.[13] Históricamente, se pensaba que la oxitocina solo tenía una función en el cuerpo: iniciar las contracciones durante el parto (la administración intravenosa de oxitocina sintética todavía se utiliza para inducir el parto) y luego estimular a la madre para que produzca leche para su descendencia. La oxitocina natural se fabrica tanto en el cerebro (principalmente en el hipotálamo) como en una amplia gama de órganos del cuerpo, entre los que se incluyen no solo el útero y la placenta, sino también el corazón, el timo (parte del sistema inmunitario), el intestino y, a pesar de su asociación habitual con el parto, los testículos. En las últimas dos décadas, la investigación ha descubierto que la oxitocina produce muchos efectos psicológicos, ayudando a construir no solo la relación entre una madre y su recién nacido, sino también los lazos entre adultos, entre niños y, se ha sugerido, entre los dueños y sus mascotas. En el cerebro, los nervios con receptores de oxitocina entran en contacto con varias zonas importantes para la memoria y los sentimientos de recompensa y emoción, como el hipocampo, el núcleo accumbens y la amígdala.[14]

Como ocurre con otras hormonas que tienen múltiples funciones, es difícil determinar el papel de la oxitocina en el cuerpo humano en un momento determinado, en parte porque la oxitocina cerebral y la

---

[13] En particular, véase Henri Julius y otros, *Attachment to Pets: An Integrative View of Human-Animal Relationships with Implications for Therapeutic Practice* (Cambridge, MA: Hogrefe, 2013); Meg Daley Olmert, *Made for Each Other: The Biology of the Human-Animal Bond (Cambridge,* MA: Da Capo Press, 2009).

[14] Para revisiones generales del papel de la oxitocina en el comportamiento humano, véase Anne Campbell, «Oxytocin and Human Social Behaviour», *Personality and Social Psychology Review* 14 (2010): 281-95; Ruth Feldman, «Oxytocin and Social Affiliation in Humans», *Hormones & Behaviour 61 (2012)*: 380-91.

oxitocina circulante en la sangre no se corresponden con precisión. Evidentemente, para determinar los efectos psicológicos debemos examinar con más detalle los niveles en el cerebro, pero solo podemos hacerlo tomando muestras del líquido cefalorraquídeo, un procedimiento invasivo que puede tener efectos psicológicos propios y que, a su vez, puede interferir con los propios procesos que se están midiendo. Como alternativa, podemos aumentar los niveles de oxitocina en el cerebro administrando la hormona en un aerosol nasal: al parecer, esta oxitocina puede deslizarse entre los receptores olfativos de la nariz y ascender por la vaina que rodea el nervio olfativo hasta el líquido cefalorraquídeo. Tras unos diez minutos, los niveles de oxitocina en el cerebro se mantienen elevados durante una o dos horas. Estas dosis tienen efectos potentes —aunque normalmente de corta duración— en el comportamiento y los sentimientos de las personas, como el fomento de la confianza y la empatía y la reducción de la ansiedad y el estrés. Los escáneres cerebrales realizados tras la administración de oxitocina muestran una reducción de la actividad de la amígdala y sus conexiones con el sistema nervioso simpático (responsable de la respuesta de lucha o huida).[15]

Según una teoría, las propiedades de la oxitocina para inhibir la ansiedad son la clave para entender sus otros efectos. El cerebro humano tiene muchas formas de evaluar la fiabilidad, pero en el pasado de los primates probablemente era sensato desconfiar de todo el mundo y permitir que solo unos pocos individuos conocidos se acercaran, sobre todo cuando se trataba de un bebé vulnerable. Así pues, la oxitocina, que en un principio era simplemente un desencadenante del parto y del comportamiento maternal, desarrolló una función adicional: amortiguar el miedo que el contacto físico con otro miembro de la misma especie podría desencadenar. Así, se libera en nuestro cerebro cuando recibimos señales que denotan afecto, como el contacto visual, el tacto suave (de ahí la eficacia de los masajes para liberar oxitocina) y las expresiones vocales de cariño. La oleada de oxitocina nos induce a reflejar el mismo comportamiento o uno similar, dando lugar a una

[15] La vía precisa por la que los aerosoles intranasales de oxitocina afectan al cerebro aún no está del todo clara. Véase Simon Evans y otros, «Intranasal Oxytocin Effects on Social Cognition: A Critique», *Brain Research* 1580 (2014): 69-77.

cascada de afecto mutuo. En los humanos, este proceso interviene en la formación y el refuerzo del vínculo entre madre e hijo, así como en la formación de amistades entre niños y en la fase de «enamoramiento« de las relaciones románticas. Este último aspecto ha dado a la oxitocina la reputación popular de «hormona del amor» y ha hecho que se comercialice en forma de aerosol nasal que reduce el estrés, disminuye la ansiedad, aumenta los orgasmos y mejora el sueño. Algunos psicólogos también confían en que la oxitocina pueda curar el autismo, el trastorno de ansiedad social y la esquizofrenia.

Sin embargo, la oxitocina no nos hace uniformemente más confiados. De hecho, en algunos casos, unos niveles elevados parecen generar menos confianza, no más: por ejemplo, las madres lactantes con altos niveles de oxitocina circulante pueden desconfiar más de las personas que no conocen que sus compañeras que han optado por alimentar a sus hijos con biberón. Ver bebés monos eleva los niveles de oxitocina, pero, además de aumentar los sentimientos de amor de la madre, también induce instintos protectores, lo que la hace potencialmente más agresiva si percibe una amenaza para su bebé. Las mujeres cuyas relaciones íntimas fracasan tienden a tener niveles de oxitocina en sangre más elevados de lo normal, junto con altos niveles de cortisol, la hormona del estrés, lo que parece contradecir la reputación de la oxitocina como antiestrés universal. La oxitocina administrada por vía nasal puede hacer que los hombres confíen más en las personas que conocen, pero menos en las que no. Por tanto, decir que la oxitocina fomenta la confianza es una simplificación excesiva; más bien parece que cambia las prioridades que damos a los distintos tipos de información social, bajando la guardia ante aquellos en los que ya tenemos motivos para confiar, mientras que la sube ante los que no. Esto explicaría la relación algo compleja entre la oxitocina y las hormonas del estrés, que depende de quién esté cerca cuando se libera la oxitocina.[16]

---

[16] Oriana Aragón et al., «Dimorphous Expressions of Positive Emotion: Displays of Both Care and Aggression in Response to Cute Stimuli», *Psychological Science* 26 (2015): 259-73; Gideon Nave, Colin Camerer y Michael McCullough, «Does Oxytocin Increase Trust in Humans? A Critical Review of Research», *Perspectives on Psychological Science* 10 (2015): 772-89; R. Becket Ebitz y Michael Platt, «An Evolutionary Perspective on the Behavioural Consequences of Exogenous Oxytocin Application», *Behavioural Neuroscience 7* (2014), artículo 225.

«Los perros secuestran la vía del vínculo humano»: sorprendentemente, este titular de 2015 no apareció en un periódico sensacionalista, sino en la revista científica número uno del mundo, publicada por la Asociación Americana para el Avance de la Ciencia.[17] Hacía referencia a un estudio realizado en Japón que pretendía poner de relieve un posible papel de la oxitocina en la domesticación del lobo. Los investigadores descubrieron un pequeño aumento de la oxitocina urinaria (que no suele considerarse una medida especialmente precisa) en los dueños de perros después de acariciarlos y mirarlos a los ojos durante media hora. Otros estudios anteriores también habían revelado aumentos modestos de oxitocina (medida en sangre) tras interacciones similares, pero principalmente en mujeres; la oxitocina de los hombres podría disminuir. Por desgracia, ningún estudio sobre interacciones con perros ha medido la oxitocina cerebroespinal, que debería reflejar con más precisión lo que ocurre en el cerebro del dueño.[18]

El contacto físico —ya sea con bebés o entre parejas solidarias— estimula la oxitocina, por lo que no sorprende que acariciar a un gato o a un perro tenga el mismo efecto. Algunos han sugerido que los beneficios a largo plazo de la oxitocina para la salud cardiovascular pueden ayudar a explicar por qué las parejas tienden a vivir más que los solteros. Hubo un tiempo en que los científicos esperaban que la oxitocina liberada por el contacto repetido con las mascotas explicara por qué los perros (al menos) parecían mejorar la salud humana. Pero como ahora sabemos que la tenencia de mascotas no suele ayudar a las personas a vivir más, los efectos que la oxitocina pueda tener en los sentimientos

[17] Evan Maclean y Brian Hare, «Dogs Hijack the Human Bonding Pathway: Oxytocin Facilitates Social Connections Between Humans and Dogs», *Science* (Washington) 348 (2015): 280-81. Para un punto de vista opuesto, véase Clive Wynne, «Did Dogs Hack the Oxytocin Love Circuit: Comparing Dogs to Wolves Doesn't Necessarily Inform About Domestication», *Psychology Today*, abril de 2015, https://www.psychologytoday.com/blog./dogs-and-their-people/201504/did-dogs-hack-the-oxytocin-love-circuit.

[18] Johannes Odendaal y Roy Meintjes, «Neurophysiological Correlates of Affiliative Behaviour Between Humans and Dogs», *Veterinary Journal 165 (2003)*: 296-301; Suzanne Miller et al., 'An Examination of Changes in Oxytocin Levels in Men and Women Before and After Interaction with a Bonded Dog', *Anthrozoös* 22 (2009): 31-42.

de los dueños hacia sus mascotas no parecen afectar a su salud, o quizá solo lo hacen a muy corto plazo, anulados por todas las veces que el perro se porta mal. En general, a pesar de todo el alboroto sobre la función de la oxitocina en la formación de relaciones, tanto entre personas como con mascotas, sus efectos son demasiado inconsistentes como para explicar por completo el placer que obtenemos al acariciar a un perro o un gato cariñoso. Pero a pesar de toda la atención que la ciencia ha prestado a la oxitocina, es posible que haya pasado por alto el papel de otra potente clase de hormonas del vínculo afectivo: las endorfinas. Estas dos hormonas desempeñan papeles distintos en las relaciones entre las personas: en general, en las fases iniciales de una relación —el vínculo de una madre con su recién nacido, el enamoramiento de una pareja— parece intervenir más la oxitocina, mientras que las endorfinas tienen una función a más largo plazo. Las endorfinas pueden liberarse durante el contacto físico, así que tal vez acariciar a una mascota nos afecte de otra forma, posiblemente aún más importante.

A los propietarios les encanta acariciar a sus mascotas —con los gatos, es probablemente el tipo de interacción más placentera—, por lo que entender cómo nos hace sentir el tacto debe ser clave para comprender cómo el propietario mantiene el vínculo con su mascota. La ciencia que estudia el tacto se ha quedado rezagada con respecto a la que investiga nuestros otros sentidos, excluyendo nuestras interacciones con bebés y parejas sexuales, y por desgracia la mayoría de los estudios han analizado los cambios en la persona tocada, no en la persona que toca. Sin embargo, hay suficientes estudios que sugieren por qué seguimos haciéndolo y lo encontramos agradable en sí mismo.

Nuestra percepción del tacto tiene dos dimensiones claras. En un nivel, el tacto comunica información: dónde está un objeto y su textura. Por otro lado, también es emocionalmente gratificante. Incluso una ligera caricia en el hombro de la persona adecuada puede influir en el estado de ánimo y el comportamiento. Las caricias más prolongadas, por ejemplo, cuando se agarran de la mano, producen una reducción apreciable de la ansiedad.

La textura de lo que se toca afecta al estado de ánimo de las personas. Cuando nos sentimos inseguros, instintivamente buscamos objetos blandos y losapretamos entre los dedos, lo que realmente nos ayuda a sobrellevar la situación. A la mayoría de nosotros nos resulta menos agradable tocar la piel suave —por ejemplo, la palma de la mano de otra persona— que la piel más velluda de la parte superior del antebrazo de esa persona. Y la mente humana parece reaccionar de forma diferente según nos toquen zonas velludas o lisas. La piel vellosa tiene receptores que transmiten sensaciones agradables al cerebro de la persona tocada; la piel lisa, no.[19]

Es de suponer que estas y otras consecuencias que se derivan de tocar y ser tocado tienen su origen en nuestro pasado primate, pero la diferencia de nuestra piel con la de nuestros lejanos antepasados (y nuestro hábito de llevar ropa) dificulta las comparaciones. El tacto en general, y el acicalamiento mutuo en particular, desempeñan un papel muy importante en el mantenimiento de relaciones armoniosas dentro de las tropas de monos. Por ejemplo, los babuinos pueden pasar hasta una sexta parte de sus horas de vigilia acicalándose unos a otros; unos pocos minutos al día bastarían para fines puramente higiénicos, por lo que el resto debe tener un significado social. Tal vez acariciar a nuestras mascotas nos resulte tan placentero porque recurre a algún instinto primate medio olvidado que ya no podemos satisfacer por completo tocándonos unos a otros. Esta idea se apoya en un estudio en el que los sujetos pensaban que estaban ayudando en una «evaluación del consumidor» de un osito de peluche cubierto de felpa: los investigadores permitieron que algunos manipularan el juguete y dijeron a los demás que lo dejaran sobre una mesa, fuera de su alcance. Antes de dar estas instrucciones, los investigadores dieron a algunos de los participantes una (falsa) mala noticia: iban a ser excluidos de un ejercicio en equipo posterior en el que participarían otros miembros del grupo. Tocar el oso pareció aliviar parte de su infelicidad: aquellos a los que se les

[19] Para una revisión, véase India Morrison, Line Löken y Håkan Olausson, «The Skin as a Social Organ», *Experimental Brain Research* 204 (2010): 305- 14; véase también Femke Van Horen y Thomas Mussweiler, «Soft Assurance: Coping with Uncertainty Through Haptic Sensations», *Journal of Experimental Social Psychology* 54 (2014): 73-80; Steve Guest et al., «Sensory and Affective Judgments of Skin During Interand Intrapersonal Touch», *Acta Psychologica 130 (2009)*: 115-26.

permitió tocar el oso se mostraron mucho más sociables después que aquellos a los que se les dijo que no lo tocaran; al parecer, la agradable sensación del tacto había cambiado por completo su estado de ánimo.[20]

El contexto afecta profundamente a cómo experimentamos la sensación del tacto, sobre todo nuestras creencias sobre a quién estamos tocando o quién nos está tocando. Si nos enseñan la imagen de una cara enfadada, aunque nos digan que la persona que nos está tocando no está enfadada en absoluto, el tacto resulta menos agradable. Si a un hombre heterosexual se le dice que otro hombre le está acariciando el brazo, aunque en realidad le esté tocando una mujer, calificará ese contacto como algo desagradable. Si se le ha administrado recientemente una dosis de oxitocina en aerosol, su valoración del contacto «masculino» no se verá afectada, pero aumentará si cree que el contacto procede de una mujer. El poderoso efecto del contexto explica presumiblemente por qué la oxitocina aumenta a veces en la sangre cuando nos toca una persona y a veces no. A pesar de la ausencia de experimentos, podemos suponer sin temor a equivocarnos que el grado variable en que aumenta la oxitocina en alguien que acaba de acariciar a un perro depende de lo que esa persona sienta por el perro en cuestión.[21]

La oxitocina puede ser importante en las primeras etapas de las relaciones íntimas y, por supuesto, en el vínculo entre madre e hijo, pero el buen funcionamiento de las complejas alianzas a largo plazo que formamos parece requerir al menos otro sistema hormonal. Según una teoría que está ganando cada vez más adeptos, las endorfinas, más que la oxitocina, podrían desempeñar el papel más crítico en el mantenimiento de las relaciones a largo plazo en los primates (por tanto, también en nosotros).

---

[20] Kenneth Tai, Xue Zheng y Jayanth Narayanan, «Touching a Teddy Bear Mitigates Negative Effects of Social Exclusion to Increase Prosocial Behaviour», *Social Psychological and Personality Science* 2 (2011): 618-26.

[21] Dan-Mikael Ellingsen y otros, «The Neurobiology Shaping Affective Touch: Expectation, Motivation, and Meaning in the Multisensory Context», *Frontiers in Psychology* 6 (2016), artículo 1986.

Al igual que la oxitocina, la función principal de las endorfinas es fundamental: ante todo, regulan la percepción del dolor, tanto físico como emocional, y los narcóticos opiáceos, como la heroína, actúan sobre sus receptores. La endorfina beta es en gran medida responsable no solo de elevar los umbrales de dolor de los atletas mientras hacen ejercicio, sino también de producir la sensación simultánea de euforia (también conocida como «subidón del corredor»). Así pues, además de su función básica, en los seres humanos las endorfinas desempeñan un papel importante tanto en los sistemas de recompensa subconscientes como en las sensaciones conscientes de placer. Las endorfinas naturales pueden volverse adictivas, igual que la heroína: si una recompensa esperada se vuelve repentinamente inalcanzable —por ejemplo, cuando una pareja románticamente unida se separa—, la sensación de pérdida puede equivaler al síndrome de abstinencia de la adicción a los opiáceos.[22]

Las endorfinas desempeñan un papel fundamental en los aspectos táctiles de las relaciones sociales entre los primates, aumentando específicamente durante el acicalamiento, el juego táctil y el acurrucamiento. Estos intercambios de contacto físico constituyen el pegamento que sostiene las relaciones a largo plazo en los grupos de monos socialmente más sofisticados, amortiguando los efectos más inmediatos de otras hormonas, como la testosterona y la prolactina, que tienden a dominar el comportamiento de los mamíferos menos sofisticados.

Aunque nuestros vínculos sociales son más complejos que los de los demás primates, las endorfinas también parecen desempeñar un papel importante en nuestras relaciones íntimas. Investigar estas hormonas en humanos no es sencillo, por lo que nuestro conocimiento de su funcionamiento sigue siendo incompleto. Como ocurre con la oxitocina, los niveles de endorfinas en el cerebro (donde se producen sus importantes efectos sociales) no se corresponden con los del torrente sanguíneo (más fáciles de medir). Además, debido a la preocupación

---

[22] Para más información, véase James Curley y Eric Keverne, «Genes, Brains and Mammalian Social Bonds», *Trends in Ecology and Evolution* 20 (2005): 561-7; véase también Lauren Brent et al., «The Neuroethology of Friendship», *Annals of the New York Academy of Sciences* 1316 (2014): 1-17.

que suscitan las secuelas, no podemos administrar arbitrariamente a los seres humanos fármacos que imiten las endorfinas naturales, como la morfina, o que bloqueen sus efectos. No obstante, una persona que se sienta aislada intentará relacionarse con otras personas y, si lo consigue, sobre todo si esto conduce al contacto físico, producirá una oleada de endorfinas, que calma y relaja al individuo y, al mismo tiempo, aplaca los sentimientos de ansiedad. Los consumidores de heroína pueden obtener (temporalmente) sensaciones subjetivas similares de su dosis, lo que explica por qué no suelen ser personas sociables, aparte de mantener relaciones pragmáticas con otros consumidores de estupefacientes, sustentadas por su estilo de vida compartido.[23]

Como los humanos nos tocamos con mucha menos frecuencia que nuestros parientes primates, se especula mucho sobre qué acto podría haber sustituido al acicalamiento mutuo como liberador de endorfinas en nuestro comportamiento social. Los investigadores proponen tres candidatos: la música, el baile y la risa, todos ellos capaces de elevar los niveles de endorfinas. Es improbable que las mascotas establezcan vínculos con nosotros a través de la música —los gatos, por ejemplo, son bastante sordos— y, aunque algunas exposiciones caninas incluyen ahora competiciones de baile con perros, no es algo habitual en las relaciones entre dueños y perros.[24] La risa con (¿o de?) los perros, sin embargo, es habitual.

La risa es una forma primitiva de comunicación, casi con toda seguridad anterior al habla. Actúa tanto como una invitación a la interacción lúdica como un mecanismo de vinculación: su capacidad para elevar los umbrales del dolor, un efecto bien conocido de las endorfinas, sugiere una posible relación entre la risa y la liberación de endorfinas en el cerebro. La risa tiene dos desencadenantes comunes. Uno es cognitivo: nos reímos cuando nos sorprendemos pero no nos

---

[23] Anna Machin y Robin Dunbar, «The Brain Opioid Theory of Social Attachment: A Review of the Evidence», *Behaviour* 148 (2011): 985-1025; Alessandro Colasanti y otros, «Opioids and Anxiety», *Journal of Psychopharmacology* 25 (2011): 1415-33.

[24] Véase «Freestyle Dancing with Dogs at Crufts», vídeo publicado en YouTube por el *Telegraph*, 29 de octubre de 2007, https://www.youtube.com/watch.?v=RW6j-K5v_jw.

sentimos amenazados. El otro es social: las personas que se tienen afecto tienen más probabilidades de responder a la risa con una carcajada. La risa espontánea genera una liberación de betaendorfina, que a su vez provoca sensaciones de bienestar.[25]

Nos reímos de nuestras mascotas cuando hacen algo inesperado. Esto se aplica especialmente a los perros. De hecho, en un estudio, los dueños de gatos se reían menos en general que las personas que no tenían mascotas, pero esto podría ser solo una peculiaridad de los dueños de gatos encuestados y no un efecto del gato. Por supuesto, los vídeos de gatos graciosos son muy populares en Internet, así que los gatos pueden hacer reír a la gente. Los dueños de perros se ríen a menudo cuando juegan con ellos, normalmente como reacción a una acción inesperada del animal. A veces se ríen cuando el perro deja de jugar espontáneamente; otras, cuando el juego da un giro inesperado (también se ríen, presumiblemente por vergüenza, cuando el perro interrumpe el juego para hacer pis). No obstante, es posible que la risa vaya acompañada de un aumento de endorfinas que ayude a consolidar el vínculo entre el dueño y el perro (hasta ahora, nadie ha investigado los cambios hormonales de las personas en este tipo de situaciones).

Sin embargo, los beneficios de la risa solo benefician al ser humano, no al perro. Los perros no parecen entender la risa de sus dueños. En palabras de un estudio: «Lo que los perros hacen con nuestra risa, si es que hacen algo, es un misterio». En este contexto, la risa parece más una expresión espontánea del instinto humano que una auténtica comunicación, al menos con el perro. Podría estar dirigida a cualquier humano que esté viendo el juego, aunque los dueños de perros afirman que se ríen cuando solo su perro está allí para oírlos.[26] Sin embargo, que el perro sea un ser vivo potencialmente capaz de responder

---

[25] Michael Miller y William Fry, «The Effect of Mirthful Laughter on the Human Cardiovascular System», *Medical Hypotheses* 73 (2009): 636-9.

[26] La cita es de Robert Mitchell y Kristi Sinkhorn, «Why Do People Laugh During Dog-Human Play Interactions?», *Anthrozoös* 27 (2014): 235-50; véase también Robin Maria Valeri, «Tails of Laughter: A Pilot Study Examining the Relationship Between Companion Animal Guardianship (Pet Ownership) and Laughter», *Society & Animals 14 (2006)*: 275-93.

parece ser importante, ya que la gente rara vez se ríe cuando interactúa con un perro robot.

Puede que los humanos hayamos abandonado en gran medida el acicalamiento mutuo como forma de establecer vínculos afectivos, pero seguimos disfrutando de la sensación del tacto, especialmente con nuestras mascotas. Un estudio ha demostrado que acariciar a un perro amistoso puede provocar un rápido aumento de betaendorfina, además del esperado aumento de oxitocina. Como los investigadores midieron estas hormonas en el plasma sanguíneo, no podemos decir con exactitud cuánto había cambiado el nivel de cada una en el cerebro de los sujetos, pero al parecer se activaron varios de los sistemas de recompensa social de los dueños, no solo la oxitocina. El aumento de betaendorfina, especialmente, conduciría a la relajación y a la reducción de la ansiedad. Repetidas día tras día, estas experiencias refuerzan el vínculo entre el dueño y el perro de una forma muy parecida a cómo nuestros primos los chimpancés consolidan sus relaciones. Es lógico suponer que lo mismo ocurre con los dueños de gatos, aunque no hay estudios que lo demuestren.[27]

Quizá actuando conjuntamente, los sistemas de la endorfina y la oxitocina parecen proporcionar la recompensa principal que las personas obtienen al acariciar a sus mascotas. Si la dinámica es la misma que la de las relaciones entre humanos, la oxitocina puede ser más importante durante las fases iniciales de la relación —en parte desencadenada por las características de la mascota que el nuevo dueño encuentra más bonitas—, mientras que la betaendorfina adquiere más importancia a medida que las experiencias compartidas consolidan el vínculo. Aunque hasta la fecha los estudios publicados solo han examinado a los perros, podríamos considerar al osito de peluche, tal y como se ha descrito anteriormente, como una «mascota» peluda sustituta, por lo que estos beneficios deberían extenderse a los gatos. Así pues, la gratificación que obtenemos del contacto físico general de nuestras mascotas, en particular de las caricias (véase la ilustración cercana), tiene una

[27] Para los datos sobre la betaendorfina, véase Odendaal y Meintjes, «Neurophysiological Correlates of Affiliative Behaviour Between Humans and Dogs».

Acariciar el cálido pelaje de un perro puede aprovechar nuestro instinto primate de entablar amistad a través del acicalamiento.

base fisiológica. Además, los gatos y las razas más pequeñas de perros pueden permitirnos expresar otro de nuestros mecanismos instintivos de vinculación entre primates: acurrucarnos junto a otro cuerpo caliente. No es casualidad que los dueños se sientan tan satisfechos con los gatos que dormitan en su regazo o con los perros que se tumban sobre sus pies (a pesar de los calambres resultantes).

Todos los miembros del hogar tienen acceso a las recompensas de la diversión y el cálido contacto físico, pero los costes de la tenencia de mascotas —tanto en tiempo como en dinero— suelen recaer de forma menos equitativa. Sin embargo, el acto de cuidar de una mascota puede ser gratificante en sí mismo, lo que quizá contribuya a la popularidad de las «mascotas de bolsillo», que no son ni cálidas y peludas ni especialmente divertidas. Aunque sabemos poco sobre los mecanismos que intervienen cuando el objetivo es un animal, podemos suponer razonablemente que son análogos a los que se activan en las madres cuando atienden a sus bebés: la mayoría de ellas afirman que proporcionar estos cuidados les resulta muy gratificante. La red hormonal subyacente comprende una vía específica en el sistema límbico del cerebro, que responde a una oleada de dopamina liberada a su vez por la oxitocina. La activación repetida de este sistema refuerza el vínculo entre la madre y el bebé. Es muy posible que ocurra algo parecido cuando los dueños alimentan o acicalan a sus mascotas.

A pesar de todo el esfuerzo —y el dinero— que los dueños dedican a sus mascotas, la mayoría intenta mantener una relación con su compañero animal durante toda su vida. Aún no hemos dilucidado del todo las complejas recompensas que motivan este comportamiento aparentemente altruista, pero es probable que vayan mucho más allá de la simple atribución del vínculo a una sola hormona, en particular la oxitocina. Es casi seguro que intervienen otras neurohormonas, como ocurre en el vínculo madre-hijo en la mayoría de los animales más sofisticados que un topillo: la betaendorfina y la dopamina son las candidatas más probables, pero la ciencia nunca ha asignado con precisión ninguna hormona a ningún aspecto del comportamiento humano, por lo que puede resultar que también estén implicadas otras. Los medios por los que nuestras mascotas nos hacen felices siguen siendo un tanto oscuros.

---

[28] En los perros se producen cambios similares en la oxitocina cuando interactúan con sus dueños. En un estudio, dieciocho dueños acariciaron y hablaron a sus perros durante un cuarto de hora. Al final de la sesión, la oxitocina de los perros sesangre se había multiplicado por cinco. Incluso ser acariciado por alguien familiar para el perro (pero no el dueño) puede provocar un aumento similar. Una sola pulverización de oxitocina en la nariz de una perra aumenta el tiempo que pasa mirando a su dueño. Una ligera variación en el receptor de oxitocina parece afectar a la amabilidad tanto de perros como de gatos. La similitud entre estos efectos y los que se producen en las mismas situaciones en los dueños es, por supuesto, una coincidencia, basada en una fisiología mamífera compartida. Ninguna de las partes puede ser consciente de qué hormonas están cambiando en la otra: sólo los sentidos pueden transmitir retroalimentación. Véase Odendaal y Meintjes, «Neurophysiological Correlates of Affiliative Behaviour Between Humans and Dogs»; véase también Therese Rehn et al., «Dogs' Endocrine and Behavioural Responses at Reunion Are Affected by How the Human Initiates Contact», *Physiology & Behaviour* 124 (2014): 45-53; Minori Arahori et al., «The Oxytocin Receptor Gene (OXTR) Polymorphism in Cats (*Felis catus*) Is Associated with "Roughness" Assessed by Owners», *Journal of Veterinary Behaviour* 11 (2016): 109-12

La evolución de la oxitocina

La oxitocina es una parte esencial del ser mamífero: es, ante todo, un regulador clave del cuidado parental, que permite a las madres reconocer y establecer vínculos con sus crías. En términos químicos, consta de nueve aminoácidos, seis de los cuales están conectados en un anillo, dejando tres para formar una «cola». El hecho de que evolucionara hace unos 500 millones de años y se mantuviera prácticamente igual desde entonces indica su importancia para la vida de los mamíferos: es idéntica en el ratón y el hombre, el gato y el perro. Sin la oleada de oxitocina que sigue al nacimiento, las madres de ratón no consiguen establecer un vínculo con sus crías (a las que reconocen principalmente por el olor).

En algunos roedores, la oxitocina tiene una segunda función: cimentar el vínculo entre macho y hembra en especies en las que ambos cuidan de las crías. De nuevo, una oleada de oxitocina, esta vez inmediatamente después del apareamiento, lo permite (y de nuevo el reconocimiento depende en gran medida del olor). En los roedores machos que forman parejas (por ejemplo, los topillos de las praderas), una oleada de una hormona muy similar, la arginina vasopresina, después del apareamiento cumple la misma función. Otra neurohormona gratificante, la dopamina, refuerza sus efectos.[28]

Aunque la molécula en sí no ha cambiado, sí lo ha hecho su funcionamiento, sobre todo en los primates del Viejo Mundo (incluidos nosotros). Reconocemos a nuestros compañeros por la vista, no por el olfato, y el neocórtex prácticamente ha sustituido al área olfativa del mamífero típico (ratón, perro o gato): en lugar de seguir nuestro olfato, miramos primero y luego pensamos en lo que hemos visto antes de saltar. Por eso, aunque la oxitocina sigue siendo importante para nuestras emociones y nuestro comportamiento, nos hemos emancipado un poco de sus efectos. Podemos formar vínculos sociales en su ausencia (de lo contrario, las madres rechazarían a los bebés nacidos por cesárea, por ejemplo). Para alcanzar este nuevo nivel de sofisticación social, los primates desarrollaron otras formas de formar y mantener amistades, principalmente el acicalamiento mutuo y el acurrucamiento, y encontraron nuevos usos para otras hormonas.

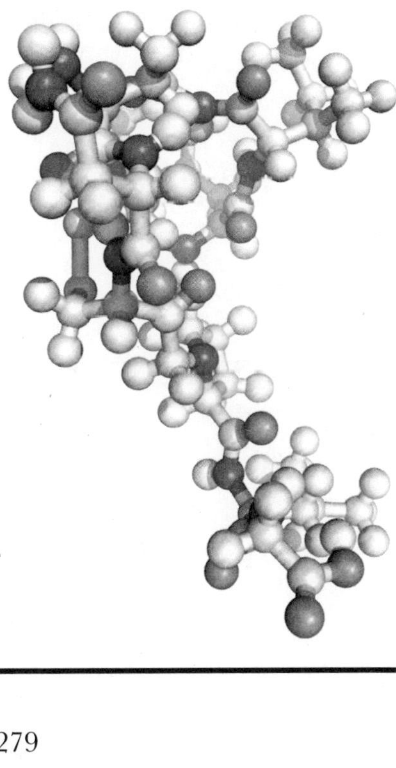

Los estudios apenas han analizado las relaciones entre los hombres y sus mascotas, en comparación con los que se han centrado en las mujeres y su fisiología, por lo que dos posibilidades adicionales son la vasopresina, el equivalente masculino de la oxitocina, y la testosterona, que, basándose en sus funciones establecidas en el cuidado de los niños, podrían contribuir razonablemente a las interacciones más bruscas que muchos hombres tienen con sus perros.

Por supuesto, los humanos nunca somos esclavos absolutos de nuestras hormonas: nuestras vastas cortezas prefrontales nos permiten hacer juicios mucho más sofisticados sobre las relaciones de lo que son capaces nuestros gatos o perros. Esto plantea una gran pregunta: si realmente somos capaces de tal grado de racionalidad, ¿por qué somos tantos los que nos dejamos seducir por los encantos de un peludo exigente y desordenado? Tal vez nuestra susceptibilidad a los encantos de los animales incluyera inicialmente a muchas más criaturas que el puñado de especies que llamamos «mascotas», originándose en la relación mucho más íntima que nuestros antepasados tenían con muchos tipos de animales salvajes y con el mundo natural en general. Es aquí, muy atrás en la historia de nuestra especie, donde debemos buscar los orígenes evolutivos de las respuestas hormonales que hoy desencadenan en nosotros nuestras mascotas.

CAPÍTULO 9

UN PASEO POR EL LADO SALVAJE...

Las mascotas son animales ante todo, aunque vivan con nosotros en nuestros hogares. Tal vez nos atraigan en parte —especialmente los gatos— porque aportan un toque de naturaleza salvaje a nuestro mundo, que de otro modo estaría regimentado y dominado por la tecnología. Mucho antes de la domesticación, nuestros antepasados vivieron codo con codo con animales salvajes durante cientos de miles de años y su supervivencia dependía de que los entendieran: qué animales los envenenarían o se los comerían, cuál sería la comida más fácil. Nuestro deseo de interactuar con los animales, lejos de ser una afectación moderna, es probablemente un legado de nuestro pasado remoto, un conjunto de respuestas desarrolladas en nuestra historia evolutiva, mucho antes de la primera mascota. Quizá las mascotas formen parte incluso de un amplio conjunto de respuestas evolucionadas al mundo natural que todos poseemos pero que rara vez utilizamos hoy en día.

Por supuesto, nos relacionamos con los animales de compañía de forma muy distinta a como lo hacemos con otros animales. Puede gustarnos observar gorilas en un zoo, pero no queremos llevárnoslos a casa. Puede que nos deleitemos observando a un halcón volar, pero pocos desearían acariciarlo. Tal vez los dueños de animales de compañía sientan nostalgia del pasado rural de nuestros antepasados, cuando perros y gatos compartían la chimenea y trabajaban para ganarse la vida. Pero si así fuera, la tenencia de animales de compañía debería haberse marchitado y muerto a medida que nos urbanizábamos irreversiblemente. En la actualidad no hay indicios de que esto vaya a ocurrir. Los animales de compañía siguen siendo tan populares como siempre, o incluso más. Y su atractivo va más allá de cualquier moda o capricho cultural.

No cabe duda de que la cultura desempeña un papel en nuestras relaciones con los animales de compañía, y en ninguna parte de forma más clara que en los animales que elegimos para nuestros hogares. Un ejemplo obvio es el cambio en la cría de perros a finales del siglo XIX, que dividió la especie primero en decenas y luego en cientos de razas genéticamente separadas: si esto no hubiera ocurrido, los intensos cambios de la moda a favor de diferentes tipos de perro durante el siglo XX habrían sido mucho más apagados e incluso podrían haber pasado desapercibidos. La naturaleza misma de la tenencia de animales de compañía, por supuesto, se transformó radicalmente a lo largo de milenios, a medida que pasábamos de la caza y la recolección, a la agricultura sedentaria y luego a la industrialización, hasta llegar a las sociedades postindustriales de hoy. En el camino hacia su lugar junto al fuego, los perros han sido compañeros de caza, guardianes, pastores y detectores de narcóticos; de hecho, año tras año surgen nuevos usos para sus sensibles narices y su poderoso impulso de ganarse la aprobación de «sus» humanos. Mucho más recientemente, los gatos han hecho la (incómoda) transición de controladores de plagas en el exterior a compañeros de piso. Una especie de coevolución, principalmente entre los genes de los animales de compañía y nuestras culturas, ha convertido a los animales de compañía en lo que son hoy en día y, por tanto, ha determinado las opciones del propietario novato.[1]

Entonces, si la cultura es responsable en gran medida de qué mascotas elegimos y cómo nos relacionamos con ellas, ¿qué explica en primer lugar nuestro impulso a tenerlas? La respuesta depende de la

---

[1] Sobre los efectos de la moda en la popularidad de las razas, véase Stefano Ghirlanda et al., «Fashion vs. Function in Cultural Evolution: The Case of Dog Breed Popularity», *PLoS ONE* 8, no. 9 (2013): e74770, doi: 10.1371/journal.pone.0074770.

concepción de la naturaleza humana de la que partamos. La filosofía de la *tabula rasa*, que comenzó con Aristóteles y dominó las ciencias sociales del siglo XX, sostiene que la mente humana es una pizarra en blanco en la que se puede escribir cualquier cosa; esta visión sugiere que si los animales de compañía desaparecieran o se prohibieran mañana, en un par de generaciones el hábito de tener mascotas desaparecería por completo, sustituido por otros pasatiempos de moda. Por desgracia para sus defensores, la neurobiología del siglo XXI ha desmentido la idea de la *tabula rasa* (heredamos la forma y el funcionamiento básico de nuestro cerebro genéticamente; tu cerebro se parece mucho más al de tu hermano o al de tus padres que al del desconocido con el que te acabas de cruzar por la calle).[2]

A lo largo de este siglo ha surgido un enfoque totalmente distinto, que suele denominarse psicología evolutiva. Los psicólogos evolucionistas atribuyen una base biológica a gran parte del comportamiento humano. En su opinión, en lugar de ser una pizarra en blanco, el cerebro está formado por una serie de procesadores de información especializados, concretamente los que ayudaron a nuestros antepasados a resolver problemas que se repetían con frecuencia y, por tanto, les permitieron sobrevivir y dejar descendencia: usted y yo, en última instancia.

La psicología evolutiva parte de la premisa de que nuestro cerebro evolucionó a partir del de nuestros antepasados primates. Por lo general, se centra en las categorías del comportamiento humano que son más o menos universales, más que en las que varían claramente entre grupos y, por tanto, es plausible que se deban a diferencias culturales. Así, este campo ofrece explicaciones para algunos aspectos de la religión, como la creencia casi universal en lo sobrenatural, pero no para otros, como el predominio de religiones específicas en distintas partes del mundo.

Para que un comportamiento persista, la selección natural debe haber intervenido en algún momento. Uno de los principales problemas

---

[2] El profesor de lingüística Steven Pinker ha ofrecido una sólida defensa de la psicología evolutiva y una refutación de la *tabula rasa*: Steven Pinker, «Human Nature and the Blank Slate», TED, febrero de 2003, http://www.ted.com/talks./steven_pinker_chalks_it_up_to_the_blank_slate.

a los que se enfrenta la psicología evolutiva es determinar el momento en el que pudo evolucionar un determinado hábito nuestro. Es muy dudoso que el mundo en el que viven hoy los occidentales haya influido mucho en su evolución, porque ha abarcado muy pocas generaciones. Como creemos que nuestra especie vivió en pequeños grupos como cazadores-recolectores durante al menos 10 000 generaciones, mientras que solo han transcurrido unas 500 desde los albores de la agricultura, los psicólogos evolutivos suelen recurrir a la primera época cuando buscan adaptaciones. De ahí el concepto generalizado, pero excesivamente simplista, de que los humanos seguimos teniendo mentes y apetitos de la Edad de Piedra, lo que explica nuestra exagerada apetencia por alimentos dulces y grasos (antes escasos pero nutricionalmente valiosos y ahora todo lo contrario) y nuestro disfrute de la risa enlatada en televisión (antes del lenguaje, la risa podía ser señal de sociabilidad relajada).

Dado que han sobrevivido sociedades aisladas de cazadores-recolectores en varias partes del mundo, podemos poner a prueba directamente algunas de las predicciones de la psicología evolutiva, teniendo en cuenta que, como especímenes muy raros de un modo de vida antaño universal, esas sociedades pueden no tipificar cómo vivía el ser humano medio ni siquiera hace 10 000 años, por no hablar de hace 100 000. Además, la noción de cazador-recolector «típico» puede ser poco más que una abstracción, ya que las sociedades de cazadores-recolectores variaban drásticamente de un lugar a otro. La supervivencia en el norte subártico (inuit y yupik) conlleva presiones ecológicas muy diferentes de las que se encuentran en la Amazonia (guajá y yanomamo).

Las comparaciones con nuestros parientes primates vivos más cercanos ofrecen una forma de intentar comprender la mente humana, ya que podemos observar su comportamiento directamente. Los cráneos fosilizados de nuestros antepasados homínidos también pueden ser informativos, aunque solo tengamos una idea muy aproximada de cómo se comportaban. Por ejemplo, el consenso general es que la principal presión evolutiva tras la expansión masiva del cerebro durante la evolución de los simios fue la creciente complejidad de su vida social y su necesidad de comprender el comportamiento de los demás y, en el caso de las especies más avanzadas, sus motivaciones. Los científicos han comparado nuestra capacidad de entender las intenciones de los demás con la de varios simios (por ejemplo, la de los chimpancés se aproxima a la de un niño de cuatro a cinco años) y luego las han cotejado con los volúmenes de los lóbulos frontales de las distintas especies, donde parece residir en gran medida este talento. A medida que el lóbulo frontal y otras partes del cerebro aumentaban, también lo hacía el número máximo de individuos que un primate podía recordar y seguir (unos 60 en el caso de los chimpancés y 150 en el de los humanos). Extrapolando estos datos e incorporando las medidas del cráneo de homínidos extintos, los investigadores han reconstruido las probables habilidades sociales de muchos de nuestros antepasados y sus parientes cercanos.[3]

El mayor problema al que se enfrentan los psicólogos evolutivos es nuestra propia singularidad. Nuestros lóbulos frontales no solo son cinco veces más grandes que los de los chimpancés, lo que indica un cambio evolutivo, sino que también parecen estar organizados de forma diferente. Es posible que nuestras capacidades mentales, especialmente el pensamiento consciente, no tengan parangón en ningún otro lugar del reino animal. Quizá esto explique por qué la psicología evolutiva ha cosechado sus éxitos más convincentes a la hora de dilucidar actividades humanas de naturaleza principalmente biológica, como nuestro comportamiento sexual.[4]

La psicología evolutiva también explica nuestras preferencias por algunos tipos de entornos naturales en función de su valor para nuestros antepasados. Algunos científicos han llegado incluso a afirmar que tenemos un amor innato por el mundo vivo en general y por los animales (no dañinos) en particular. El biólogo Edward O. Wilson, ganador de

---

[3] Véase el capítulo 3 de Robin Dunbar, *Human Evolution* (Londres: Pelican Books, 2014).

[4] Kate Teffer y Katerina Semendeferi, «Corteza prefrontal humana: Evolution, Development, and Pathology», en *Evolution of the Primate Brain*, ed. M. A. Hofman y D. Falk, 191-218. M. A. Hofman y D. Falk, 191-218. *Progress in Brain Research* 195 (2012). Para saber cómo se han utilizado y mal utilizado los conceptos evolutivos en psicología, véase David Barash, *Homo Mysterious: Evolutionary Puzzles of Human Nature* (Nueva York: Oxford University Press, 2012); Kevin Laland y Gillian Brown, *Sense and Nonsense: Evolutionary Perspectives on Human Behaviour*, 2ª ed. (Oxford: Oxford University Press, 2011).

un premio Pulitzer, propuso por primera vez en su libro *Biofilia*que este impulso implica «la necesidad de asociarse con otras formas de vida»[5], una idea un tanto romántica que algunos han utilizado para apoyar argumentos morales a favor de la conservación de la naturaleza, pero que ha recibido poco apoyo directo de la psicología, excepto en un ámbito: las preferencias humanas por determinados tipos de paisaje.

Nuestro deseo de salir al aire libre con fines recreativos refleja probablemente nuestro pasado de cazadores-recolectores. Las primeras investigaciones sugirieron que nos sentíamos como en casa en paisajes de sabana, donde probablemente evolucionó nuestra especie. Los defensores de esta hipótesis señalaban el valor recreativo de las vistas abiertas de los parques ingleses del siglo XVIII diseñados por Capability Brown, que siguen siendo populares hoy en día. Central Park de Nueva York es un ejemplo clásico. Sin embargo, estudios posteriores sugieren que la persona típica prefiere un equilibrio entre apertura y ocultación, lo que tiene sentido en términos evolutivos: nuestros antepasados presumiblemente valoraban la apertura porque les permitía ver venir a sus enemigos, pero también necesitaban escondites para cuando esos enemigos aparecían.[6]

Otros tipos de paisajes sugieren sesgos evolutivos similares. Nos gustan las flores silvestres, que indican la ubicación de suelo fértil. Nos gusta estar cerca de ríos, lagos y océanos, que nos proporcionan agua para beber y/o pescado para comer. Curiosamente, parece que nuestras preferencias paisajísticas no son fijas, sino que varían en función de las condiciones ambientales: por ejemplo, nuestra predilección por los paisajes con agua disminuye cuando llueve. Por supuesto, el ser humano puede llegar a disfrutar de nuevos paisajes con el paso del tiempo; por ejemplo, es muy poco probable que la apreciación de las vistas submarinas sea un rasgo evolucionado, ya que nuestros antepasados no habrían podido apreciarlas.[7]

---

[5] Stephen Kellert y Edward O. Wilson, *La hipótesis de la biofilia* (Washington, DC: Island Press, 1995), 416.

[6] Roger Ulrich, *Biophilia, Biophobia and Natural Landscapes*, capítulo 3 en Kellert y Wilson, *The Biophilia Hypothesis*.

[7] Ke-Tsung Han, «Responses to Six Major Terrestrial Biomes in Terms of

Aunque podemos adaptarnos a valorar nuevos tipos de paisajes, parece que seguimos sintiéndonos atraídos por la naturaleza, aunque seamos pocos los que la experimentamos de forma habitual. Más de 3000 millones de personas en todo el mundo viven en pueblos y ciudades con un acceso limitado o nulo a la «naturaleza». Algunos podrían argumentar que se trata de una consecuencia inevitable del progreso tecnológico y que la humanidad se adaptará a este cambio como lo ha hecho a tantos otros. Tal vez sea así: la urbanización es un acontecimiento muy reciente en el tiempo evolutivo. Pero no parece que estemos especialmente dispuestos a aceptarla. Basta con echar un vistazo a una oficina moderna para darse cuenta de que muchas personas siguen incluyendo elementos de la naturaleza en su vida cotidiana, ya sea una planta en una maceta o un calendario con escenas naturales. No es mero capricho: las plantas de interior en oficinas o aulas parecen reducir las bajas por enfermedad, la sensación de fatiga y estrés, y síntomas físicos como la piel seca, el dolor de garganta y la tos. Los niños que viven en apartamentos y ven espacios verdes desde sus ventanas tienen mejores capacidades cognitivas que los que miran fijamente la mampostería y el hormigón. En Toronto, un estudio sobre la distribución de los árboles de la ciudad pronosticó que un aumento de once árboles por manzana podría aumentar la esperanza de vida de los residentes en dieciséis meses (de media). En un hospital psiquiátrico sueco, los pacientes atacaban de vez en cuando los cuadros que decoraban las salas, pero los registros de los cuadros dañados durante quince años revelaron que solo habían pintarrajeado obras abstractas y que nunca habían tocado un cuadro que mostrara una escena natural.[8]

Si la mera inclusión de una pequeña porción de naturaleza en la rutina diaria aporta beneficios, una participación más directa debería

Scenic Beauty, Preference, and Restorativeness», *Environment and Behaviour* 39 (2007): 529-56; Mathew White et al., «Do Preferences for Waterscapes Persist in Inclemency Weather and Extend to Sub-aquatic Scenes?», *Landscape Research* 39 (2014): 339-58.

[8] «Evidence Statement on the Links Between Natural Environments and Human Health», Departamento de Medio Ambiente, Alimentación y Asuntos Rurales, septiembre de 2016, https://beyondgreenspace.net/2017/03/09/defra-evidence-statement-on-the-links-between-natural-environments-and-human-health. Para el estudio de Toronto, véase Omid Kardan et al., «Neighborhood Greenspace and Health in a Large Urban Center», *Scientific Reports* 5 (2015), artículo 11610.

ofrecer aún más. La creencia en los poderes curativos del contacto con la naturaleza no es nueva: los filósofos-naturalistas estadounidenses del siglo XIX, John Muir y Henry David Thoreau, ensalzaron los beneficios del aire libre e inspiraron la fundación de los parques nacionales de Estados Unidos. El propio Thoreau prefería los espacios abiertos al alcohol —«¿quién no prefiere intoxicarse con el aire que respira?»— y, de hecho, interactuar con la naturaleza ayuda realmente a las personas que se recuperan del alcoholismo y otras adicciones. Los científicos han documentado muchos otros beneficios del entorno natural, como un mayor bienestar psicológico (aumento de la autoestima; reducción de los sentimientos de ira, ansiedad y frustración), mayor capacidad para pensar con claridad y mejoras en muchos indicadores fisiológicos de buena salud (reducción de la presión arterial y el cortisol; curación más rápida de las intervenciones quirúrgicas). También hay efectos sociales: cuando están rodeadas de naturaleza, las personas tienden a ser más sociables y menos proclives a la violencia. El ejercicio al aire libre puede potenciar los beneficios de la actividad física. El senderismo, el piragüismo y el ciclismo pueden ser más beneficiosos que una cantidad equivalente de ejercicio realizado en un gimnasio cubierto; incluso ver imágenes de escenas naturales puede mejorar este último.[9]

La jardinería, aunque no tan extenuante como otras formas de ejercicio al aire libre, puede proporcionar dividendos sutilmente diferentes. Los huertos comunitarios parecen especialmente beneficiosos porque, además de ejercicio, ofrecen oportunidades de compromiso social. En un estudio realizado en Nueva York en la década de 1990, dos tercios de los jardineros comunitarios mencionaron la mejora de la autoestima como una de las principales razones para participar. La satisfacción de la jardinería puede ser un atributo peculiarmente humano, desarrollado a lo largo de miles de años. Plantar y cuidar proporcionan beneficios

[9] Para revisiones de los efectos de los paisajes naturales en el bienestar mental, véase Jules Pretty, «How Nature Contributes to Mental and Physical Health», *Spirituality and Health International* 5 (2004): 68-78; Lucy Keniger et al., «What Are the Benefits of Interacting with Nature?», *International Journal of Environmental Research and Public Health* 10 (2013): 913-35; Danielle Shanahan et al., «The Health Benefits of Urban Nature: How Much Do We Need?», *BioScience 65 (2015)*: 476-85.

nutricionales retardados, no inmediatos, y por tanto requieren un grado de previsión y autocontrol que no exigen la caza o la búsqueda de alimentos. Los inicios de esta habilidad pueden remontarse a ese momento de la evolución de nuestra especie, hace unos 30 000 años, cuando empezamos a manipular la distribución de las plantas para obtener fuentes de alimento más predecibles que las que obteníamos de la caza y la recolección oportunistas. Esta jardinería «natural» fue un paso importante en la evolución cultural de nuestra especie. Condujo al estilo de vida forrajero/horticultor que caracteriza a muchas de las pequeñas sociedades actuales y, finalmente, hace unos 10 000 años, a la domesticación de las plantas alimenticias.

Las interacciones con el mundo natural deben de haber moldeado nuestro cerebro. La urbanización y la industrialización nos han desconectado de los espacios naturales que moldearon nuestra evolución, pero muchos de nosotros anhelamos inconscientemente el contacto con los espacios abiertos, como atestiguan la popularidad de las actividades al aire libre y el valor otorgado a las zonas verdes urbanas. El cuidado de algunos tipos de animales domésticos pone inevitablemente a sus dueños en contacto con el aire libre; los animales domésticos no tanto, por supuesto, con la notable excepción de los perros. De hecho, si algunos dueños obtienen algún beneficio para la salud paseando a sus perros, el mecanismo más plausible es la exposición fortuita a paisajes verdes.

Los beneficios para la salud que se obtienen del contacto con el mundo natural parecen sólidos (más que los que se atribuyen a tener un animal de compañía) y pueden decirnos algo sobre la evolución de nuestro cerebro. Sin embargo, sabemos poco sobre los aspectos concretos de la naturaleza que sintonizan nuestras mentes. Parece que sacamos más provecho de los entornos más complejos: por ejemplo, un parque urbano que contenga una mezcla de bosque, pradera y agua y, por tanto, una amplia gama de especies vegetales. La presencia de animales parece menos importante, quizá porque poca gente se fija en ellos. Un estudio, por ejemplo, relacionaba el número de especies de aves con muchos menos indicadores de bienestar que el número de tipos de plantas, y las mariposas parecían carecer por completo de importancia. Los mamíferos más pequeños tienden a ser nocturnos o a mantenerse ocultos, por lo que es poco probable que tengan algún impacto en las zonas urbanas o suburbanas.[10]

Los psicólogos evolutivos no han prestado demasiada atención a nuestras relaciones con otros miembros del reino animal. Sin embargo, los fenómenos aislados que han investigado ayudan a explicar algunos aspectos del comportamiento humano que superficialmente tienen poco sentido en el mundo actual. Uno de ellos es nuestra reacción ante animales peligrosos, como serpientes y arañas.

Los venenos neurotóxicos de serpientes y arañas afectan a casi todos los mamíferos, por lo que las estrategias para evitarlos deberían ser evolutivamente antiguas. En Occidente, las serpientes ya no suponen un gran problema: en Estados Unidos, en 2002, se registraron setenta y nueve muertes por «contacto con animales venenosos», frente a las cerca de 11 000 atribuidas a sobredosis de estupefacientes y las más de 30 000 causadas por tiroteos. Si nuestra mente fuera una hoja en blanco, temeríamos mucho más a las armas que a las serpientes o las arañas.[11]

Sin embargo, a la mayoría de nosotros nos asustan mucho más las serpientes y las arañas que las pistolas (o las jeringuillas). Las comparaciones entre los cerebros de los lémures de Madagascar (donde no hay serpientes), los monos del Nuevo Mundo (que han estado expuestos de forma intermitente a serpientes venenosas a lo largo de su evolución) y los monos y simios del Viejo Mundo (que han sido presa de serpientes venenosas durante millones de años) demuestran que hemos heredado sistemas visuales especializados en la detección rápida de serpientes. Los científicos han localizado estos sistemas en las neuronas pulvinares, que transmiten información desde la retina y el colículo superior (parte del mesencéfalo especializada en la información visual) directamente a las zonas de la amígdala que inducen el miedo. No establecemos estas conexiones de forma automática: tanto los niños pequeños como los monos

[10] Richard Fuller et al., «Psychological Benefits of Greenspace Increase with Biodiversity», *Biology Letters* 3 (2007): 390-94.

[11] Arialdi Miniño et al., «Defunciones: Lesiones, 2002», *National Vital Statistics Reports* 54, nº 10 (2006).

A los monos jóvenes las serpientes les dan miedo y les fascinan.

jóvenes encuentran fascinantes las imágenes de serpientes y aprenden a temerlas (véase la ilustración). Como no huyen instintivamente aterrorizados ante la visión de una serpiente, podemos deducir que la ofidiofobia, como se denomina oficialmente, es adquirida.

El miedo a las arañas (aracnofobia) tiene una historia evolutiva similar. Nuestros antepasados homínidos probablemente evolucionaron en el sur de África junto a arañas viuda muy venenosas, muchas de las cuales son negras y bastante pequeñas, tienden a esconderse en grietas y pueden ser muy difíciles de detectar. En consecuencia, parece que hemos desarrollado un mecanismo específico y muy sensible de detección de arañas en el exterior. Evidentemente, nuestros cerebros invierten mucho en mantenernos con vida alertándonos de la presencia de animales venenosos.[12]

[12] Lynne Isbell, «Snakes as Agents of Evolutionary Change in Primate Brains», *Journal of Human Evolution* 51 (2006): 1-35; Vanessa LoBue, David Rakison y Judy DeLoache, «Threat Perception Across the Life Span: Evidence for Multiple Converging Pathways», *Current Directions in Psychological Science* 19 (2010): 375-9; Joshua New y Tamsin German, «Spiders at the Cocktail Party: An Ancestral Threat That Surmounts Inattentional Blindness», *Evolution & Human Behaviour* 36 (2015): 165-73.

Por supuesto, los propietarios consideran a sus mascotas la antítesis misma de lo nocivo. ¿Tenemos también respuestas evolucionadas hacia otros animales? Las interacciones con nuestras mascotas nos producen placer, pero ¿qué ocurre con los encuentros con animales salvajes? Anecdóticamente, la gente describe el contacto con mamíferos muy carismáticos como algo extremadamente memorable e incluso como una «experiencia cumbre», es decir, uno de los momentos más extáticos, alegres y felices de su vida. La popularidad de los safaris puede dar fe de los beneficios psicológicos de la observación de grandes mamíferos. A muchas personas les encanta estar en comunión con los animales en libertad. Como escribió una persona sobre un avistamiento fortuito de un delfín salvaje: «Estaba totalmente inmerso en esta experiencia. Mi corazón bombeaba. Mi corazón iba muy rápido, pero todo era agradable, no era estrés. En un momento sería el epítome de la alegría en tu vida. Pero ese momento duró varios minutos porque yo iba muy rápido. Pero fueron momentos increíbles».[13]

En algunos casos, la gente experimenta una enorme excitación incluso cuando los propios animales no están presentes. En un estudio, realizado a partir de los relatos de senderos salvajes en Namibia y el Parque Nacional Kruger en Sudáfrica, los participantes valoraron encontrar señales dejadas por grandes animales casi tanto como ver a los propios animales, casi como si estuvieran acechando a su presa: «Nos emocionamos tanto cuando tres de nosotros vimos algún rastro de rinoceronte, que nos olvidamos de la hora y volvimos tarde al campamento». Es posible que estas reacciones recuerden al subidón de adrenalina que experimentaban nuestros antepasados cuando cazaban a sus presas.[14]

El número de personas que visitan zoológicos cada año —unos 160 millones en Estados Unidos, más de 20 millones en el Reino Unido y alrededor del 10 % de la población mundial en total— demuestra la popularidad de los grandes mamíferos. La necesidad de establecer algún

---

[13] La cita procede de Ryan DeMares, «Human Peak Experience Triggered by Encounters with Cetaceans», *Anthrozoös* 20 (2000): 89-103.

[14] La cita procede de André Fiedeldey, «Wild Animals in a Wilderness Setting: An Ecosystemic Experience?», *Anthrozoös* 7 (1994): 113-23.

tipo de contacto con los animales salvajes parece seguir siendo fuerte para mucha gente y ha servido de profunda inspiración para algunos. El zoólogo Desmond Morris dijo de su primera visita al zoo: «Aquella visita hizo más por mi posterior interés por los animales que cien películas o mil libros. Los animales eran reales y cercanos». El impacto emocional de ver animales en cautividad se ha estudiado poco, pero los que deciden visitar zoológicos parecen expresar universalmente asombro y respeto. De hecho, la anticipación de estos sentimientos puede haber motivado a muchos a visitarlos. Las personas que tienen mascotas en casa manifiestan más sentimientos de cariño hacia los animales del zoo que las que no las tienen, pero sigue sin estar claro si las experiencias con sus mascotas afectan a sus actitudes hacia los animales en general o si tienen una visión positiva de los animales en general que les motiva tanto a tener mascotas como a preocuparse por el cuidado de los animales del zoo. Así pues, una biofilia general puede explicar la popularidad de los zoológicos, pero las raíces psicológicas del fenómeno, al menos en lo que respecta a los animales, aún requieren investigación. No obstante, nuestra fascinación por los animales apunta a la posibilidad de que nuestro cerebro haya evolucionado para sintonizar con las costumbres de los animales que pueden afectar a nuestra supervivencia, positiva o negativamente.[15]

La psicología evolutiva también hipotetiza que el cerebro no es simplemente una máquina de computación de propósito general, sino que contiene módulos especializados para resolver problemas específicos con los que se encontraron nuestros lejanos antepasados. Tras conocer mejor la construcción del cerebro, ahora sabemos que esos módulos existen, sin duda, pero no están ubicados físicamente en una sola parte del cerebro. Por el contrario, como consecuencia directa del desarrollo del cerebro, están dispersos, como ha sugerido gráficamente el lingüista Steven Pinker, «no como un bistec de ternera... en el expositor de vacas del supermercado...[sino] más como animales atropellados, desparramados

[15] Desmond Morris, «¿Debemos tener zoos?», *Life*, 8 de noviembre de 1968, 78; Olin Myers Jr, Carol Saunders y Andrej Birjulin, «Emotional Dimensions of Watching Zoo Animals: An Experience Sampling Study Building on Insights from Psychology», *Curator* 47 (2004): 299-321.

desordenadamente sobre las protuberancias y grietas del cerebro...».[16] Dada la importancia que tuvieron para nuestros antepasados las bestias de todo tipo, nuestro cerebro debería tener módulos que procesaran específicamente información sobre los animales que nos rodean. Algunos de estos módulos podrían estar relacionados con interacciones que pocos de nosotros experimentamos hoy en día (amenazas de grandes depredadores, por ejemplo), pero nuestros cerebros, moldeados en gran medida por nuestro estilo de vida ancestral de cazadores-recolectores, deberían seguir conservando rastros de ellos.

La forma en que pensamos sobre los animales indica cómo podrían funcionar estos módulos. Al distinguir entre tipos de animales, nuestros cerebros parecen construir clasificaciones universales y, por tanto, presumiblemente evolucionadas. Los visitantes de un zoo pueden aprender los nombres de todos los animales que ven, además de muchas otras cosas, pero estas categorías zoológicas se basan en siglos de investigación científica. ¿Qué ocurre con las culturas que no tienen una ciencia propiamente dicha, pero cuya vida depende del conocimiento íntimo de los animales? En este caso, los universales humanos pueden apuntar a una base cognitiva común para categorizar la naturaleza en general y los animales en particular.

Hay buenas razones para creer que nuestro pensamiento sobre los animales evolucionó por un camino distinto del que utilizamos para pensar en las personas. Dado que somos el único primate bípedo sin pelo del planeta, reconocer a otro ser vivo como miembro de nuestra propia especie no es difícil (aunque puede que esto no fuera del todo cierto hace 50 000 años, cuando los neandertales convivían con nuestros antepasados europeos o cuando otros homínidos descubiertos recientemente, los denisovanos, ocupaban el sudeste asiático). Sin embargo, identificar a esa otra persona como amigo, aliado o enemigo, potencial pareja o rival, habría sido crucial y se habría basado en gran medida en el reconocimiento facial.

Con respecto a otros mamíferos, ya fueran presas o depredadores, nuestros antepasados no necesitaban información sobre individuos

[16] Steven Pinker, *How the Mind Works* (Nueva York: W. W. Norton & Co., 1997), 30-31.

concretos. Pero sí necesitaban conocer su especie para anticipar su comportamiento: ¿Es peligroso? ¿Es fácil de atrapar? ¿Puedo acecharlo o será más productiva una emboscada? ¿O me está acechando a mí?

Una vez más, los estudios de las pequeñas sociedades de forrajeo y horticultura han proporcionado los indicadores más sólidos de la predisposición de la mente humana a aprender sobre los animales. Resulta que los niños de las ciudades occidentales antropomorfizan a los animales sin piedad porque tienen poca experiencia a la que recurrir. A los niños de las zonas rurales les siguen gustando las historias de animales que hablan, pero al mismo tiempo poseen una sólida «biología popular» basada en su conocimiento cotidiano acumulado de los animales reales. Son plenamente conscientes de la diferencia entre el cerdito Bland de Beatrix Potter y un cerdo de verdad de una forma que muchos niños urbanos parecen no serlo.

Los niños de las pequeñas sociedades, incluso los de apenas cuatro años, conciben a los animales como seres totalmente separados de los humanos; los niños suelen aprender esta distinción, así como las diferencias entre especies, más rápidamente porque, a diferencia de las niñas, sus padres los animan a conocer de primera mano todos aquellos animales que serán importantes para ellos más adelante. Al mismo tiempo, adquieren una «ecología popular» detallada de su entorno: por ejemplo, saben qué come cada tipo de animal e incluso qué animales estropean las frutas que a ellos les gustaría comer. Cuando llegan a la edad adulta, sus conocimientos sobre las aves y los animales de su entorno rivalizan probablemente con los de los expertos occidentales, que disponen de abundante información escrita y en línea. Por ejemplo, los indios mayas itzá (de Guatemala) clasificaban fotografías de aves de la zona de Chicago igual de bien que los expertos en aves de Chicago clasificaban aves guatemaltecas de tierras bajas igualmente desconocidas; los estudiantes universitarios estadounidenses no tenían ni idea de ambas cosas.[17]

Estas biologías populares o, quizá más concretamente, «taxonomías populares», parecen estar organizadas de forma similar dondequiera

[17] Douglas Medin y Scott Atran, «The Native Mind: Biological Categorization and Reasoning in Development and Across Cultures», *Psychological Review* 111 (2004): 960-83.

que hayan surgido y, por tanto, probablemente se trate de un rasgo evolucionado de la mente humana. Por ejemplo, aunque los mayas de Itzá conocen muchos tipos de aves e incluso pueden adivinar los hábitos de las que se encuentran en Chicago, saben más sobre aves de presa y de caza, como el pavo salvaje: especies importantes en su economía y mitología locales. No obstante, los principios generales suelen ser similares. En primer lugar, la mente humana entiende intuitivamente que las especies son inmutables: un cachorro criado con lechones jóvenes siempre se convierte en perro, no en cerdo. En segundo lugar, todos los humanos parecen clasificar a los animales (y las plantas) en una jerarquía natural, a diferencia de otros tipos de clasificación más arbitrarios (como el color o el tamaño). Como escribió Charles Darwin: «Desde el período más remoto de la historia del mundo, se ha encontrado que los seres orgánicos se parecen entre sí en grados descendentes, de modo que pueden clasificarse en grupos bajo grupos. Esta clasificación no es arbitraria, como la agrupación de las estrellas en constelaciones»[18]. Así, un león es un tipo de gato, que es un tipo de mamífero, que es un animal. Un ciervo rojo es un tipo de ciervo, que también es un mamífero, pero no es un gato. Estas relaciones, hoy formalizadas por la genética y la biología evolutiva, también surgen espontáneamente en la mente de las personas que tienen una experiencia cotidiana directa con determinados animales y viven en culturas en las que el conocimiento de esos animales es esencial para la supervivencia.

La biología popular hace compañía a la ciencia biológica moderna a la hora de localizar la «esencia» de cada tipo de animal. La ciencia ha demostrado que el ADN, organizado en genes, codifica la naturaleza de un animal, pero las sociedades que carecen de ese conocimiento suelen localizar la «esencia» en la sangre y/o el corazón, ya que este último a veces sigue latiendo en un animal recién sacrificado. Estas supersticiones perduran incluso en las culturas modernas: algunos receptores de corazones trasplantados creen que se les han infundido aspectos de la personalidad del donante.[19]

---

[18] Charles Darwin, *Sobre el origen de las especies por medio de la selección natural* (Londres: Murray, 1859), 431.

[19] Para conocer dos opiniones sobre cómo podría afectar la memoria celular

Antes pensábamos que los niños aprendían los fundamentos de la biología de los adultos y de sus propias experiencias, pero investigaciones recientes indican que un sentido innato de la biología les permite separar a los animales de otras cosas que se mueven. A los seis años, la mayoría de los niños occidentales saben que los animales tienen complicadas «entrañas» esenciales para la vida y necesitan comida y agua para seguir adelante. Incluso a los tres años, los niños entienden que los animales tienen «entrañas» aunque no comprendan exactamente para qué sirven; por ejemplo, saben que un cerdo tiene más en común con una vaca que con una hucha de porcelana. Sorprendentemente, los inicios de esta conciencia parecen aflorar en bebés demasiado pequeños para hablar. A los seis meses ya han adquirido una psicología social que les permite distinguir entre las personas que ayudan y las que entorpecen (en los experimentos, los «ayudantes» y los «entorpecedores» eran figuras animadas de madera con ojos, probablemente lo mínimo necesario para que los bebés desencadenen el concepto de «vida»). A los ocho meses también parecen entender que los animales auténticos son sólidos en su totalidad: muestran sorpresa cuando un juguete autopropulsable que acaba de mantener una «conversación» con una persona resulta estar hueco. Si el juguete es peludo, no esperan que sea interactivo, sino soólo capaz de moverse sin ayuda; de nuevo, los bebés permanecen perfectamente satisfechos si el juguete es sólido, pero se sobresaltan si es hueco. Incluso a esa temprana edad, parecen seguir la regla empírica de que los animales se mueven por sí solos y son peludos o capaces de interactuar con una persona (en este caso, su madre). Si tienen alguna de estas cualidades, también deben tener «interior». Así pues, desde una edad muy temprana, los niños tienen un concepto innato de «animal» que se solapa con su «psicología popular», pero que es distinto de su sentido evolutivo de cómo se supone que deben interactuar las

---

a los receptores de trasplantes, véase Lizette Borreli, «Can An Organ Transplant Change a Recipient's Personality? Cell Memory Theory Affirms "Yes"», *Medical Daily*, 9 de julio de 2013, http://www.medicaldaily.com/can-organ-transplant-change-recipients.personality-cell-memory-theory-affirms-yes-247498; Joe Shute, «The Life-Saving Operations That Change Personalities», *Telegraph*, 6 de febrero de 2015, http://www.telegraph.co.uk/news/health/news/11393771/The-lifelife-operaciones-de-ahorro-que-cambian-personalidades.html.

personas entre sí. La rapidez con la que se acumulan los detalles de su biología popular debe depender de sus experiencias reales con los animales y de la información que reciben de otras personas, lo que explica el conocimiento mucho más detallado de los animales que poseen los mayas itzá de cuatro años en comparación con los miembros del mismo grupo de edad en Occidente.[20]

La existencia de módulos cerebrales diferentes para la biología popular (de los animales) y la psicología popular (de las personas) probablemente mantiene la separación entre ambas. Dado que somos una especie tan intensamente social, no es de extrañar que nuestro cerebro dedique grandes regiones a analizar el comportamiento de nuestros congéneres. El alcance de algunas de estas regiones debe extenderse a los animales; de lo contrario, no los antropomorfizaríamos tan fácilmente.

Las investigaciones actuales empiezan a señalar pequeñas zonas de nuestro cerebro que parecen funcionar como detectores de animales de uso general, muy distintos de los que responden a las personas o a criaturas peligrosas como arañas y serpientes. Un estudio se basó en pacientes con epilepsia que no habían respondido al tratamiento con fármacos. Electrodos implantados permanentemente en sus cerebros controlaban el lugar de cualquier ataque posterior. Tres regiones cerebrales —el hipocampo, el córtex entorrinal y la amígdala izquierda— no mostraron selectividad hacia las imágenes de animales, respondiendo igualmente a las imágenes de personas (sobre todo, fotografías de actores, estrellas del deporte y políticos). En cambio, en la amígdala derecha, un número considerable de neuronas respondía únicamente a imágenes de animales. La amígdala procesa información relacionada con el miedo y las amenazas, pero esto no explica la gran variedad de imágenes de animales a las que respondieron muchas neuronas, ya que incluían animales peligrosos (tigres, arañas) y «simpáticos» (monos, ratones), e incluso dos «animales» de dibujos animados: Shrek y Yoda, de *La guerra de las galaxias*. En general, el estudio no halló

[20] J. Kiley Hamlin, Karen Wynn y Paul Bloom, «Social Evaluation by Preverbal Infants», *Nature* (Londres) 450 (2007): 557-60; Peipei Setoha et al., «Young Infants Have Biological Expectations About Animals», *Proceedings of the National Academy of Sciences of the United States of America* 110 (2013): 15937-42.

ninguna relación entre el número de neuronas que se disparaban en respuesta a un animal concreto y el grado en que los pacientes decían que les gustaba ese animal o lo excitante que les resultaba. Además, estas neuronas respondían más rápido a los estímulos animales que a los demás, lo que sugiere que se encontraban en una especie de «vía rápida» neuronal para distinguir a los animales del resto de la información visual que nos llega al cerebro cada segundo. Curiosamente, algunas neuronas parecían estar sintonizadas con determinados tipos de animales: una, por ejemplo, respondía a roedores (ratón, conejo, liebre), pero apenas a mamíferos más grandes (tigre, rinoceronte). Además de en la amígdala, en el cerebro hay otras neuronas específicas para los animales: las personas cuya amígdala ha sido destruida por la enfermedad de Urbach-Wiethe no presentan ningún déficit en su capacidad para distinguir animales en escenas complejas.[21]

Una vez que nuestro cerebro ha deducido que se acerca un animal, pasa a recopilar toda la información que puede sobre él. Aunque todavía está lejos de ser completa, la ciencia ha identificado el córtex temporal anteromedial y el córtex perirrinal como dos áreas clave para distinguir entre distintos animales que pueden generar respuestas diferentes: apartarse del camino de un león puede no requerir las mismas tácticas que evitar a un leopardo.[22]

La detección selectiva de animales no es sorprendente desde un punto de vista evolutivo. Nuestros antepasados cazadores-recolectores no solo estaban mucho más expuestos a los animales que la mayoría de nosotros hoy en día, sino que su propia supervivencia dependía de verlos primero, antes de que los animales los vieran a ellos. Algunos suponían un peligro por su tamaño, veneno, cuernos o garras, agresividad o preferencias alimentarias: en la época en que evolucionaron los homínidos, había más especies de grandes

[21] Florian Mormann et al., «A Category-Specific Response to Animals in the Right Human Amygdala», en Nature *Neuroscience* 14 (2011): 1247-9, doi: 10.1038/nn.2899, más datos complementarios en Nature *Neuroscience.*

[22] Alex Clarke y Lorraine Tyler, «Comprender lo que vemos: How We Derive Meaning from Vision», *Trends in Cognitive Sciences* 19 (2015): 677-87; Marieke Mur, 'What's the Difference Between a Tiger and a Cat? From Visual Object to Semantic Concept via the Perirhinal Cortex', *Journal of Neuroscience 34 (2014)*: 10462-4.

felinos en África que en la actualidad, y las pruebas fósiles indican que nuestros antepasados se convirtieron ocasionalmente en el almuerzo de un leopardo, un dientes de sable o una hiena. Otros habrían sido presas potenciales, pero los más valiosos, por ser los más grandes, también habrían entrañado cierto riesgo para sus cazadores. Los animales salvajes se mueven de forma impredecible, más incluso que los humanos, y por tanto exigen una reevaluación constante por parte de los sentidos, de los cuales la visión habría proporcionado el mayor detalle. Hoy en día, sería mucho mejor cambiar nuestro sistema de detección de animales por un sistema de detección de vehículos (un coche causa una de cada cuatro muertes accidentales en Estados Unidos). Si nuestros cerebros no estuvieran hasta cierto punto programados, cabría esperar una adaptación semejante en los adultos de hoy, bombardeados como estamos con imágenes televisivas de los daños que los coches pueden causar a los frágiles cuerpos humanos. En cambio, nuestros sistemas visuales siguen sintonizando con los movimientos de los animales, a pesar de que la mayoría de nosotros vemos muchos más coches que animales en el día a día. Nos hemos quedado con el cerebro de que nuestros antepasados evolucionaron en un mundo en el que los animales salvajes desempeñaban un gran papel.[23]

¿Cuándo surgieron estas capacidades? Los humanos hemos desarrollado «módulos» para interpretar el comportamiento de los animales distintos de los que utilizamos para analizar el comportamiento de nuestros congéneres, pero ¿es esto cierto en el caso de otros primates? Los chimpancés y otros grandes simios no solo llevan una vida social sofisticada, sino que también parecen capaces de aprender mucho sobre los animales que les rodean (otros monos, en particular). Sin embargo, nuestra capacidad para razonar sobre los animales supera con creces la de nuestros primos primates. En algún momento de nuestra evolución, nuestros cerebros desarrollaron mecanismos especializados que, más

[23] Joshua New, Leda Cosmides y John Tooby, «Category-Specific Attention for Animals Reflects Ancestral Priorities, Not Expertise», *Proceedings of the National Academy of Sciences of the United States of America* 104 (2007): 16598-603.

allá de la simple detección de animales, nos permitían analizar y predecir su comportamiento.

Además de las capacidades de aprendizaje generalizadas que comparten todos los mamíferos, hay varios tipos de inteligencia. Una es la inteligencia social; otra, la capacidad técnica; la tercera, la biología popular. Todas ellas pueden haberse originado en la evolución de nuestros antepasados primates. Los chimpancés tienen una vida social compleja, pero solo una capacidad rudimentaria para fabricar herramientas, que algunos incluso utilizan para explotar su conocimiento de los animales. Por ejemplo, los chimpancés de Gombe pescan termitas utilizando ramitas o tallos de hierba cuidadosamente seleccionados, que muerden hasta conseguir la longitud y el grado de rigidez adecuados. Luego los introducen en los orificios de ventilación del nido de las termitas. Las termitas atacan el objeto y el chimpancé saca la ramita del agujero, cubierta de insectos, y devora su comida. A pesar de este hábil comportamiento, los chimpancés no parecen tener una inteligencia técnica distintiva. Su cultura en la fabricación de herramientas es local —por ejemplo, muchos utilizan piedras para abrir nueces, pero la forma precisa de hacerlo suele ser peculiar de su grupo— y no parecen muy interesados en enseñarse unos a otros los trucos que han inventado, sino que utilizan su considerable inteligencia general —de pizarra blanca— para descubrirlos por sí mismos. Y lo que es más revelador, aunque utilizan armas cuando luchan entre ellos, a diferencia de nosotros no usan objetos físicos como indicadores de estatus o logros: no tienen insignias de cargos ni tótems. Tras sus bien documentadas «guerras», los chimpancés no demuestran sus victorias exhibiendo los cráneos de sus víctimas.

La inteligencia técnica especializada es un rasgo distintivo de nuestro linaje. Nuestros antepasados homínidos empezaron a fabricar herramientas de piedra hace unos 2,5 millones de años y desarrollaron tecnologías basadas en la piedra mucho más sofisticadas que las que emplean hoy los chimpancés. Sin embargo, no se produjeron más avances durante al menos otro millón de años, como si el cerebro de nuestros antepasados no pudiera conectar de algún modo su inteligencia técnica con su capacidad para comprender a los animales y a sus congéneres homínidos.

De hecho, los neandertales, homínidos adaptados al frío que vivieron en Europa desde hace unos 700 000 años hasta su extinción hace unos 35 000, pueden haber perecido en última instancia porque la arquitectura de sus cerebros no había evolucionado lo suficiente como para conectar sus habilidades técnicas con su conocimiento de los animales. En otros aspectos eran bastante parecidos a nosotros: tenían lenguaje, (con el tiempo) dominaban el control del fuego y (a veces) enterraban a sus muertos. Debían de ser lo bastante compatibles con nuestros antepasados más directos, los *Homo sapiens*, que se encontraron con los neandertales cuando estos salieron de África, como para cruzarse (los humanos de ascendencia euroasiática cuentan con un 2 % de genes neandertales). Sin embargo, no innovaron en la misma medida que nuestros antepasados *sapiens*: no fabricaron herramientas de asta o hueso, y su arte fue escaso o nulo. Además, aunque debían de conocer bien a los animales que cazaban, sus métodos de caza eran relativamente rudimentarios y se basaban sobre todo en el enfrentamiento, lo que les causaba muchas heridas y una esperanza de vida correspondientemente corta. Todas estas pruebas sugieren que, al igual que sus antepasados de 2 millones de años antes, su biología popular y su inteligencia técnica seguían estando desconectadas.

Es posible que el cerebro de nuestros antepasados más directos cambiara para permitir representaciones simbólicas de animales hace unos 150 000 años, poco después de que abandonaran África y empezaran a colonizar el Creciente Fértil. Los enterramientos de los primeros humanos modernos en las cuevas del monte Carmelo (Israel), que datan de hace unos 100 000 años, son probablemente los primeros en incluir animales salvajes: la cabeza y la cornamenta de un ciervo colocadas sobre un niño, un hombre sosteniendo el cráneo de un jabalí. Puede que fueran ofrendas a una deidad (otras partes del cuerpo, más nutritivas, habrían sido seleccionadas para alimentar al difunto en su viaje al más allá) o puede que tuvieran un significado totémico que nuestras mentes modernas han olvidado. Sea cual sea su significado exacto, su inclusión en estas tumbas indica un cambio en la percepción de los animales por parte de nuestros antepasados, que pasaron a considerarlos más humanos. Quizá sea el momento en que el antropomorfismo se hizo mentalmente posible.

La capacidad de pensar más que los animales debe de haber tenido profundas consecuencias para nuestra capacidad de obtener alimentos, y no solo mediante la caza. Las sociedades a pequeña escala tienen, en particular, relaciones complejas y muy desarrolladas con los animales salvajes que las rodean, que quizá se remontan a hace 100 000 años. La simbiosis con un animal —en concreto, un ave— sirvió en su día incluso a nuestros golosos, hoy responsables de una epidemia mundial de obesidad y diabetes.

Siempre hemos valorado mucho la miel de abejas silvestres. Hoy en día, cuando la miel viene en tarros de abejas de granja, y tantas otras fuentes de azúcar están fácilmente disponibles, podemos olvidar muy rápido cuánta alegría debían sentir nuestros antepasados cuando conseguían localizar y asaltar la miel de una colonia de abejas. No siempre lo conseguían solos: en muchas ocasiones, una especie de pájaro carpintero, el gran guía de la miel, compartía el botín.

A lo largo de las sabanas africanas, durante muchos milenios, las guías melíferas y los humanos han trabajado juntos en beneficio mutuo. A las guías melíferas no les importa la miel. Como sus primos los pájaros carpinteros, se comen las larvas de las abejas y cualquier insecto que parasite la colmena, como los gusanos de la cera. A diferencia de los pájaros carpinteros, también pueden digerir la cera de las abejas. A los humanos, en cambio, les interesa mucho la miel, por lo que se trata de una asociación en la que todos salen ganando.

No podemos decir dónde ni cómo empezó esta relación ni hasta qué punto se extendió, aunque algunas tribus nómadas de Kenia, entre ellas los boran, la aprovecharon hasta finales del siglo XX. Los mieleros van a buscar nidos de abejas poco después del amanecer, cuando aún hace demasiado frío para que las abejas estén activas. Más avanzado el día, el ave va en busca de una persona. Por otra parte, cuando un boran quiere encontrar una colmena, localiza a una guía melífera emitiendo un fuerte silbido, utilizando una concha de caracol especialmente modificada, una nuez de palmera hueca o, si no tiene ninguna a mano, simplemente soplando con los puños cerrados. Una vez que los dos se han reunido, el pájaro comienza a realizar breves vuelos en dirección al nido, emitiendo una llamada especial de doble nota. Si los boran le siguen, el pájaro vuela otra corta distancia en la dirección correcta y espera, sin dejar de llamar.

Los seguidores humanos pueden juzgar por el comportamiento del ave la distancia que tendrán que recorrer antes de llegar al nido. Cuanto más lejos esté la colmena, mayor será la distancia entre las paradas del pájaro (tal vez deba comprobar que se dirige en la dirección correcta volando hasta estar seguro y volviendo sobre sus pasos al punto de encuentro). Cuanto más se acerque al nido, menor será la distancia entre las paradas y más cerca del suelo se posará. Una vez que llega al nido, el canto del pájaro se vuelve más suave, con intervalos más largos entre las notas. A continuación, el boran ahuyenta a las abejas y recoge la miel, dejando el nido y el resto de su contenido para el guía de la miel (véase la ilustración cercana).[24]

Se trata de una relación extraordinariamente bien integrada, aunque no está claro hasta qué punto la larga asociación con la humanidad ha alterado genéticamente a las guías melíferas: quizá cada guía melífero deba aprender desde cero a guiar a las personas. Ciertamente, las aves no siempre necesitan a las personas para alimentarse: también asaltan nidos de abejas abandonados (por su cera) o los que ya han abierto los tejones meleros. Los biólogos nunca han confirmado este comportamiento, por lo que es posible que la capacidad de guiar no haya evolucionado hasta la aparición de los primeros humanos modernos en África. Por otra parte, no hay indicios de que los melíferos mayores estén desapareciendo en muchas partes de África, donde el azúcar comprado en las tiendas ha sustituido a la miel silvestre, por lo que no pueden depender totalmente de su colaboración con el hombre.

La arquitectura del cerebro de nuestros antepasados siguió cambiando durante los 50 000 años siguientes, a juzgar no solo por la forma de sus cráneos, sino por la creciente complejidad de su comportamiento, incluida su capacidad de antropomorfización. Sus métodos de caza mejoraron en sofisticación y flexibilidad, volviéndose más eficaces que los de los neandertales y contribuyendo posiblemente a la desaparición final de estos últimos. Aunque puede que la caza rapaz solo

[24] Hussein Isack y Heinz-Ulrich Reyer, «Honeyguides and Honey Gatherers: Interspecific Communication in a Symbiotic Relationship», *Science* (Washington) 243 (1989): 1343-6.

Un guía africano de la miel.

tenga parte de culpa, la llegada de los humanos modernos a Australia (hace 50 000 años), el norte de Eurasia (40 000) y América (16 000) coincidió con la extinción masiva de muchos mamíferos gigantes, como cinco especies de caballos y mamuts en Norteamérica, mamuts e hipopótamos en Eurasia, y «rinocerontes» marsupiales y wombats gigantes en Australia. Estas y muchas otras especies sucumbieron a la capacidad sin precedentes de los humanos modernos de idear armas especializadas (inteligencia técnica) y estrategias (biología popular en connivencia con la psicología popular) para cazar las presas más rentables en las nuevas tierras que habían descubierto. Después, cuando las presas más fáciles desaparecieron, presumiblemente se adaptaron de nuevo, centrándose en animales más pequeños y menos rentables, hasta que alcanzaron una especie de equilibrio ecológico, que duró hasta la invención de la agricultura.

Hace unos 30 000 años, las partes «animal» y «humana» de nuestros cerebros estaban lo suficientemente conectadas como para que nuestros antepasados produjeran las primeras representaciones artísticas de animales. Sobre todo pintaban ciervos, bisontes y caballos (pero muy pocos humanos) en las paredes de sus cuevas; tallaban representaciones de animales en trozos de hueso, cuerno y piedra. A veces se tomaban grandes molestias, construyendo andamios para llegar al techo de las grandes cuevas y trabajando bajo tierra a la luz de antorchas parpadeantes. Los estudiosos han debatido durante mucho tiempo la finalidad de este arte. ¿Formaba parte de un ritual mágico, quizá para asegurar el éxito en la caza o el regreso de los rebaños migratorios al año siguiente? ¿Eran ilustraciones de historias arraigadas en sus tradiciones culturales y transmitidas de generación en generación? ¿Eran instructivas, se utilizaban durante las largas noches de invierno para educar a los niños en los hábitos de los animales que cazarían cuando fueran mayores? Todas estas explicaciones pueden ser correctas y aplicarse a épocas y lugares diferentes. Algunas sociedades a pequeña escala, en particular los aborígenes de Australia, siguen realizando pinturas rupestres, y cada imagen puede comunicar significados diferentes según el espectador. Una imagen de una serpiente junto a un lago puede indicar el riesgo de una mordedura venenosa en un lugar concreto, o también puede representar al Wagyl, una criatura parecida a una serpiente del Tiempo del Sueño (una mitología zoomorfa) que los noongar creen que formó muchos ríos y montañas del oeste de Australia.

El antropomorfismo, clave en la tenencia de animales de compañía, requiere mezclar y combinar mentalmente los atributos de humanos y animales. Las primeras pruebas de esta capacidad provienen de las representaciones de seres imaginarios que son en parte humanos y en parte animales. Uno de los más famosos, «El Hechicero», parece representar a un chamán. Hallado en una caverna de Trois Frères (Francia), se cree que tiene unos 15 000 años de antigüedad. Las interpretaciones varían, pero parece incluir elementos de varios animales, posiblemente un reno y un caballo, pero con manos y pies humanos y los genitales de un gran felino. Una de las primeras obras de arte desenterradas resume la confusión entre la naturaleza humana y la

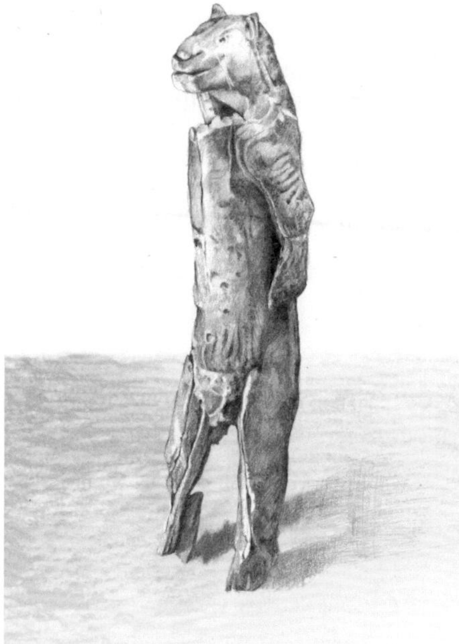

La estatuilla de marfil de león/hombre del sur de Alemania, de unos 30 000 años de antigüedad.

animal: una estatuilla de marfil descubierta hace más de 30 000 años en el sur de Alemania representa una figura mitad hombre, mitad león (véase la ilustración). Aunque, técnicamente hablando, es un ejemplo de zoomorfismo (la representación de seres míticos que son en parte humanos y en parte animales), la pieza indica sin duda que el artista también percibió algunos atributos humanos en el león.

Estas figuras híbridas sugieren que el antropomorfismo era una característica tan humana hace 30 000 años como lo es hoy. Sin embargo, mientras que hoy en día algunos consideran sentimental y frívola la proyección de pensamientos y emociones humanas en los animales, en el Paleolítico habría servido para predecir lo que harían los animales en una situación determinada. Esta capacidad podría haber sido útil para burlar a los grandes depredadores (¿en cuál de esos árboles elegiría esconderse un leopardo?), pero probablemente era aún más útil para predecir cómo reaccionarían las manadas de animales de presa (ciervos, bisontes, caballos) cuando se percataran de que los humanos se acercaban con intención. También habría ayudado a diseñar estrategias de caza eficaces, como una emboscada coordinada, que separaría a un animal de la manada para matarlo. Aunque el antropomorfismo es intrínsecamente solo una aproximación —ningún animal piensa del mismo modo que una persona—, la detallada biología popular de estos pueblos cazadores debería haberles permitido tener en cuenta tales diferencias a la hora de hacer predicciones con un grado de precisión que los actuales habitantes de las ciudades apenas pueden imaginar.

Una teoría propone que este nuevo conjunto de capacidades mentales fue el resultado de una apertura entre módulos previamente separados dentro del cerebro, quizá hace unos 50 000 años. Según esta concepción, los primeros homínidos, incluidos los neandertales, poseían tres inteligencias especializadas, además de la inteligencia general: la inteligencia social, de la que el lenguaje formaba una parte importante; la inteligencia técnica, que les permitía fabricar herramientas de piedra; y la inteligencia de historia natural, donde residía su biología popular. Durante la evolución de nuestra especie, estos módulos antes separados empezaron a comunicarse entre sí, produciendo una fertilización cruzada de ideas y conceptos que engendró muchos de los rasgos que consideramos definitorios de la naturaleza humana (véase la ilustración cercana). La inteligencia técnica en interacción con la inteligencia social permitió la fabricación y el uso de objetos simbólicos, desde collares de cuentas hasta (finalmente) el dinero. La inteligencia técnica unida a la biología popular permitió inventar herramientas de caza específicas, como el arpón de los inuit para cazar focas, que consta de más de treinta componentes hechos de piedra, hueso, marfil, madera y cuero. La biología popular unida a la inteligencia social habría proporcionado la capacidad para el antropomorfismo, crucial para la cría de animales de compañía de los primeros cazadores-recolectores basada en la captura de animales jóvenes en libertad. Las mismas conexiones, funcionando en sentido contrario, permitieron el zoomorfismo. Los tres habrían entrado en juego en el último gran salto adelante que condujo finalmente a la tenencia moderna de mascotas, la domesticación de animales: los perros son útiles (inteligencia técnica) animales (biología popular) compañeros (inteligencia social). No puede ser casualidad que los primeros intentos de domesticar perros, en Europa occidental hace unos 30 000 años, se produjeran al mismo tiempo que la creación del primer arte zoomorfo.[25]

Las relaciones entre los primeros humanos y los animales salvajes, por armoniosas e integradas que sean, reflejan principalmente la capacidad de la humanidad para aprender a explotar mejor los recursos —incluidos los animales— que nos rodean. Esa información se transmite de una persona a otra e, incluso sin lenguaje escrito, de una generación a la siguiente como componente importante de una biología popular local. Estas relaciones también reflejan nuestra capacidad única de «pensar como un animal».

Aunque solo tengamos una aproximación de lo que ocurre en la cabeza del animal, el antropomorfismo parece funcionar lo suficientemente bien como para haber permitido a nuestros antepasados cazadores-recolectores explotar a muchos animales salvajes de formas diversas, literalmente inimaginables para sus antecesores homínidos.

El comportamiento notablemente flexible de la raza humana nos ha permitido adaptar nuestros hábitos a una amplia gama de hábitats, desde el ecuador hasta el Ártico, y colonizar así todo el planeta. Durante las primeras migraciones nos encontramos con incontables miles de tipos de animales y utilizamos nuestra inteligencia general y nuestra sensibilidad al comportamiento para explotar todo lo que encontrábamos. A algunos los extinguimos; otros encontraron la forma de coexistir con nosotros. Pero todos permanecieron salvajes hasta que nuestros antepasados se aficionaron a la domesticación y empezaron a cambiar la naturaleza de algunas especies especialmente útiles. No siempre pudieron copiar este hábito unos de otros: varias domesticaciones de animales (cerdos, vacas, ovejas, cabras) se produjeron en Oriente Próximo, pero otras surgieron de forma bastante independiente en China (cerdos de nuevo), el Sudeste Asiático (gallinas), Sudamérica (llama y alpaca) y Norteamérica (pavo).

---

[25] Gran parte de mi explicación sobre la evolución del cerebro humano procede del profesor Steven Mithen, *The Prehistory of the Mind: A Search for the Origins of Art, Religion and Science* (Londres: Thames & Hudson, 1996).

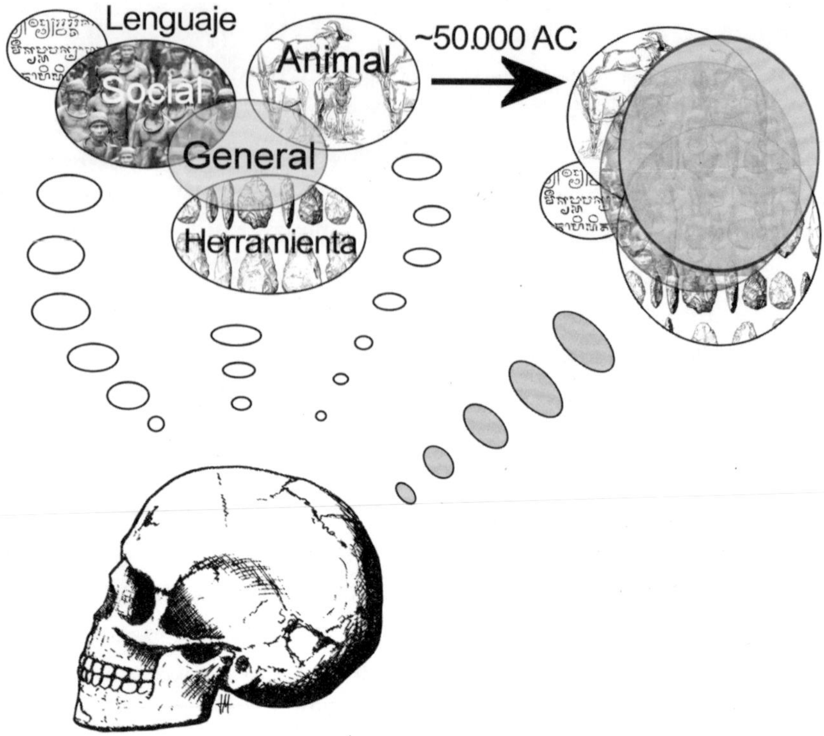

La facilidad para conectar las partes del cerebro relacionadas con las herramientas, los animales y los seres humanos puede ser una característica distintiva de los humanos modernos.

A medida que aumentaba el número de seres humanos tras el final de la última glaciación, la domesticación de animales se convirtió en algo inevitable. Nuestros antepasados, en distintas partes del mundo, adaptaron de forma independiente su capacidad evolucionada para entender las costumbres de los animales salvajes y finalmente los sometieron a su control, iniciando así el proceso que condujo a la cría industrial de hoy en día, y a los animales de compañía actuales. Así pues, la cría de animales de compañía es hija de nuestra capacidad única para comprender la forma de ser de los animales. Pensar en los animales forma parte intrínseca de la naturaleza humana, pero no puede explicar del todo por qué nuestros antepasados acabaron por someter a algunos tipos de bestias a un control mucho más directo y empezaron así a forjar relaciones personales con ellos.

CAPÍTULO 10

...Y VUELTA A EMPEZAR

Hace millones de años, el cerebro de nuestros antepasados desarrolló la capacidad de percibir las idas y venidas de los animales salvajes, tanto de los que podían convertirse en comida como de los que podían hacerles daño. Hoy en día, la mayoría de nosotros apenas utilizamos estas capacidades, rodeados como estamos de pantallas parpadeantes o vehículos a toda velocidad. Los únicos animales que la mayoría de los urbanitas ven con regularidad, aparte de los pájaros y las visitas ocasionales al zoo, son sus mascotas. Descendientes de animales salvajes, las mascotas activan algunas de las neuronas que nuestro cerebro reservaba como detectores de animales, pero no son salvajes; forman parte de nuestra sociedad. Así, aunque nuestro cerebro reaccione instintivamente ante ellos como animales salvajes, debido a nuestra afición al antropomorfismo también los concebimos como parte animal, parte persona. La proporción varía. Un perro que muerde a alguien lo vemos sobre todo como un animal salvaje; un perro que ofrece su vientre para que se lo froten lo vemos sobre todo como una persona. No obstante, el pensamiento antropomórfico nunca está lejos: a posteriori, hacemos responsables de sus «crímenes» a los perros que han mordido.

La primera domesticación de animales, hace decenas de miles de años, exigió un enorme salto conceptual: una nueva forma de pensar sobre los animales compatible con nuestro dominio sobre ellos. Los humanos no siempre se consideraron superiores a los animales ni capaces de dominarlos. De hecho, algunas sociedades muy recientes a pequeña escala mantienen actitudes muy diferentes respecto a la relación hombre-animal. Por ejemplo, culturas animistas como la de los nativos americanos ojibwa tradicionalmente conferían la misma personalidad a los humanos, a los animales y a algunos objetos inanimados, como el viento: una cosmovisión esencialmente antropomórfica. No solo interpretaban el concepto de persona de forma mucho más amplia que nosotros, sino que no tenían una jerarquía clara para los distintos tipos de personas: consideraban que las personas-roca, las personas-oso y las personas-humano eran diferentes, pero no desiguales. Como consecuencia, creían que no tenían autoridad para tener a ningún animal bajo su completo control, una actitud que tiene ecos en las tradiciones budistas y sintoístas de Japón, que hasta el día de hoy equiparan el uso de un perro guía por parte de una persona ciega con la esclavitud. Aunque las sociedades a pequeña escala tienen animales como mascotas, estos no son domesticados, sino obtenidos individualmente de la naturaleza. Sus mascotas rara vez se reproducen en cautividad y, por tanto, permanecen genéticamente inalteradas. Son en gran medida libres de ir y venir a su antojo y, por tanto, no violan una cosmovisión animista.

¿Cuándo decidieron los humanos que eran superiores a los animales? Posiblemente en la misma época en que las sociedades empezaron a erigir barreras de clase. La aceptación del concepto de domesticación, el dominio sobre los animales, probablemente fue consecuencia de un cambio en la forma en que las personas se consideraban unas a otras hace más de 10 000 años. Al parecer, la mayoría de las sociedades de cazadores-recolectores eran igualitarias y se basaban en lazos individuales dentro de cada pequeña comunidad. Por ejemplo, a finales de la década de 1970, los nayaka, una tribu de cazadores-recolectores del sur de la India, vivían en pequeños asentamientos de entre tres y cinco cabañas con techo de paja. Cada choza estaba ocupada por una sola familia nuclear, pero la mayor parte de la vida cotidiana se desarrollaba en un espacio exterior compartido. Los miembros de la comunidad compartían todos los recursos, especialmente el botín de las cacerías:

se trataba de una norma cultural, no de un edicto dictado por un líder, que no existía, al menos según nuestra interpretación del término. Un nayaka solo podía reservarse algún premio escondiéndolo o evitando a la gente por completo. El castigo, en caso de ser descubierto, consistía en una humillación ritual en forma de peticiones exageradas para que entregara todas las posesiones que hubiera escondido: la forma que tenía la tribu de mantener el principio del reparto universal en la mente de todos.[1]

No fue hasta los albores de la agricultura y el establecimiento de asentamientos cuando esas formas de vida empezaron a funcionar mal y nuestros antepasados descubrieron que no podían evitar identificar a ciertos individuos como líderes. Desde el punto de vista psicológico, es posible que este cambio también les permitiera empezar a percibir a los animales como algo inferior y, por tanto, como posesiones potenciales, en lugar de como sus iguales. La domesticación de animales por su carne, leche, pieles y huevos solo puede ser producto de nuestras mentes modernas y creativas. Ningún otro miembro del reino animal ha domesticado jamás a otra especie; tampoco hay pruebas de que nuestros antepasados homínidos lo hicieran.[2]

La domesticación tanto de plantas como de animales comenzó en el Creciente Fértil hace unos 11 000 años, pero la mente humana parece haber estado preparada para una relación más estrecha con los animales desde unos 20 000 años antes de que se afianzara la domesticación

---

[1] Para más detalles sobre los ojibwa y los nayaka, véase Nurit Bird-David, «Animism Revisited: Personhood, Environment, and Relational Epistemology», *Current Anthropology* 40 (1999): S67-91.

[2] A pesar de las fantasiosas afirmaciones ocasionales de que los animales han «domesticado» a otros animales. Por ejemplo, véase Sarah Griffiths, «Are Monkeys Domesticating WOLVES? Unlikely Relationship May Echo How Dogs Were First Tamed by Humans», *Daily Mail Online*, 15 de junio de 2015, http://www.dailymail.co.uk/sciencetech/article-3115177/Are-monkeys.-domesticating-WOLVES-Unlikely-relation-echo-dogs-tamed-humans.html. Sobre los posibles cambios de mentalidad necesarios para la domesticación, véase Jean-Denis Vigne, «The Origins of Animal Domestication and Husbandry: Un cambio importante en la historia de la humanidad y la biosfera [Les Origines de la domestication des animaux et de l'élevage: Un changement majeur dans l'histoire de l'humanité et de la biosphere]», *Comptes Rendus Biologies* 334 (2011): 171-81.

(si la teoría esbozada en el capítulo anterior es correcta). Los perros fueron sin duda los primeros animales domesticados. De vez en cuando, durante esos 20 000 años, grupos aislados de cazadores-recolectores intentaron convertir a los lobos locales en algo parecido a un perro prototípico. En aquella época, cantidades impredecibles de hielo cubrían gran parte de Europa, obligando a la gente a emigrar con frecuencia. Los perros, que para entonces probablemente habían abandonado gran parte de su comportamiento lobuno y aprendido a apegarse a las personas, podían ser los únicos animales domésticos con movilidad suficiente para seguirles el ritmo. Hace unos 15 000 años, algunos habían conseguido separarse para siempre de sus antepasados lupinos.[3]

Una vez que el hielo se retiró por última vez hace unos 11 500 años, dando paso a la era del Holoceno, nuestro paisaje mental estaba evidentemente bien preparado para la domesticación de animales. Por supuesto, que a una persona se le ocurra una idea no significa que todos los demás la sigan inmediatamente. El concepto de domesticar animales para que sirvan a nuestros propósitos, como alternativa a simplemente perseguirlos, es probable que se impulsara de forma muy gradual, y las migraciones forzadas por las fases finales de la última glaciación también pueden haber interrumpido fatalmente los primeros intentos de domesticación. La primera oleada —cabras, ovejas (a partir del muflón), cerdos y vacas (a partir del aurochs)— comenzó hace entre 8 500 y 7 500 años, solo un par de miles de años después de la domesticación del trigo y la cebada. Además, estas domesticaciones se produjeron en la misma parte del mundo, el Creciente Fértil, por lo que lógicamente deben estar relacionadas. Los estudiosos aún debaten la conexión exacta y por qué ocurrieron en el momento en que lo hicieron, pero la domesticación de los cereales poco después del retroceso final de la fase glaciar más reciente (el Younger Dryas) no puede ser una coincidencia.[4]

---

[3] Francis Galibert et al., «Towards Understanding Dog Evolutionary and Domestication History [Histoire de la domestication du chien]», *Comptes Rendus Biologies* 334 (2011): 190-96.

[4] Geológicamente hablando, el Holoceno es un periodo interglaciar cálido dentro de las glaciaciones en curso del Plioceno al Cuaternario.

Es fácil pasar por alto la fuerte conexión biológica que existe entre los animales domésticos y los salvajes. Los animales domésticos actuales, desde los perros hasta los pollos, son tan distintos de sus antepasados salvajes que a los no iniciados puede costarles creer que siguen perteneciendo a la misma especie (en el sentido de que ambos pueden cruzarse fácilmente). Desde el punto de vista biológico, los perros *son* lobos y las gallinas *son* aves rojas de la selva. Otras especies domésticas, como el ganado vacuno y los caballos, no tienen homólogos vivos; sus equivalentes salvajes se han extinguido.

Hoy en día, todos nuestros animales domésticos parecen aislados de la naturaleza. Su cría, e incluso su propia existencia, están totalmente bajo el control del hombre. Tenemos un control absoluto sobre su genética y hemos dividido cada especie en muchas razas diferentes para cumplir los distintos fines que les damos. En retrospectiva, es fácil suponer que todos los animales domésticos se crearon en un momento decisivo, cuando a un pequeño grupo de personas en algún lugar se le ocurrió la novedosa idea de que, en lugar de salir a cazar, podían tener a su presa favorita en casa. Si los animales cautivos prosperaban, se propagarían a través del comercio con grupos de personas vecinos desde su punto de origen hasta convertirse en omnipresentes.[5]

Sin embargo, es muy poco probable que las primeras etapas de la domesticación fueran tan simples o sencillas como sugiere esta presunción. Hoy en día, por supuesto, la mayoría de los animales domesticados están completamente aislados de sus congéneres salvajes, aunque algunos viven lo suficientemente cerca de ellos como para que sea necesario impedir físicamente el mestizaje: en toda Europa, los gatos domésticos se aparean con el gato salvaje autóctono, amenazando la pureza genética de este último. Otros, como la mula, son incapaces de reproducirse. Las mulas son un cruce entre un burro macho y un caballo hembra, y como estas dos especies tienen un número incompatible

[5] La concepción científica del funcionamiento de la domesticación ha cambiado radicalmente en la última década. Véase Carlos Driscoll, David Macdonald y Stephen J. O'Brien, «From Wild Animals to Domestic Pets, an Evolutionary View of Domestication», *Proceedings of the National Academy of Sciences of the United States of America* 106 (2009): 9971-8; Vigne, «The Origins of Animal Domestication and Husbandry».

de cromosomas, las mulas mismas son en su mayor parte estériles. Otros animales domésticos están totalmente aislados de la naturaleza porque sus antepasados se han extinguido. Todos los bovinos descienden del urogallo, cuyo último ejemplar conocido murió en 1627. El progenitor del caballo doméstico se extinguió (su pariente vivo más cercano, el caballo de Przewalski, tiene un número diferente de cromosomas, lo que indica una separación larga y permanente). Hasta hace poco, todos los hámsteres dorados que se tenían como mascotas descendían de una única hembra recogida en Siria en 1930: esta especie también se creía extinguida en estado salvaje hasta que se descubrió un pequeño número en el sur de Turquía hace unos veinte años.

Sin embargo, el aislamiento de las especies domésticas de sus antepasados salvajes no implica en absoluto que la ruptura original fuera rápida o limpia. En los últimos siglos, toda la cría de animales se ha centrado en elegir a los padres adecuados para producir el tipo de descendencia requerida: la selección artificial. Como su nombre indica, las personas controlan totalmente este proceso, sin que los animales tengan nada que decir sobre quién se convierte en progenitor y quién no. Sin embargo, en las primeras fases de la domesticación, a nuestros antepasados les habría resultado casi imposible controlar qué animal se apareaba con cuál. En aquellos tiempos, la separación genética gradual entre animales domésticos y salvajes se habría producido de forma mucho más plausible a través de un proceso muy similar a la selección natural, la «supervivencia del más apto« de Charles Darwin (la alternativa, la «selección sexual», es poco probable que se aplique directamente a los animales domésticos, véase el recuadro). En esta concepción, algunos individuos —algunos lobos, por ejemplo— habrían sido más aptos que otros para convivir con el hombre. Los lobos capaces de comportarse adecuadamente en los asentamientos humanos podrían haberse reproducido entre ellos, y las crías menos aptas se habrían marchado para (re)unirse a sus primos salvajes o habrían sido sacrificadas. En cualquier caso, la elección de quién se apareaba con quién recaía en los animales, y cualquier diferencia genética entre los lobos locales y los perros prototípicos se habría reducido a qué individuos sobrevivían hasta tener edad suficiente para reproducirse.

Selección sexual

Desde Darwin, los biólogos han distinguido un tercer tipo de proceso evolutivo, la selección sexual, que surge de los criterios que utilizan las hembras para elegir con qué macho aparearse y viceversa. La cola del pavo real macho es quizá el ejemplo más conocido: su tamaño es el anuncio que hace a las hembras de su capacidad para sobrevivir, a pesar de llevar consigo lo que debe ser una desventaja considerable, excepto durante la época de apareamiento. Los animales domésticos modernos no pueden practicar la selección sexual porque, en general, no eligen a sus propias parejas, pero nuestra selección de una apariencia inusual es superficialmente similar; por ejemplo, parece que preferimos los gatos con baberos y calcetines blancos, aunque estos deban delatarlos ante su presa prevista.

Así pues, es probable que las primeras etapas de la domesticación fueran un éxito o un fracaso, como indican las nuevas pruebas genéticas obtenidas a partir de perfiles de ADN de animales modernos y antiguos. La historia del cerdo doméstico es un buen ejemplo. Según el relato convencional, basado en la arqueología, varias poblaciones de cerdos domésticos aisladas reproductivamente aparecieron en distintas partes del mundo uno o dos milenios después de la aparición de la agricultura, y desde entonces se mantuvieron completamente separadas de sus congéneres salvajes. Pero los científicos creen ahora que el proceso fue mucho más complicado y gradual. Las últimas investigaciones sugieren que los cerdos domésticos aparecieron por primera vez en Anatolia hace unos 9000 años y se extendieron por Europa con los pastores nómadas. En sus desplazamientos, se cruzaron con los jabalíes locales hasta tal punto que hace 2500 años prácticamente no quedaba rastro del ADN original de Anatolia, que había sido suplantado por el de los jabalíes europeos. Además, este ADN puede proceder de dos poblaciones diferentes de jabalíes: una que aún existe en Europa y otra, quizá ya extinguida, procedente de otro lugar, posiblemente otra parte de Asia occidental. Así pues, parece que los cerdos domésticos (occidentales) pasaron más de 6000 años en una especie de limbo, aún cruzándose libremente con sus primos salvajes.[6]

[6] Greger Larson et al., «Worldwide Phylogeography of Wild Boar Reveals Multiple Centers of Pig Domestication», *Science* (Washington) 307 (2005): 1618-21;

El mestizaje continuo entre animales domésticos y salvajes, a lo largo de miles de años, plantea preguntas incómodas sobre cómo se las arreglaban los humanos para controlar a los animales que consideraban de su propiedad. El mestizaje constante con animales salvajes habría diluido cualquier cambio genético que hiciera a unos cerdos más dóciles que otros (por ejemplo), hasta el punto de que la cría de cerdos habría sido casi tan imposible como la de jabalíes. Algún tipo de contrapeso debe explicar cómo persistió la cría de cerdos a lo largo de seis milenios de mestizaje.

La selección deliberada no tiene por qué producirse únicamente durante la fase de apareamiento: también puede tener lugar en cualquier momento tras el nacimiento del animal. El ADN porcino (de poblaciones europeas y asiáticas) sugiere que la selección genética continua redujo el tamaño de los cerdos a proporciones más manejables y frenó su agresividad. Nuestros antepasados probablemente no habrían podido evitar que un jabalí macho se ensañara con una cerda doméstica, pero sí podían decidir qué lechones sobrevivían hasta la edad adulta. Podían sacrificar a los que mostraban signos de ser demasiado grandes o agresivos y permitir que solo los más pequeños y dulces vivieran lo suficiente para reproducirse.[7]

Al parecer, la humanidad desempeñó un papel extraordinariamente fortuito, pero eficaz en última instancia, en las primeras etapas de la domesticación. De lo contrario, no podríamos rastrear el ADN de nuestras poblaciones domésticas hasta los albores de la agricultura. El proceso parece haber progresado mediante una combinación de selección artificial —el sacrificio de animales inadecuados antes de que supusieran un peligro para sus huéspedes humanos— y también algo de selección natural. Las hembras tolerantes no solo al hacinamiento,

---

Laurent Frantz et al., «Evidence of Long-Term Gene Flow and Selection During Domestication from Analyses of Eurasian Wild and Domestic Pig Genomes», *Nature Genetics* 47 (2015): 1141-9.

[7] El mestizaje con antepasados salvajes no habría sido perjudicial para todas las especies; un ejemplo son los caballos y otros animales utilizados para el transporte. Véase Fiona Marshall et al., «Evaluating the Roles of Directed Breeding and Gene Flow in Animal Domestication», *Proceedings of the National Academy of Sciences of the United States of America* 111 (2014): 6153-8.

sino también a la proximidad de los humanos, se habrían reproducido con más éxito que sus primas más estresadas, de modo que los genes de la docilidad se habrían extendido por las poblaciones domésticas.

Los relatos convencionales sobre la domesticación de animales suelen centrarse en una sola especie a la vez, pero las varias domesticaciones casi simultáneas que tuvieron lugar en el Creciente Fértil sugieren que el propio concepto de domesticación también se extendió. Este conjunto de domesticaciones es anterior a los registros escritos, por lo que la transmisión de la cultura de la cría de animales solo pudo tener lugar de boca en boca. Sin embargo, ver o incluso simplemente oír rumores sobre animales bajo el control de tribus cercanas podría haber animado a los asentamientos que aún no habían adquirido animales domesticados propios a buscar inspiración en su fauna local.

El indicio más obvio de domesticación lo tendrían delante de sus narices: los perros domésticos, probablemente omnipresentes hace 12 000 años. En aquella época, el mestizaje con los lobos locales era probablemente habitual, y nuestros antepasados podrían haber extrapolado lo que vieron a otros tipos de animales: si nuestros perros son un tipo dócil de lobo, entonces podríamos domesticar a algunos de esos muflones/aurochs/cabras. A pesar de su antigüedad, estos humanos modernos tenían mentes como las nuestras: no hay razón para suponerlos incapaces de hacer tal deducción. Por ejemplo, otras características revolucionarias del «paquete» neolítico, como la cerámica cocida y los cereales domesticados, es muy probable que se extendieron hacia el exterior, de boca en boca y con el ejemplo, desde el lugar o lugares de su invención.

La rápida evolución del clima al final de la última glaciación dificultó en un principio la domesticación de los animales, salvo el perro, pero a medida que los humanos que vivían en el Creciente Fértil empezaron a cultivar cereales y se asentaron, esta avanzó a buen ritmo. Como las primeras poblaciones domesticadas procedían de animales salvajes de un lugar concreto, habría sido imposible evitar el mestizaje entre ambos, por lo que es de suponer que fue frecuente. Casi tan rápido como seleccionamos la docilidad necesaria para vivir en condiciones de hacinamiento junto a nosotros, los apareamientos con machos salvajes habrían diluido estas características. La lucha resultante por impulsar la domesticación puede explicar el carácter aparentemente azaroso de la creación de animales domésticos.

¿Qué cambio social subyacente impulsó la domesticación de los animales? Probablemente no fue un deseo abrumador de carne, que es evidente que seguía siendo fácil de conseguir a través de la caza: durante los primeros cinco siglos, más o menos, después de que comenzara el pastoreo, los huesos de animales salvajes recuperados de los vertederos de las aldeas superaban a los de los animales domésticos en una proporción de cinco a uno. Solo más tarde, cuando la agricultura se convirtió en el modo de vida dominante y la población humana se multiplicó por diez, se hizo más difícil obtener proteínas animales.[8]

Entonces, si no es por la carne, al menos al principio, ¿por qué domesticar? En el caso de las ovejas, las cabras y los bovinos, una respuesta puede ser: por su leche. Los uros y los muflones se podían alancear y asar, pero no habrían compartido de buen grado la leche destinada a sus propias crías. Recientemente, los científicos han detectado restos de leche en fragmentos de cerámica neolítica: la leche —a veces fresca, a veces cocida, posiblemente como componente de las gachas— aparece a principios del Neolítico, antes de la agricultura sedentaria. Los huesos de los primeros bovinos domesticados demuestran que se mataba deliberadamente a los terneros recién nacidos, presumiblemente para aprovechar al máximo la leche materna.

Es posible que los primeros ganaderos consideraran la leche menos útil que nosotros y que se la dieran principalmente a los niños y, posiblemente, a otros animales domésticos. En aquella época, la mayoría de los adultos habrían tenido dificultades para digerir más que pequeñas cantidades de leche cruda. La lactasa, la enzima que descompone la lactosa, el azúcar de la leche, es muy activa en los lactantes, pero

[8] Para un resumen de los factores que contribuyeron a la escasez de proteínas en las primeras sociedades agrícolas, véase Jared Diamond, «Agriculture: The Worst Mistake in the History of the Human Race», *Discover*, mayo de 1987, http://discovermagazine.com/1987/may/02-the-worst-mistake-in-the-historia-de-la-raza-humana. Para un análisis del artículo de Diamond, véase Jason Antrosio, «Agriculture as "Worst Mistake in the History of the Human Race"?», *Living Anthropologically*, 3 de febrero de 2013, http://www..livinganthropologically.com/anthropology/agriculture-as-worst-mistake-in-la-historia-de-la-raza-humana.

la mayoría de los adultos de ascendencia africana, asiática oriental, melanesia o sudamericanos nativos son intolerantes a la lactosa, porque después del destete, la cantidad de lactasa que producen las personas de estos grupos disminuye gradualmente. Sin embargo, alrededor de tres cuartas partes de los adultos de origen europeo o de Oriente Próximo siguen produciendo lactasa durante toda su vida, y las mutaciones que lo permitieron empezaron a extenderse entre estas poblaciones hace unos 10 000 años, justo cuando comenzó el ordeño de animales domésticos. Desde el principio, la leche animal habría sido un alimento útil para los niños pequeños, permitiendo a las madres destetarlos pronto y liberarse para realizar otras tareas. Si la leche no hubiera sido un bien tan importante para nuestros antepasados, esta mutación no se habría extendido a la mayoría de la población.[9]

La selección de especies para la domesticación también puede haber tenido una dimensión psicológica. Los animales salvajes de los que derivaron los animales domésticos ya poseían un significado totémico: los uros ocupan un lugar destacado en las pinturas rupestres del Paleolítico, y los bajorrelieves de feroces jabalíes adornan los megalitos de piedra caliza de Göbeckli Tepe, con 11 500 años de antigüedad el lugar de culto más antiguo de Eurasia descubierto hasta ahora (véase la ilustración cercana). Es plausible que la cría de cerdos no se iniciara tanto para asegurarse una despensa ambulante de carne de cerdo como para demostrar valentía y prestigio social: el tocino podría haber sido inicialmente la ventaja, no el impulso.[10]

La mayoría de las especies domesticadas se han convertido en parte integrante de nuestra cadena alimentaria, sean cuales sean las razones precisas de su selección. Hoy en día, la mayoría de nosotros mantenemos una firme distancia, tanto física como psicológica, con los animales que comemos. Hacemos una distinción estricta entre las especies

---

[9] Todd Bersaglieri et al., «Genetic Signatures of Strong Recent Positive Selection at the Lactase Gene», *American Journal of Human Genetics* 74 (2004): 1111-20.

[10] Para más información sobre estas explicaciones alternativas de la domesticación de los animales de rebaño, véase Vigne, «The Origins of Animal Domestication and Husbandry»; Jean-Denis Vigne y Daniel Helmer, «Was Milk a "Secondary Product" in the Old World Neolithisation Process? Su papel en la Domestication of Cattle, Sheep and Goats», *Anthropozoologica* 42 (2007): 9-40.

que son mascotas y las que son alimento y nos sentimos incómodos cuando otras culturas hacen distinciones diferentes; de ahí la presión sobre China y Corea para que pongan fin a la cría de perros para carne. Mientras que hoy en día pocos de nosotros somos juzgados por nuestras habilidades con los animales, hace solo un par de siglos la mayoría de los occidentales vivían cerca de ellos y eran responsables de su mantenimiento. La aptitud con los animales domésticos fue crucial para el desarrollo de nuestra civilización y, por supuesto, sigue siendo importante en muchas partes del mundo. Aquellos de nosotros que lo deseemos aún podemos encontrar una salida para estas habilidades en el cuidado de nuestras mascotas.

De nuestros dos animales de compañía favoritos, el perro ya había sido domesticado cuando se produjo el paquete de domesticaciones del Neolítico. Los gatos, en cambio, empezaron a habitar nuestros pueblos hace unos 10 000 años, pero probablemente no en la medida en que lo hacen hoy. Hasta hace poco, los científicos creían que los gatos empezaron a vivir con nosotros varios miles de años más tarde, hace entre 4000 y 6000 años, en el antiguo Egipto. Dos descubrimientos bastante recientes sugieren lo contrario. Mediante la secuenciación del ADN felino, los investigadores descubrieron que la separación entre gatos domésticos y salvajes se produjo mucho antes, hacia principios del Neolítico. El descubrimiento de un gato enterrado, aparentemente de forma deliberada, en una tumba en Chipre hace unos 9000 años apoya la idea de que los gatos se convirtieron en domésticos mucho antes de lo que se pensaba en un inicio. El significado exacto del enterramiento es difícil de deducir: no hemos descubierto ningún otro, aunque los enterramientos de perros ya eran habituales en esa época; además, el gato fue enterrado cerca de su dueño, pero no a su alcance (si es que esa era la relación entre ellos).[11]

El aspecto más significativo de este descubrimiento es su ubicación: Chipre no tenía gatos monteses autóctonos, ya que estaba demasiado

---

[11] Para un relato de la revisión de la domesticación del gato, véase Carlos Driscoll et al., «The Taming of the Cat», *Scientific American* 300, nº 6 (junio de 2009): 68-75.

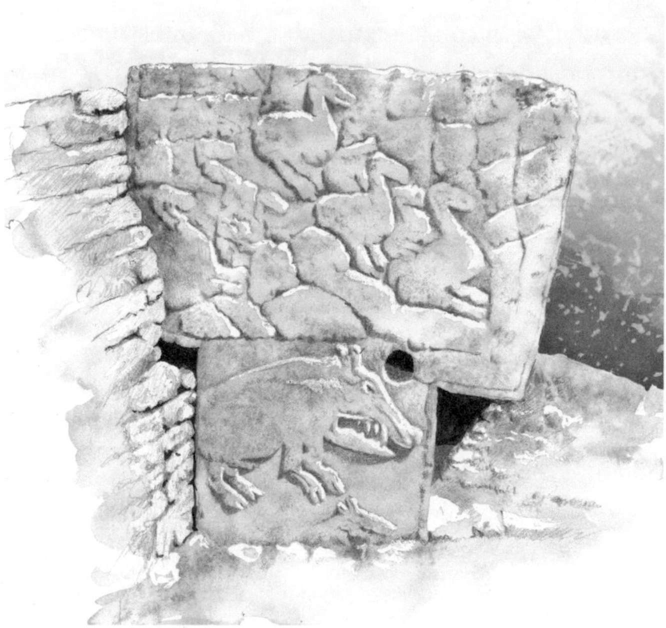

Los jabalíes ocupan un lugar destacado en las tallas de los megalitos de 11 500 años de antigüedad de Turquía.

lejos del continente, por lo que el gato enterrado o su antepasado reciente debió de llegar allí, en barco, con gente. Existe la remota posibilidad de que este gato saliera del puerto como polizón y fuera adoptado por alguien del barco, pero una explicación más plausible, aunque menos romántica, sería que los gatos, aunque aún no fueran mascotas, ya servían como controladores de plagas en el continente. Podemos estar razonablemente seguros de que los primeros colonos de Chipre, hace unos 11 500 años, introdujeron accidentalmente el ratón doméstico en la isla y, por tanto, es posible que llevaran de forma deliberada gatos allí un tiempo después para ayudar a mantener a los ratones bajo control. De ser cierto, esto implica que el uso de gatos como en esta capacidad ya era una tradición bien establecida alrededor del Creciente Fértil y especialmente en los puertos mediterráneos. Así pues, la domesticación de los gatos parece haber tenido lugar en dos fases: durante los primeros cinco milenios, más o menos, fueron simples controladores de plagas y posiblemente se mantuvieron a distancia; su transformación en animales de compañía probablemente no se produjo hasta la segunda mitad de su asociación con la humanidad, hace unos 5000 años.

La historia del perro doméstico es aún más oscura, sobre todo por su antigüedad. En la actualidad, las pruebas de ADN son contradictorias: algunas autoridades sitúan el lugar de la primera domesticación en China, otras en Europa, mientras que otras mantienen que el ADN por sí solo nunca puede precisar con exactitud ni la época ni el lugar. Podemos estar seguros de que el perro fue domesticado por primera vez miles de años antes de la revolución neolítica y, por tanto, por cazadores-recolectores, no pastores, porque los primeros enterramientos rituales de perros datan de hace unos 13 000 años.[12]

Solo podemos especular sobre cómo y por qué se inició la improbable relación entre el hombre y su rival depredador, ya que no disponemos de pruebas arqueológicas. Mi opinión preferida es que unos pocos lobos —de un tipo inusual para la época y ya extinguido— empezaron a merodear alrededor de los asentamientos humanos y que las crías de los más dóciles se convirtieron en mascotas. Al principio, estas adopciones pudieron ser temporales, al estilo de los cazadores-recolectores modernos, pero en algún momento se hicieron más permanentes y lo suficientemente duraderas como para permitir que las hembras adultas se reprodujeran dentro del asentamiento y comenzar así el proceso de domesticación.

Como en el caso de otros animales, el proceso de domesticación de los perros fue largo y complejo. Varias pruebas demuestran que el mestizaje con lobos salvajes continuó durante muchos milenios; por ejemplo, cuando los primeros humanos cruzaron a Norteamérica, los perros que llevaron consigo se hibridaron con los lobos locales, transfiriéndoles un gen que hace que su pelaje sea negro, un rasgo que persiste en aproximadamente la mitad de los lobos de Estados Unidos en la actualidad. Cualquier material genético transferido de los lobos americanos a la población de perros domésticos fue evidentemente seleccionado, ya que no queda rastro de él ni siquiera en razas antiguas como el sin pelo mexicano.[13]

---

[12] Para una revisión, véase Robert Wayne y Bridgett vonHoldt, 'Evolutionary Genomics of Dog Domestication', *Mammalian Genome* 23 (2012): 3-18.

[13] Véase ibíd.

Sean cuales sean los detalles, gran parte de la historia temprana del perro doméstico parece haber sido un tanto caótica, en la que los humanos solo ejercían un control parcial sobre su reproducción. Al igual que ocurrió con el mestizaje continuado de cerdos y jabalíes, lo más probable es que los protoperros domesticados se convirtieran en genéticamente distintos del lobo salvaje mediante el sacrificio selectivo de cachorros. El movimiento de algunos perros —quizá a través del comercio— fuera del área de distribución normal de los lobos habría contribuido a la separación genética. En general, la separación irreversible del perro de su ancestro habría sido un proceso gradual y errático, en el que algunas poblaciones de perros domésticos se habrían perdido por la hibridación con los lobos locales y otras habrían sido abandonadas cuando sus dueños se trasladaron al norte o al sur en respuesta a los rápidos cambios climáticos del Paleolítico Superior.

No se sabe por qué nuestros antepasados consideraron que valía la pena conservar a estos protoperros. No habrían servido de mucho en las expediciones de caza hasta que se hubiesen adiestrado lo suficiente —al menos, los lobos modernos no lo están— y los humanos a los que pertenecían hubiesen elaborado métodos adecuados para aprovechar sus habilidades. Es posible que al principio actuaran como guardianes, eliminadores de desechos y, posiblemente, como bestias de carga: en una época, los nativos americanos utilizaban perros para tirar de los *travois* cuando se trasladaban de un campamento a otro. Los pueblos nómadas del Paleolítico que domesticaron a los primeros perros en Eurasia occidental podrían haberse beneficiado de este tipo de ayuda. Más tarde, hace unos 12 000 años, los perros ya estaban lo suficientemente domesticados como para ayudar en la caza.

Esta nueva asociación entre el hombre y el perro puede haber tenido consecuencias devastadoras para otros animales. Se ha implicado a los perros de caza en la extinción de algunas megafaunas tras la colonización de nuevas masas de tierra por el hombre, aunque no en todas: por ejemplo, la ola de extinciones en Australia empezó con la llegada de los primeros humanos, hace unos 40 000 años, y terminó en 5000 años, 30 000 años antes de la llegada a ese continente de los primeros perros. Al parecer, las lanzas con punta de piedra eran lo suficientemente letales como para provocar extinciones sin ayuda canina. Sin embargo, no puede ser una coincidencia que las ocurridas en Norteamérica hace unos 13 000 años y en Sudamérica unos 500 años después siguieran de cerca las primeras migraciones de humanos —y sus perros— a esos continentes (desde Asia).

Al igual que los humanos, los gatos y los perros necesitaron evolucionar psicológicamente para que la domesticación arraigara. Su capacidad resultante para vivir entre nosotros e interactuar con nosotros los diferencia de los animales domesticados para ser utilizados como alimento, que solo necesitan ser dóciles, siempre que también sean productivos. A diferencia de sus congéneres salvajes —y de otros animales domésticos—, tanto el perro como el gato pueden adoptar una doble identidad. Conservan gran parte de su comportamiento salvaje: los gatos domésticos pueden seguir siendo depredadores eficaces, como atestiguan las aves que anidan en multitud de islas oceánicas, y los perros, quizá de forma más evidente en las razas utilizadas para pastorear ovejas, recuerdan instintivamente las mismas maniobras de caza en manada que desarrollaron sus antepasados lobos. Tanto los perros como los gatos establecen relaciones sociales con miembros de su misma especie: mientras que los grupos de perros no muestran la sofisticación social de las manadas de lobos, los gatos cooperan más entre sí que sus antepasados salvajes.

Aunque los gatos y los perros conservan ciertos aspectos del comportamiento de sus antepasados salvajes, ambos tienen una capacidad innata no solo para aprender a interactuar con las personas, sino también para establecer relaciones permanentes con individuos concretos. Podría decirse que los gatos siguen siendo territoriales en el fondo y solo pueden expresar afecto por los humanos en lugares que saben que pueden llamar suyos. Para los perros, en cambio, las relaciones con personas concretas son esenciales para su tranquilidad. Ni los gatitos ni los cachorros nacen con los medios psicológicos necesarios para establecer estos vínculos, sino que aprenden rápidamente a interactuar con los humanos durante un periodo delicado de sus vidas, cuando sus cerebros crecen a una velocidad excepcional (en el caso de los gatos, entre la cuarta y la octava semana de vida; el

El mamut se extinguió en Norteamérica unos 1000 años después de la llegada del hombre y sus perros de caza.

periodo equivalente es bastante más tardío en el caso de los perros, entre las seis y las catorce semanas aproximadamente). Sin las experiencias adecuadas con las personas en estos breves periodos, tanto los gatos como los perros crecen con un miedo permanente a los humanos, o se vuelven «asilvestrados».

Esta socialización es exclusiva de estas dos especies y es la razón por la que podemos dejarlos vagar sin vigilancia por nuestras casas. Otras mascotas domésticas, como los conejos, pueden parecer que se comportan afectuosamente con sus dueños, pero la ciencia aún no ha demostrado que sean capaces de adoptar una doble identidad como hacen los gatos y los perros. Más bien ellos, otros pequeños animales domésticos como hámsteres y jerbos, y «mascotas» de exterior como los caballos se amansan y habitúan a la presencia de las personas. Otros animales domésticos, como las ovejas, pueden domesticarse en mayor o menor medida, pero no hay indicios de que incluyan a los humanos en sus estructuras sociales. Para ellos, no formamos parte del rebaño.

Aunque hablemos de «domesticación» como si implicara el mismo proceso para todos nuestros animales domésticos, no fue así. A algunos animales los domesticamos para alimentarnos, y su viaje al mundo moderno difiere del de animales como perros, gatos y caballos, domesticados por algún trabajo que podían hacer para nosotros. Solo a estos últimos los convertimos en compañeros. En cierto sentido, la humanidad ha cerrado el círculo: las sociedades cazadoras y recolectoras satisfacían su necesidad de tener mascotas capturando crías de animales salvajes, luego domesticaron algunos animales tras la revolución agrícola y ahora criamos mascotas a partir de nuestros antiguos compañeros de cuatro patas. Las especies pueden ser diferentes, pero nuestro deseo de entablar amistad con los animales sigue siendo el mismo.

La domesticación de los animales cambió la forma de vida de los humanos y acabó allanando el camino tanto a la industrialización como a nuestro dominio de la ecología de la Tierra. ¿Alteró también la estructura de nuestro cerebro? La ocurrencia de un cambio así en tan pocas generaciones podría parecer inverosímil, pero sabemos que los cerebros de gatos y perros debieron alterarse radicalmente en el mismo periodo; de lo contrario, no podrían haberse socializado con nosotros. Al menos una prueba contundente, la tolerancia a la lactosa, sugiere que la domesticación afectó a la fisiología de nuestros intestinos, por lo que no es descartable que nuestros cerebros también cambiaran. Sin embargo, eso no explicaría qué nos indujo a tener a los animales bajo nuestro control en primer lugar.

La cría de animales de compañía, que probablemente ya se practicaba desde hace decenas de milenios, fue probablemente la precursora de la domesticación de los animales en general y, por tanto, la clave para entenderla. Desde un punto de vista desapasionado, la cría de animales de compañía es un hábito poco productivo, en comparación con la ganadería lechera. Sus motivaciones son oscuras, pero deben tener algún significado evolutivo; de lo contrario, no estaría tan extendido. Si la tenencia de animales de compañía fue el precursor necesario de la domesticación, entonces es muy posible que nuestros cerebros ya estuvieran preadaptados para criar animales mucho antes de las domesticaciones que fueron la expresión más revolucionaria de esta peculiaridad de la naturaleza humana.

CAPÍTULO 11

¿POR QUÉ MASCOTAS?

La tenencia de mascotas está tan extendida y es tan intemporal que seguramente tiene sus raíces en la evolución de la mente humana. Por supuesto, en cualquier momento y lugar, la economía, la tecnología y la cultura determinan en gran medida el tipo de mascotas que la gente decide tener. Sin embargo, ninguno de estos factores puede explicar de forma plausible el hábito en sí, que, por tanto, debe derivarse de lo que somos, de la propia naturaleza humana.

Las mascotas podrían encajar en nuestra historia evolutiva de varias maneras. Propongo que los hábitos de cría de mascotas de muchas sociedades de cazadores-recolectores fueron un precursor esencial no solo de la cría de mascotas tal y como la practicamos hoy, sino de la domesticación de animales. Como consecuencia casi accidental del placer que les producía criar animales salvajes, algunos de nuestros antepasados empezaron a explotar animales cautivos por su carne, su leche y sus pieles, lo que facilitó la domesticación y puso en marcha la economía agrícola que aún domina gran parte del planeta. Si esto es cierto, nuestro deseo de tener animales de compañía es la expresión actual de un rasgo que sirvió a nuestros antepasados.

Por supuesto, hay otras explicaciones posibles para la tenencia moderna de animales de compañía. Quizá los animales de compañía no sean más que parásitos, un error de juicio por nuestra parte o una desviación de nuestro deseo de cuidarnos los unos a los otros. Tal vez seamos de alguna manera (y esto también requeriría una explicación) demasiado indiscriminados para limitar nuestro afecto a nuestra propia especie. Algunas personas sostienen que la tenencia de animales de compañía representa una desviación de recursos que deberíamos reservar para la humanidad. Algunos sostienen que la compra de artículos de lujo para animales de compañía es moralmente indefendible ante la pobreza extrema en muchas partes del mundo. Otros se centran en el impacto medioambiental de los animales de compañía, alegando que solo alimentar a dos perros grandes consume más recursos que los que utiliza un bangladeshí medio en todo un año. Puede que los gatos consuman menos recursos (aproximadamente el 10 % que un perro grande), pero sus hábitos depredadores provocan la ira de los conservacionistas y los amantes de la fauna salvaje de todo el mundo. *Cat Wars: The Devastating Consequences of a Cuddly Killer (Guerra de Gatos: Las devastadoras consecuencias de un adorable asesino)* podría ser el titular de un periódico sensacionalista, pero en realidad es el título de un libro reciente del director del Centro Smithsonian de Aves Migratorias.[1] Incluso existe la creencia generalizada de que una empatía excesiva con los animales puede hacer que la gente deje de preocuparse por las personas. Los críticos lanzaron esta acusación contra el naciente movimiento humanitario en el siglo XIX, como si la empatía fuera una especie de moneda de cambio con un límite. Hoy en día, la moda de los bebés de peluche suscita las mismas burlas, como en la siguiente frase del sitio web New Modern Man: «Los perros están ocupando el lugar de los bebés humanos en los cochecitos de bebé. No hay mayor señal de que tu civilización se enfrenta a serios

[1] Peter P. Marra y Chris Santella, *Cat Wars: The Devastating Consequences of a Cuddly Killer* (Princeton, NJ: Princeton University Press, 2016); véase también Erik Assadourian, «Are Pets Bad for the Environment?», *Guardian*, 1 de mayo de 2014, https://www.theguardian.com/sustainable-business/reduce-pets.-futuro-sostenible-gatos-perros. Para posturas morales sobre los impactos de la tenencia de mascotas, véase el capítulo 14 de Peter Sandøe, Sandra Corr y Clare Palmer, *Companion Animal Ethics*. UFAW Animal Welfare Series (Oxford: Wiley, 2016).

problemas con la maternidad que cuando esto se convierte en una tendencia popular».[2]

Los detractores de la cría de animales domésticos pueden encontrar fácilmente ejemplos en la naturaleza en los que se engaña a otras especies: no somos los únicos animales que crían a las crías de otros. Quizá el ejemplo más conocido sea el del cuco, que pone sus huevos de uno en uno en los nidos de otros tipos de aves. La evolución ha diseñado los huevos de los cucos para que coincidan con los de sus huéspedes; por eso parasitan a determinadas especies de aves, sobre todo currucas. La hembra del cuco espera a que la pareja de currucas que ha elegido empiece la puesta y se cuela en su nido mientras ellos están en otra parte. En pocos segundos habrá depositado su propio huevo, después de haber eliminado astutamente uno de los de su anfitrión, para que el número total siga siendo el mismo. Una vez nacido, el polluelo crece rápidamente. Para asegurarse toda la comida que sus padres adoptivos traen al nido, hace rodar uno a uno los huevos de los anfitriones hasta que es el único ocupante superviviente. A diferencia del huevo del que ha salido, el polluelo de cuco no se parece en nada a una cría de curruca, pero engaña a sus desventurados anfitriones para que le den de comer con un vociferante reclamo que imita a todo un nido lleno de polluelos y con el brillante color rojo anaranjado de su «gape» (la piel del interior de su pico abierto de par en par).[3]

A veces se compara —injustamente, en mi opinión— a los actuales propietarios de animales de compañía con los currucas que parecen tan fácilmente embaucados por sus parásitos los cucos. Los que se oponen

---

[2] Relámpago Furioso, «Animals Now Used as Stand-In Children», *The New Modern Man*, 1 de febrero de 2016, https://relampagofurioso.com/2016/02/01/animals-now-used-as-stand-in-children.

[3] Para consultar el artículo clásico sobre el parasitismo de cría del cuco europeo, véase Nick Davies y Michael Brooke, «Cuckoos Versus Reed Warblers: Adaptations and Counteradaptations», *Animal Behaviour* 36 (1988): 262-84; para una actualización reciente de acceso abierto, véase Rose Thorogood y Nick Davies, «Combining Personal with Social Information Facilitates Host Defences and Explains Why Cuckoos Should Be Secretive», *Scientific Reports* 6 (2016), artículo 19872, doi: 10.1038/srep19872. David Noble et al., «The Red Gape of the Nestling Cuckoo (*Cuculus canorus*) Is Not a Supernormal Stimulus for Three Common Hosts», *Behaviour* 136 (1999): 759-77, fue el primero en informar de la investigación sobre el color del «gape».

a la tenencia de animales de compañía culpan a veces a los propios animales de la tendencia de solteros y parejas a tener mascotas mientras retrasan el momento de tener sus propios hijos —que se explica más plausiblemente por presiones económicas y sociales—, como si los animales fueran cucos que secuestran y luego manipulan los instintos paternales. Por supuesto, nadie está sugiriendo que los animales de compañía maten a los niños como hacen los cucos; sin embargo, estos críticos plantean la posibilidad de que la propia disponibilidad de animales de compañía impida a algunas personas formar una familia. Otros van más allá y se quejan de que añadir un animal de compañía a un hogar con niños desvía el tiempo y el dinero de los padres, que estarían mejor invertidos en sus propios hijos. Para explicar este aparente «despilfarro», proponen que algunas personas son tan susceptibles a los atractivos de los animales domésticos que no reconocen este error fundamental, a pesar de que nuestros grandes cerebros deberían darnos ventaja sobre los carriceros.[4]

Si las mascotas son realmente como los polluelos de los cucos, se deduce que los dueños deben ser tan inconscientes de su error como las currucas carriceras. Sin embargo, a diferencia de las currucas, los dueños saben perfectamente que su mascota no es un bebé humano. Por supuesto, los humanos hacen muchas cosas ilógicas, a pesar de saber que no deberían hacerlas. Pensemos en la actual epidemia de diabetes y obesidad, provocada en gran medida por nuestra preferencia de la Edad de Piedra por los sabores dulces, a pesar del torrente de consejos contrarios de la profesión médica. La adicción a la heroína es otro ejemplo: las ansias suelen triunfar sobre el sentido común.

Entonces, si los animales domésticos son realmente los mejores estafadores, ¿por qué no hemos desarrollado formas de pararles los pies? Por

[4] John Archer es el que ha expuesto de forma más convincente la perspectiva de las «mascotas como parásitos», por ejemplo en «Pet Keeping: A Case Study in Maladaptive Behaviour», en *The Oxford Handbook of Evolutionary Family Psychology*, ed. Catherine Salmon y Todd Shackleford, 281-96 (Nueva York: Oxford University Press, 2011). Catherine Salmon y Todd Shackleford, 281-96 (Nueva York: Oxford University Press, 2011); véase también John Archer, «Why Do People Love Their Pets?», *Evolution & Human Behaviour* 18 (1997): 237-57. Los editores del *Oxford Handbook* han equilibrado el relato de Archer incluyendo un segundo capítulo sobre la tenencia de mascotas, escrito por James Serpell y Elizabeth Paul, «Pets in the Family: An Evolutionary Perspective» (297-309).

desgracia, la evolución dista mucho de ser un proceso perfecto y, a veces, comportamientos que perjudican a la persona (o al animal) que los realiza pueden persistir durante mucho tiempo, incluso para siempre. ¿Por qué los anfitriones del cuco no han aprendido a distinguir entre sus propios polluelos y el cuco? Es posible que algunas especies lo hayan hecho: en Escandinavia, los pinzones y las zarceras, a pesar de ser huéspedes adecuados, rara vez son parasitados. Para los carriceros, el riesgo de confundir sus propios pollos con los de un cuco y abandonarlos innecesariamente puede superar los costes de criar un pollo de cuco en toda su vida.

Otra limitación es que la evolución es «ciega» y solo actúa sobre las variaciones existentes. Como especie intensamente social, necesitamos saber lo que los demás piensan de nosotros, y esta es casi con toda seguridad la razón principal por la que hemos desarrollado cerebros tan grandes. Al mismo tiempo, nuestros sentidos de mamíferos —principalmente la vista y el oído— limitan la cantidad de información que podemos reunir, por lo que solo podemos adivinar los pensamientos de los demás a través de pistas sutiles y potencialmente engañosas basadas en el lenguaje corporal. Cuánto más sencillo sería si tuviéramos telepatía u otra forma de percepción extrasensorial, un tema que en su día fue habitual en la ciencia ficción.[5]

Por supuesto, la evolución no habrá eliminado todos los rasgos que nos perjudican. Algunos son demasiado importantes para nuestra supervivencia, aunque de vez en cuando nos planteen problemas. El duelo, ya sea de personas o de animales de compañía, parece innecesariamente malo para nosotros, ya que puede provocar meses de deterioro de la salud psicológica y fisiológica. Sin embargo, en la mayoría de las demás circunstancias, un sentimiento de malestar cuando nos separamos de alguien que conocemos y en quien confiamos, especialmente un pariente cercano, nos impulsa a encontrar a esa persona; lo suficientemente importante hoy en día, esta reacción fue probablemente esencial para nuestra supervivencia hace 50 000 años, cuando los otros miembros de

---

[5] El interés de la ciencia ficción por la percepción extrasensorial y la telepatía alcanzó su punto álgido en la década de 1950: James Wallace Harris, «¿Se ha convertido la telepatía en una Idea extinta en la ciencia ficción?», *Memoria auxiliar*, 17 de febrero de 2015, http://auxiliarymemory.com/2015/02/17/has-telepathy-become-an-extinct-idea-en-ciencia-ficción.

nuestra tribu nos proporcionaban nuestra mejor, quizá única, protección. Inevitablemente, este sistema se activa durante un tiempo tras la muerte de la figura de apego. De algún modo, la evolución no ha logrado hasta ahora conectar nuestra capacidad consciente de concebir la finalidad de la muerte con el sistema mucho más primitivo que genera la angustia de la separación. Sería mucho más ordenado si pudiéramos decidirnos a trazar un límite al duelo cuando alguien ha muerto, pero el duelo parece tener que seguir su propio curso. La segunda gran limitación de la evolución es la velocidad, o más bien la falta de velocidad, a la que actúa la selección natural. Las variaciones en el comportamiento deben pasar por muchas generaciones antes de que una que confiera una ventaja particular pueda superar significativamente al resto, y eso solo puede ocurrir si las condiciones —la presión de selección— no siguen alterándose. El ritmo del cambio en el mundo actual no tiene precedentes; por eso, los psicólogos evolutivos que tratan de explicar alguna peculiaridad del comportamiento humano suelen empezar imaginando que evolucionó durante los cientos de miles de años en que nosotros y nuestros antepasados homínidos vivíamos como cazadores-recolectores en África y solo, al no encontrar allí la explicación, recurren a fases posteriores de nuestra evolución siempre acelerada. Así pues, nuestro antojo de sabores dulces fue adaptativo en su día, cuando las fuentes de azúcar eran difíciles de conseguir, y aunque ahora el rasgo no solo es inadaptativo sino que está distribuido genéticamente de forma desigual —por ejemplo, los isleños del Pacífico son especialmente propensos a la diabetes—, han transcurrido muy pocas generaciones desde que el azúcar refinado se abarató como para que quienes prefieren los sabores salados a los dulces obtengan alguna ventaja significativa. Si (hipotéticamente) el auge de los animales de compañía en el siglo XX fuera una forma de parasitismo, no habríamos tenido tiempo de desarrollar defensas contra él: han pasado muy pocas generaciones desde que empezamos a tener perros y gatos solo por su compañía.

Según los defensores de la teoría de que «los animales de compañía son parásitos», nuestra predisposición evolutiva nos induce a cuidar de animales cuya única función es proporcionarnos compañía (imaginaria, según ellos). Algunos animales, sobre todo los perros y los gatos, primero despiertan nuestros instintos paternales y luego (de alguna manera) nos convencen de que no solo son irremplazables, sino que no tienen precio: en una encuesta de Gallup realizada en 2001, el 44 % de los propietarios de mascotas estadounidenses afirmaron que no cambiarían a su querida mascota por menos de un millón de dólares.[6] En términos globales, tanto los perros como los gatos superan con creces a sus antepasados salvajes. Al convertirse en animales de compañía, lobos y gatos salvajes multiplicaron sus posibilidades de dejar descendencia. Lo consiguieron aprovechando nuestra predilección por la ternura, tanto en la variedad *Kindchenschema* como en la «caprichosa», que evolucionó para garantizar que cuidaremos de nuestra propia descendencia. Una vez más, según la teoría del «cuco», nuestros instintos antropomórficos y nuestra falta de voluntad para ver la relación de otro modo nos engañan haciéndonos creer que nos quieren «incondicionalmente».

Si los detractores tienen razón y la tenencia de mascotas es realmente tan tonta y perjudicial como afirman, la selección natural debería haberla eliminado hace decenas de miles de años, mucho antes de que se domesticaran perros y gatos. Dado que muchas sociedades neopaleolíticas practican algo parecido a la tenencia de animales de compañía, parece ser un rasgo antiguo, lo bastante antiguo como para que la selección natural lo eliminara si realmente fuera perjudicial. Es cierto que las especies y razas de animales implicadas difieren considerablemente de una sociedad a otra y de una época a otra, pero el hábito de adoptar y cuidar a las crías de otras especies parece tan universal como la mayoría de los hábitos humanos. Entonces, ¿por qué sobrevivió el impulso de tener animales de compañía? ¿Por qué, en concreto, los bebés de animales nos parecen tan monos como los bebés humanos?

La ternura funciona. En el caso de los bebés, puede triunfar sobre nuestros mecanismos de reconocimiento de parentesco, como indica el hecho de que la acogida de niños pequeños sea habitual en las sociedades pequeñas. Este hábito beneficia a la madre biológica, cuyo éxito reproductivo aumenta si otros acogen a algunos de sus hijos. Los costes

---

[6] Para un resumen de la encuesta Gallup, véase «Many Pet Owners' Paws on Million-Dollar Matter», *Dayton Business Journal*, 28 de enero de 2002, http://www.bizjournals.com/dayton/stories/2002/01/28/tidbits.html.

para las madres de acogida, a menudo abuelas que ya han superado la edad reproductiva, no suelen ser demasiado elevados. Sin embargo, todos los implicados saben hasta qué punto están emparentados con los niños que cuidan, por lo que la acogida contribuye al éxito reproductivo en un sentido amplio. Y, en última instancia, no basta con ser guapo: algunas pruebas sugieren que las mujeres se comportan de forma diferente con los niños acogidos, hasta el punto de que es más probable que estos no prosperen cuando los tiempos se ponen difíciles. Parece inverosímil que una madre humana, tan exigente con los bebés humanos, sea incapaz de reconocer que un bebé mono o pecarí no es ni hijo suyo ni de un miembro no emparentado de su banda.[7]

Aunque la ternura puede afectar a los humanos, no abruma sus sentidos, sobre todo cuando se trata de animales. Mientras que ver fotos de perritos y gatitos lindos activa algunas de las mismas regiones cerebrales que responden a los bebés humanos, otras regiones solo responden a nuestra propia especie. Asimismo, aunque las respuestas cerebrales a los niños y a los perros adultos, centradas en el afecto, se solapan, también existen diferencias. El hecho de que los dueños utilicen una forma de lenguaje infantil cuando se dirigen a sus mascotas ha generado la suposición de que la interacción está desencadenando su reacción de «patrón infantil», pero los adultos utilizan ampliamente variedades de lenguaje infantil con otros adultos, por ejemplo, los amantes. Además, las madres intentan instintivamente enseñar a sus bebés los nombres de los objetos que les rodean; los dueños no lo hacen cuando hablan con sus mascotas. En otras palabras, son conscientes de la diferencia entre las mascotas y los bebés humanos, aparentemente sin necesidad de pararse a pensarlo. Los dueños pueden describir a las mascotas como «uno más de la familia» para indicar la profundidad del sentimiento que inducen, pero nadie está realmente confundido sobre qué miembros de la familia son humanos y cuáles no.

En lugar de comparar niños y animales de compañía, es más justo decir que los perros y los gatos tienen su propio atractivo, que se solapa con

[7] Brooke Scelza y Joan Silk, «Fosterage as a System of Dispersed Cooperative Breeding: Evidence from the Himba», Human *Nature* 25 (2014): 448-64; Joan Silk, «Human Adoption in Evolutionary Perspective», *Human Nature 1 (1990)*: 25-52.

nuestros sentimientos hacia nuestros semejantes, pero que sigue siendo distinto. En comparación con sus antepasados salvajes, los perros son ciertamente infantiles en el sentido de que nunca crecen del todo. Gran parte de su comportamiento evolucionó a partir del de los lobos jóvenes en lugar de los adultos, por lo que conservan parte de la ternura de los cachorros de lobo (la principal excepción es, por supuesto, que maduran sexualmente; de lo contrario, nunca podrían reproducirse). Las modas recientes en las razas caninas también demuestran nuestra atracción por los tipos con cara de bebé —carlinos y pequineses—, como demuestra el hecho de que Doug el carlino haya superado a Grumpy Cat como el «autor» famoso y la estrella animal más popular de Internet.[88] Así pues, algunas razas caninas, aunque no todas, han sufrido cambios evolutivos similares a los del osito de peluche, ya que cierto tipo de propietario intenta moldearlas a imagen y semejanza de un bonito niño pequeño. Sin embargo, muchas razas de perros no son en absoluto infantiles: ¿alguien quiere un gran danés o un saluki?

Los rostros de los gatos ya proyectaban la imagen de bebé peludo mucho antes de la domesticación, así que tenían menos cambios que hacer por fuera. Por dentro, también pueden estar poco alterados respecto a sus antepasados salvajes, aparte del ajuste esencial de aprender a socializar con la gente. Incluso su aparente carácter juguetón es una ilusión, ya que sus «juguetes» son, para el gato, más un sustituto de la presa que el centro de un juego: aunque el dueño crea que su gato está jugando con un ratón de juguete, en su cabeza está cazando. En el caso de los perros, el juego suele ser una ocasión social, como demuestra el modo en que espontáneamente regalan juguetes a sus dueños para empezar a jugar.[9]

La hipótesis del «cuco en el nido» es superficialmente plausible porque el atractivo de perros y gatos tiene algunas características en común con las que nos atraen los bebés. Sin embargo, es intrínsecamente

---

[8] Sobre Doug the Pug, véase Brian Koerber, «Internet Star Doug the Pug Lands a Book Deal», Mashable, 8 de febrero de 2016, http://mashable.com./2016/02/08/doug-the-pug-book.

[9] Para conocer las diferentes motivaciones que llevan a gatos y perros a jugar con juguetes, consulte mis libros *En la mente de un gato* y *Entender a nuestro perro* (RBA y Paidrotribo, 2015 y 2013, respectivamente).

inverosímil porque, a diferencia de los desventurados anfitriones del polluelo de cuco, los dueños de mascotas entienden perfectamente que sus compañeros animales no son sus hijos. Algunos pueden ver a sus mascotas como sustitutos de niños, pero eso no es lo mismo que creer que sonniños. Pero si las mascotas no son parásitos, ¿qué son? ¿Por qué nos atraen tanto?

La hipótesis del cuco no tiene en cuenta la posibilidad de que los rasgos que hacen que perros y gatos nos atraigan hayan evolucionado no para explotar nuestra buena naturaleza, sino para que estos y otros animales nos resulten más útiles. Hoy en día, tanto perros como gatos son ante todo animales de compañía, pero durante la mayor parte de los miles de años que han vivido con nosotros han realizado tareas. Tal vez los encontremos atractivos hoy en día porque a nuestros antepasados que lo hacían les iba mejor que a los vecinos que no los apreciaban. Al explorar esta idea, debemos considerar por separado a perros y gatos, porque históricamente han cumplido funciones muy distintas, aunque hoy en día apreciemos a ambos por su compañía.

La gente a la que no le gustan los perros a veces señala su naturaleza servil como prueba de su inferioridad. Sin embargo, el hecho mismo de que los perros sean tan atentos con los humanos y se sientan tan recompensados por cualquier atención que reciban de nosotros los ha hecho adiestrables. El perro sin adiestrar es un lastre hoy en día, y probablemente lo fue históricamente, ya que debe mantenerse atado o contenido de alguna manera para evitar que robe comida o acose al ganado y a los niños. Un perro en el que no se confía lo suficiente como para dejarlo suelto solo es útil como sistema de alerta temprana. Los perros incontrolados que no temen a las personas son una amenaza, sobre todo porque en muchos países, incluso hoy en día, transmiten la rabia: esto puede explicar su imagen negativa en las tres religiones monoteístas, un punto de vista que persiste en el islam hasta nuestros días. Sin embargo, un perro adiestrado puede ser útil de muchas maneras, sobre todo como auxiliar en la caza y el pastoreo o como protección. De hecho, aún hoy se inventan nuevos usos para los perros adiestrados, sobre todo los que se basan en su olfato, decenas de miles de veces más sensible que el nuestro. Por ejemplo, el Departamento de Agricultura de EE. UU. utiliza ahora *terriers* Jack Russell para detectar serpientes arborícolas marrones ocultas en cargamentos que se embarcan en aviones en Guam (aunque venenosas, estas serpientes no son especialmente peligrosas ni para los perros ni para las personas; más bien, suponen una amenaza invasiva para la fauna salvaje).[10]

La humanidad ha valorado a los gatos por la razón contraria: por su independencia. Al haberlos domesticado sobre todo como controladores de alimañas, les hemos permitido —es más, fomentado— que sigan con su trabajo de forma totalmente espontánea. Los gatos cazan mejor cuando no estamos cerca para molestar a sus presas, y su agilidad y flexibilidad les permiten entrar en espacios que nosotros no podemos (pero sí los ratones y las ratas). Sin embargo, para controlar eficazmente a las alimañas, tienen que tolerar al menos la proximidad de las personas. Los gatos salvajes de todas las especies nos temen demasiado como para explotar las concentraciones de presas en torno a nuestras viviendas. Así pues, el aparente sometimiento de un animal a las exigencias de la humanidad ha sido, en el caso del gato doméstico, totalmente voluntario y beneficioso para ambas partes.

Los gatos y los perros han coevolucionado con nosotros en los últimos 10 000 a 15 000 años, aunque de forma diferente. Ambos han cambiado genéticamente para adaptarse a las oportunidades —nichos— que el hombre les ha ofrecido de un modo que ninguna otra especie ha logrado. Nosotros, por nuestra parte, hemos evolucionado culturalmente —especialmente en la cría, el cuidado y el adiestramiento de perros— para que ellos y nosotros podamos coexistir de forma productiva y bastante armoniosa. Ni los perros ni los gatos nos han explotado desde que fueron domesticados, ni nosotros los hemos explotado unilateralmente como hacemos con los animales domesticados como fuente de alimento. Más bien, hemos desarrollado asociaciones con ellos que han combinado las habilidades y talentos de cada uno en beneficio de todos. Han prosperado mientras sus congéneres salvajes luchaban por sobrevivir. Podemos suponer razonablemente, aunque no tenemos pruebas concluyentes, que las culturas humanas con gatos para proteger sus

---

[10] Véase William Helton, ed., *Canine Ergonomics: The Science of Working Dogs* (Boca Ratón, FL: CRC Press, 2009). Sobre la representación de los perros en la religión, véase Sophia Menache, «Dogs: God's Worst Enemies?», *Society & Animals* 5 (1997): 23-44.

reservas de alimentos y perros bien adiestrados para vigilar su ganado han superado en competencia a las que no tenían ni lo uno ni lo otro. Nuestra relación con ambas especies, lejos de ser parasitaria, ha estado mucho más cerca de ser simbiótica.

Tanto los humanos como los perros y los gatos se han beneficiado de una larga historia de asociación. Pero ¿qué ocurre específicamente con la tenencia de animales de compañía? ¿Nuestra tradicional y simbiótica relación de trabajo con estos animales, separada ahora de sus raíces funcionales, se ha convertido en parasitaria en el sentido biológico? No estoy sugiriendo que perros y gatos se rían detrás de sus patas de nuestra credulidad (son listos, pero no tanto). Somos responsables de esta situación, ya que al explotarlos hemos potenciado las características de su aspecto y comportamiento que los hacen mucho más atractivos que cualquier lobo o gato salvaje. Calificarlos ahora de parásitos sería tremendamente injusto. Sin embargo, aún se podría argumentar que la tenencia de animales de compañía, separada de otras funciones, es inadaptada en el aquí y ahora, cuando la mayoría de los occidentales tienen perros y gatos por pura compañía.

Los estudios sobre las relaciones entre parásitos de la nidada —como los cucos— y sus huéspedes demuestran que estos intentan constantemente encontrar formas de discriminar entre sus propias crías y las del parásito. Teniendo en cuenta nuestro enorme cerebro, ¿por qué parecemos incapaces de reservar nuestro afecto exclusivamente a los miembros de nuestra propia especie? La respuesta puede estar en nuestras largas y mutuamente beneficiosas relaciones con el perro y el gato. Ambas especies nos han sido útiles, por lo que quizá la incomprensión de su comportamiento o la resistencia a sus encantos nos colocaron en desventaja. En ese caso, habría habido menos selección a favor, y posiblemente incluso alguna selección en contra, de la evolución de un mecanismo cerebral que impidiera a las personas establecer vínculos con estos animales.[11]

---

[11] Las presiones evolutivas sobre las poblaciones occidentales modernas son muy complejas y difíciles de interpretar. Por ejemplo, algunos estudios han indicado que (debido principalmente a las tasas de natalidad diferenciales) algunas poblaciones parecen estar evolucionando hacia una *menor* educación, *menores* ingresos en las mujeres y una *menor* inteligencia, todo lo contrario de lo que predeciría la «marcha de la civilización». Véase Stephen Stearns et al., «Measuring Selection in Contemporary Human Populations», *Nature Reviews Genetics* 11 (2010): 611-22.

Desde los años setenta, muchos estudios sobre las funciones sociales de los perros (y a veces de los gatos) han destacado sus posibles beneficios para nuestro bienestar físico y mental. Quizá sea este el contraargumento necesario a la hipótesis del «cuco en el nido». Como cada vez hay menos gatos que se ganan el sustento como cazadores y menos perros que trabajan para ganarse la vida, ¿han pasado estos animales a desempeñar otras funciones que les devuelvan su utilidad para sus dueños y para la sociedad en general? Hoy en día, los medios de comunicación presentan ampliamente a los perros (y a veces a los gatos) como el antídoto ideal contra el estrés y las tensiones de la vida cotidiana, especialmente la soledad. Aunque fueran auténticos, es poco probable que estos efectos hayan mantenido el atractivo de los animales de compañía a lo largo de los tiempos, ya que los problemas que supuestamente neutralizan son, por definición, recientes. Las mujeres y los niños de las sociedades neopaleolíticas no necesitan contrarrestar la soledad, ya que rara vez se pierden de vista; sin embargo, los animales de compañía suelen ser un componente importante de sus vidas. Así pues, los efectos de las mascotas sobre la soledad y el estrés, aunque sean tan grandes como afirman sus partidarios, no pueden explicar, desde una perspectiva evolutiva, por qué encontramos tan atractivos a ciertos animales, ya que la selección natural no puede prever qué tipo de condiciones podrían prevalecer en el futuro.

Podríamos considerar que la cría de animales domésticos no es más que un accidente evolutivo que nunca se ha eliminado por selección, ya que, si bien podemos darnos el gusto de practicarla cuando disponemos de recursos excedentes, podemos abandonarla cuando se convierte en un problema. Sin embargo, yo voy más allá y propongo que se ha seleccionado *positivamente*, porque en el pasado ha proporcionado una ventaja a los que eran buenos en ello, o más bien dos ventajas, cada una en una etapa diferente de la evolución de nuestra especie.

Me parece plausible que la tenencia de animales de compañía tuviera una función evolutiva en la preparación de las niñas para la maternidad. Las niñas que aprenden a cuidar de los animales pueden aprovechar esas habilidades para cuidar de sus propios hijos. Nadie ha probado esta hipótesis directamente, pero este beneficio podría haber contribuido lógicamente a la evolución de la tenencia de mascotas: los errores cometidos al cuidar de un animal joven son mucho menos costosos para el éxito reproductivo de un individuo a lo largo de su vida que los cometidos al cuidar de un bebé. Esta teoría podría explicar en cierta medida el hecho de que, por término medio, el interés por los animales de compañía sea mayor en las chicas prepúberes; quizá sea menos coherente, aunque no incompatible, el hecho de que sigamos sintiendo afecto por los animales de compañía a lo largo de toda nuestra vida, tanto hombres como mujeres.[12]

¿Qué hay de la observación de que las mascotas nos hacen más atractivos para los demás? Los animales de compañía han sido durante mucho tiempo símbolos de estatus, probablemente desde mucho antes de los primeros perros de juguete. Tener un animal doméstico podía significar que una persona no tenía necesidad de trabajar, el equivalente de la antigua (y moderna) costumbre china de dejarse las uñas largas. Sin embargo, puede que esta no fuera su primera connotación ni la más significativa. En las sociedades de cazadores-recolectores, las niñas no cuidaban de sus crías aisladas, sino a la vista del resto de la tribu. Los que las observaban —especialmente los posibles suegros, que probablemente eran los que más decidían con quién se casaban sus hijos— podían suponer que las habilidades de cuidado que adquirían las harían mejores madres cuando llegara el momento de tener sus propios hijos. Las niñas que eran cuidadoras hábiles y receptivas podrían haber adquirido más valor como novias potenciales que las niñas que eran menos atentas con sus mascotas, hasta el punto de que esos animales no prosperaban o se alejaban. Ahora que en Occidente creemos que los individuos deben elegir a sus propias parejas matrimoniales, la facilidad con los animales puede tener poca influencia, pero durante gran parte de la evolución de nuestro cerebro, los padres probablemente tomaban la mayoría de las decisiones nupciales y quizá utilizaban la facilidad con los animales jóvenes como un criterio.[13]

---

[12] Para la idea de las «mascotas como práctica de la maternidad», véase James Serpell y Elizabeth Paul, «Pets in the Family», (nota 4).

[13] Sobre la idea de que la elección parental impulsó la selección sexual en los humanos, véase Menelaos Apostolou, «Sexual Selection Under Parental Choice: The Role of Parents in the Evolution of Human Mating», *Evolution & Human Behaviour* 28 (2007): 403-9.

En el Paleolítico, las adolescentes que mostraban aptitudes para cuidar animales jóvenes podían haber ganado preferencia como novias.

Uno de los hallazgos más consistentes en la literatura sobre «las mascotas son buenas para ti» apoya la idea de que la habilidad con los animales ha sido importante en la selección de pareja: las personas se valoran como más atractivas cuando están en compañía de animales (bajo su control) que cuando están solas. Este efecto parece aplicarse por igual a ambos sexos, como sujeto y como observador, mientras que la hipótesis de la selección de pareja predice que debería ser más potente cuando los hombres seleccionan entre mujeres con y sin mascotas. De hecho, la capacidad de un hombre joven para obtener números de teléfono de mujeres jóvenes cuando iba acompañado de un simpático perro mestizo negro fue uno de los resultados más convincentes, al igual que el poderoso efecto de añadir «con perro» a la descripción de un hombre sobre las valoraciones que las mujeres hacían de él como posible pareja. Así pues, las mujeres también parecen valorar a los hombres por su capacidad para cuidar de los animales. También este rasgo puede derivar de prácticas tempranas de selección de pareja: estudios recientes de sociedades a pequeña escala sugieren que hasta ahora hemos subestimado el papel de madres e hijas en la elección de posibles yernos/maridos.[14]

La selección de pareja en todas sus formas parece haber ejercido una poderosa influencia en la evolución humana, especialmente en combinación con cambios culturales. En el escenario que aquí se propone, los padres no habrían actuado de forma aislada a la hora de elegir una novia que fuera buena con los animales para su hijo, o viceversa: los demás miembros de su grupo se habrían dado cuenta y quizá habrían discutido su decisión. De este modo, una preferencia inicialmente puntual podría haberse convertido en una norma cultural a través de los hábitos humanos generalizados —y genéticamente basados— de imitar a los compañeros y ajustarse a las normas sociales, reforzando así la selección del rasgo «bueno con los animales».[15]

La selección natural podría también haber dado forma a la facilidad para los animales. Los animales domésticos dieron ventaja a nuestros antepasados durante el Mesolítico y el Neolítico, cuando empezaron a asentarse y a reclamar las tierras más productivas. Los que disponían de suelo fértil y animales domésticos habrían prosperado a expensas de los que persistieron en la caza y la recolección. Pero ¿cómo mantuvieron el control sobre su ganado recién domesticado, dado que el mestizaje con formas salvajes seguía siendo habitual?

---

[14] Véase ibíd.; Sigal Tifferet et al., «Dog Ownership Increases Attractiveness and Attenuates Perceptions of Short-Term Mating Strategy in Cadlike Men», *Journal of Evolutionary Psychology* 11 (2013): 121-9.

[15] Es probable que la coevolución gen-cultura haya contribuido más a moldear la mente humana que cualquier otro proceso adaptativo, y las influencias culturales en la selección sexual pueden ser un subconjunto especialmente poderoso de ello. Véase, por ejemplo, Geoffrey Miller, «How Mate Choice Shaped Human Nature: A Review of Sexual Selection and Human Evolution», en *The Handbook of Evolutionary Psychology: Ideas, Issues and Applications*, ed. Charles Crawford y Dennis Krebs, 87-130 (Mahwah, NJ: Lawrence Erlbaum Associates, 1998); Kevin Laland, «Sexual Selection with a Culturally Transmitted Mating Preference», *Theoretical Population Biology* 45 (1994): 1-15; Ruth Mace, «The Evolutionary Ecology of Human Family Size», en *The Oxford Handbook of Evolutionary Psychology*, ed.: Robin Dunbar y Louise Barrett. Robin Dunbar y Louise Barrett, 383-96 (Oxford: Oxford University Press, 2007).

La historia temprana de la domesticación de animales encierra una paradoja: el proceso, a pesar de todas sus evidentes ventajas, parece haber sido un asunto de aciertos y errores, a menudo fallido. E incluso los esfuerzos exitosos tardaron muchos siglos en fructificar. Sin embargo, las sociedades que se enfrentaron a la domesticación en plena forma parecen haber adoptado la práctica de inmediato y con entusiasmo. Por ejemplo, los pueblos indígenas de Sudamérica sustituyeron sus «perros aguara»—zorros semidomesticados— por perros obtenidos de los españoles a las pocas décadas de estar disponibles. Del mismo modo, muchas sociedades neopaleolíticas mantienen pollos y cerdos domesticados a partir de animales suministrados originalmente por forasteros. Todo esto sugiere que, mientras que adquirir los conocimientos necesarios para cuidar de un animal ya domesticado es fácil, domesticar una nueva especie es un proceso largo y difícil, que puede requerir un tipo de persona muy especial para un progreso sostenido.

Los factores culturales habrían sido entonces, como ahora, extremadamente importantes. Ninguna de las antiguas domesticaciones podría haberse llevado a cabo en una sola vida, y mucho menos en una sola generación. Habría sido imperativo que cada generación de neopastoriles transmitiera a la siguiente sus conocimientos acumulados sobre cómo cuidar a los animales, junto con los propios animales. Si este proceso se rompía, aunque solo fuera una vez, se habrían perdido los animales parcialmente domesticados y, por tanto, todas las mejoras genéticas conseguidas hasta ese momento, y todo el proceso habría tenido que empezar de nuevo. Muchas de estas interrupciones habrían estado fuera del control humano, especialmente en las impredecibles condiciones climáticas del final de la última glaciación. Una sequía sostenida o unos pocos años de frío, que provocaran hambre extrema o forzaran la migración a hábitats más hospitalarios, podrían haber interrumpido la domesticación incipiente, precipitando la desaparición de los propios animales o interrumpiendo la transmisión de los conocimientos detallados sobre cómo cuidarlos, o ambas cosas.

Las reacciones de los distintos grupos ante una catástrofe de este tipo dependerían probablemente de cómo considerasen a sus animales. Los que veían a sus animales semidomesticados como meras mercancías podrían haberlos matado precipitadamente para alimentarse, sin saber que sería imposible reemplazarlos. Si, por el contrario, algunos individuos del grupo consideraban a sus animales domésticos con profundo afecto —más o menos, como mascotas—, entonces podrían haber conservado a esos animales en particular como propiedad personal, en lugar de comunal. El vínculo emocional entre dueño y «mascota» podría haber bastado para preservar al animal, conservando los cambios genéticos que ya lo habían llevado en parte por el camino de la domesticación. Esta decisión podría haber implicado un elemento de previsión de que el grupo podría volver a criar los animales restantes cuando la situación mejorara, pero incluso si no fuera así, el resultado neto habría sido el mismo: la preservación de los preciados genes domésticos.

El impulso humano de tener animales domésticos también puede ayudar a explicar otro hecho incómodo sobre la mayoría de los animales domésticos: su ADN indica una separación inverosímilmente temprana de sus antepasados salvajes. Por definición, la domesticación solo puede tener lugar en zonas habitadas por esos antepasados, y en las primeras fases, las versiones salvajes habrían superado ampliamente en número a las domésticas. Por lo tanto, el cruce entre salvajes y domésticos se habría producido inicialmente de forma regular —sobre todo entre machos salvajes atraídos por hembras domésticas en celo—, diluyendo y potencialmente deshaciendo todos los cambios genéticos necesarios para hacer la especie suficientemente manejable.

Hoy en día vemos pocos casos de este mestizaje porque los antepasados salvajes se han extinguido o tienen un hábitat muy restringido. Sin embargo, sigue existiendo en algunos lugares y puede crear problemas de varios tipos. Los híbridos entre perros y lobos madereros americanos (*wolfdogs*) son muy populares entre los propietarios a los que les gustan los retos. Legales en algunos estados de EE. UU. e ilegales en otros, pueden (si son auténticos, muchos son falsos) ser impredecibles y peligrosos. La conservación del gato montés en el Reino Unido y Europa se ve seriamente dificultada por el mestizaje con los gatos domésticos, que pertenecen a la misma especie, *Felis silvestris*;

de hecho, es posible que no haya gatos monteses completamente «puros» en Escocia y que haya tan solo cuarenta individuos que se ajusten completamente al modelo de gato montés. Los gatos monteses son una especie protegida en Europa, por lo que es delito incluso ahuyentar a uno de su madriguera. Sin embargo, los híbridos, clasificados como asilvestrados, pueden ser despachados impunemente con el más mínimo pretexto, por ejemplo, si se sospecha que asaltan nidos de aves de caza. Hoy en día, esto supone un problema para el gato montés, o al menos para quienes desean preservarlo como especie «pura».[16]

En el pasado, el problema habría sido la casi imposibilidad de mantener a los machos salvajes alejados de las hembras semidomesticadas. Imaginemos la situación probable en algún lugar de Oriente Próximo, hace unos 7000 años. Los gatos salvajes habrían rodeado a cada pequeño núcleo de gatos semidomesticados en aldeas y pequeñas ciudades muy separadas. Todos los gatos salvajes machos adultos se habrían sentido atraídos por las hembras domésticas y probablemente habrían sido muy eficaces a la hora de competir con los machos semidomesticados«blandos». En tales circunstancias, proteger la integridad del incipiente genoma doméstico habría requerido la intervención activa de los habitantes humanos. Y, sin embargo, el ADN de los gatos domésticos actuales demuestra que se estaba separando hace nada menos que 10 000 años.

Para preservar la diferencia entre lo doméstico y lo salvaje, algún factor tendría que impedir que todos los animales recién domesticados se apareasen con sus congéneres salvajes. Hace diez mil años, las barreras

[16] Véase «Scottish Wildcat Conservation Action Plan», Scottish Natural Heritage, 2013, http://www.snh.org.uk/pdfs/publications/wildlife/wildcat conservationactionplan.pdf; «Protected Mammals - Scottish Wildcat», Scottish Natural Heritage, 22 de agosto de 2016, http://www.snh.gov.uk/protecting-scotlands-nature/protected-species/which-and-how/mammals/wildcat-protection. Sobre los híbridos de lobo, véase Martha Schindler Connors, «Do Wolfdogs Make Good Pets?», *The Bark*, http://thebark.com/content/do-wolfdogs.-make-good-pets, que concluye con la siguiente nota de los editores: «En nuestra opinión, a pesar de su innegable belleza y atractivo, criar o comprar deliberadamente perros lobo como animales de compañía hace un flaco favor tanto al *Canis lupus* como al *Canis lupus familiaris,* así como al animal individual. Si amas a los lobos, honra su antigua conexión con nuestros perros domésticos uniéndote al esfuerzo por preservar su hábitat y mantener su estatus de especie protegida a nivel federal».

físicas —muros, vallas— habrían sido mucho menos eficaces de lo que son hoy. Eso no quiere decir que la gente no las hubiera construido: solo manteniendo encerrados a sus animales domésticos podían garantizar que su inversión les reportaría beneficios en términos de ayuda en la caza, leche, huevos o carne. Sin conocimientos de genética, no habrían comprendido los riesgos que planteaban las incursiones ocasionales de machos salvajes o las excursiones temporales de hembras domésticas en celo, que habrían hecho retroceder la domesticación.

Sin embargo, el tratamiento de algunos animales domésticos como mascotas, en el sentido de mantenerlos cerca en todo momento, podría haber reducido significativamente la probabilidad de que se apareasen con un miembro salvaje de su especie. Esto podría haber ayudado a conservar la integridad de los genes «domésticos», permitiendo una mayor selección de aquellos rasgos que hacían a los animales más adecuados para cualquier función que pudieran desempeñar.

Esto no quiere decir que nuestros antepasados fueran necesariamente cuidadores de animales domésticos en el sentido moderno. Los animales domésticos desempeñaban sobre todo un papel funcional. Algunos habrían sido «despensas ambulantes», mientras que los carnívoros domésticos, como perros y gatos, habrían mantenido el asentamiento libre de alimañas. Sin embargo, cualquier relación estrecha entre un animal y su dueño habría contribuido a proteger a sus compañeros de las indeseadas atenciones de sus congéneres salvajes, independientemente de si sus cuidadores humanos comprendían o no las consecuencias. Es posible que la gente no se diera cuenta de que las crías de animales que mantenían cerca y que solo se apareaban con otros animales domésticos eran más fáciles de manejar que aquellas cuyos padres habían sido cuidados con menos esmero. Una simple reacción emocional —un deseo afectuoso de cuidar más a los animales que parecían corresponder a ese afecto— podría haber bastado para mantener el curso de la domesticación.

En conjunto, tenemos dos explicaciones plausibles de por qué nuestra evolución puede haber favorecido tanto el afecto por los animales como la facilidad para tenerlos. Inicialmente, desde el momento en que comenzó la tenencia de animales de compañía —no sabemos de una forma exacta cuándo, pero presumiblemente en algún momento del Paleolítico—, los animales de compañía podrían haber funcionado como publicidad: como una «señal honesta», por parte de los hombres de su riqueza y/o de su capacidad para ser amables y cariñosos, y por parte de las mujeres jóvenes de su capacidad para criar. Después, con la llegada de la agricultura, la facilidad para los animales habría impulsado y, lo que quizá sea más importante, sostenido la aparición gradual de animales domésticos genéticamente distintos de sus congéneres salvajes. Los grupos de personas que eran «buenos con los animales», o al menos contaban con algunos individuos que lo eran, habrían prosperado, al igual que los animales que eran «buenos con las personas».

La relación de la raza humana con los animales que la rodeaban era simbiótica. Los animales fueron cambiando genéticamente para volverse más dóciles y domesticables. Nuestros antepasados se beneficiaron de las ventajas derivadas de la cría de animales y, evidentemente, superaron a los cazadores-recolectores más tradicionales de su entorno: las personas que eran naturalmente buenas cuidando animales dejaron más descendencia que las que destacaban cazándolos.

No está tan claro si las personas que domesticaron animales tuvieron éxito porque eran genéticamente diferentes de sus vecinos en cuanto a empatía con los animales, o si las diferencias cruciales eran culturales. Podemos afirmar que las habilidades transmitidas socialmente —la cultura— debieron de desempeñar un papel fundamental una vez que la domesticación estuvo bien encaminada. En concreto, a medida que los animales se domesticaban más y eran menos capaces de valerse por sí mismos, sus cuidados se hacían más complejos y exigentes. Cada generación debe haber transmitido a la siguiente los conocimientos acumulados sobre la mejor manera de hacerlo; de lo contrario, las variedades domesticadas no habrían prosperado y la domesticación (localmente) habría retrocedido. Aunque la destreza en el cuidado de determinados animales habría pasado a formar parte de la cultura local, la motivación para adquirir y aplicar estas habilidades seguiría variando de una persona a otra, influida genéticamente, del mismo modo que hoy en día lo hace el deseo expreso de una persona de jugar con un animal de compañía.

Una vez que la domesticación progresó hasta el punto de que la gente pudo alejar a los animales domésticos de las zonas habitadas por sus congéneres salvajes, los factores genéticos habrían desempeñado un papel menor y las prácticas culturales habrían cobrado mayor importancia. Incluso en el Neolítico, las costumbres, más que las diferencias genéticas, habrían influido profundamente en la propagación de los animales domesticados entre tribus vecinas. Presumiblemente, las ventajas de poseer, por ejemplo, una jauría de caza o un rebaño de cabras habrían sido evidentes para quienes aún no los habían adquirido, aunque quienes habían realizado las domesticaciones originales podrían haber intentado de una forma activa restringir su propagación. Hace poco más de 2000 años, los ocupantes romanos informaron de que los antiguos egipcios tenían leyes contra la exportación de gatos, por ejemplo. Aunque estas afirmaciones pueden no ser del todo exactas, es posible que algunos grupos comprendieran las ventajas de domesticar animales y trataran de ocultar sus conocimientos a los rivales vecinos. Aunque los animales se comercializaran libremente (¡o la gente se apropiase de ellos!), solo podrían haber prosperado si sus nuevas comunidades poseían las habilidades de cría necesarias (aunque esto puede no aplicarse al gato doméstico, en gran medida autosuficiente).[17]

No obstante, los individuos con facilidad genética para los animales siempre habrían tenido una pequeña ventaja sobre los que no la tenían. Incluso en los grupos que adquirieron sus animales domesticados ya hechos, esas personas habrían gravitado naturalmente hacia el cuidado de los animales y adquirido los conocimientos específicos necesarios, reforzando así la ventaja de poseer los genes subyacentes. Estos genes no pueden haber sido cruciales, porque no son universales en los descendientes modernos de los primeros pastores (¡nosotros!). Hoy en día, algunas personas sienten afinidad por los animales; otras, no. Sabemos que la actitud positiva hacia los animales de compañía es hereditaria y, aunque puede influir la imitación, la similitud genética entre los miembros de una familia ofrece una explicación igualmente plausible. Aunque un estudio sobre gemelos ha demostrado que es casi

---

[17] Véase el capítulo 16 de Frederick Zeuner, *A History of Domesticated Animals* (Nueva York: Harper & Row, 1963). También existían otras barreras culturales a la propagación de determinadas especies domesticadas, como demuestra el hecho de que la antigua nación japonesa aceptara a los gatos domésticos pero se negara a admitir a los perros.

seguro que existen genes de este tipo, no sabemos cuántos hay ni qué hacen exactamente. No obstante, el grado de variación en cuanto a lo que cada persona siente por las mascotas significa que tales diferencias son probablemente antiguas y han sido objeto de selección a lo largo de la historia de nuestra especie.

Los animales de compañía no son parásitos La inmensa mayoría de los dueños de mascotas saben muy bien que sus animales no son niños. No solo pueden confirmarlo a cualquiera que se lo pregunte, sino que sus cerebros reaccionan a las imágenes de sus mascotas (y, por tanto, muy probablemente a las propias mascotas) de forma distinta a como lo hacen a las imágenes de niños, y hablan a sus compañeros animales de forma distinta a como lo hacen a los niños. La pequeña minoría de personas que atesoran un gran número de animales puede albergar la ilusión de que estas criaturas son sus hijos, pero extrapolar sus malentendidos a todos los propietarios de mascotas es sumamente injusto e inexacto. Algunas personas parecen un poco susceptibles a los rasgos adorables de los cachorros y gatitos, pero si no hubiera nada que fomentara la tenencia de animales de compañía, seguramente habría mucha más gente que abandonaría a los perros y gatos adultos de la que lo hace en realidad.

El vínculo que se crea entre el dueño y su mascota debe de ser más profundo que cualquier fascinación fácil por la ternura; más bien, puede haber surgido como parte de nuestra evolución como especie profundamente social, es decir, social no solo con los de nuestra especie, sino también con otras especies. Los perros transformaron nuestros hábitos de caza, y los gatos controlaban las alimañas en nuestros graneros y despensas; las cabras, los caballos y el ganado vacuno nos daban leche, y los cerdos, el ganado vacuno y las ovejas nos proporcionaban carne y pieles. Es una perogrullada decir que nosotros los domesticamos: en un sentido muy real, ellos también nos domesticaron a nosotros, ya que los pastores llegaron a dominar el planeta, obligando a los cazadores-recolectores a instalarse en hábitats inadecuados para los animales domésticos.

Miles de años de cría de animales han dejado su huella en el funcionamiento de nuestras mentes, y seguramente no es demasiado descabellado sugerir que también han alterado los genes que estructuran nuestros cerebros. Aquellos de nuestros antepasados que entendían a los animales habrían prosperado a expensas de los que no. Hace 30 000 años habrían sido mejores cazadores; hace 20 000 años habrían aprovechado las habilidades de los perros para vigilar sus hogares y mejorar la detección de la presa; hace 8000 años, sus reservas de comida, protegidas por los gatos, habrían perdurado, mientras que las de sus vecinos desaparecían en las bocas de los ratones. Las personas con capacidad para relacionarse con animales individuales, probablemente más por accidente que por designio, los habrían protegido del apareamiento con sus congéneres salvajes, impidiendo así la dilución del material genético que distinguía al ganado doméstico útil con los genes de los antepasados salvajes y preservando así las líneas de sangre que persisten hasta nuestros días.

Los portadores de los genes de la facilidad para los animales también pueden haber sido favorecidos porque esta habilidad actuaba como sustituto de una probable buena crianza. A los habitantes de las ciudades de hoy en día esto les parecería ridículo, a pesar de estar a pocas generaciones de distancia de aquellos para los que la facilidad para los animales habría significado la diferencia entre la suficiencia y la inanición. Hoy en día, salvo quizá algún granjero aislado, pocas personas eligen a su pareja en función de su habilidad con los animales. Sin embargo, no hace muchas generaciones, incluso en las sociedades occidentales, los padres y los futuros suegros desempeñaban un papel mucho más decisivo en el emparejamiento y es muy posible que tuvieran en cuenta esas habilidades.

Así, en algunas partes del mundo, nuestros antepasados que eran buenos con los animales pueden haber prosperado a expensas de los que eran menos buenos. Esta ventaja no siempre puede haber sido decisiva, porque incluso hoy los individuos y las sociedades varían mucho en su consideración de los animales. Sin embargo, históricamente todas las sociedades han dependido de los productos animales para alimentarse y de la ayuda de animales como perros, gatos y caballos. Puede que nuestros cerebros hayan cambiado —evolucionado— para permitirlo, aunque no lo hubieran hecho, los individuos con poca facilidad para los animales habrían tendido a no prosperar. Los genes que permitieron a nuestros antepasados paleolíticos comprender lo que pensaban los animales que les rodeaban son probablemente los mismos que ahora nos permiten disfrutar de tener animales entre nosotros.

CONCLUSIÓN

LOS ANIMALES HACEN AL HOMBRE

La intima y únicamente flexible asociación entre la humanidad y los animales se remonta tan atrás en nuestra prehistoria que nunca sabremos con certeza cuándo comenzó. Si las teorías actuales sobre cómo evolucionó la mente humana son correctas, es posible que se desarrollara gradualmente, entre hace unos 100 000 años, con los primeros enterramientos rituales de animales, y hace unos 30 000 años, cuando apareció el primer arte zoomorfo.

La innovación crucial que hizo posible el vínculo humano-animal parece haber sido una nueva forma de pensar, no solo *sobre* los animales, sino *con* ellos. Hace millones de años, nuestros antepasados homínidos debieron de desarrollar gradualmente formas cada vez más refinadas de pensar sobre los animales, lo que les permitió explotar una amplia gama de tipos de alimentos animales, desde el marisco hasta el antílope, y, por tanto, les permitió explotar una gama de hábitats más amplia que antes. Y una vez que evolucionó el lenguaje simbólico, hace unos 100 000 años, nuestros antepasados directos también pudieron comunicarse entre sí sus pensamientos sobre los animales, al igual que nuestros primos neandertales, si las especulaciones sobre su capacidad para hablar son correctas.[1]

[1] Melissa Hogenboom, «Los neandertales podían hablar como los humanos

Sin embargo, una diferencia crucial entre el *Homo sapiens* y *el Homo neanderthalensis* puede haber sido nuestra capacidad para adoptar la perspectiva del animal, imaginar lo que podría estar pensando y predecir así lo que podría hacer a continuación: en esencia, la antropomorfización de los animales. Probablemente no lo hacíamos con mucha precisión ni siquiera en aquella época, ya que la mayoría de nosotros no lo hacemos muy bien ahora. Sin embargo, el antropomorfismo —pensar *como* animales— parece haber funcionado lo suficientemente bien para nuestros antepasados como para que obtuvieran una ventaja significativa sobre sus competidores (incluidos los neandertales). Con el tiempo, el *Homo sapiens se* convertiría en el depredador dominante en todo el planeta.

Al igual que no podemos saber con certeza cuándo desarrolló la mente humana la capacidad de analizar los pensamientos de otras especies, probablemente nunca sabremos con exactitud cuándo empezaron nuestros antepasados a tener animales de compañía. Sin embargo, la práctica casi universal entre las sociedades paleolíticas actuales de obtener animales de la naturaleza para tenerlos como compañeros sugiere que el hábito es extremadamente antiguo. Dado que muchos de los animales adoptados por estas sociedades proceden de especies salvajes, lo más probable es que este hábito estuviera extendido muchos miles de años antes de que se domesticara ninguna especie. Por tanto, la domesticación de animales jóvenes como mascotas constituye la primera fase de las relaciones personales de la humanidad con los animales.

La segunda fase, la domesticación de algunas especies clave, comenzó con el perro hace entre 30 000 y 15 000 años. A diferencia de muchas de las domesticaciones posteriores, el comportamiento del animal pasó a ser de interés primordial para sus cuidadores humanos, que presumiblemente se dieron cuenta de que podían explotar el olfato y la velocidad superiores del perro. Hay teorías divergentes sobre la función inicial de los perros domésticos —algunos dicen que cazaban, otros que vigilaban, otros que acompañaban—, pero el registro arqueológico sugiere que en unos pocos miles de años, metafóricamente hablando, los habíamos utilizado para las tres funciones, además de utilizarlos literalmente como

---

modernos, sugiere un estudio», *BBC News*, 20 de diciembre de 2013, http://www.bbc.co.uk/news/science-environment-25465102.

travois. El hecho de que una especie pudiera cumplir tantos propósitos refleja no solo la maleabilidad del comportamiento canino, sino también la flexibilidad de la mente humana: la capacidad de reconocer que los perros no eran, por así decirlo, ponis de un solo truco.

El pensamiento antropomórfico habría sido esencial en esta fase de la domesticación. Para ser útiles, los perros requieren adiestramiento, lo que a su vez exige comprender su mente, en mayor medida que en el caso de la mayoría de los demás animales domésticos, a los que solo necesitamos controlar. La capacidad de predecir y controlar lo que hará a continuación un perro pastor es más importante que la capacidad de predecir el próximo movimiento de las ovejas.

La mayoría de las domesticaciones posteriores explotaron a los animales por sus atributos físicos —carne, leche, pieles, fuerza bruta— más que por sus mentes y sentidos. Otra excepción, el gato, se utilizó por su destreza y agilidad para la caza, que siguen intactas hoy en día. Sin embargo, a diferencia de los perros, a los gatos los abandonamos a su suerte por la buena razón de que trabajan solos con mayor eficacia.

Los individuos de todas las especies domesticadas tenían el potencial de convertirse en animales personales —mascotas—, pero la comprensión del temperamento y la personalidad de cada animal era crucial para la eficacia de la relación, principalmente en el caso de los perros (y algunos animales de tiro). La mayoría de las mascotas proceden de especies domésticas, pero la mayoría de los animales domésticos no son mascotas.

Los orígenes de la tercera fase, la adopción masiva de animales domésticos principalmente por su compañía, es probable que se remontenal principio de la segunda fase. Incluso en las primeras fases, es casi seguro que unos pocos privilegiados tuvieran como mascotas a perros predilectos. Sin embargo, lo más probable es que la emancipación económica provocara la explosión de la tenencia de animales de compañía durante el siglo XX. Dado que las religiones abrahámicas no han visto con buenos ojos la tenencia de animales de compañía o de alguna de las especies implicadas, la tendencia moderna al laicismo también puede desempeñar un papel, permitiendo a los dueños de mascotas expresar su afecto por sus compañeros animales sin temor a las restricciones.

El hábito de tener mascotas puede ser casi tan antiguo como nuestra especie, más que un emblema de la decadencia moderna. Durante miles de años de historia documentada, la mayoría de la gente estaba atada a la rutina de la agricultura (como muchos aún lo están hoy), por lo que la tenencia de mascotas, tal y como se practica hoy, estaba mucho menos extendida entonces que ahora. Pero ha habitado en la psique humana durante muchos milenios.

Nuestra historia sugiere que tener mascotas es perfectamente normal cuando las circunstancias lo permiten. Sin embargo, en los últimos tiempos se ha extendido con un entusiasmo desenfrenado la idea de que pueden ayudarnos a vivir más tiempo. Este fenómeno, mucho más que el impulso de tener mascotas en primer lugar, requiere una explicación.

Muchas de las supuestas ventajas que los animales de compañía confieren a sus dueños son dudosas o no están demostradas. Las supuestas propiedades de las mascotas para mejorar la salud parecen cada vez más ilusorias y se basan en la información selectiva de estudios que parecen mostrar algún tipo de conexión positiva entre el bienestar y la tenencia de mascotas. Puede que haya un pequeño efecto para los dueños de perros, pero existen causas más plausibles que la compañía del perro. Es más lógico proponer que la relación funciona a la inversa: que las personas que no se encuentran bien tienden a no tener un perro por la legítima preocupación de no poder darle el estilo de vida que se merece. De hecho, es plausible que en su lugar adquieran gatos, lo que podría explicar por qué los pocos estudios que han incluido gatos tienden a asociar su tenencia con una mala salud física o mental.

Cualquier beneficio genuino para la salud derivado de la tenencia de perros puede deberse a la necesidad de ejercitarlos: pasear a un perro por el campo (sin teléfono móvil) expone inevitablemente al paseante a los beneficios mejor documentados del ejercicio verde (véase la ilustración cercana). Sin embargo, solo si es lo bastante enérgico, el paseo mejorará probablemente la forma cardiovascular del dueño. Por supuesto, quienes tengan la motivación suficiente podrían obtener exactamente los mismos beneficios haciendo *footing* por el parque, sin la molestia potencial de tener que apartar al perro de unos dueños sobreprotectores que creen que su perro está por encima de conocer a otros de su misma especie. Pero sé por experiencia que el estímulo más fiable para dar un paseo dos veces al día es un perro corriendo por el pasillo con la correa en la boca y la cola a toda velocidad.

Cualquier beneficio para la salud que se derive de la tenencia de un perro puede atribuirse a los efectos relajantes de la exposición a espacios verdes.

Los estudios más recientes no han confirmado la supuesta relación entre los animales de compañía y la longevidad, por lo que no está nada claro que los animales de compañía proporcionen el equivalente al apoyo social, una noción muy popular entre los antrozoólogos. Por lo general, las personas con redes sociales sólidas gozan de mejor salud y viven más tiempo que los individuos más aislados: este efecto extraordinariamente amplio se extiende a todo tipo de dolencias, incluidos los cánceres, las enfermedades cardiovasculares, algunas enfermedades infecciosas, la artritis reumatoide y la esquizofrenia, además del vínculo más esperado con la soledad, la depresión y el suicidio. Aunque los científicos aún no se han puesto de acuerdo sobre por qué la sociabilidad previene las enfermedades, las pruebas de que lo hace son sustanciales.

Sea cual sea el aspecto de la compañía de otros humanos que hace a las personas más sanas, las mascotas no parecen pproporcionarlo de la misma manera. Está demostrado que los animales de compañía reducen los efectos fisiológicos de las situaciones de estrés leve, pero el estrés que genera la tenencia de un animal de compañía probablemente anule estos beneficios. Por lo tanto, la tenencia de mascotas puede no tener ningún efecto neto sobre los efectos acumulativos del estrés en lo que respecta al propietario: los buenos momentos compensan las molestias, pero nada más.

La industria de la terapia asistida con animales (TAA) se basa en la idea de que los animales (especialmente los perros) confieren un toque de magia a las personas con problemas de salud o bienestar. Sin embargo, no está nada claro que los animales tengan ese efecto. Algunos casos pueden implicar una importante dosis de placebo o ilusión, como demuestra la dudosa práctica de la terapia con delfines. En los casos en los que la TAA tiene verdadero éxito, lo más probable es que la simple presencia del animal haya inducido a las personas a interactuar más plenamente entre sí y a confiar más en los demás. El animal es un facilitador de la conexión *humana*, no el determinante de la interacción. Hay algunas excepciones indiscutibles —en particular, el vínculo que puede formarse entre algunos niños autistas y sus animales—, pero es este elemento «puente» el que puede ser clave para entender gran parte de la tenencia moderna de animales de compañía. También estamos mucho menos seguros que antes de que una «educación humanitaria» que incluya el cuidado de los animales inculque a los niños la empatía por sus semejantes, a pesar de la amplia promoción de este resultado. La investigación ha demostrado que las variaciones en el grado de simpatía de las personas hacia los animales guardan muy poca relación con el grado de empatía que sienten hacia sus semejantes. Ciertamente, la supuesta progresión de la crueldad hacia los animales en la infancia a la violencia hacia los seres humanos en etapas posteriores de la vida no ha resistido el escrutinio. Puede que ambos tengan en común algunos factores predisponentes, pero estos tienen poca relevancia para la comprensión de la tenencia cotidiana de animales de compañía.

La reciente avalancha de ideas a favor de los animales de compañía surgió posiblemente a raíz de las amenazas del siglo XX a la tenencia de mascotas procedentes de la profesión médica y otras autoridades. A medida que aumentaba el número de perros y gatos de compañía, surgían advertencias funestas sobre los riesgos que suponían para la sociedad. Los gatos se convirtieron en chivos expiatorios de suicidios y casos de esquizofrenia, supuestamente relacionados con el parásito de la toxoplasmosis. A medida que crecía el número de perros que hacían ejercicio en los parques de las ciudades, el creciente disgusto de la población obligó a las autoridades a introducir leyes sobre la recogida de excrementos. Más recientemente, los conservacionistas han condenado a los gatos como desalmados asesinos de fauna inocente. Algunos han demonizado a ciertas razas de perros como un peligro para el público debido a su supuesta agresividad incontrolable. Sin embargo, la popularidad de los animales de compañía no ha disminuido.

Los propietarios se encariñan tanto con sus compañeros animales que parecen dispuestos a aceptar cualquier «hecho» que contrarreste las actitudes negativas que aparecen de vez en cuando en los medios de comunicación. ¿Qué mayor justificación para tener un gato que la creencia de que es tan bueno para evitar la soledad como lo sería un compañero humano? El dueño de un perro de ciudad que busca una papelera, con una bolsa de plástico de heces aún calientes colgando de una mano ligeramente extendida, puede estar seguro de que el paseo que está a punto de completar le ha salvado de un ataque al corazón. Los dueños pueden regodearse en la gloria reflejada de esas mascotas que aparentemente hacen milagros —reconectar a niños autistas con el mundo o liberar a un anciano de las garras de la demencia— y, por tanto, tienen pocos incentivos para comprobar la verosimilitud de estas afirmaciones. La naturaleza humana prioriza las buenas noticias sobre las malas cuando se refieren a nuestros seres queridos.

Aunque podríamos probar todos los beneficios para la salud propuestos para la tenencia de animales de compañía, no podrían explicar por qué los tenemos. No cabe duda de que algunas personas se han hecho con un animal de compañía basándose en afirmaciones hechas en Internet o en la prensa popular de que al hacerlo harán nuevos amigos al instante, estarán más sanos y se sentirán menos estresados, pero esta motivación no influye en la decisión de la mayoría de las personas de adquirir un animal de compañía. Las dolencias que supuestamente alivian los animales de compañía —enfermedades cardiacas, soledad, exceso de trabajo, alergias— son producto de los estilos de vida modernos, por lo que no pueden haber sido la causa de que el hábito de tener mascotas evolucionara hace decenas de miles de años.

Entonces, ¿por qué tenemos animales de compañía? Para comprender este fenómeno, debemos volver a examinar cuatro características de la naturaleza humana que nos unen a nuestros animales de compañía. Tres de ellas tienen orígenes plausibles en comportamientos prehumanos; la cuarta probablemente no surgió hasta parte de la evolución de nuestra especie.

La más antigua de ellas es la «respuesta tierna», que evolucionó hace cientos de millones de años para garantizar que las madres de mamíferos (y en algunas especies, los padres) cuidaran especialmente de sus crías. Entre los humanos, sigue cumpliendo en gran medida ese propósito con respecto a nuestros propios bebés. Pero algunos componentes de la respuesta tierna de nuestros cerebros también responden a los animales bebés o tiernos. No todos, desde luego: algunas partes del cerebro solo se activan cuando el desencadenante es genuinamente humano. Así pues, en algún momento de nuestra evolución, la respuesta de ternura se bifurcó: su núcleo se mantuvo como esencial para garantizar que cuidáramos de nuestros propios bebés, mientras que un sistema parcialmente separado que nos dirige a cuidar de los animales se apropió de algunos elementos.

Está claro que esta bifurcación servía para algo; de lo contrario, el rasgo no habría sobrevivido durante milenios. Si algunos animales nos distraen de los bebés humanos o hacen que dirijamos algunos recursos lejos de ellos, no es porque nuestros cerebros nos hayan engañado de algún modo para transferir nuestro afecto. La idea de que los animales de compañía se apropian de la atención que deberíamos prestar a otros seres humanos —ya sea impidiendo que las madres potenciales tengan hijos o absorbiendo fondos que deberían destinarse a paliar el hambre— presupone que la gente no sabe distinguir entre un animal de compañía y otro ser humano. Sin embargo, que la gente es plenamente consciente de la diferencia es evidente a todos los niveles, desde los patrones de actividad cerebral hasta el lenguaje diferente utilizado para dirigirse a las mascotas y a los bebés, pasando por la opinión expresada conscientemente. La monada nos hace estar atentos, pero sus encantos no nos ciegan. En este caso, me refiero específicamente al atractivo de los rasgos parecidos a los de un bebé. Los dueños de mascotas tienen una desafortunada tendencia a calificar de «mono» todo lo que les gusta de su propio animal; de ahí el aparente aumento de sus calificaciones de «mono» a medida que se desarrolla la relación.

Los orígenes evolutivos del sistema que responde a la «ternura» animal requieren una explicación. ¿Por qué los animales que manifiestamente no son bebés humanos desencadenan, sin embargo, nuestra respuesta de ternura, cuando la atención dirigida a otras especies podría perjudicar potencialmente a nuestra propia descendencia? ¿Por qué no somos mucho más selectivos si podemos distinguir fácilmente entre un gatito y un bebé humano? Es posible que tan solo seamos demasiado crédulos, pero creo que el atractivo de los animales bonitos, lejos de ser un error, es consecuencia de nuestra historia evolutiva, y significa los beneficios que nuestros lejanos antepasados obtuvieron al incorporar animales a sus círculos sociales.

Casi igual de antiguo, porque se da en todos los primates, es el poder vinculante de las caricias. A pesar de su omnipresencia, el tacto es el único elemento de la tenencia de mascotas que no ha recibido mucha atención por parte de los científicos, pero probablemente sea más importante que la ternura a la hora de mantener la relación con las mascotas. Nos encanta acariciar a nuestros perros y gatos. Explicar en términos evolutivos el placer que sentimos al sentir el suave pelaje bajo nuestros dedos no es sencillo, dado que el pelo cubre una proporción tan pequeña de nuestro cuerpo. Sin embargo, mientras que todos los primates son peludos, nuestros antepasados evolucionaron con la piel prácticamente desnuda hace unos 1,6 millones de años, probablemente para poder correr largas distancias sin sobrecalentarse: el sudor que se evapora del pelo solo enfría el pelo, mientras que el sudor que se evapora de la piel enfría el cuerpo. Pero este avance habría sacrificado un elemento esencial de la vida social de los primates: el acicalamiento mutuo que mantiene las relaciones entre los miembros de una misma tropa. Una cuestión sin resolver planteada por el enfoque evolutivo de la psicología tiene que ver con cómo nuestros antepasados consiguieron mantener la cohesión de sus grupos sin este mecanismo aparentemente esencial antes de que nosotros hubiéramos evolucionado su eventual sustituto, el lenguaje. Por lo tanto, el placer que sentimos al acariciar a nuestros perros y gatos podría considerarse una reminiscencia de nuestro pasado primate. Puede que este sea su origen, pero no explica por qué nos sigue atrayendo hoy en día. En resumen, ¿por qué la piel peluda no perdió su atractivo cuando nuestra propia piel se volvió lisa?[2] Otros aspectos del atractivo táctil de las mascotas también requieren una explicación. Tocarlos no solo nos resulta placentero, sino también relajante. Los cambios hormonales que se producen deben tener algún significado, dejando de lado el mito de que acariciar a un perro o un gato nos calma hasta el punto de que acabamos viviendo más. No basta con decir que nos gusta acariciar a nuestras mascotas porque provoca la liberación de dopamina y endorfinas en nuestro cerebro: eso solo da a la experiencia una base fisiológica. La pregunta crucial es: ¿por qué sigue existiendo este mecanismo, cientos de miles de años después de que debiera haberse extinguido, una vez que nuestros antepasados perdieron sus peludos abrigos? ¿Por qué seguimos prefiriendo tocar la piel peluda a la lisa, cuando la falta de pelo es una de las características que nos definen? ¿Por qué a los perros y gatos sin pelo se les suele considerar bichos raros, cuando en ese único sentido son más parecidos a nosotros? ¿Por qué acariciar durante unos minutos una superficie peluda, aunque sea inanimada como un peluche, puede mejorar radicalmente nuestro estado de ánimo? La respuesta puede ser que conservamos este instinto porque, incluso después de que se volviera irrelevante en nuestros grupos sociales humanos, en su mayoría sin pelo, siguió sirviéndonos para estrechar lazos con nuestros animales domésticos. Estos vínculos favorecían su supervivencia y, por extensión, la nuestra.

Una tercera faceta de la naturaleza humana que hace posible nuestra relación con los animales de compañía es la recompensa que para muchos de nosotros supone cuidar de animales jóvenes. Todos los

---

[2] Véase el capítulo 4 de Robin Dunbar, *Human Evolution* (Londres: Pelican 2014); Nina Jablonski, «The Naked Truth», *Scientific American* 302, n.º 2 (febrero de 2010): 42-9; Tamás Dávid-Barrett y Robin Dunbar, «Bipedality and Hair Loss in Human Evolution Revisited: The Impact of Altitude and Activity Scheduling», *Journal of Human Evolution* 94 (2016): 72-82.

mamíferos cuidan de sus crías hasta que son capaces de valerse por sí mismas. Los humanos somos los únicos que disfrutamos cuidando a las crías de otras especies. Incluso los objetos inanimados, como los Tamagotchi y los Aibo, pueden provocar sentimientos similares, presumiblemente porque son sensibles, o al menos producen la ilusión de serlo. En cuanto a la «respuesta mona», tenemos que encontrar una explicación a este uso aparentemente despilfarrador de nuestro tiempo, energía y recursos, que en términos genéticos estrechos podríamos dedicar mejor a nuestros semejantes. Otras especies centran su atención en los suyos y no malgastan sus energías en tener mascotas. ¿Por qué solo nosotros? ¿Y por qué, sobre todo, las mujeres y los niños? Si rechazamos la idea de que los animales de compañía son simples parásitos, nuestros antepasados deben haber obtenido alguna ventaja de este afecto por los animales; de lo contrario, se habría extinguido. Esa ventaja era, muy probablemente, la capacidad de domesticar animales, separar permanentemente lo domesticado de lo salvaje y estabilizar así su suministro de proteína animal.

En las sociedades paleolíticas modernas, las mujeres y los niños solían responsabilizarse del cuidado de los animales domésticos, aunque normalmente los hombres los habían recuperado de la naturaleza. Puede que se trate de una auténtica diferencia de sexo, más que de una simple costumbre. Incluso hoy en día, las mujeres suelen expresar un afecto más profundo por los animales, aunque existe un gran solapamiento entre sexos. Dada la probable implicación de la oxitocina en el vínculo entre las mujeres (especialmente) y sus mascotas, estas diferencias de género pueden tener una base fisiológica: por ejemplo, la reducción de la soledad que las mascotas aportan a las mujeres de mediana edad tardía, pero no a los hombres, puede deberse a la mayor respuesta hormonal que experimentan las mujeres al cuidar de sus animales día tras día. La respuesta positiva que esto les proporciona es crucial para mantener y profundizar la relación entre las mujeres (especialmente) y sus mascotas. Por tanto, podemos estar razonablemente seguros de que las mujeres, más que los hombres, conservaron los preciados genes que promovían la mansedumbre en las primeras etapas de la domesticación animal.[3]

[3] Para una visión general de las diferencias entre hombres y mujeres en lo

Nuestro cuarto mecanismo evolutivo para relacionarnos con las mascotas es nuestra capacidad de antropomorfización, de intentar meternos en la mente de los animales que nos rodean. Es muy posible que este rasgo surgiera por primera vez con la fusión de nuestras inteligencias social, de historia natural y general, que, aunque es difícil de datar con precisión, parece haberse producido gradualmente hace entre 100 000 y 30 000 años. Derivada en parte de mecanismos cerebrales que analizan el comportamiento de otros seres humanos, evolucionó inicialmente como una forma de adivinar las intenciones de depredadores y presas, confiriendo así una considerable ventaja de supervivencia a los seres humanos que mejor lo hacían. Una vez arraigado en nuestros cerebros, también nos habría ayudado a predecir el comportamiento de los animales capturados, lo que habría hecho prosperar la cría de animales de compañía. Es un mecanismo imperfecto para comprender lo que piensan realmente los animales, ya que sus mentes, por no hablar de sus capacidades sensoriales, difieren sustancialmente de las nuestras. No obstante, el antropomorfismo parece haber sido adecuado para conferir una ventaja significativa a nuestros antepasados cazadores-recolectores, ya que es un universal del comportamiento humano incluso hoy en día.

Es de suponer que el pensamiento antropomórfico subyace tras el tópico un tanto perezoso de que las mascotas son «uno más de la familia». Nuestro comportamiento hacia ellos demuestra que, para la mayoría de nosotros, ocupan un espacio único entre la familia y la propiedad, no del todo humano pero tampoco del todo posesión. Dentro de ese espacio, los antropomorfizamos con más intensidad que a cualquier animal salvaje equivalente, como si quisiéramos acercarlos a ser «personitas» y negar sus orígenes salvajes, pero nunca lo conseguimos del todo.

La belleza de un animal puede ser primordial en su atractivo inicial, pero las recompensas que se obtienen al hablar con él, cuidarlo y acariciarlo mantienen la relación entre dueño y mascota. En cierto modo, estos comportamientos explican en gran medida el carácter único de la tenencia de animales de compañía; sin embargo, todos

---

que dicen sentir por los animales, véase Hal Herzog, «Gender Differences in Human-Animal Interactions: A Review», *Anthrozoös* 20 (2007): 7-21.

ellos plantean la pregunta de por qué reaccionamos así ante los miembros de otras especies. ¿Se beneficiaron nuestros antepasados de este aparente despilfarro de recursos hasta el punto de que la capacidad de tener mascotas se convirtió en una característica casi universal de la humanidad? En conjunto, este conjunto de rasgos —el atractivo de la ternura y el pelaje suave, la sensación de recompensa derivada del cuidado y el deseo y la facilidad para comprender lo que piensan los animales— colocó a algunos de nuestros antepasados en el bando ganador, no una sino dos veces: primero, cuando la tenencia de animales de compañía se convirtió en emblema de una persona cuidadosa y atenta y, de nuevo, más tarde, cuando el pastoreo y luego la agricultura suplantaron a la caza y la recolección como forma de vida definitoria de nuestra especie, impidiéndonos acabar con nuestros animales recién domesticados cuando nos moríamos de hambre (véase la ilustración de la pág. 369).

La manera en que ese comportamiento pasó a formar parte de la naturaleza humana debe residir en la evolución de nuestra propia especie, que, por supuesto, no es un asunto fácil de reconstruir. Sin embargo, propongo una secuencia de procesos evolutivos que podrían haber llevado a algunos de nuestros antepasados a desarrollar una poderosa afinidad por los animales. En primer lugar, el desarrollo del pensamiento antropomórfico nos permitió convertirnos en cazadores inteligentes, utilizando técnicas más sofisticadas que los toscos métodos de nuestros rivales más cercanos, los neandertales y los denisovanos. Entonces, la facilidad para cuidar de animales capturados en libertad pudo convertirse en un factor de selección de parejas matrimoniales, en principio como sustituto de la habilidad para criar descendencia humana, ya que criar animales en aquella época habría proporcionado pocas ventajas sobre simplemente cazarlos. Por otra parte, la capacidad de sentir afecto por los animales debió de ser, lógicamente, esencial para domesticar a los animales salvajes, protegiendo el valioso material genético que permitía a ciertos animales vivir en asentamientos humanos de la dilución por cruce con sus congéneres salvajes. Dado que las sociedades con animales domésticos prosperaban a expensas de las que no los tenían, los genes humanos que favorecían este tipo de vínculos emocionales se habrían propagado a expensas de los que favorecían un enfoque más explotador (sin más, comerse a los animales de cría). Además, una vez iniciada la domesticación, los individuos que eran buenos con los animales habrían destacado como tales, y esta facilidad podría haber acabado influyendo en las decisiones sobre quién se casaría con quién, heredándose en las tradiciones de las sociedades que pasaban de cazadoras-recolectoras a pastoras. De este modo, los cambios en la cultura local habrían reforzado las diferencias genéticas preexistentes: los individuos genéticamente predispuestos a tener aptitudes con los animales podrían explotar plenamente su talento aprendiendo los detalles de la cría (que no podrían haber heredado genéticamente) de quienes les rodeaban. En principio, esta hipótesis puede parecer descabellada, pero explica perfectamente por qué, a día de hoy, una persona con un animal bien educado a su lado parece más digna de confianza y accesible. Incluso ahora, a muchos de nosotros nos gustan instintivamente las personas que parecen ser buenas con los animales.

También podemos explicar la evidente fascinación que ejercen los animales sobre los niños en términos de la expresión de genes que afectan al afecto y el cuidado de otras criaturas. Si la capacidad para cuidar de los animales fue un factor determinante en la decisión de los futuros suegros de casar a su hijo con una chica determinada, los signos manifiestos de afecto por los animales serían lógicamente más fuertes durante la pubertad. Es muy improbable que un gen que favoreciera la facilidad para cuidar animales jóvenes actuara directamente sobre el comportamiento, aunque solo fuera porque cada especie requiere un tipo de cuidado sutilmente diferente, y cada sociedad (como hoy en día) habría tenido a su disposición diferentes especies, dependiendo de dónde vivieran. Lo más probable es que algunos de los genes en cuestión confirieran curiosidad por los animales y capacidad para aprender a cuidarlos, capacidades que aún hoy observamos (y, con razón, fomentamos) en nuestros hijos.[4]

---

[4] Estos genes pueden haber existido en nuestros antepasados homínidos y haberse hecho más comunes a medida que se seleccionaban en el *Homo sapiens*. Sin embargo, también es posible que algunos aparecieran por duplicación y/o mutación de genes ya existentes o incluso a través de zonas del ADN originalmente no codificantes. Una estimación de veinte genes activos cerebrales aparecidos *de novo* desde nuestra escisión del linaje de los chimpancés; véase Dong-Dong Wu, David Irwin y Ya-Ping Zhang, «De Novo Origin of Human Protein-Coding

También parecemos predispuestos a aceptar mucho de lo que oímos sobre los animales, lo que explica la popularidad de la idea de que tener una mascota en casa mejorará automáticamente nuestra salud o hará de nuestros hijos mejores ciudadanos. Es casi como si cualquier cosa que desencadene la «respuesta amistosa-animal» de nuestro cerebro, ya sea una experiencia directa o una foto que acompañe a un artículo, nos hiciera sentir bien y, por tanto, menos escépticos. Sin duda, los publicistas lo saben, aunque desconozcan los mecanismos cerebrales subyacentes que les permiten vender productos, desde papel higiénico hasta teléfonos móviles, utilizando imágenes de simpáticos perros y gatos.

Dado que mantener a nuestros animales domésticos físicamente cerca de nosotros debió de ser crucial para la domesticación, el placer que se obtiene de los animales domésticos debe de ser un factor importante para la domesticación, tocarlos puede haber contribuido a mantener el vínculo entre dueño y «mascota», tanto en el Paleolítico, cuando los animales domésticos anunciaban sobre todo un comportamiento amable, como posteriormente como ayuda para la domesticación. Hoy en día, la mayoría de nosotros limitamos el contacto táctil a nuestros perros y gatos, pero el pelaje de otros animales domésticos sociables puede ser igual de atractivo para quienes tienen la oportunidad de tocarlos. Como escribió una vez Tom Cox, imitador de gatos que vive en el campo, en Twitter (actual X): «Sal. Encuentra una oveja adorable. Ráscale la cabeza. Continúa. Sabes que quieres hacerlo. La oveja sabe que quieres hacerlo. No pasa nada».[5] Este efecto no se habría aplicado por igual a todas las especies domésticas —no todas son igual de mimosas y algunas tienen plumas, no pelo—, pero para los perros y luego para los gatos puede haber sido crucial. Las pieles de los lobos y los gatos salvajes podían ser tan táctiles como las de sus congéneres domésticos, pero sus portadores eran reacios a ponerse al alcance de la mano humana, por lo que quedaban descartados hasta que se convertían en prendas de vestir. Mientras tanto, el dueño mesolítico que frotaba distraídamente a su perra entre las orejas habría contribuido de forma involuntaria a evitar que se emparejara con

Genes», *PLoS Genetics* 7 (2011): e1002379, doi: 10.1371/journal.pgen.1002379.

[5] @cox_tom en Twitter, 13 de marzo de 2016.

un lobo, garantizando así que sus cachorros fueran tan atractivos como ella o (mejor) incluso más. La evolución de la falta de pelo de nuestros antepasados liberó nuestra predilección por el tacto de las superficies suaves y peludas de su función original de vínculo social, permitiendo que pasara a formar parte de nuestra relación con otros mamíferos.

El antropomorfismo habría proporcionado una ventaja durante todas estas etapas: la capacidad de meterse en la cabeza de un animal, aunque fuera imperfectamente, habría dado a quienes la poseían una ventaja tanto a la hora de cazar como de cuidar animales personales. Todas las etapas del desarrollo cultural de los humanos modernos habrían favorecido la «respuesta linda», la capacidad de obtener satisfacción al cuidar de un animal y la tendencia a sentir placer al acariciar la piel peluda, quizá de forma más crucial durante la domesticación temprana del perro. De hecho, tal vez no sea demasiado descabellado sugerir que la tenencia de mascotas por parte de cazadores-recolectores se convirtió en un hábito porque permitía a la gente satisfacer sus antiguos impulsos primates de crear vínculos a través del acicalamiento.

En este escenario, todos los cambios relevantes en nuestros cerebros podrían haberse producido mucho antes de que la tenencia de mascotas se convirtiera en la norma y, por tanto, mucho antes de que se produjera la domesticación de animales. Posteriormente, las ventajas obtenidas por ser bueno con los animales habrían hecho que estos genes se generalizaran. También es posible, aunque no esencial para mi argumento, que en los últimos 10 000 años se produjeran otros cambios en el funcionamiento de nuestras mentes como consecuencia de la domesticación de animales. Sabemos que nuestra explotación de los animales por su leche ha afectado a los genes que programan nuestros sistemas digestivos, y cada vez más pruebas sugieren que nuestros cerebros han seguido evolucionando a lo largo de la historia de nuestra especie y pueden seguir cambiando hoy en día. No es del todo descartable que los genes que solo proporcionaron una ventaja después de que domesticáramos animales se hayan unido ahora a los prehistóricos que predisponían a nuestros antepasados a adoptar animales salvajes.[6]

---

[6] Michael Balter, «Are human brains still evolving? Brain Genes Show Signs of Selection», *Science* (Washington) 208 (2005): 1662-3.

Cuatro acontecimientos clave en la evolución del *Homo sapiens* que explican la popularidad moderna de la tenencia de animales de compañía.

Así pues, podemos considerar la tenencia moderna de animales de compañía como la expresión contemporánea de una antigua conexión con los animales, que resultó muy útil a muchos de nuestros antepasados en diferentes etapas de nuestra historia evolutiva y que, por tanto, se convirtió en parte intrínseca de la naturaleza humana. Sin embargo, no es así en todos los casos: incluso hoy en día sigue habiendo indicios de los restos de la variación entre individuos que fue la materia prima de dicha evolución. Es evidente que los humanos han prosperado por otros medios distintos a la facilidad para relacionarse con los animales: por ejemplo, en sociedades que prosperaban explotando a otros, como demuestran los 16 millones de descendientes varones del guerrero mongol Gengis Kan. Por ejemplo, el estudio de gemelos que demuestra que la afición de los hombres de mediana edad a jugar con animales es hereditaria demuestra que, mientras que algunos individuos están genéticamente predispuestos a que les gusten los animales, otros están predispuestos a que no les gusten. En algún momento del pasado, los genes que permiten a sus portadores comprender y sentir afecto por los animales habrían sido más raros que ahora. Los que los portaban prosperaban a expensas de los que no, pero no hasta el punto de que todos se volvieran igual de adeptos.

Esas mismas diferencias genéticas que ayudaron a algunos de nuestros antepasados a domesticar animales, mientras que otros no lo hicieron, pueden seguir siendo la base de algunos de los desacuerdos entre los actuales amantes de los animales de compañía y sus detractores. La comentarista social Laura Marcus (véase la introducción) cuenta que sus padres «creían que los humanos no teníamos derecho a poseer otros animales. Entonces estaba de acuerdo con ellos, y sigo estándolo». Esto es precisamente lo que cabría esperar si la atracción por los animales fuera hereditaria; también cabría esperar que este rasgo no se hubiera universalizado, incluso en el Occidente obsesionado por las mascotas. Aunque la heredabilidad podría ser totalmente cultural —en su forma más simple, los niños copian a sus padres—, me inclino a creer que también debe haber un componente genético. Los niños no adquieren su personalidad al por mayor observando a sus padres; heredan aproximadamente la mitad (genéticamente) y luego adquieren el resto, de formas poco conocidas y probablemente muy individualistas, incluso azarosas, a partir de sus experiencias a medida que maduran. Su forma de relacionarse con los animales también puede derivar de una mezcla de genética y experiencia.[7]

Dicho de otro modo, si el amor por los animales favoreció tanto a nuestros antepasados, ¿por qué no lo sentimos todos? Una respuesta es probablemente que, históricamente, había más de una forma de adquirir animales domésticos y obtener así una ventaja sobre las sociedades que aún dependían de la caza. Una era domesticarlos uno mismo, pero a la larga podía ser también ventajoso adquirir, por las buenas o por las malas, los animales que tuvieran los vecinos, junto con los conocimientos necesarios para cuidarlos. La otra cara de la moneda de la propensión a prodigar afecto a los animales es que uno podría emplear ese tiempo de forma más provechosa en una tarea que ocupe circuitos cerebrales diferentes, por ejemplo, perfeccionar el propio arsenal de armas para derrotar a los pastores de cabras de la colina. Por tanto, es razonable suponer que algunas sociedades desarrollaron una mayor frecuencia de genes amantes de los animales que otras. La proporción de cada uno de ellos en una zona determinada también podría depender de los animales salvajes disponibles localmente para la domesticación. Por ejemplo, en África no había lobos grises que domesticar para convertirlos en perros, y el lobo etíope y el perro salvaje africano parecen biológicamente inadecuados para tal transición. La falta de selección de genes amantes de los animales puede explicar por qué los kiembu de Kenia no tienen una palabra para «mascota»: pueden tener perros como guardianes, pero nunca juegan con ellos ni los dejan entrar en sus casas. Estas limitaciones biológicas, unidas a múltiples factores culturales, podrían explicar por qué la tenencia de animales de compañía varía tanto

---

[7] Sobre la heredabilidad de la personalidad y otras diferencias estables entre individuos, véase Eric Turkeimer, «Three Laws of Behaviour Genetics and What They Mean», *Current Directions in Psychological Science* 9 (2000): 160-64. *Primera ley:* Todos los rasgos del comportamiento humano son hereditarios. *Segunda ley:* El efecto de criarse en la misma familia es menor que el de los genes. *Tercera ley:* Una parte sustancial de la variación de los rasgos complejos del comportamiento humano no se explica por los efectos de los genes o las familias. Para una actualización, véase Robert Plomin et al., «Top 10 Replicated Findings from Behavioural Genetics», *Perspectives on Psychological Science* 11 (2016): 3-23; véase también Judith Rich Harris, *No Two Alike: Human Nature and Human Individuality* (Nueva York: W. W. Norton & Co., 2006).

en todo el mundo. La variación mucho más rápida en Occidente, donde razas y especies entran y salen de moda casi anualmente, puede dar la impresión de que la tenencia de animales de compañía es un meme —una idea autorreplicante que viaja de un cerebro humano a otro— lo bastante poderoso como para anular cualquier predisposición genética. Estos rápidos cambios en los detalles de la tenencia de animales de compañía pueden, pero no deben, ocultar la necesidad humana subyacente de establecer relaciones afectivas con animales vivos de verdad. Sin ella, ya estaríamos avanzando hacia la comodidad de las mascotas robóticas tan rápidamente como la electricidad limpia sustituyó al vapor sucio en nuestros ferrocarriles.[8]

Al igual que la personalidad, el afecto por los animales probablemente no esté influido por uno, sino por cientos o incluso miles de genes. La investigación sobre los mecanismos por los que el genoma humano afecta a la personalidad está aún en pañales, en parte porque hay muchos genes implicados, pero también porque los efectos de cada uno de esos genes varían según las experiencias individuales de cada persona. Lo peor para los científicos que intentan precisar los efectos de los genes es que nuestros grandes cerebros nos permiten tomar decisiones que determinan las experiencias que es probable que encontremos: por ejemplo, los extrovertidos se trasladan de las zonas rurales a las ciudades para poder conocer a otros extrovertidos y son sustituidos por introvertidos que buscan paz y tranquilidad. Sin embargo, un estudio reciente muestra cómo podríamos llegar a desentrañar los efectos de los genes individuales. La capacidad de comprender lo que piensan los demás —la teoría de la mente (que es distinta de la capacidad de adivinar lo que piensan los animales, aunque puede coincidir con ella)— se desarrolla en los niños a ritmos diferentes. Uno de los factores que influyen en ese ritmo es la sensibilidad de la madre hacia los demás; otro es un gen que produce un receptor de oxitocina en el cerebro, que a su vez probablemente afecta al cableado del cerebro en desarrollo del niño. Ambos interactúan, de modo que los niños con la «mejor» versión del

[8] Para la opinión contraria de que la tenencia de mascotas es principalmente un artefacto cultural, véase Hal Herzog, «Biology, Culture, and the Origins of Pet-Keeping», *Animal Behaviour & Cognition* 1 (2014): 296-308.

gen (la mejor, es decir, para desarrollar la teoría de la mente; podría ser la peor para otra cosa, ya que la oxitocina tiene muchos efectos) responden desproporcionadamente bien al ejemplo de su madre. Interacciones como esta podrían explicar algún día por qué el amor por los animales es hereditario.[9]

Nuestros cerebros han evolucionado para permitirnos entablar relaciones personales y afectuosas con los animales porque nuestros antepasados que poseían los genes que generan esos mecanismos prosperaron. Los animales de compañía nos permiten vivir experiencias y expresar comportamientos antaño cruciales para nuestra supervivencia (véase la ilustración). Nuestra naturaleza humana nos resulta difícil de ignorar, por lo que persistimos en la búsqueda de salidas para muchos de nuestros comportamientos evolucionados, algunos de los cuales se adaptan a las condiciones modernas mejor que otros. Ya no nos enzarzamos en escaramuzas con tribus vecinas, saqueando sus cosechas y huyendo con sus mujeres y niños. En su lugar, hemos desarrollado (culturalmente) toda una serie de deportes de equipo formalizados. Podemos engañar (en parte) a nuestros golosos eligiendo alternativas bajas en calorías, que ya podrían vender más que los originales de siete cucharadas de azúcar si no fuera por los temores que suscitan los edulcorantes artificiales. Tenemos que encontrar soluciones a algunos de nuestros instintos pleistocénicos, porque están arraigados en nuestros genes. La compañía de un perro o un gato es la expresión placentera de un conjunto de pautas de comportamiento pleistocénicas que pueden tener poca función hoy en día, pero eso no significa que debamos intentar extirparlas de la naturaleza humana.

Tener un animal de compañía es algo perfectamente natural, al menos para los que estamos predispuestos a ello. No hay pruebas de que nos perjudiquemos a nosotros mismos, psicológicamente o de otro modo, por disfrutar de la compañía de un animal. La ciencia ha confirmado que

---

[9] Para el estudio reciente, véase Mark Wade, Thomas Hoffmann y Jennifer Jenkins, «Gene-Environment Interaction Between the Oxytocin Receptor (OXTR) Gene and Parenting Behaviour on Children's Theory of Mind», *Social Cognitive and Affective Neuroscience* 10 (2015): 1749-57. Para una visión general, véase Lars Penke y Markus Jokela, «The Evolutionary Genetics of Personality Revisited», *Current Opinion in Psychology* 7 (2016): 104-9.

los perros y gatos bien socializados con las personas sienten un afecto genuino por sus dueños, por lo que el «amor incondicional» que los dueños dicen proporcionar es bastante real, aunque a veces se malinterprete. En lugar de «incondicional», que huele a algún tipo de contrato, prefiero pensar en el afecto de las mascotas como «sin complicaciones». No agonizan durante horas pensando en cómo va su relación con nosotros: «¿Me quiere mi dueño tanto como ayer?»,«¿Me quiere más o menos de lo que quiere a sus hijos?». Esos pensamientos están más allá de la comprensión de estos animales. La bienvenida que nos dan cuando volvemos a casa es genuina y debe disfrutarse por lo que es. Como animales sociales que somos, ansiamos la compañía, incluso cuando nuestras circunstancias nos obligan a estar solos. El simple hecho de tener otro ser vivo en casa —el chasquido de las uñas de los pies del perro en el suelo, la breve agitación de un gato medio dormido cuando entramos en la habitación— es profundamente tranquilizador en sí mismo. Las mascotas son agradables (¡la mayoría de las veces!) y deberían ser un simple placer, sin sentimientos de culpa por desviarnos de una vida social «adecuada». Puede que las mascotas no tengan el poder de curarnos que algunos proclaman en su nombre, pero nos aportan una sensación de bienestar. Según una reciente encuesta internacional, «The Rest Test», una cuarta parte de los encuestados eligió «estar con animales» como una de las tres formas principales de relajarse.[10] Puede que no hagan que sus dueños estén más sanos, pero tampoco suponen un riesgo significativo para la salud, al menos en Occidente, donde las enfermedades zoonóticas están bajo control. Los perros y algunos gatos pueden servir de puente entre las personas y enriquecer así sus vidas. Muchos dueños de mascotas confiesan que sin un compañero animal, sus vidas se sentirían incompletas. No se trata de admitir algún tipo de inadecuación social, sino de la expresión de un rasgo humano perfectamente natural y arraigado. Para la mayoría de los propietarios, la inclusión de animales en sus redes sociales mejora sus relaciones con otros seres humanos, en lugar de ser, como algunos pretenden, un sustituto inferior.

---

[10] Claudia Hammond, «Cómo estar solo puede ser la clave del descanso», *BBC News Magazine*, 27 de septiembre de 2016, http://www.bbc.co.uk/news/magazine-37444982.

Cazar con animales permite reconectar con la dependencia
de nuestros antepasados.

Quienes denostan la tenencia de animales de compañía alegando que tiene un efecto negativo sobre el medio ambiente harían bien en observar que, desde el punto de vista psicológico, estas perspectivas aparentemente opuestas pueden tener más en común de lo que discrepan. En realidad, la mayoría de los dueños de mascotas intentan equilibrar su amor por los animales con el respeto por el medio ambiente. Muchos de los que alimentan a los pájaros del jardín también tienen gatos (en la práctica, no es difícil mantener a los pájaros a salvo de los gatos). Los paseadores de perros aprecian (y se benefician de) las características naturales de los lugares donde van a ejercitar a sus mascotas. Anecdóticamente, muchos de los que más apoyan a las organizaciones benéficas dedicadas a la vida salvaje son dueños de mascotas.

Investigaciones recientes sugieren que las personas que tienen una relación estrecha con sus mascotas también tienen actitudes positivas hacia los animales salvajes y, de hecho, hacia el mundo natural en su conjunto; algunos se refieren a esto como la hipótesis de las «mascotas como embajadoras». Resulta tentador considerar que estas conexiones dividen a las personas entre las que se consideran parte del mundo natural y aman por igual a los animales domésticos y salvajes, y las que se ajustan a la noción antropocéntrica de que el hombre está separado de la naturaleza y es superior a ella. La separación entre «mascota» y «salvaje» puede ser más aparente que real.[11]

Si queremos que la Tierra siga siendo habitable, debemos convencer a todo el mundo de que merece la pena salvar el mundo natural, y para ello tendremos que invertir el creciente distanciamiento de la humanidad con respecto a él. Los animales de compañía podrían ser fácilmente parte de esa solución, no parte del problema, siempre que sus dueños se den cuenta de que, en lugar de ser simples mercancías, están conectados por descendencia al mundo de la naturaleza. La conexión emocional que los dueños sienten por sus animales de compañía no es tan distinta de la conexión emocional que los conservacionistas sienten por el mundo natural.

La educación debe ser la clave. Es cierta la idea de que los animales de compañía enseñan a los niños a cuidar —quizá no a cuidarse unos a otros, sino simplemente a cuidar a los animales— y, por tanto, muchas de las realidades fundamentales de la vida. Ahora que la mayoría de los niños occidentales no se encuentran con animales en su vida cotidiana (aparte de sus mascotas), parece un terrible desperdicio no aprovechar su fascinación instintiva por los animales para enseñarles algo de biología básica.

La misma semana en que redacté por primera vez este capítulo, la clase de mi nieta Beatrice, de cinco años, había estado vigilando en el colegio una incubadora llena de huevos de gallina. Cuando la llevé al colegio por la mañana y vio los ocho pollitos recién nacidos y las ocho cáscaras de huevo rotas, la emoción entre sus compañeros era casi palpable. Además, la novedad de la experiencia evidentemente le ayudó a recordar mucho de lo que su profesora había contado a la clase sobre

---

[11] Para más información, véase mi artículo «¿Las mascotas como embajadores?», *Psychology Today*, 13 de agosto de 2015, https://www.psychologytoday.com/blog/pets-and-their-people/201508/pets-ambassadors. Para consultar la investigación original, véase Béatrice Auger y Catherine Amiot, «Testing and Extending the Pets as Ambassadors Hypothesis: The Role of Contact with Pets and Recategorization Processes in Predicting Positive Attitudes Towards Animals», *Human-Animal Interaction Bulletin* 5 (2017): 1-25.

lo que habían presenciado: «El pollito salió del huevo y tenía un diente de huevo», escribió aquella tarde.

Independientemente de que de mayor tenga o no un gato o un perro, ese día se despertó en Beatrice la fascinación por los animales. Su generación tendrá que estabilizar la ecología del planeta para su propia supervivencia. ¿Por qué iban a querer hacerlo sin conocer la realidad de los animales, tanto domésticos como salvajes?

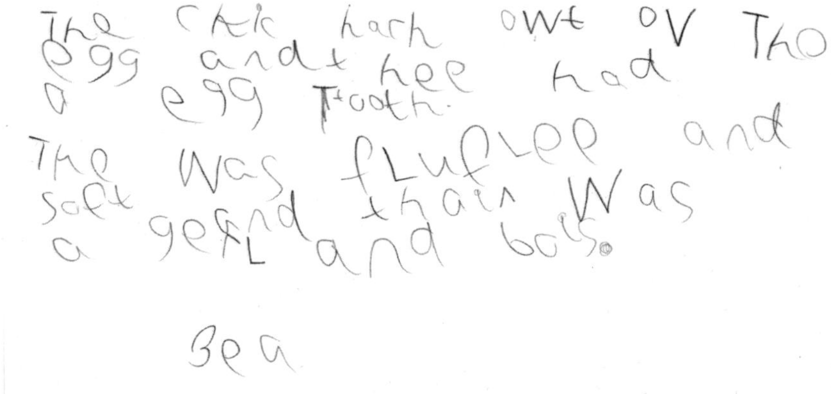

La fascinación de un niño por la vida animal.

AGRADECIMIENTOS

A lo largo de la planificación y redacción de este libro, he sido consciente de estar a la altura de dos gigantes en este campo, el profesor James Serpell, de la Universidad de Pensilvania, y el profesor Hal Herzog, de la Universidad de Carolina Occidental, no solo por las muchas conversaciones esclarecedoras que he mantenido con ambos en las últimas tres décadas, sino también por sus libros seminales y muy accesibles: *In the Company of Animals*, de Serpell (sin el cual probablemente no existiría la ciencia de la antrozoología) y *Some We Love, Some We Hate, Some We Eat*, de Herzog: *Por qué es tan difícil pensar con claridad sobre los animales*. En términos más generales, tengo una deuda de gratitud con todos aquellos, demasiado numerosos para mencionarlos individualmente, que han contribuido a convertir la Sociedad Internacional de Antrozoología en la vibrante y exitosa organización que es hoy. Sin sus congresos y su revista, *Anthrozoös*, reunir la materia prima para este libro habría sido mucho más difícil (¡y ni la mitad de divertido!). Mis colegas de la facultad de veterinaria de la Universidad de Bristol han sido una valiosa caja de resonancia para muchas de las ideas que aparecen en este libro (¡y para algunas que, por buenas razones, no aparecen!), y debo dar las gracias especialmente a la Dra. Elizabeth Paul por compartir sus conocimientos sobre la psicología de los animales de compañía y sus seres humanos y por comentar algunos de los capítulos. Muchas gracias a la Dra. Barbara Schöning por traducir la ponencia de Paul Spindler del alemán original, y al Dr.

Akaya Matsumoto (Miura) por revisar la escritura japonesa de la pág. 141. También agradezco a los profesores Henry Buller, de la Universidad de Exeter, y Richard Bennett, de la Universidad de Reading, que me invitaran a participar en una serie de talleres financiados por el Consejo de Investigación Económica y Social del Reino Unido, que me permitieron conocer el trabajo de muchos científicos sociales que estudian las interacciones entre humanos y animales.

También estoy enormemente en deuda con la profesora Nickie Charles, de la Universidad de Warwick, por compartir su trabajo inédito y por permitirme reproducir citas de su estudio de observación masiva sobre los dueños de mascotas, así como por criticar los capítulos en los que aparecen esas citas. El profesor Steven Mithen, de la Universidad de Reading, quizá se sorprenda de que su libro *The Prehistory of the Mind (La prehistoria de la mente) haya* servido en gran medida de inspiración para el capítulo 9.

Tenía tanto que decir sobre la antrozoología que condensarlo todo en un libro de extensión manejable ha sido todo un reto. Estoy enormemente en deuda con mi agente Patrick Walsh y mis editores en Basic Books y Allen Lane, Lara Heimert, Jen Kelland y Tom Penn, por ayudarme a mantener la concentración y eliminar las rarezas de mi prosa de formación académica.

Este es el tercer libro que ilustra mi viejo amigo Alan Peters; también ha sido el más exigente, ya que cada dibujo que le pedí que hiciera era único, con muchos tipos de animales, desde el camello al halcón, y muchas variedades de seres humanos. Como siempre, ha hecho honor a mis ideas.

LECTURAS COMPLEMENTARIAS

Las dos lecturas esenciales para cualquier persona interesada en la ciencia de las interacciones entre humanos y animales son *In the Company of Animals*, de James Serpell: *A Study of Human-Animal Relationships*, 2ª ed. (Cambridge: Cambridge University Press, 1996), de James Serpell, y *Some We Love, Some We Hate, Some We Eat: Why It's So Hard to Think Straight About Animals* (Nueva York: HarperCollins, 2011). Como nueva materia académica, la antrozoología cuenta con pocos textos estándar: *Los humanos y otros animales*, de Samantha Hurn: *Cross-Cultural Perspectives on Human-Animal Interactions* (Londres: Pluto Press, 2012) de Samantha Hurn es el mejor que he encontrado. Las cuestiones éticas en torno a la tenencia de mascotas pueden ser complejas, pero Peter Sandøe, Sandra Corr y Clare Palmer las han diseccionado con pericia en su esclarecedor libro *Companion Animal Ethics* (Nueva York: Wiley, 2016).

Quienes busquen tanto hechos como opiniones encontrarán abundancia de ambos en los cuatro volúmenes editados por Marc Bekoff de la *Encyclopedia of Human-Animal Relationships: A Global Exploration of Our Connections with Animals* (Westport, CT: Greenwood Press, 2007). Desde una perspectiva histórica, Linda Kaloff ha escrito un relato en un volumen, *Looking at Animals in Human History* (Londres: Reaktion Books, 2007) y ha editado el conjunto de seis volúmenes *A Cultural History of Animals* (Oxford, Reino Unido: Berg, 2007). *The Intimate Bond: How Animals Shaped Human History*, de Brian Fagan

(Nueva York: Bloomsbury Press, 2015), ofrece un detallado relato antropológico de la domesticación de los animales. El libro de Donna Haraway *When Species Meet* (Minneapolis: University of Minnesota Press, 2008) es muy discutido entre los científicos sociales. Para un relato íntimo de lo que podría ser ser un animal, me gustó mucho *Being a Beast*, de Charles Foster (Londres: Profile Books, 2016).

Muchos otros libros tratan de las relaciones entre humanos y animales, incluidos varios centrados en los derechos de los animales. Los que he utilizado como fuentes se enumeran en las notas de cada capítulo.

Este libro se terminó de imprimir en el mes de abril de 2024
en Liberdúplex, S. L. (Barcelona).